国家出版基金资助项目
“十三五”国家重点图书
材料研究与应用著作

Ⅲ-Ⅴ氮化物纳米材料的制备及性能研究

STUDY ON PREPARATION AND PROPERTIES OF Ⅲ-Ⅴ NITRIDE NANOMATERIALS

曹传宝　著

哈爾濱工業大學出版社
HARBIN INSTITUTE OF TECHNOLOGY PRESS

内 容 提 要

Ⅲ-Ⅴ氮化物属于第三代半导体,具有独特的性能及应用领域,现在得以广泛应用的蓝光LED就是以氮化镓为基材制备出来的。本书内容主要是Ⅲ-Ⅴ氮化物纳米材料的研究,包括零维量子点的制备及性能,一维纳米材料的制备及性能,纳米阵列的制备及性能,以及对于Ⅲ-Ⅴ氮化物的理论模拟研究等。

本书对于从事Ⅲ-Ⅴ氮化物纳米材料研究的学者具有一定的参考作用。

图书在版编目(CIP)数据

Ⅲ-Ⅴ氮化物纳米材料的制备及性能研究/曹传宝著. —哈尔滨:
哈尔滨工业大学出版社,2017.6
ISBN 978-7-5603-5802-4

Ⅰ.①Ⅲ… Ⅱ.①曹… Ⅲ.①氮化物-纳米材料-制备-研究②氮化物-纳米材料-性能-研究 Ⅳ.①TB383

中国版本图书馆 CIP 数据核字(2016)第003947号

材料科学与工程
图书工作室

策划编辑 杨 桦 张秀华
责任编辑 范业婷 高婉秋
封面设计 卞秉利
出版发行 哈尔滨工业大学出版社
社 址 哈尔滨市南岗区复华四道街10号 邮编150006
传 真 0451-86414749
网 址 http://hitpress.hit.edu.cn
印 刷 哈尔滨圣铂印刷有限公司
开 本 660mm×980mm 1/16 印张21 字数334千字
版 次 2017年6月第1版 2017年6月第1次印刷
书 号 ISBN 978-7-5603-5802-4
定 价 98.00元

《材料研究与应用著作》

编 写 委 员 会

（按姓氏音序排列）

前　言

Ⅲ-Ⅴ氮化物是继第一代硅半导体、第二代砷化镓半导体之后的第三代半导体。与前两代半导体相比,第三代半导体具有独特的性能及应用领域,其中蓝光 LED 就是在氮化镓半导体的深入研究基础上实现的,并已得到了广泛的应用。日本的中村修二(Nakamura Shuji)等人因此项研究成果获得了 2014 年度的诺贝尔物理学奖,这极大地证明和展现了Ⅲ-Ⅴ氮化物研究的重要性及其应用的广阔发展前景。目前关于Ⅲ-Ⅴ氮化物的研究方兴未艾,但对于其应用的探索还远未达到期望值。特别是纳米研究热潮出现后,关于Ⅲ-Ⅴ氮化物纳米材料的研究成为了新的热点。

本书的撰写基础是北京理工大学低维功能材料课题组从 21 世纪初开始的Ⅲ-Ⅴ氮化物的研究工作,内容是其多年研究成果的总结。Ⅲ-Ⅴ氮化物领域的研究发展非常之快,因此,一些十几年前的工作现在看起来可能显得比较简单,但本书将其集合在一起是为方便读者了解作者对Ⅲ-Ⅴ氮化物研究的历程,如果对于读者的研究工作能有所借鉴就达到了作者的目的。

本书所呈现的研究成果以氮化镓为主,也包含了对氮化铝以及氮化铟的部分研究成果;除了包括实验上的研究,也包括了一些理论上的模拟研究。本书共分 13 章,包含博士生项项、陈卓、邱海林、李亚楠、乌斯曼的研究工作,其中项项的工作包含了各种形貌氮化镓的不同制备方法以及性能研究；陈卓的工作则主要包含氮化镓、氮化铝等阵列纳米材料的制备及性能研究；邱海林的工作则主要集中于氮化镓纳米晶及其复合物的制备；李亚楠的工作则包含氮化铟、氮化镓量子点以及稀磁半导体的研究；乌斯曼的工作是集中于Ⅲ－Ⅴ氮化物的理论模拟研究。作者在此对他们的辛勤工作表示感谢。

成书过程比较仓促，不足之处在所难免，欢迎大家批评指正。

作　者

2016 年 7 月

目　　录

第1章　Ⅲ-Ⅴ氮化物半导体材料简介

以硅和砷化镓为代表的第一代及第二代半导体材料的发展,极大地推动了微电子技术、光电子技术及以此为基础的信息技术的长足发展。但由于材料本身性能的限制,第一代、第二代半导体材料只能在200 ℃以下的环境中工作,而且抗辐射、耐高压击穿性能以及发射可见光波长范围都不能完全满足现代电子技术对高温、大功率、高频、高压及抗辐射、发射蓝光等的新要求。在这种情况下,Ⅲ-Ⅴ氮化物由于具有以下特点:其一,具有禁带宽度大、热导率高、介电常数低、电子漂移饱和速度高等特性,适合于制作高频、高功率、高温、抗辐射和高密度集成的电子器件;其二,GaN、AlN和InN可以在全组成范围形成完全互溶合金,使其直接带隙可以在很宽的范围内变化并连续跨过可见光的大部分区域到紫外光区,因而可以制作蓝光、绿光、紫外光的发光器件(如LEDs)和光探测器件等[1],从而成为各国研究人员竞相开展的研究热点之一。同样,在纳米材料研究领域,以GaN为主的Ⅲ-Ⅴ氮化物纳米结构亦成为该领域的前沿课题之一。

1.1　GaN、AlN和InN的结构与性能

宽带隙半导体的Ⅲ-Ⅴ氮化物有纤锌矿和闪锌矿两种晶体结构。纤锌矿结构属于六方结构,具有两个晶格常数a和c。每个晶胞包含6个原子,空间群为$P6_3mc(C_{6v}^4)_4$。纤锌矿结构包含两个相互穿插的六方密堆亚晶格,沿c轴方向错位5/8个晶胞高度。闪锌矿结构为立方晶胞,每个包含4个Ⅲ族元素和4个氮原子,空间群为$F4-3m(Td^2)$,晶胞中的原子位置与金刚石结构完全一样,包含两个相互穿插的面心立方亚晶格,沿体对角线方向错开1/4的距离,每个原子都可视为八面体的中心。纤锌矿和闪锌矿的结构是相似的,两种结构中Ⅲ族原子都与4个氮原子配位,每个氮原子与4个Ⅲ族原子配位。两种结构的主要不同是在双原子面上紧密堆积的堆积顺序不同。对于纤锌矿结构,其(0001)面的堆积顺序在〈0001〉方向

上为 ABABAB;对于闪锌矿结构,(111)面的堆积顺序在〈111〉方向上为 ABCABC。它们沿各个不同晶向的原子结构如图1.1、图1.2所示,其中 M 代表 Ga、Al 和 In[2]。

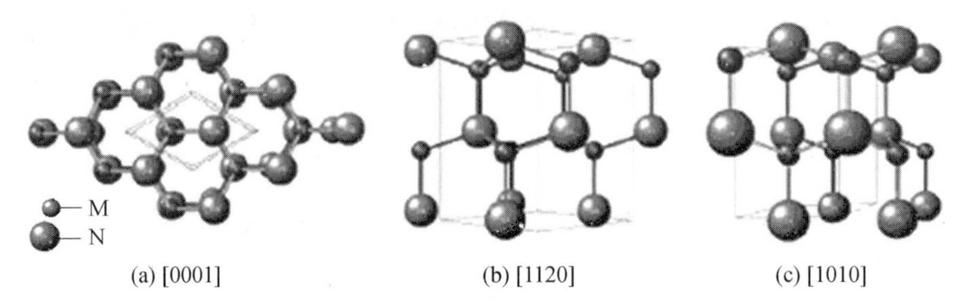

(a) [0001] (b) [1120] (c) [1010]

图1.1 纤锌矿 MN 沿不同方向的原子结构示意图

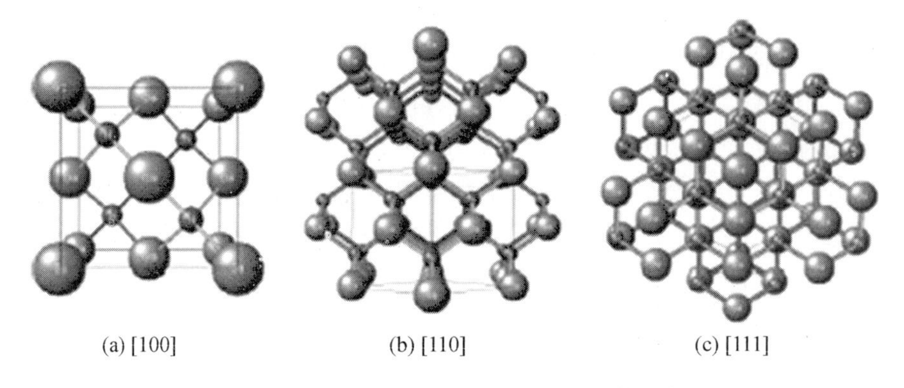

(a) [100] (b) [110] (c) [111]

图1.2 闪锌矿 MN 沿不同方向的原子结构示意图

纤锌矿结构的 GaN、AlN、InN 在室温下均为直接带隙,其值分别为 3.4 eV、6.2 eV 和 1.9 eV,而闪锌矿结构的 GaN、InN 同样为直接带隙,只有 AlN 为间接带隙。Ⅲ-Ⅴ氮化物通常以纤锌矿形式存在,表1.1列出了纤锌矿结构的 GaN、AlN 和 InN 的基本物理性能[1]。

表1.1 纤锌矿结构的 GaN、AlN 和 InN 的基本物理性能[1]

物理性能	GaN	参考文献	AlN	参考文献	InN	参考文献
带隙/eV (T=300 K)	3.39	3	6.2	10	1.89	15
带隙温度系数/($\mathrm{eV\cdot K^{-1}}$) (T>180 K)	$\mathrm{d}E_g/\mathrm{d}T=-6.0\times10^{-4}$	4	—	—	$\mathrm{d}E_g/\mathrm{d}T=-1.8\times10^{-4}$	16

续表 1.1

物理性能	GaN	参考文献	AlN	参考文献	InN	参考文献
带隙压力系数 /(eV·kbar^{-1}) (T=300 K)	$dE_g/dp=4.2\times10^{-3}$	5	—	—	—	—
晶格常数/nm (T=300 K)	a=0.318 9, c=0.518 55	3	a=0.311 2, c=0.498 2	10	a=0.354 8, c=0.576 0	15
热膨胀系数/K^{-1} (T=300 K)	$\Delta a/a=5.59\times10^{-6}$ $\Delta c/c=3.17\times10^{-6}$	3	$\Delta a/a=4.2\times10^{-6}$ $\Delta c/c=5.3\times10^{-6}$	11	—	—
热导率 /(W·cm^{-1}·K^{-1})	K=1.3	6	K=2	12	—	—
介电常数	$\varepsilon_0=9.5,\varepsilon_\infty=5.35$	7	$\varepsilon_0=8.5,\varepsilon_\infty=4.68$	13	—	—
电子有效质量	$m_e^*=0.20\pm0.02m_0$	7	—	—	$m_e^*=0.11m_0$	15
声子模式 (T=300 K)	A_1(TO)=532 cm^{-1} E_1(TO)=560 cm^{-1} E_2=144.569 cm^{-1} A_1(LO)=710 cm^{-1} E_1(LO)=740 cm^{-1}	8 8 8 9 9	A_1(TO)=667 cm^{-1} $A_1(E_2)$=665 cm^{-1} A_1(LO)=910 cm^{-1}	14	A_1(TO)=478 cm^{-1} A_1(LO)=694 cm^{-1}	16

注 1 bar=10^5 kPa

1.2 一维Ⅲ-Ⅴ氮化物半导体纳米材料研究现状

近年来,一维纳米结构(诸如纳米线、纳米棒、纳米带及纳米管等)由于其独特的物理化学性质以及在未来微纳电子器件中的潜在应用价值而倍受人们关注[17-20]。一维纳米结构不仅是人们研究材料尺度和尺寸对其光、电、热及力学性能影响的理想体系,同时在未来纳米尺度下它还对制造电子、光电子及电力耦合等器件起着关键性作用。但由于在合成制备一维纳米结构材料过程中难以实现对其维度、形貌、杂质成分、结晶度以及生长方向等重要因素进行调控,因而与零维量子点、二维量子阱相比,一维纳米结构研究进展显得更为缓慢。尽管在目前实验水平下,通过大量高级复杂的微/纳米加工技术的应用(诸如电子束曝光技术(EBL)[21]、聚焦离子束直写系统(FIB)[22]、X射线或远紫外光刻技术[23]),同样可以实现一维纳米结构的制备,然而基于上述微/纳米加工技术,既要实现一维纳米结构的大量制备,适应不同材料,同时又要降低经济成本以便使其具有实用价值,目前这还是巨大的挑战。与此相反,基于化学合成的非传统加工方法却提供了一条很好的途径,不仅适用于不同材料,还大大降低了制备成本[24]。在各种不同一维纳米材料的研究中,一维Ⅲ－Ⅴ氮化物半导体纳米材料由于其具有诸多优异性能而倍受人们关注。

1.2.1 一维GaN纳米材料

目前在一维Ⅲ－Ⅴ氮化物半导体纳米材料的研究中以GaN居多。1997年,Han等人以Ga_2O_3、Ga为原料在NH_3气氛中,以碳纳米管为模板成功制备了一维GaN纳米线[25]。1999年Cheng等人同样以Ga_2O_3、Ga为原料并在NH_3气氛中,改用多孔氧化铝为模板,在模板表面合成了单晶GaN纳米线[26]。随后,他们将金属In镀在多孔氧化铝模板底部作为催化剂,并在孔中合成了取向一致的GaN纳米线[27]。

2000年,Chen等人用In作为催化剂,以金属Ga为原料,于NH_3气氛中合成了大量GaN纳米线,同时对产物进行了场发射性能研究,结果表明GaN纳米线有较低的开启电压、较高的发射电流,因此具有良好的应用前景[28,29]。同年,Li等人将球磨后的GaN粉体于高温下升华制备了GaN纳米线、纳米带及纳米环[30]。此外,Peng等人采用热丝化学气相沉积法制备了大量GaN纳米线[31]。他们还采用激光烧蚀法,以GaN和Ga_2O_3为靶材,在不使用催化剂的条件下合成了GaN纳米线,该法制备的纳米线表面被一层氧化层包覆,并对纳米线生长起催化作用,即所谓的氧化物辅助法[32]。

美国哈佛大学Charles领导的研究小组不仅在制备方面取得进步,还在将一维纳米半导体材料组装成各种光电器件方面取得了重大进展。他们于2000年采用激光烧蚀法,以GaN和Fe为靶材,在900 ℃环境下制备出大量GaN纳米线[33]。随后,他们采用气液固法,通过控制催化剂颗粒的大小,实现了对纳米线直径的控制生长[34,35]以及分岔的纳米线结构的生长[36]。在此基础上,他们将GaN纳米线组装成场效应晶体管(FET),该FET显示出良好的开关行为,其电子迁移率可达650 $cm^2/(V\cdot s)$,高于碳纳米管 FET;同时采用 n 型 GaN 纳米线和 p 型 Si 纳米线组装成 p-n 结,该 p-n 结具有高度可重复性整流行为[37]。另外,他们成功合成了 Mg 掺杂的 p 型 GaN 纳米线并将其组装成 FET 及发光二极管(LED)[38],同样采用化学气相沉积法实现了对 GaN 纳米线进行 Mn 的磁性掺杂[39]。在基于 GaN 纳米结构的器件组装方面,他们已经实现了激光二极管[40]、采用多根不同 n 型 GaN 纳米线与 p 型 Si 纳米线建构的纳米全彩发光二极管(LED)[41]以及基于 n 型 GaN 纳米线和 p 型 Si 纳米线建构的逻辑门与计算电路。

2002 年,Kim 等人采用氢化物气相外延法(HVPE)于 480 ℃下在[0001]取向的蓝宝石衬底上合成了 GaN 纳米棒阵[42,43]。在此基础上,他们进一步实现了对 GaN 纳米棒进行 Si 的 n 型掺杂和 Mg 的 p 型掺杂[44]。2003 年,美国加州大学 Berkeley 分校的杨培东研究小组采用金属有机物气相沉积(MOCVD)法,并以 ZnO 纳米线阵列为模板,成功外延生长出一层 GaN,最后通过 H_2 还原 ZnO 得到 GaN 纳米管的阵列[45]。随后他们再次采用 MOCVD 法,没有采用模板,分别在(100)面 γ-$LiAlO_2$ 和(111)面 MgO 衬底实现了六方相结构的单晶 GaN 纳米线阵列,其生长方向分别为[1100]和[0001],其截面形貌分别为三角形和六边形,实现了通过衬底晶格取向控制 GaN 纳米线生长方向[46]。此外,他们还成功制得了单根 GaN 纳米线激光器[47]和环形激光谐振器[48]。

此外,2003 年 Hu 等人采用两步法先制得 Ga_2O_3 纳米管,然后再将其转化为 GaN 纳米管。具体步骤为:首先以 Ga_2O_3 为原料,将其在 1 250 ℃下 N 气中保温 1.5 h,然后将 N 气切换成氨气于 1 400 ℃继续保温 1 h,便可得到 GaN 纳米管[49]。随后,于 2004 年,他们再次以 Ga_2O_3 为原料,将其置于石墨坩埚中,在氨气中 1 600 ℃保温 1.5 h,得到截面为矩形的单晶立方相 GaN 纳米管[50]。2003 年,Bae 等人以 Ga 和 GaN 为原料,将其在 1 100 ℃下保温1 h,得到截面为三角形的六方相单晶 GaN 纳米线[51]。2005 年,Zhou 等人以 Ga 和 Ga_2O_3 为原料,将其在氨气和 Ar 气 2∶3 混合流中于 1 080 ℃下保温 2 h,得到奇特的一维 Z 字形 GaN 纳米线[52]。2003 年,Elahl 等人对以 Ga 为原料于氨气中制备各种维度和形貌的 GaN 纳米结构进行了详细的实验研究。他们提出了由 Ga 原子表面扩散长度和 GaN 分子表面扩散长度构成的有效表面扩散长度的概念,并以此概念为基础对在不同实验条件下得到的各种不同尺寸、不同形貌的 GaN 纳米结构进行了定性解释[53]。

1.2.2　一维 AlN 纳米材料

1997 年,Haber 等人在 1 000 ~ 1 100 ℃ 环境下,通过向 N 气中氮化纳米级铝粉中加入 $AlCl_3$ 成功获得了 AlN 纳米晶须[54]。2001 年,Zhang 等人在氨气中,用碳纳米管同 Al 与 Al_2O_3 反应合成了 AlN 纳米线[55]。2003 年,南京大学 Wu 等人采用 N 气中蒸发铝粉的方法制得 AlN 纳米带[56]。同年,他们在铝粉中负载一定量的 $CoSO_4$,然后在氨气中进行氮化便得到六方相的 AlN 纳米管[57]。随后,该小组以 $AlCl_3$ 为反应前驱物,于 700 ℃ 的氨气中,在 Fe、Co、Ni 催化剂存在的条件下制得 AlN 纳米锥的阵列[58]。此外,该小组还以铝锰合金为原料,于氨气中在 1 100 ℃ 下保温 1 h 获得了 Z 字形的 AlN 纳米线[59]。2005 年,Yin 等人采用氨气下直接 AlN 粉的方法获得了一种新奇的层状堆砌纳米结构[60]。随后,他们以多壁碳纳米管诱导 Al_2O_3 反应得到了包覆碳的单晶 AlN 纳米管[61]。北京大学 Zhao 等人在 2004 和 2005 年,以铝粉为原料,分别在硅和单晶蓝宝石衬底上沉积得到 AlN 纳米锥状阵列[62,63]。此外,还有一些不同研究小组分别以铝粉或铝片为原料于氨气中合成得到各种 AlN 纳米锥状阵列[64-67]。

1.2.3　一维 InN 纳米材料

2000 年,Dingman 等人采用液-液-固(SLS)的方法在 203 ℃ 环境下合成了单晶 InN 纳米线[68]。2002 年,Liang 等人在图案化金膜的 Si 衬底上,以 In 箔为原料,于氨气中 500 ℃ 环境下反应 8 h,得到 InN 纳米线[69]。2005 年,Vaddiraju 等人以金属 In 为原料,通过反应气相输运得到不同形貌的 InN 纳米线[70]。Luo 等人以 In_2O_3 为起始反应物,在温度为 680 ~ 720 ℃ 之间的氨气中得到 InN 纳米线[71]。Sardar 等人以 $InCl_3$ 和 Li_3N 为反应物,于 250 ℃ 下合成了 InN 纳米晶、纳米线及纳米管,产物中既有立方相又有六方相[72]。Hu 等人以 In 粉为原料,将其于 560 ℃ 下的氨气中保温 3 h 获得单晶 InN 纳米带[73]。此外,Chang 等人还对单根 InN 纳米线的输运性能进行了研究[74]。

1.2.4　一维Ⅲ－Ⅴ氮化物纳米超晶格结构

目前,均相一维半导体纳米材料制备已经取得了长足进展,并且作为建构纳米光、电器件的基本模块已经在场效应晶体管、发光二极管、激光器、光探测器以及生物、化学传感器乃至逻辑门器件等多方面都取得了重大突破性进展。如果能够通过化学成分的调制实现一维纳米半导体材料轴向或径向的超晶格结构,那么将极大地促进并拓展一维纳米半导体材料作为基本模块在未来微纳电子器件中的应用。因此,这已经成为当前研究的主要焦点之一[75,76]。目前,由 n-Si/p-Si、Si/SiGe、InAs/InP、GaP/GaAs 等构成的一维超晶格结构已经被成功实现[77-80]。然而,在Ⅲ-Ⅴ氮化物纳米超晶格结构研究方面,目前只有极少的几篇文献进行报道。

2004 年,Kim 等人采用 MO-HVPE 法成功制备了无位错的 InGaN/GaN 多量子阱纳米棒阵列,并在此基础上将其成功组装为高亮发光二极管器件[81]。同年,Qian 等人采用 MOCVD 法成功获得了无位错 n-GaN/InGaN/p-GaN 核/壳/壳纳米线结构,并将其组装成蓝光发光二极管和激光器[82]。随后,于 2005 年,他们同样采用 MOCVD 法成功制备了以n-GaN为核而以 $In_xGa_{1-x}N$/GaN/p-AlGaN/p-GaN 为壳的核/壳纳米线异质结构,在此基础上实现了二极管的高效多彩发光[83]。由此可见,在Ⅲ-Ⅴ氮化物纳米超晶格结构研究方面有待进一步地深入研究。

1.3 本章小结

本章对Ⅲ-Ⅴ氮化物的结构及基本性能进行了简要介绍,同时对Ⅲ-Ⅴ氮化物早期的纳米结构的研究进行了介绍,目的是了解在Ⅲ-Ⅴ氮化物纳米结构方面早期的开创性的工作。

参考文献

[1] STRITE S, MORKOC H. GaN, AlN and InN: A review[J]. J. Vac. Sci. Technol. B, 1992, 10(4):1237-1266.

[2] HELLMAN E S. The polarity of GaN:a critical review[J]. MRS Internet Joural of Nitride Semiconductor Research, 1998, 3:11-15.

[3] MARUSKA H P, TIETJEN J J. The preparation and properties of vapor-deposition single-crystal-line GaN[J]. Appl. Phys. Lett., 1969, 15:

327-329.
[4] MATSUMOTO T, AOKI M. Temperature dependence of photoluminescence from GaN[J]. Jpn. J. Appl. Phys., 1974, 13:1804-1807.
[5] PANKOVE J I, MARUSKA H P, BERKEYHEISER J E. Optical absoption of GaN[J]. Appl. Phys. Lett., 1970, 17:197-199.
[6] SICHEL E K, PANKOVE J I. Thermal conductivity of GaN[J]. J. Phys. Chem. Solids, 1977, 38:330.
[7] BARKER A S, ILEGEMS M. Infrared lattice vibrations and free-electron dispersion in GaN[J]. Phys. Rev. B., 1973, 7:743-750.
[8] BURNS G, DACOL F, MARINACE J C, et al. Raman scattering in thin-film waveguides[J]. Appl. Phys. Lett., 1973, 22:356-358.
[9] CINGOLANI R, FERRARA M, LUGARA M, et al. First order raman scattering in GaN[J]. Solid State Commun, 1986, 58:823-824.
[10] YIM W M, STOFKO E J, ZANZUCCHI P J, et al. Epitaxially grown AlN and its optical band gap[J]. J. Appl. Phys., 1973, 44:292-295.
[11] YIM W M, PAFF R J. Thermal expansion of AlN, sapphire and silicon [J]. J. Appl. Phys., 1974, 45:1456-1457.
[12] SLACK G A. Nonmetallic crystals with high thermal conductivity[J]. J. Phys. Chem. Solids, 1973, 34:321-335.
[13] AKASAKI I, HASHIMOTO H. Infrared lattice vibration of vapor-growth AlN[J]. Solid State Commun, 1967, 5:851-853.
[14] BRAFMAN O, LENGYEL G, MITRA S S, et al. Raman spectra of AlN, cubic BN and BP [J]. Solid State Commun, 1968, 6, 523-526.
[15] ZETTERSTROM R B. Synthesis and growth of single crystals of gallium nitride[J]. J. Mater. Sci, 1970, 5:1102-1104.
[16] SLACK G A, MCNELLY T F. Growth of high purity AlN crystals[J]. J. Cryst. Growth, 1976, 34:263-279.
[17] XIA Y N, YANG P D, SUN Y, et al. One-dimensional nanostructures: synthesis, charaterization, and applications [J]. Adv. Mater, 2003, 15:353-389.
[18] WANG Z L. Characterizing the structure and properties of individual

wire-like nanoentities[J]. Adv. Mater, 2000, 12:1295-1298.

[19] HU J, ODOM T W, LIEBER C M. Chemistry and physics in one dimension: synthesis and properties of nanowires and nanotubes[J]. Acc. Chem. Res., 1999, 32:435-445.

[20] XIANG X, CAO C B, ZHU H S. Catalytic synthesis of single-crystalline gallium nitride nanobelts[J]. Solid State Communication, 2003, 126: 315-318

[21] MATSUI S, OCHIAI Y. Focused ion beam application to solid state devices[J]. Nanotechnology, 1996, 7:247-258.

[22] HONG S H, ZHU J, MIRKIN C A. Multiple ink nanolithography: toward a multiple-pen nano-plotter [J]. Science, 1999, 286:523-525.

[23] LEVENSON M D. Deep pockets needed in the photoresist industry[J]. Solid State Technol., 1995, 38:32-34.

[24] XIA Y, ROGERS J A, PAUL K E, et al. Unconventional methods for fabricating and patterning nanostructures[J]. Chem. Rev, 1999, 99: 1823-1848.

[25] HAN W Q, FAN S S, LI Q Q, et al. Synthesis of gallium nitride nanorods through a carbon nanotube-condined reaction[J]. Science, 1997, 277:1287-1289.

[26] CHENG G S, ZHANG L D, ZHU Y, et al. Large-scale synthesis of single crystalline gallium nitride nanowires[J]. Appl. Phys. Lett, 1999, 75:2455-2457.

[27] ZHANG J, ZHANG L D, WANG X F, et al. Fabrication and photoluminescence of ordered GaN nanowire arrays[J]. J. Chem. Phys., 2001, 115:5714-5717.

[28] CHEN C C, YEH C C. Large-scale catalytic synthesis of crystalline gallium nitride nanowires[J]. Adv. Mater, 2000, 12:738-741.

[29] CHEN C C, YEH C C, CHEN C H, et al. Catalytic growth and characterization of gallium nitride nanowires[J]. J. Am. Chem. Soc., 2001, 123:2791-2798.

[30] LI J Y, CHEN X L, QIAO Z Y, et al. Formation of GaN nanorods by a

sublimation method[J]. J. Cryst. Growth, 2000, 213:408-410.
[31] PENG H Y, ZHUO X T, WANG N, et al. Bulk-quantity GaN nanowires synthesized from hot filament chemical vapor deposition [J]. Chem. Phys. Lett., 2000, 327:263-270.
[32] SHI W S, ZHENG Y F, WANG N, et al. Microstructure of gallium nitride nanowires synthesized by oxide-assisted method[J]. Chem. Phys. Lett., 2001, 345:377-380.
[33] DUAN X F, LIEBER CHARLES M. Laser-assisted catalytic growth of single crystal GaN nanowires[J]. J. Am. Chem. Soc., 2000, 122:188-189.
[34] GUDIKSEN MARK S, LIEBER CHARLES M. Diameter-selective synthesis of semiconductor nanowires[J]. J. Am. Chem. Soc., 2000, 122:8801-8802.
[35] CUI Y, LAUHON LINCOLN J, GUDIKSEN MARK S, et al. Diameter-controlled synthesis of single-crystal silicon nanowires[J]. Appl. Phys. Lett., 2001, 78:2214-2216.
[36] WANG D L, QIAN F, YANG C, et al. Rational growth of branched and hyperbranched nanowire structures[J]. Nano Lett., 2004, 4:871-874.
[37] HUANG Y, DUAN X F, CUI Y, et al. Gallium nitride nanowire nanodevices[J]. Nano Lett., 2002, 2:101-104.
[38] ZHONG Z H, QIAN F, WANG D L, et al. Synthesis of p-type gallium nitride nanowires for electronic and photonic nanodevices [J]. Nano Lett., 2003, 3:343-346.
[39] RADOVANOVIC PAVLE V, BARRELET CARL J, GRADEČAK SILVIJA, et al. General synthesis of manganese-doped Ⅱ-Ⅳ and Ⅲ-Ⅴ semiconductor nanowires[J]. Nano Lett., 2005, 5:1407-1411.
[40] GRADEČAK SILVIJA, QIAN F, LI YAT, et al. GaN nanowire lasers with low lasing thresholds[J]. Appl. Phys. Lett., 2005, 87:173111.
[41] HUANG Y, DUAN X F, LIEBER CHARLES M. Nanowires for integrated multicolor nanophotonics[J]. Small, 2005, 1:142-147.
[42] KIM HWA-MOK, KIM DOO SOO, PARK YOUNG SHIN, et al. Growth

of GaN nanorods by a hydride vapor phase epitaxy method[J]. Adv. Mater., 2002, 14:991-993.

[43] KIM HWA-MOK, KIM D S, KIM D Y, et al. Growth and characterization of single-crystal GaN nanorods by hydride vapor phase epitaxy[J]. Appl. Phys. Lett., 2002, 81:2193-2195.

[44] KIM HWA-MOK, CHO YONG-HOON, KANG TAE WON. GaN nanorods doped by hydride vapor-phase epitaxy: Optical and electrical properties[J]. Adv. Mater, 2003, 15:232-235.

[45] GOLDBERGER JOSHUA, HE RONGRUI, ZHANG Y F, et al. Single-crystal gallium nitride nanotubes[J]. Nature, 422:599-602.

[46] KUYKENDALL TEVYE, PAUZAUSKIE PETER J, ZHANG Y F, et al. Crystall ographic alignment of high-density gallium nitride nanowire arrays[J]. Nature Materials, 2004, 3(8):524-528.

[47] JOHNSON JUSTIN C, CHOI HEON-JIN, KNUTSEN KELLY P, et al. Single gallium nitride nanowire lasers[J]. Nature Materials, 2002, 1: 106-110.

[48] PAUZAUSKIE PETER J, SIRBULY DONALD J, YANG P D. Semiconductor nanowire ring resonator laser[J]. Phys. Rev. Lett., 2006, 96: 143-903.

[49] HU J Q, BANDO YOSHIO, GOLBERG DMITRI, et al. Gallium nitride nanotubes by the conversion of gallium oxide nanotubes[J]. Angew, Chem, 2003, 115:3617-3621.

[50] HU J Q, BANDO YOSHIO, ZHAN J H, et al. Growth of single-crystalline cubic GaN nanotubes with rectangular cross-sections[J]. Adv. Mater., 2004, 16:1465-1468.

[51] BAE SEUNG YONG, SEO HEE WON, PARK JEUNGHEE, et al. Triangular gallium nitride nanorods[J]. Appl. Phys. Lett., 2003, 82: 4564-4566.

[52] ZHOU X T, SHAM T K, SHAN Y Y, et al. One-dimensional zigzag gallium nitride nanostructures[J]. J. Appl. Phys., 2005, 97:104-315.

[53] ELAHL AYA MOUSTAFA SAYED, HE M Q, ZHOU P Z, et al. Sys-

tematic study of effects of growth conditions on the (nano-, meso-, micro) size and (one-, two-, three-dimensional) shape of GaN single crystals grown by a direct reaction of Ga with ammonia[J]. J. Appl. Phys., 2003, 94:7749-7756.

[54] HABER JOEL A, GIBBONS PATRICK C, BUHRO WILLIAM E. Morphological control of nanocrystalline aluminum nitride: aluminum chloride-assisted nanowhisker growth[J]. J. Am. Chem. Soc., 1997, 119: 5455-5456.

[55] ZHANG Y J, LIU J, HE R R, et al. Synthesis of aluminum nitride nanowires from carbon nanotubes[J]. Chem., Mater., 2001, 13:3899-3905.

[56] WU Q, HU Z, WANG X Z, et al. Synthesis and optical characterization of aluminum nitride nanobelts[J]. J. Phys. Chem. B, 2003, 107: 9726-9729.

[57] WU Q, HU Z, WANG X Z, et al. Synthesis and characterization of faceted hexagonal aluminum nitride nanotubes[J]. J. Am. Chem. Soc., 2003, 125:10176-10177.

[58] LIU C, HU Z, WU Q, et al. Vapor-solid growth and characterization of aluminum nitride nanocones[J]. J. Am. Chem. Soc., 2005, 127: 1318-1322.

[59] DUAN J H, YANG S G, LIU H W, et al. Preparation and characterization of straight and zigzag AlN nanowires[J]. J. Phys. Chem, 2005, 109:3701-3703.

[60] YIN L W, BANDO YOSHIO, ZHU Y C, et al. Growth and field emission of hierarchical single-crystalline wurtzite AlN nanoarchitectures[J]. Adv. Mater., 2005, 17:110-114.

[61] YIN L W, BANDO YOSHIO, ZHU Y C, et al. Single-crystalline AlN nanotubes with carbon-layer coatings on the outer and inner surfaces via a multiwalled-carbon-nanotube-template-induced route[J]. Adv. Mater., 2005, 17:213-217.

[62] ZHAO Q, XU J, XU X Y, et al. Field emission from AlN nanoneedle

arrays[J]. Appl. Phys. Lett., 2004, 85:5331-5333.

[63] ZHAO Q, ZHANG H Z, XU X Y, et al. Optical properties of highly ordered AlN nanowire arrays grown on sapphire substrate[J]. Appl. Phys. Lett., 2005, 86:193101.

[64] SHI SHIH-CHEN, CHEN CHIA-FU, CHATTOPADHYAY SUROJIT, et al. Growth of single-crystalline wurtzite aluminum nitride nanotips with a self-selective apex angle[J]. Adv. Funct. Mater., 2005, 15:781-786.

[65] TANG Y B, CONG H T, CHEN Z G, et al. An array of eiffel-tower-shape AlN nanotips and its field emission properties[J]. Appl. Phys. Lett., 2005, 86:233104.

[66] SHI SHIH-CHEN, CHEN CHIA-FU, CHATTOPADHYAY SUROJIT, et al. Field emission from quasi-aligned aluminum nitride nanotips[J]. Appl. Phys. Lett., 2005, 87:073109.

[67] TANG Y B, CONG H T, ZHAO Z G, et al. Field emission from AlN nanorod array[J]. Appl. Phys. Lett., 2005, 86:153104.

[68] DINGMAN SEAN D, RATH NIGAM P, MARKOWITZ PAUL D, et al. Low-temperature, catalyzed growth of indium nitride fibers from azido-indium precursors[J]. Angew. Chem. Int. Ed, 2000, 39:1470-1472.

[69] LIANG C H, CHEN L C, HWANG J S, et al. Selective-area growth of indium nitride nanowires on gold-patterned Si(100) substrates[J]. Appl. Phys. Lett., 2002, 81:22-24.

[70] VADDIRAJU SREERAM, MOHITE ADITYA, CHIN ALAN, et al. Mechanisms of 1D crystal growth in reactive vapor transport: indium nitride nanowires[J]. Nano Lett, 2005, 5:1625-1631.

[71] LUO S D, ZHOU W Y, ZHANG Z X, et al. Synthesis of long indium nitride nanowires with uniform diameters in large quantities[J]. Small, 2005, 1:1004-1009.

[72] SARDAR KRIPASINDHU, DEEPAK F L, GOVINDARAJ A, et al. InN nanocrystals, nanowires, and nanotubes[J]. Small, 2005, 1:91-94.

[73] HU M S, WANG W M, CHEN TZUNG T, et al. Sharp infrared emission from single-crystalline indium nitride nanobelts prepared using guided-

stream thermal chemical vapor deposition[J]. Adv. Funct. Mater., 2006, 16:537-541.

[74] CHANG C Y, CHI G C, WANG W M, et al. Transport properties of InN nanowires[J]. Appl. Phys. Lett., 2005, 87:093112.

[75] LIEBER CHARLES M. Nanowire superlattices[J]. Nano. Lett., 2002, 2:81-82.

[76] LAUHON L J, GUDIKSEN MARK S, LIEBER CHARLES M. Semiconductor nanowire heterostructures[J]. Phil. Trans. R. Soc. Lond. A, 2004, 362:1247-1260.

[77] BJORK M T, OHLOSSON B J, SASS T, et al. One-dimensional steeplechase for electrons realized[J]. Nano. Lett., 2002, 2:87-89.

[78] GUDIKSEN M S, LAUHON L J, WANG J, et al. Growth of nanowire superlattice structures for nanoscale photonics and electronics[J]. Nature, 2002, 415:617-620.

[79] LAUHON LINCOLN J, GUDIKSEN MARK S, WANG DELI, et al. Epitaxial core-shell and core-multishell nanowire heterostructures[J]. Nature, 2002, 420:57-61.

[80] WU Y Y, FAN R, YANG P D. Block-by-block growth of single-crystalline Si/SiGe superlattice nanowires[J]. Nano. Lett., 2002, 2:83-86.

[81] KIM HWA-MOK, CHO YONG-HOON, LEE HOSANG, et al. High-brightness light emitting diodes using dislocation-free indium gallium nitride/gallium nitride multiquantum-well nanorod arrays[J]. Nano. Lett., 2004, 4:1059-1062.

[82] QIAN F, LI Y, GRADEČAK SILVIJA, et al. Gallium nitride-based nanowire radial heterostructures for nanophotonics[J]. Nano. Lett., 2004, 4:1975-1979.

[83] QIAN FANG, GRADEČAK SILVIJA, LI YAT, et al. Core/multishell nanowire heterostructures as multicolor, high-efficiency light-emitting diodes[J]. Nano. Lett., 2005, 5:2287-2291.

第2章　气相反应制备GaN纳米线的催化效应

2.1 引　言

自从1997年范守善等人利用碳纳米管模板限制反应首次成功合成出GaN一维纳米线结构以来，研究者已经发展了用不同的方法来制备GaN及相关半导体材料的纳米线（详见第1章），在这些制备方法中，化学气相沉积法是应用最广泛的一种。由Wagner等人[1]提出的一维结构的气-液-固（VLS）生长模式可以为该方法提供必要的理论指导。利用该方法来生长纳米线的优点是可以实现纳米线的大量制备，保证所制备的纳米线具有良好的结晶性和较高的纯度。在应用这种方法时，金属催化剂的选择成为最关键的一步，要求所选用的金属在反应温度下能保持液体状态，这样可以有效地与纳米线的组成元素形成合金液滴，作为能量有利的部位来引发纳米线的成核，然后指导纳米线沿一维生长。根据二元相图可以选择适合不同体系的金属催化剂，这对于单质材料纳米线的生长（例如：硅纳米线）起到了重要的指导作用，然而由于缺乏相应的三元相图数据，在生长化合物纳米线时，催化剂的选择就缺少了理论指导，存在一定的难度，因此需要依靠实验的探索与经验的积累获得相关的数据。幸运的是，二元相图对一维碳纳米管结构的制备具有很好的借鉴作用，利用含碳气体的催化化学气相沉积是目前大量生长碳纳米管的一种常用方法。以铁、钴、镍（Fe、Co、Ni）等为主体的过渡金属及其合金已经广泛用作生长碳纳米管时的催化剂[2-10]，并且研究表明，过渡金属氧化物（例如FeO、CoO、NiO等）也具有有效的催化作用[11]。因此，过渡金属成为生长GaN纳米线的首选催化剂，已经有几个研究组利用Fe、Co、Ni及其氧化物作为催化剂成功合成出晶态的GaN纳米线[12,13]，此后的研究也都采用这几种过渡金属作为催化剂[14-16]，很少涉及其他金属。作为一种广泛应用的催化剂——金(Au)在催化生长纳米线方面发挥了重要的作用,多种元素及化合物半导体的纳米线在金催化下按照气-液-固的生长模式被成功合成出来,其中包括Si、Ge元素半导体纳米线,Ⅲ-Ⅴ(GaP、GaAs),Ⅱ-Ⅵ(CdS、ZnS、ZnO)等化合物半导体纳米线[17-26]。既然Au对半导体纳米线的生长具有有效的催化作用,尤其是可以指导Ⅲ-Ⅴ(GaP、GaAs)纳米线的生长,那么它是否能够催化GaN纳米线的生长呢? Lieber以及Chen的研究组初步研究表明[27,28]:以Au作为催化剂不能制备得到GaN纳米线,而在相同的制备条件下用金属Fe或In作为催化剂可以合成出晶态GaN纳米线,他们将此结果解释为N元素在Au中的溶解性较差[29],所以在反应温度下,Au-Ga合金液滴不能有效溶解氮原子,也就无法形成GaN纳米线。

本章将从实验与理论两方面回答热力学限制的金属能否作为生长GaN纳米线的催化剂的问题,阐释金属粒子由于尺度减小而对其化学反应性能产生的影响。

众所周知,根据VLS生长机理选择生长纳米线的催化剂时,其尺寸是一个重要的影响因素。通常地,获得纳米尺度的粒子是保证催化剂发挥有效催化作用的重要前提,而对于不同的催化体系,能够起催化效应的粒子尺寸是不相同的,于是可以推测是否由于没有获得适当尺寸的催化剂粒子才导致了(以前的研究中)生长GaN纳米线的失败。因此,本章把选择合适的催化剂前驱体系及催化剂粒子的尺寸效应与分散性作为研究的重点,考察不同尺寸的粒子在不同衬底表面对GaN纳米线生长的催化作用,从而找出生长GaN纳米线的合适催化剂粒子尺寸,并对催化剂颗粒的形状效应进行讨论,研究Au催化下GaN纳米线生长的基本科学问题。一般来讲,获得纳米尺度的金属催化剂颗粒有以下几种方法:①直接使用商业上可得到的纳米尺寸的金属粒子。②激光蒸发含有金属的复合靶材或金属化合物,产生纳米级的金属颗粒。③溶解有金属盐的溶液分散在适当的衬底上,通过加热使金属盐分解得到金属的纳米粒子。④在衬底表面蒸发或溅射一层金属薄膜,得到金属膜覆盖的衬底。⑤通过化学溶液方法制备成含有金属胶体粒子的稳定悬浮液。为了获得Au纳米粒子,方法②~⑤在实验室里都是可行的,本章选择了以下两种途径:①利用溶有Au盐的溶液分散在适合的衬底表面,随着温度升高使Au盐分解,在衬底上得到分散的纳米尺寸的 Au 粒子;②在适当的衬底表面蒸镀一层 Au 的薄膜,在升温过程中由于薄膜裂开,在衬底上形成 Au 纳米颗粒。这两种途径可以保证形成大量的尺寸均匀的 Au 粒子并具有较好的分散性。

2.2 金属催化的化学气相沉积制备 GaN 纳米线

2.2.1 实验设备与反应原料

如图 2.1 所示是生长 GaN 纳米线的设备及原料装载示意图。该反应设备为一水平管式高温电阻炉(GSL1600X),管内插入一根陶瓷管(ϕ65×1 000 mm),管两端密封后可以通入反应气体,气体进口一端有一套流量控制装置(气体转子流量计)调节气体的流量,气体出口一端可以连接真空泵装置(机械旋转泵),在反应前抽真空排除管内残余的空气。反应原料使用高纯金属 Ga(99.999 9%)和 Ga_2O 粉末,原料装载到一个氧化铝舟内。

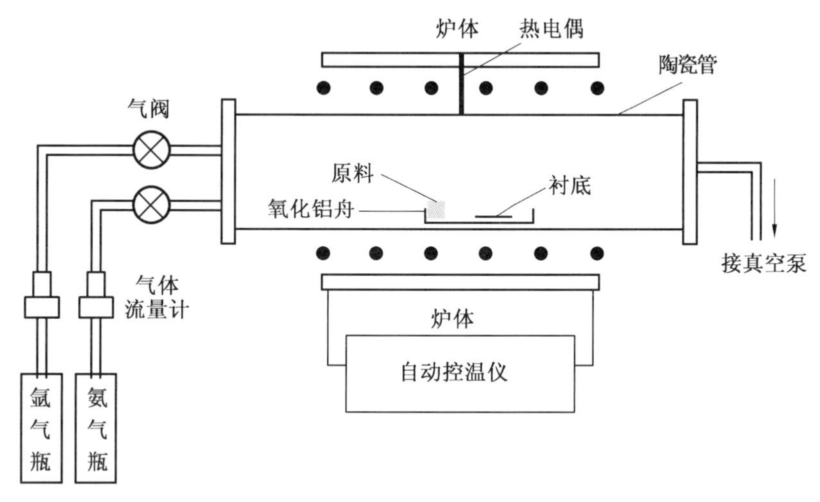

图 2.1 生长 GaN 纳米线的设备及原料装载示意图

使用试剂与仪器:

单面抛光的单晶硅(100),n 型,电阻率为 4 ~7 Ω · cm ,厚度为(450±15) μm,单面抛光的单晶硅(111),电阻率为 8 ~13 Ω · cm,厚度为(500±15) μm,北京有色金属研究总院;

氧化铝片,氧化铝舟,北京大华陶瓷厂;

石英玻璃片,单晶蓝宝石 Al_2O_3 <0001>基片,合肥科晶材料技术有限公司;

$HAuCl_4 \cdot 4H_2O$,分析纯,北京化学试剂公司;

无水乙醇,分析纯;丙酮,分析纯,北京化工总厂;

硝酸,分析纯,北京益利精细化学品有限公司;

金属 Ga,纯度为 99.999 9%;

Ga_2O,自制;蒸馏水,自制;

Ar 气(Ar),纯度大于 99.99%,氨气(NH_3),纯度大于 99.9%,北京普莱克斯实用气体有限公司;

GSL1600X 真空管式高温电阻炉,洛阳威达高温仪器有限公司;

KQ-250E 医用超声波清洗器,上海昆山超声仪器有限公司;

81-2 型恒温电磁加热搅拌仪,上海市施乐仪器有限公司;

SRJX-4-13 型箱式高温炉,江苏东台电器厂;

101A-1 型恒温干燥箱,上海市实验仪器总厂;

刚玉坩埚,玻璃仪器等。

2.2.2 实验过程

首先将一片 Si(111)基片(10 mm×8 mm)在丙酮液中超声清洗 30 min,自然晾干,然后浸入浓度为 0.01 mol/L 的 $HAuCl_4 \cdot 4H_2O$ 的乙醇溶液,取出后在空气中放置待乙醇挥发完全;将约 2 g 金属 Ga/Ga_2O 粉末混合物(或 1 g 金属 Ga)装载到一个清洁的氧化铝舟内,将处理过的 Si 基片放在舟内下气流一端,与 Ga 源的距离保持 10～15 mm;将舟推入水平陶瓷管内并定位在中部高温区,将管子密封,连接真空装置排出管内的空气,充入 Ar 气(纯度为 99.99%),随后设定电阻炉温度,将陶瓷管升温至 1 000 ℃,升温期间保持恒定的 Ar 气流率为 100 mL/min,当温度达到设定值 1 000 ℃,关闭 Ar 气流,通入氨气流,保持氨气流速为 80 mL/min,保温时间为 15～30 min;此后将电炉电源关闭,待管子自然冷却到室温后,取出氧化铝舟,发现在 Si 衬底表面出现一层白色微黄沉积物。

2.2.3 产物的表征

利用 Rigaku D/Max-2400 型 X 射线粉末衍射分析仪(XRD)确定产物

整体结构与相纯度,采用标准 $\theta\sim2\theta$ 扫描方法,使用 Cu 靶 $K\alpha_1$ 辐射线,波长为 $\lambda=0.154\ 05$ nm。

利用 Hitachi S-3500N 型扫描电子显微镜(SEM)和 LEO-1530 型场发射扫描电镜(FESEM)观察产物形貌与结构特征,利用 OxfordI NCA 能量色散 X 射线谱仪(EDS)进行成分分析。

利用 Hitachi H-8100 型透射电镜和 JEOLJEM-2010 型高分辨透射电子显微镜(HRTEM)表征产物的微结构与结晶性,加速电压为 200 kV,并配备有能量散射 X 射线谱仪(EDS)分析产物组成。对于透射样品的观察,首先从衬底上刮下少量产物,装入盛有乙醇的试管里,超声分散一定时间,然后取 1~2 滴液体滴在覆盖有无定形碳膜的铜网上,自然晾干,将乙醇完全挥发后待观察。

2.2.4 结果与讨论

1. 实验结果

如图 2.2 所示为生长在 Si 衬底表面的 GaN 纳米线的 XRD 谱图,其中位于 $2\theta=38.16°$ 和 $2\theta=44.44°$ 处的两个较弱的衍射峰分别对应于 Au(111)和 Au(200)晶面的衍射,在谱图上出现的其他衍射峰可以较容易指标化到六方相 GaN,相应的晶面指数标示在谱图里。经过计算,其晶胞参数 $a=0.317\ 8$ nm,$c=0.516\ 5$ nm,与标准 JCPDS 卡片(卡片号为 76-0703)列出的体晶 GaN 的数据相当吻合。衍射峰出现一定程度的宽化,表明产物具有纳米尺度的特征。在 XRD 谱图中,没有发现其他晶态杂质相,如 Ga_2O 或金属 Ga 相关的衍射峰,这表明产物是纯的六方相结构的 GaN。

利用扫描电镜(SEM)观察产物的形貌与结构,图 2.3 是生长在 Si 衬底上的 GaN 纳米线结构的 SEM 图像。图 2.3(a)显示了大范围内的整体形貌,可以看到有大量线状(丝状)结构分布在衬底表面,图 2.3(b)为产物在高放大倍数下的形貌,清楚地显示了大多数纳米线的端部都连接有一个球形的纳米颗粒结构。通过 SEM 的观察,纳米线的长度有十几微米,直径为 60~100 nm,长径比超过了 100∶1。在整个衬底表面,纳米线的分布比较均匀,纳米线生长具有一致性,几乎没有发现纳米颗粒,说明产物是由 GaN 纳米线组成的。

利用透射电镜(TEM)对产物的结构进行进一步的表征。图 2.4(a)所

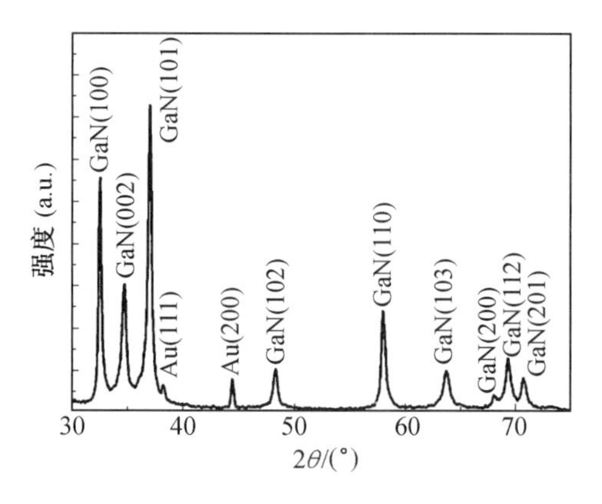

图 2.2　生长在 Si 衬底表面的 GaN 纳米线的 XRD 谱图

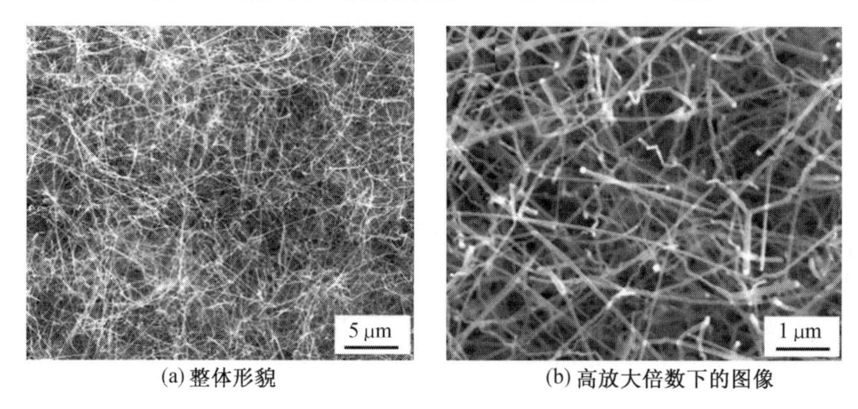

(a) 整体形貌　　(b) 高放大倍数下的图像

图 2.3　生长在 Si 衬底上的 GaN 纳米线结构的 SEM 图像

示为单根 GaN 纳米线的透射照片，其直径大约为 80 nm，其插图是相应的选区衍射，显示了纳米线沿着轴向具有相对一致的直径，纳米线的外部没有包覆层。对纳米线的不同位置进行电子衍射的分析显示出相同的六方对称点阵的单晶衍射花样，如图 2.4(a) 中右上方的插图所示，衍射花样可以指标化到[0001]晶带轴，纳米线生长沿着[100]方向，透射与选区衍射的分析揭示了纳米线的单晶态本性。不难发现纳米线结构上的一个重要特征是在其头部有一个近球形纳米颗粒，显示了更深的对比度，而且纳米颗粒的尺寸与纳米线的直径接近。图 2.4(b) 是一根头部无颗粒结构的 GaN 纳米线。

图 2.5 所示为 GaN 纳米线的高分辨透射晶格像(图中标尺为5 nm)，插图显示了[0001]的电子衍射花样，箭头标示了纳米线生长沿[100]方

向,从高分辨图像可以看出纳米线表面清洁无污染,且没有无定形包覆层,显示了清晰的界面和笔直的边缘,纳米线内部几乎无生长位错。这与 GaN 沿$\{10\bar{1}0\}$面生长时所具有的结构特征相一致。

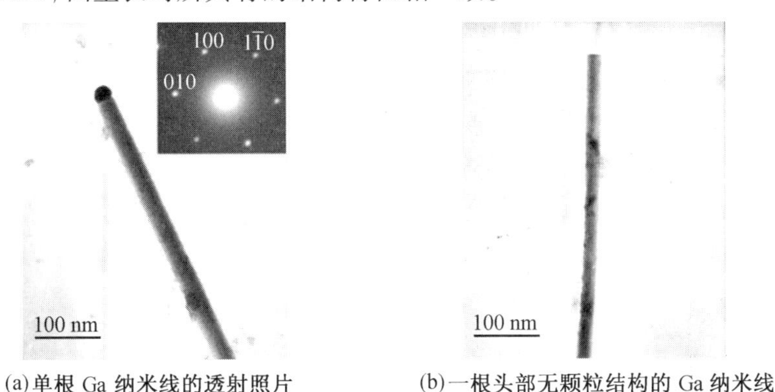

(a)单根 Ga 纳米线的透射照片　　(b)一根头部无颗粒结构的 Ga 纳米线

图 2.4　GaN 纳米线的 TEM 图

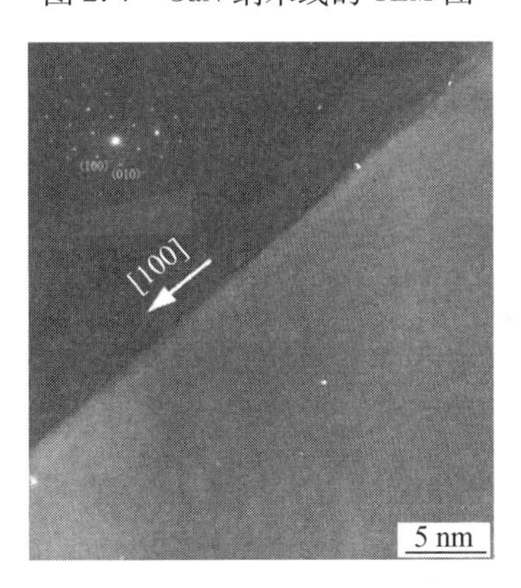

图 2.5　GaN 纳米线的高分辨透射晶格像

对 GaN 纳米线头部颗粒结构的能谱分析结果如图 2.6 所示,从谱图中可以发现纳米颗粒主要是由 Au 元素和少量 Ga、N 元素组成,而对纳米线主体部分的能谱分析显示纳米线由 Ga 和 N 元素组成,如图 2.7 所示(图 2.6 和图 2.7 中 C 和 Cu 的信号来自于覆有碳膜的铜网),能谱结果确认了 Au 在纳米线的生长过程中起到了催化的作用,而且纳米线头部的颗粒结构与气-液-固(VLS)的生长机理所描述的外部特征相一致。对多根纳米线进行观察,发现多数纳米线的头部都具有类似的纳米颗粒结构,统计了 15 根纳米线,发现纳米线的头部具有纳米颗粒结构的纳米线数量为 13

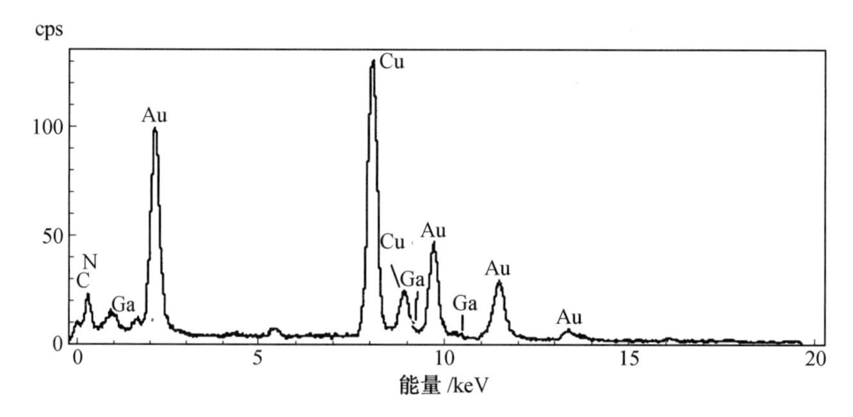

图 2.6 GaN 纳米线头部颗粒结构的能谱谱图

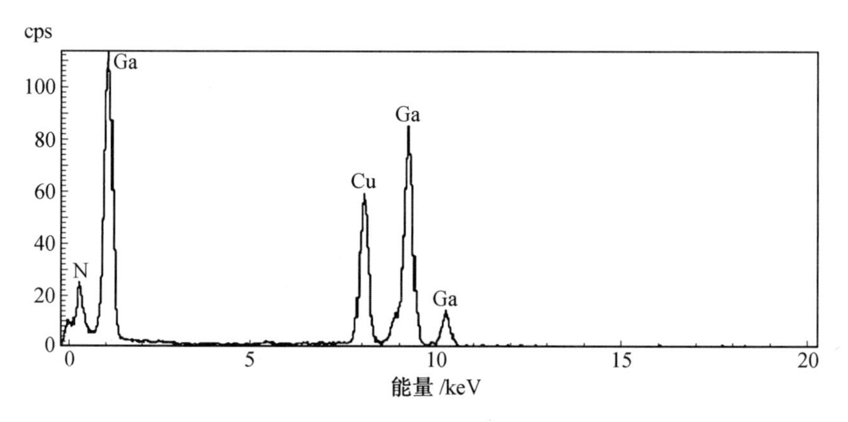

图 2.7 GaN 纳米线主体部分的能谱谱图

根，仅有 2 根纳米线的头部无颗粒（图 2.4(b)），表明有超过 85% 的纳米线具有 VLS 的显著外部结构特征。对于头部无颗粒的纳米线，Kato 等人[30]也曾观察到相似的情况，他们将此现象解释为在高的反应温度下，纳米尺度的金属催化剂液滴可能会被蒸发而离开纳米线，所以在一些纳米线的头部观察不到纳米颗粒。然而，也可以认为存在另外一种情况，就是大多数纳米线按照气-液-固（VLS）模式生长，而少量纳米线的生长则遵循无催化剂的气-固（VS）模式，在这种模式下，纳米线的生长不受催化剂颗粒的指导与限制。

利用不同衬底进行 GaN 纳米线的生长实验，并进行了仔细的观察。分别用 Si(100)、氧化铝基片、石英基片等作为衬底，仍以 0.01 mol/L 的 $HAuCl_4 \cdot 4H_2O$ 的乙醇溶液作为催化剂前驱体对衬底预处理。在其他条件相同的情况下进行实验,结果发现在这些衬底上都可以生长得到大量 GaN 纳米线,其 SEM 图像分别如图 2.8 ~ 2.10 所示。纳米线的直径范围在 60 ~ 100 nm,长度有十几微米,结构相对一致,可以观察到纳米线头部连有颗粒结构。这表明在不同的衬底上 Au 对 GaN 纳米线的生长都具有有效的催化作用。

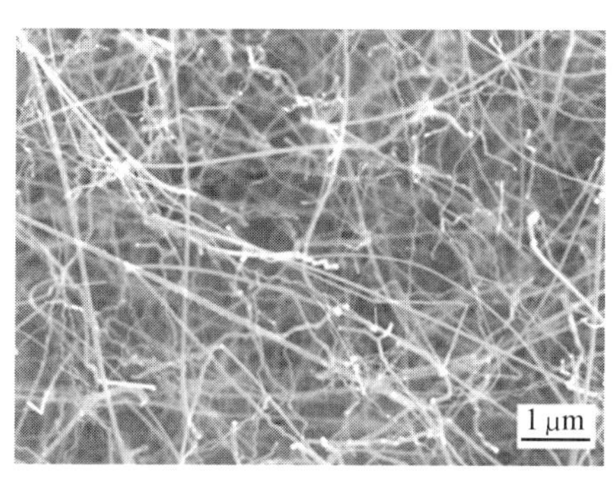

图 2.8 在 Si(100)衬底上生长的 GaN 纳米线的 SEM 图像

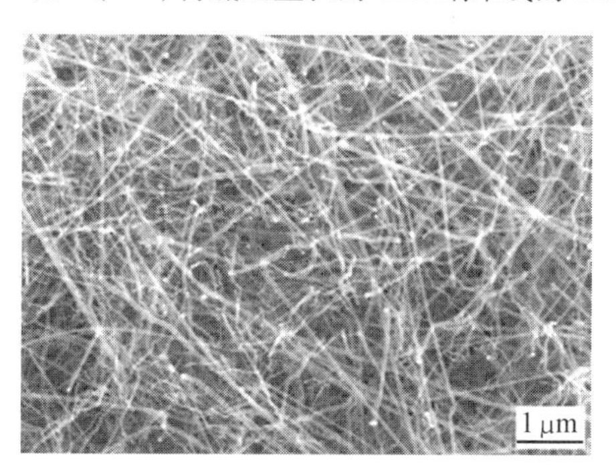

图 2.9 在氧化铝基片衬底上生长的 GaN 纳米线的 SEM 图像

图 2.10 在石英片衬底上生长的 GaN 纳米线的 SEM 图像

2. 反应机理的分析及讨论

随着反应体系温度的升高,催化剂前驱体($HAuCl_4$)将分解并产生 Au 团簇,由于前驱体呈溶液状态在衬底表面形成一层很薄的液膜,因此,Au 团簇能够均匀地分散在衬底表面,团簇间由于静电吸引和高温团聚作用而相互结合形成 Au 纳米颗粒(块体 Au 的熔点是 1 064 ℃,而纳米粒子的熔点值会低于正常块体材料的熔点[31],因此,在反应温度下,Au 纳米颗粒可以液态形式存在)。使用金属 Ga 作为 Ga 源时,在高温下 Ga 蒸发产生气态镓原子,由气流输运到衬底位置,被 Au 催化剂液滴吸附并溶解在其中(Au-Ga 合金在高温下具有相当宽的液态范围);同时氨气分子分解产生活性 N 原子物种,也逐渐溶解到纳米尺度的液滴里,形成 Au-Ga-N 三元合金液滴,当合金液滴浓度达到过饱和时,GaN 的成核发生。随着气相物种的不断溶解,GaN 开始在液-固界面上生长,形成一维纳米线结构,当反应完成后,由于合金液滴的固化,在纳米线的头部将会出现组成为合金元素的纳米颗粒结构。对产物的结构表征证实反应主要遵循 VLS 的生长机理,与过渡金属(Ni、Fe 等)作为催化剂时具有相似的反应历程。当反应原料使用金属 Ga 和 Ga_2O 粉末混合物时,在高温下 Ga 与 Ga_2O 将发生反应,生成气态的 Ga_2O 中间物,反应如下:

$$4Ga(l)+Ga_2O_3(s)\longrightarrow 3Ga_2O(g) \qquad (2.1)$$

$$Ga_2O(g)+2NH_3(g)\longrightarrow 2GaN(s)+H_2O(g)+2H_2(g) \qquad (2.2)$$

其中,l、s、g 分别表示液态、固态和气态。对于反应式(2.2),Ga_2O 与 NH_3 的反应在 900 ~ 1 000 ℃[32]的温度范围内是热力学有利的($\Delta G_r<0$),产生的气态 Ga_2O 可以提供更充足的气相镓源。在不同温度下进行实验,结果表明反应温度在 930 ~ 1 000 ℃范围变化,都可以生长得到平均直径为几十纳米、长度为十几微米的 GaN 纳米线。

2.3 催化剂前驱体浓度与 GaN 纳米线生长的关系

以往的研究表明 N 元素在 Au 中的溶解存在热力学障碍,使用 Au 作为催化剂不能生长得到 GaN 纳米线产物,因此,可以尝试通过研究不同尺寸 Au 颗粒的催化作用来解释在 GaN 纳米线成核与生长过程中催化剂的尺寸效应。将用 0.01 mol/L 的 $HAuCl_4 \cdot 4H_2O$ 的乙醇溶液处理过的 Si 衬底在1 000 ℃ Ar 气流中退火 15 min,用 SEM 观察所得产物的形貌,结果显示在图 2.11 中。可以看到有大量纳米颗粒均匀地分布在衬底的表面,对颗粒进行能谱分析表明它们的成分是 Au,即 Au 的纳米粒子,其中 Si 的谱峰信号来自于 Si 衬底。

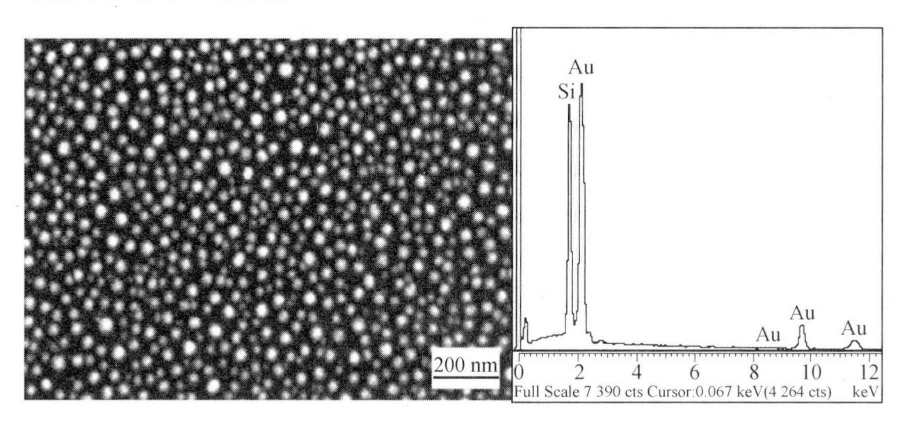

图 2.11 用0.01 mol/L 的 $HAuCl_4 \cdot 4H_2O$ 溶液处理过的 Si 衬底在 1 000 ℃ Ar 气流中退火 15 min 后形成的 Au 纳米粒子的 SEM 图像与 EDS 谱图

对 Au 纳米粒子的粒径进行统计,得出其粒径范围为 40 ~ 70 nm,粒径分布直方图如图 2.12(a)所示,而对生长的 GaN 纳米线的统计结果表明,其直径范围为 60 ~ 100 nm,图 2.12(b)是相应的直径分布直方图,可以看出 GaN 纳米线的直径分布与 Au 纳米粒子的粒径分布具有相似性,而其尺寸略大于退火后形成的 Au 纳米粒子的尺寸,这是因为在 GaN 纳米线的成核期间,Au 液滴溶解了部分 Ga 原子,导致其尺寸的增大,即纳米线头部颗

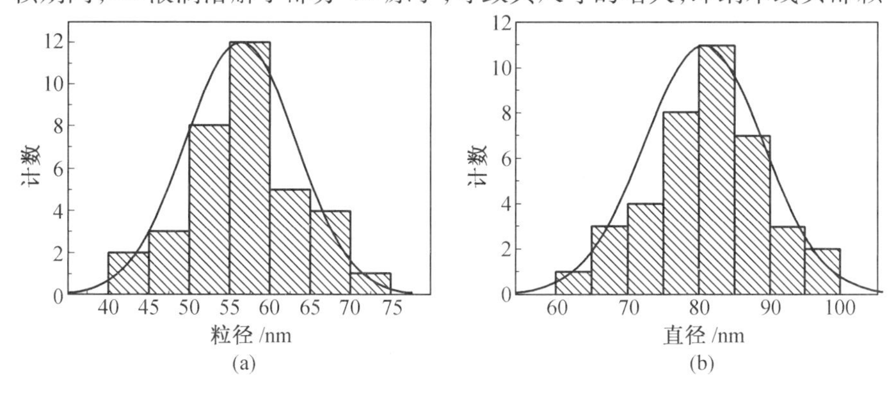

图 2.12 Au 纳米粒子的粒径分布与生长的 GaN 纳米线直径分布直方图

粒的尺寸略大于 Au 纳米粒子的尺寸。这一结果也证实了纳米尺度的 Au 对 GaN 纳米线生长具有有效的催化作用，并遵循 VLS 的生长机理。

将不同初始浓度的 $HAuCl_4 \cdot 4H_2O$ 溶液处理过的 Si 衬底在 Ar 气流中退火15 min，考察所形成的 Au 纳米颗粒的尺寸变化。结果发现随着初始 $HAuCl_4 \cdot 4H_2O$ 溶液浓度的增大，退火后形成的 Au 纳米粒子的尺寸也相应地增加，图 2.13 显示了不同浓度的 $HAuCl_4 \cdot 4H_2O$ 溶液在 Si 衬底上退火后形成的 Au 纳米粒子的 SEM 图像，当溶液浓度分别为 0.01 mol/L、0.02 mol/L、0.05 mol/L 和 0.1 mol/L 时，形成的 Au 纳米粒子尺寸范围分别是 40 ~ 70 nm、60 ~ 80 nm、75 ~ 100 nm和 250 ~ 350 nm。

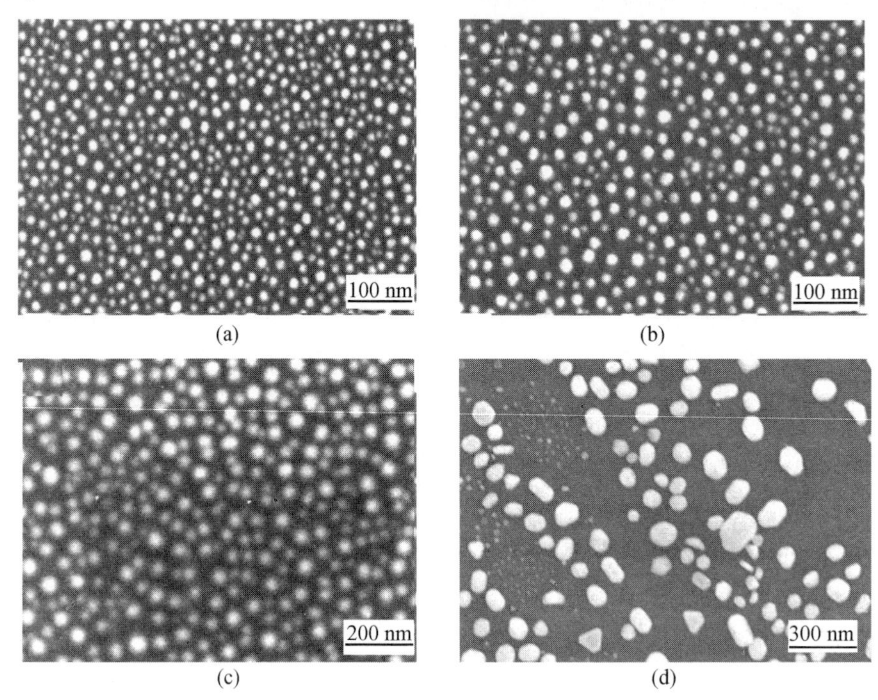

图 2.13　不同浓度的 $HAuCl_4 \cdot 4H_2O$ 溶液在 Si 衬底上退火后形成的 Au 纳米粒子的 SEM 图像

图 2.14 给出了退火后在衬底上形成的 Au 纳米颗粒的平均尺寸(d)与初始 $HAuCl_4 \cdot 4H_2O$ 溶液浓度(c)的关系曲线。发现以不同尺寸的 Au 纳米粒子为催化剂来生长 GaN 纳米线时，在初始 $HAuCl_4 \cdot 4H_2O$ 溶液浓度小于0.05 mol/L的条件下，以 Au 为催化剂都可以得到 GaN 纳米线产物，而当溶液浓度增大到 0.1 mol/L 时，在最终产物中观察不到纳米线结构，衬

底表面只有一些颗粒状结构,粒径大约几百纳米。这表明,随着 Au 纳米粒子尺寸的增大,Au 的催化活性将显著下降,直到不再具有引发纳米线生长的作用。

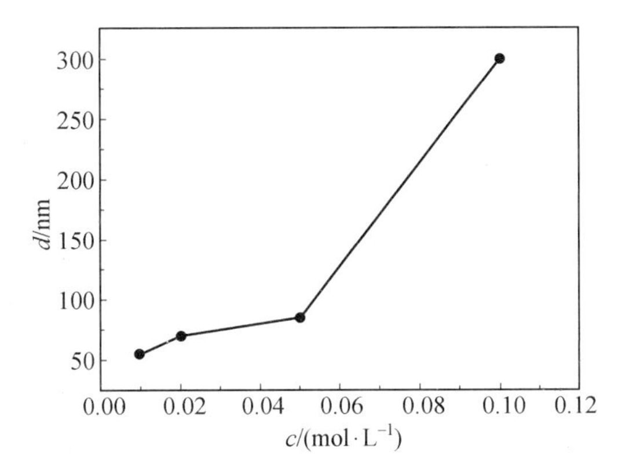

图 2.14 Au 纳米颗粒的平均尺寸(d)与初始 $HAuCl_4 \cdot 4H_2O$ 溶液浓度(c)的关系曲线

Bond 和 Thompson 在文章中[33]阐释了 Au 的催化性质对其粒子尺寸非常敏感,它所表现出的显著的催化能力取决于其是否形成了很小的颗粒,这是因为较大的颗粒不能有效地化学吸附反应物的分子,而只有当存在大量低配位表面原子的情况下,才能发生有效的吸附行为。当 Au 以非常小的纳米团簇形式高度分散在适当的衬底表面时,其催化活性(或反应性)能够被显著地提高。对于 GaN 纳米线的生长,目前的实验研究表明随着粒子尺寸的增大,Au 将逐渐失去其催化活性,最终对纳米线的成核与生长不能起到有效的催化作用,这解释了在以前的研究工作中用 Au 作为催化剂不能生长得到 GaN 纳米线的原因,即在反应过程中没有形成具有有效催化能力的足够小的 Au 纳米粒子。因此,可以认为在纳米线的成核和生长过程中,形成合适尺寸的 Au 纳米粒子和良好的分散性是发挥其有效催化作用的关键。

2.4 以金膜作为催化剂前驱体生长 GaN 纳米线

利用在不同衬底表面蒸镀一层金膜的途径来获得催化剂前驱体,在高温条件下金膜会逐渐破裂形成独立分散的纳米尺度的 Au 颗粒,而在气相生长 GaN 时扮演催化剂的角色。

2.4.1　实验过程

将超声清洗后晾干的 Si(111)基片放置在离子溅射仪(装有 Au 靶)的真空腔室内,调节溅射电流为 6 mA,通过控制溅射时间来控制金膜的厚度,在硅片上分别得到了 3 nm 和 10 nm 两种厚度的金膜。实验过程如下:取约 1.5 g 金属 Ga 装载到一个清洁的氧化铝舟内,将镀有金膜的硅片放在舟内下气流一端,与镓源的距离保持为约 8 ~ 10 mm;然后将舟推入水平陶瓷管内并定位在中部高温区,将管子密封,连接真空装置,排除管内的空气,再充入 Ar 气(99.99%);随后将管式炉升温至 950 ℃,升温期间保持恒定的 Ar 气流率(80 mL/min),当温度达到设定值 950 ℃时,关闭 Ar 气流,通入氨气流,氨气流率为 25 ~ 30 mL/min,在 950 ℃的温度下保持10 min;此后将电炉电源关闭,待管自然冷却到室温后,取出氧化铝舟,发现在衬底表面出现一层淡黄白色沉积。

2.4.2　结果与讨论

图 2.15 所示是在 3 nm 金膜覆盖的 Si 衬底上沉积物的 SEM 图像。图 2.15(a)显示了产物的整体形貌,可以看到在衬底表面大范围内生长了一层均匀的棒状纳米结构,在整个观察区域内没有出现特别突起或空缺的情况。图 2.15(b)和图 2.15(c)显示了不同放大倍数下的图像,在图 2.15(c)的上部显示出生长的边缘,可以发现在没有预覆盖金膜的 Si 衬底表面几乎没有纳米棒生长;图 2.15(d)展示了若干根纳米棒的特写,可以容易地观察到在每根纳米棒的端部都有一个近似为球形的纳米颗粒结构,颗粒尺寸与纳米棒的径向尺寸相一致。通过 SEM 的观察,得出纳米棒的直径范围大约在 50 ~ 80 nm,长度范围在 1 ~ 2 μm。通过进一步的仔细观察,还可以发现有部分纳米棒具有垂直衬底生长的倾向,如图 2.16 所示,显示了一些纳米棒具有垂直衬底生长的趋势,这可以认为归因于“过分拥挤”的生长环境,即在衬底的表面分布了高密度的催化剂纳米粒子,在纳米棒成核后,其自由生长受到一定程度的空间限制,而表现出垂直生长的特性。

对纳米棒进行能谱分析可以得出纳米棒由 Ga 和 N 两种元素组成,Ga 和 N 的原子比为 56.05 ∶ 43.95,比值约为 1.27,表明产物是略富 Ga 的

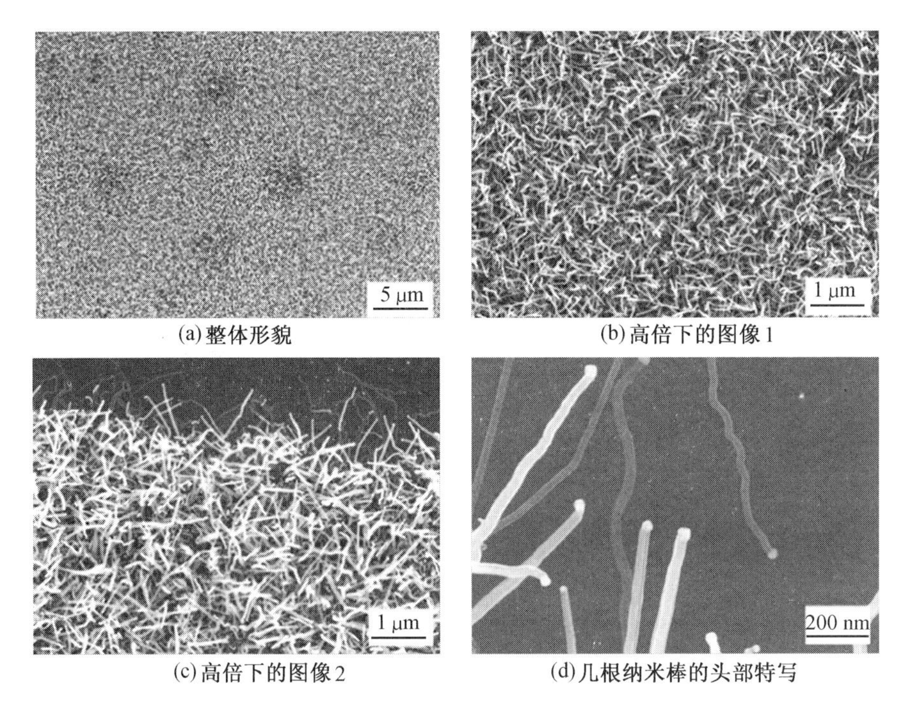

(a)整体形貌　(b)高倍下的图像 1

(c)高倍下的图像 2　(d)几根纳米棒的头部特写

图 2.15　3 nm 金膜覆盖的 Si 衬底上沉积物的 SEM 图像

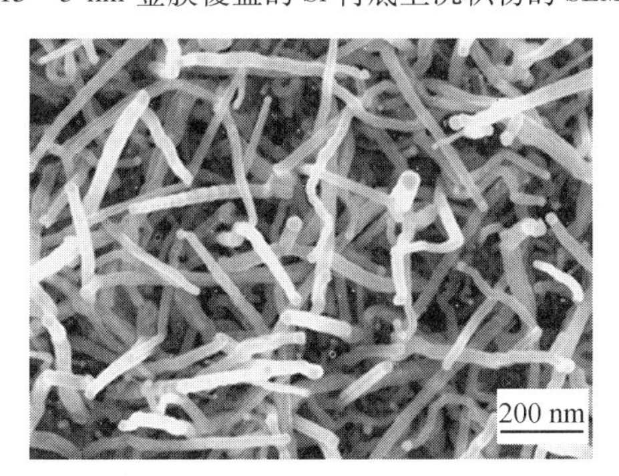

图 2.16　放大的具有垂直衬底生长趋势的纳米棒的 SEM 图像

GaN,即 Ga 稍过量。

GaN 纳米棒的 TEM 图像显示如图 2.17 所示,其直径大约为 60 nm,可以很清楚地看到在纳米棒头部连接有一个球形的纳米颗粒,其尺寸与棒的直径相似,其中所示的是相应的选区衍射花样(电子束入射方向平行于[0001]晶带轴),展示了对称分布的六方点阵,揭示了纳米棒是单晶态的,纳米棒沿着$\{10\bar{1}0\}$晶面生长。对多根纳米棒的表征发现,几乎每根都具有相同的结构特征，即在其头部连有纳米颗粒结构。

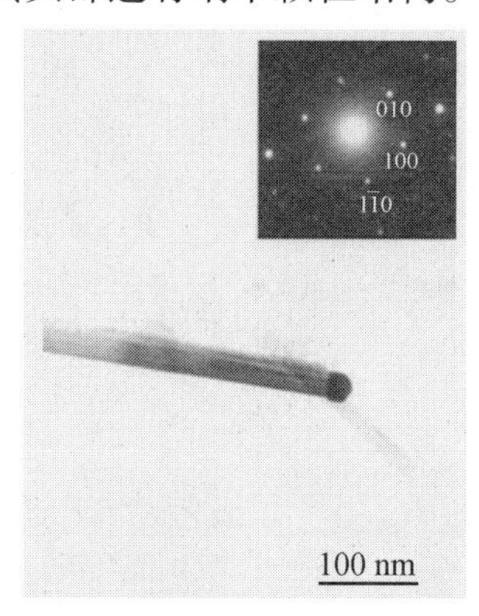

图 2.17 GaN 纳米棒的 TEM 图像与相应的衍射花样

利用 EDS 分析纳米棒头部颗粒的组成发现，颗粒由 Au、Ga 和 N 元素组成（其中 C 和 Cu 的信号来自于覆有碳膜的铜网），相应的谱图如图 2.18 所示。

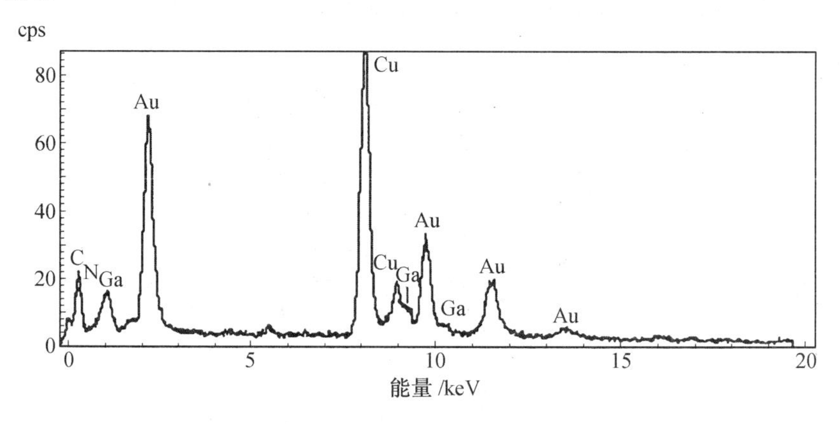

图 2.18 GaN 纳米棒头部的颗粒结构的能谱谱图

而纳米棒的主体部分组成元素仅有 Ga 和 N，这与一维纳米结构的 VLS 生长机理所描述的产物结构特征相一致，即在纳米线（或纳米棒）的端部连有纳米颗粒，它是由催化剂液滴在高温下合金化的过程中形成的，由金属催化剂与形成纳米线的元素组成，作为能量有利部位，有效吸附气相反应物种，引发纳米线成核与生长，并限制了纳米线的径向尺寸。

TEM 与 EDS 的表征结果清楚地表明 Au 在 GaN 纳米棒的生长过程中起到了催化作用，这与利用 $HAuCl_4 \cdot 4H_2O$ 溶液作为催化剂前驱体、在衬底上形成 Au 纳米粒子来生长 GaN 纳米线的结果相似,具有相似的结构特征,线(或棒)的头部连接颗粒结构的组成相同。通过电镜的观察显示纳米棒的直径范围为 50 ~ 80 nm,多数纳米棒的直径范围为 55 ~ 75 nm。

2.4.3 衬底类型对生长的影响

在其他生长条件(温度、气体流率、反应时间)相同的情况下,可以利用不同材料作为衬底对 GaN 纳米线的生长进行研究。分别利用 3 nm 金膜覆盖的 Si(100)基片、蓝宝石 Al_2O_3<0001>单晶片作为衬底,来生长 GaN 一维纳米结构。所制备产物的扫描图像分别如图 2.19 和图 2.20 所示。分析得出产物是高密度、结构一致的 GaN 纳米棒,这些纳米棒均匀地生长在衬底的表面,其直径范围为 50 ~ 80 nm,长度大约为 1 ~ 2 μm,这与使用 Si(111)基片作为衬底时所得到的产物尺寸相似。值得注意的是,在单晶 Al_2O_3<0001>基片上生长的 GaN 纳米棒表现出一定的取向性(蓝宝石与 GaN 都为六方结构,两者的晶格常数分别是:蓝宝石,a = 0.475 8 nm,c = 1.299 1 nm;GaN,a = 0.319 1 nm,c = 0.518 9 nm,晶格失配为 13%),这反映出在合适的生长条件下,利用分子束外延生长技术或使用有机金属 Ga 源前驱体,在取向确定的单晶蓝宝石衬底或与 GaN 具有更小晶格失配的单晶衬底上外延生长高度取向一致的 GaN 纳米棒是可行的。

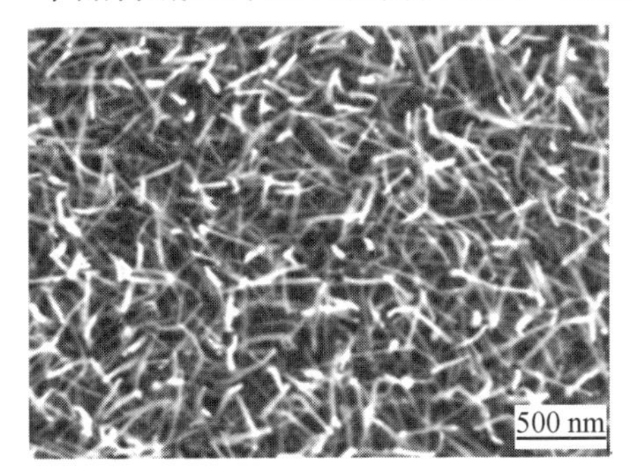

图 2.19 生长在 3 nm 金膜覆盖的 Si(100)衬底表面的 GaN 纳米棒的扫描图像

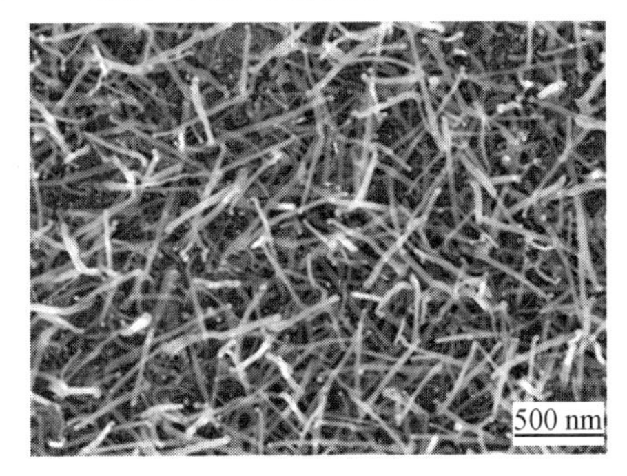

图 2.20 生长在 3 nm 金膜覆盖的 Al_2O_3<0001>衬底表面的 GaN 纳米棒的扫描图像

2.4.4 金膜厚度对生长的影响

为了考察金膜厚度对产物的影响,利用 10 nm 金膜覆盖的硅片作为衬底,在相同的生长条件下进行了实验,结果在产物中没有得到 GaN 纳米棒。将反应温度升高到 1 000 ℃,延长反应时间到 60 min,也未发现纳米棒生长在衬底上,Si 片表面产物的典型 SEM 图像如图 2.21 所示。图 2.21(a)反映了大范围的整体形貌,可以看到有大量颗粒状结构较均匀地分布在衬底表面;图 2.21(b)是局部放大图像,显示出这些颗粒呈椭球形或不规则形状,颗粒尺寸为 350～550 nm。对颗粒进行能谱分析的结果如图2.22所示,颗粒由 Au 和 Ga 两种元素组成(其中 Si 的信号来自于 Si 衬底)。表 2.1 列出了 Si 衬底上颗粒结构的能谱分析结果,Au 和 Ga 的原子数比大约是 76 : 24。从以上的表征结果可以得出,利用 10 nm 厚度的金膜作为催化剂前驱体不能由气相反应生长得到 GaN 纳米棒,也就是说,GaN 纳米线(或纳米棒)的生长对初始金膜厚度有强烈的依赖性。

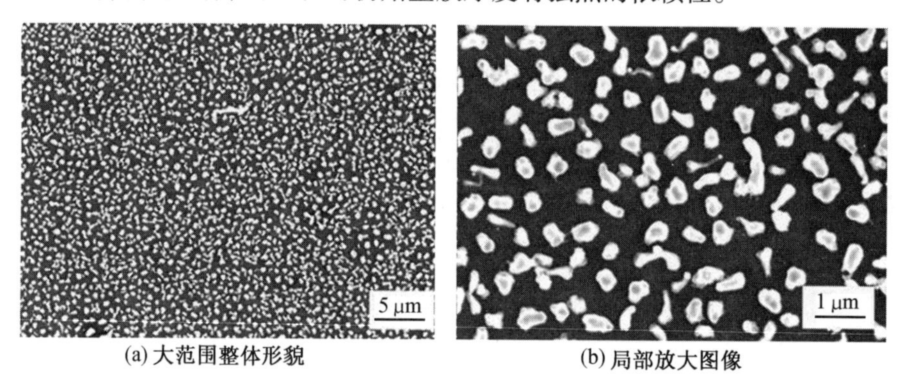

(a) 大范围整体形貌　(b) 局部放大图像

图 2.21　10 nm 金膜覆盖的 Si 衬底上产物的 SEM 图像

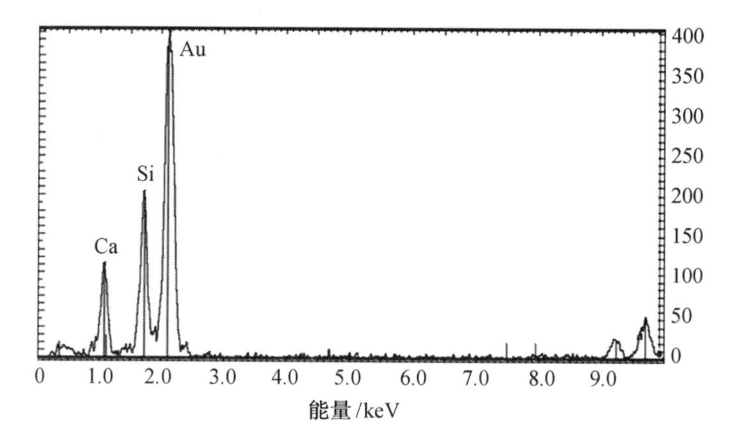

图 2.22　衬底上颗粒结构的典型能谱谱图

表 2.1　Si 衬底上颗粒结构的能谱分析结果

元素	质量分数/%	原子数分数/%
Ga Ka	10.02	23.94
Au La	89.98	76.06
总计	100.00	100.00

根据 VLS 生长机理，在生长的第一阶段是形成纳米尺度的催化剂液滴，这些液滴在高温下从气相中吸附并溶解纳米线的组成元素形成合金液滴，作为纳米线的成核部位。在实验里，反应前一定厚度的金膜被预覆盖在 Si 衬底上，随着温度的升高，金膜将破裂开形成独立的 Au 团簇液滴，初始金膜厚度越厚，所形成的 Au 团簇的尺寸也越大；另一方面，当温度逐渐升高时，反应体系内 Ga 蒸气压也不断增大，气态的 Ga 原子不断溶解到 Au 的液滴中形成 Au-Ga 合金（约为 450 ℃），由于 Au 团簇之间的相互融合以及 Ga 原子的溶解，因此，合金液滴的尺寸要大于初始的 Au 团簇尺寸。将 3 nm 厚度和 10 nm 厚度的金膜覆盖的 Si 衬底分别在 Ar 气气氛中退火，将退火前后的硅片进行了对比，其 SEM 图像分别显示在图 2.23 和图 2.24 中。可以看到，在退火前金膜都呈连续状，而退火后金膜失去连续性，破裂开并形成独立的纳米颗粒，较均匀地分布在衬底的表面上。当初始金膜厚度为 3 nm 时，退火后形成的 Au 纳米颗粒的尺寸为 45～75 nm；而当金膜厚度增大到 10 nm 时，退火后形成的 Au 颗粒的尺寸为 250～450 nm。

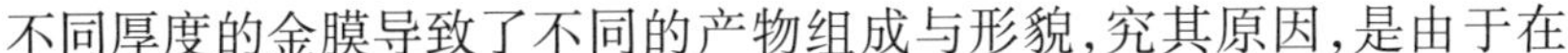
不同厚度的金膜导致了不同的产物组成与形貌，究其原因，是由于在

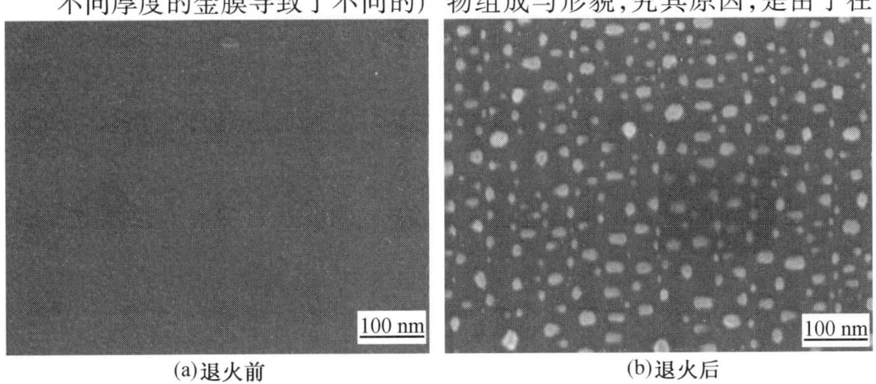

(a)退火前　　(b)退火后

图 2.23　3 nm 的金膜覆盖的 Si 衬底退火前和退火后的 SEM 图像

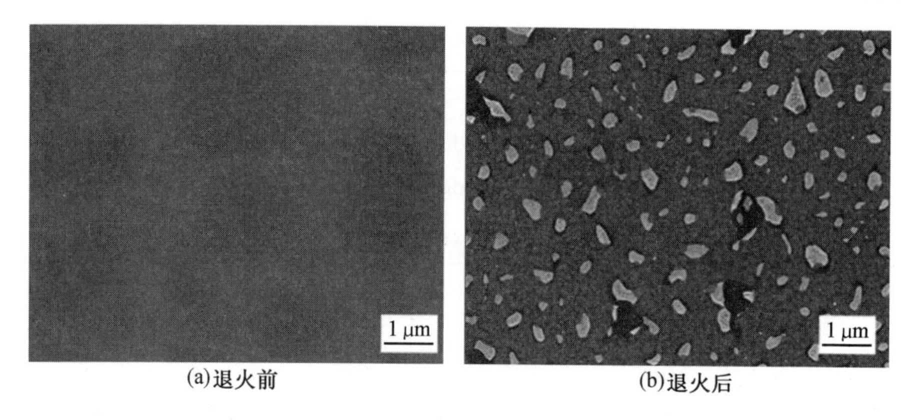

(a)退火前 (b)退火后

图 2.24 10 nm 的金膜覆盖的 Si 衬底退火前和退火后的 SEM 图像

反应温度下形成了不同尺寸的 Au 纳米颗粒。对于 GaN 纳米线的气相催化生长,由于 Au 作为催化剂会受到热力学限制(N 在 Au 里较差的溶解性),因此如何提高其催化活性显得尤其重要。目前的研究表明,只有适当尺寸的 Au 粒子才具有有效的催化作用,随着粒子尺寸增大,Au 会失去有效的催化活性,表现为在产物中没有 GaN 纳米棒生长。最近,Zhang 等人[34]在研究不同催化剂对 GaN 纳米线生长所起的催化作用时发现,对于相同厚度的铁、镍、金膜覆盖的衬底,在相同的反应条件下,覆盖有 Fe 和 Ni 膜的衬底上可以生长得到 GaN 纳米线,而在金膜覆盖的衬底上只得到 Au(Ga)的颗粒。这表明对于不同的催化体系,其有效催化的粒子尺寸是不相同的,相比 Fe、Ni 等过渡金属,Au 将受到更大的尺寸限制作用。

2.4.5 对催化剂形状效应的讨论

以上介绍了 Au 作为催化剂时的尺寸效应,下面就催化剂颗粒形状的影响进行讨论。观察在 Ar 气气氛中退火后的硅片(图2.23(b)和图 2.24(b)),可以发现一个有趣的现象,3 nm 厚度的金膜退火后形成的 Au 纳米颗粒呈球形或近球形,而 10 nm 厚度的金膜在退火后形成的 Au 颗粒不仅尺寸增大,而且形状变得相当不规则。在有催化剂参与的气相生长过程中,气相物种需要溶解在金属催化剂的液滴中形成二元或三元合金,在合金液滴达到过饱和后,继续提供气相物种才开始形成纳米线。在初始状态下,衬底表面分散的催化剂颗粒与衬底有一定的结合力,当气态反应物原子溶解到催化剂颗粒中时,需要克服一个溶解势垒,而在气-液-固(VLS)模式指导下生长纳米线时，组成纳米线的元素与催化剂颗粒的结合能要大于颗粒与衬底间的结合力才能将其“顶起”，与衬底分离，催化剂颗粒就成为纳米线的头部，并起到指导生长的作用。当颗粒为球形结构时，其与衬底间的结合力要比不规则形状下的结合力小（可与表面浸润现象类比），也就是说，颗粒有更大的自由度，更容易与衬底分离。由于 N 元素在溶解到 Au 中时，存在较大的溶解势垒，即只有少量的 N 可以溶解在催化剂颗粒中，当颗粒形状由球形转变为不规则形时，颗粒与衬底的结合力变大，这将增大 N 在 Au 中的溶解势垒，如果没有足够的 N 原子溶解到 Au 中就不能形成有效的 Au-Ga-N合金液滴，也就不能生长得到 GaN 纳米线。因此，在热力学限制下，N 原子在 Au 颗粒中的溶解度受到颗粒尺寸与颗粒形状的共同影响，过大的尺寸与不规则的形状都会导致生长 GaN 纳米线的失败。

2.5 本章小结

（1）采用热力学限制的金属 Au 为催化剂，通过气相沉积反应成功生长了六方晶态的 GaN 纳米线，生长遵循一维纳米线生长的 VLS 机理，纳米线头部颗粒由 Au、Ga 及 N 组成，证明 Au 有效地指导了纳米线生长且限制了其径向尺寸。

（2）选择 $HAuCl_4 \cdot 4H_2O$ 溶液为催化剂前驱体生长 GaN，当使用0.01 mol/L溶液时，得到 GaN 纳米线的直径为 60 ~ 100 nm，长度为十几微米，长径比超过了 100；退火后形成的 Au 颗粒与 GaN 纳米线直径具有相似的尺寸分布；随着初始溶液浓度的增大，形成的 Au 粒子尺寸相应增加，当增大到0.1 mol/L时，无 GaN 纳米线生长，表明此时 Au 粒子不再具有有效的催化作用。

（3）利用 3 nm 厚金膜覆盖的衬底在大范围生长了尺寸一致的 GaN 纳米棒，其直径为 50 ~ 80 nm，长度为 1 ~ 2 μm；当膜厚增大到 10 nm 时，在衬底上只得到 Au（Ga）颗粒，无 GaN 纳米棒生长，这表明金膜厚度对 GaN 的生长有显著影响，即 GaN 生长对 Au 粒子尺寸有强的依赖性。

（4）使用适当尺寸的 Au 纳米粒子，在 Si（111）、Si（100）、Al_2O_3 <0001>、氧化铝基片、石英基片等不同衬底上都能生长得到 GaN 纳米线或纳米棒结构，证明了 Au 的有效催化能力不依赖于衬底类型。

(5)GaN纳米线(或纳米棒)头部颗粒组成为Au-Ga-N三元合金,而当只形成Au(Ga)液滴时,无GaN纳米线生长,这说明对于金属(M)引发的二元化合物(AB)一维结构的生长,需要形成三元合金液滴(M-A-B),才能作为成核部位引发生长。

(6)金属催化剂Au对GaN的生长存在尺寸效应,只有适当尺寸的Au纳米粒子才能有效引发纳米线的成核与生长,这表明随着金属颗粒尺寸减小到纳米量级,金属块体的热力学限制可以被打破,在大尺寸下表现出的化学惰性(差的溶解性或吸附性)会由于尺寸减小而发生转变,这验证了纳米颗粒的小尺寸效应。

参考文献

[1] WAGNER R S, ELLIS W C. Vapor-liquid-solid mechanism of single crystal growth[J]. Appl. Phys. Lett., 1964, 4:89-90.

[2] SERAPHIN S, ZHOU D. Single-walled carbon nanotubes produced at high yield by mixed catalysts[J]. Appl. Phys. Lett., 1994, 64(16): 2087-2089.

[3] LIU B, WAGBERG T, OLSSON E, et al. Synthesis and characterization of single-walled nanotubes produced with Ce/Niascatalysts[J]. Chem. Phys. Lett., 2000, 320:365-372.

[4] ALVAREZ W E, POMPEO F, HERRERA J E, et al. Characterization of single-walled carbon nanotubes(SWNTs) produced by CO disproportionation on Co-Mo catalysts[J]. Chem. Mater., 2002, 14:1853-1858.

[5] LIU B C, TANG S H, YU Z L, et al. Catalytic growth of single-walled carbon nanotubes with a narrow distribution of diameter over Fe nanoparticles prepared in situ by the reduction of $LaFeO_3$[J]. Chem. Phys. Lett., 2002, 357:297-300.

[6] ALVAREZ W E, KITIYANAN B, BORGNA A, et al. Synergism of Co and Mo in the catalytic production of single-wall carbon nanotubes by decomposition of CO[J]. Carbon, 2001, 39:547-558.

[7] ZHU J, YUDASAKA M, IIJIMA S. A catalytic chemical vapor deposition

synthesis of double-walled carbon nanotubes over metal catalysts supported on a mesoporous material[J]. Chem. Phys. Lett., 2003, 380(5-6): 496-502.

[8] HOMMA Y, KOBAYASHI Y, OGINO T, et al. Role of transition metal catalysts in single-walled carbon nanotube growth in chemical vapor deposition[J]. J. Phys. Chem. B, 2003, 107(44):12161-12164.

[9] JEONG H J, AN K H, LIM S C, et al. Narrow diameter distribution of single walled carbon nanotubes grown on Ni–MgO by thermal chemical vapor deposition[J]. Chem. Phys. Lett., 2003, 380(3-4):263-268.

[10] WEI J, JIANG B, WU D, et al. Large-scale synthesis of long double-walled carbon nanotubes[J]. J. Phys. Chem. B, 2004, 108(26): 8844-8847.

[11] KONG J, CASSELL A M, DAI H. Chemical vapor deposition of methane for single-walled carbon nanotubes[J]. Chem. Phys. Lett., 1998, 292 (4-6):567-574.

[12] CHEN X, LI J, CAO Y, et al. Straight and smooth GaN nanowires[J]. Adv. Mater, 2000, 12:1432-1434.

[13] ChEN C C, YEH C C, CHEN C H, et al. Catalytic growth and characterization of gallium nitride nanowires[J]. J. Am. Chem. Soc., 2001, 123:2791-2798.

[14] CHEN X, XU J, WANG R M, et al. High-quality ultra-fine GaN nanowires synthesized via chemical vapor deposition[J]. Adv. Mater., 2003, 15:419-421.

[15] KIM T Y, LEE S H, MO Y H, et al. Growth of GaN nanowires on Si substrate using Ni catalyst in vertical chemical vapor deposition reactor [J]. J. Crystal Growth, 2003, 257:97-103.

[16] BAE S Y, SEO H W, HAN D S, et al. Synthesis of gallium nitride nanowires with uniform [001] growth direction[J]. J. Crystal Growth, 2003, 258:296-301.

[17] CUI Y, LAUHON L J, GUDIKSEN M S, et al. Diameter controlled synthesis of single-crystal silicon nanowires[J]. Appl. Phys. Lett., 2001,

78:2214-2216.

[18] HUANG M H, WU Y, FEICK H, et al. Catalytic growth of zinc oxide nanowires by vapor transport[J]. Adv. Mater., 2001, 13:113-116.

[19] NIU J, SHA J, MA X, et al. Array-orderly single crystalline silicon nanowires[J]. Chem. Phys. Lett., 2003, 367:528-532.

[20] XING Y J, YU D P, XI Z H, et al. Silicon nanowires grown from Au-coated Si substrate[J]. Appl. Phys. A-Mater., 2003, 76:551-553.

[21] GUDIKSEN M S, LIEBER C M. Diameter-selective synthesis of semiconductor nanowires[J]. J. Am. Chem. Soc., 2000, 122:8801-8802.

[22] CHLSSON B J, BJORK M T, MAGNUSSON M H, et al. Size-, shape-, and position-controlled GaAs nano-whiskers[J]. Appl. Phys. Lett., 2001, 79:3335-3337.

[23] WANG Y, MENG G, ZHANG L, et al. Catalytic growth of large-scale single-crystal CdS nanowires by physical evaporation and their photoluminescence[J]. Chem. Mater., 2002, 14:1773-1777.

[24] WANG Y W, ZHANG L D, WANG G Z, et al. Catalytic growth of semiconducting zinc oxide nanowires and their photoluminescence properties[J]. J. Crystal Growth, 2002, 234:171-175.

[25] YUAN H J, XIE S S, LIU D F, et al. Characterization of zinc oxide crystal nanowires grown by thermal evaporation of ZnS powders[J]. Chem. Phys. Lett., 2003, 371:337-341.

[26] LIU C, ZAPIEN J A, YAO Y, et al. High-density, ordered ultraviolet light-emitting ZnO nanowire arrays[J]. Adv. Mater., 2003, 15:838-841.

[27] DUAN X, LIEBER C M. Laser-assisted catalytic growth of single crystal GaN nanowires[J]. J. Am. Chem. Soc., 2000, 122:188-189.

[28] CHEN C C, YEH C C. Large-scale catalytic synthesis of crystalline gallium nitride nanowires[J]. Adv. Mater., 2000, 12:738-741.

[29] MASSALSKI T B. Birany alloy plase diagrams: vol. 1[M]. OhiO: ASM. Metals Park, 1986:283.

[30] KATO A, TAMARI N. Some common aspects of the growth of TiN,

ZrN, TiC and ZrC whiskers in chemical vapor deposition[J]. J. Crystal Growth, 1980, 49:199-203.

[31] GOLDSTEIN A N, ECHER C M, ALIVISATOS A P. Melting in semiconductor nanocrystals[J]. Science, 1992, 256:1425-1427.

[32] BALKAS C M, DAVIS R F. Synthesis route and characterization of high-purity single-phase gallium nitride powders[J]. J. Am. Ceram. Soc., 1996, 79(9):2309-2312.

[33] BOND G C, THOMPSON D T. Catalysis by gold[J]. Catal. Rev. Sci. Eng., 1999, 41:319-388.

[34] ZHANG J, ZHANG L. Growth of semiconductor gallium nitride nanowires with different catalysts[J]. J. Vac. Sci. Technol. B, 2003, 21(6):2415-2419.

第 3 章　GaN 纳米带和纳米带环的生长与形成机理

3.1 引　　言

低维纳米结构的材料由于在深入理解材料的基本物理性质、研究微观物理现象以及作为功能模块构筑纳米器件方面具有重要的作用,在近几年它已成为纳米材料研究领域的一个热点和前沿问题,其中一维或准一维的半导体纳米材料是一个重要的研究方向。随着对纳米线、纳米管等一维结构研究的开展,研究者也在探索制备新型的准一维纳米结构,为纳米材料家族增添新的成员,并希望发现新型结构的特殊性质与应用潜力。在这方面的研究中,一个重要的进展是在 2001 年香港城市大学的 Lee 带领的研究组成功制备了半导体硅(Si)的带状纳米结构[1],以及佐治亚理工学院的 Wang 领导的研究小组采用简单的气相热蒸发的方法成功合成出半导体氧化物的纳米带结构[2],包括 ZnO、Ga_2O_3、SnO_2、CdO、In_2O_3 等,这两项研究成果分别在国际权威期刊 *J. Am. Chem. Soc.* 和 *Science* 上发表,引起了人们极大的兴趣,其中 Wang 的成果被评价为"Scientists belt out a novel nanostructure(科学家带出新型纳米结构)"。Wang 认为这种特殊的准一维纳米结构将激发人们对纳米尺度的材料更大的研究热情,并将开拓出许多新的研究领域。此后,研究人员利用不同的方法和生长条件制备出了半导体氧化物的纳米带[3-9]、Ⅱ-Ⅵ族 ZnS 纳米带与自组装体[10-12]以及其他氧化物等材料的纳米带结构[13-17]。

目前,对纳米带结构的制备研究主要集中在半导体氧化物方面,对于重要的新一代宽带隙半导体光电子材料——Ⅲ-Ⅴ GaN 却很少有报道。中科院物理所陈小龙的研究组曾报道利用球磨过的 GaN 粉末为原料,通过气相升华的方法合成了弯曲的 GaN 带状结构[18],但是对生长的控制与机理未进行更深入的研究。对半导体氧化物纳米带的生长特点进行分析,发现其制备通常是由气相反应（有催化剂存在或无催化剂时）来实现的，在这个过程中生长动力学对最终产物的结构起到重要的作用，通过调节或改变生长条件，来控制不同晶面的生长速率，在晶面能最低原理的原则下，生长出纳米带结构。因此，希望借鉴这一思想，在 GaN 纳米结构的制备中，通过对宏观生长条件的控制来影响晶面生长动力学，从而生长出 GaN 的带状纳米结构，并探求生长过程中的条件控制与其他基本科学问题。

本章介绍尝试利用气相沉积的方法制备得到 GaN 纳米带结构，并通过对生长条件的控制，实现 GaN 纳米线、纳米带等准一维纳米结构的控制生长，探讨生长过程的影响因素，并研究不同纳米结构的生长机理、光谱学性质等，从晶体生长的角度与 GaN 独特的结构特征分析纳米带与纳米线的形成原因，讨论外界生长条件对最终产物形貌的影响。该研究不仅对 GaN 新型结构的制备具有重要的指导意义，而且对由气相生长其他材料的低维结构具有很好的借鉴价值。

3.2 GaN 纳米带与纳米带环结构的生长

3.2.1 实验设备与反应原料

实验设备如第 2 章所述。反应所用原料与试剂：

高纯金属 Ga（99.999 9%）；单面抛光的单晶 Si 基片；分析纯水合氯化镍（$NiCl_2 \cdot 6H_2O$）；分析纯无水乙醇；分析纯丙酮；氧化铝舟；Ar 气（Ar）纯度大于 99.99%，氨气（NH_3）纯度大于 99.9%。

3.2.2 实验过程

利用预先分散有氯化镍溶液的硅片作为衬底生长 GaN 纳米结构。具体的实验步骤为：首先将一片 Si（100）单晶基片（10 mm×8 mm）在丙酮液中超声清洗 30 min，自然晾干，然后浸入浓度为 0.02 mol/L 的 $NiCl_2 \cdot 6H_2O$的乙醇溶液，取出后在空气中放置待乙醇挥发完全；将约 2 g 金属 Ga 熔体装载到一个清洁的氧化铝舟内，将处理过的 Si 片放在舟内，与 Ga 源的距离为 3～8 mm，舟上方覆盖一个氧化铝片以增大反应物蒸气压；然后将舟推入水平陶瓷管内并定位在中部高温区，将管子密封，连接真空装置排除管内的空气,充入Ar气(99.99%);随后设定电阻炉温度,将陶瓷管升温至950 ℃,升温期间保持恒定的Ar气流率为60 mL/min,当温度达到设定值950 ℃时,关闭Ar气流,通入氨气流,保持流率为50 mL/min,保持在这一温度60 min;此后将电炉电源关闭,待管自然冷却到室温后,取出氧化铝舟,在衬底表面观察到一层淡黄色沉积。

3.2.3 产物的表征

利用Rigaku D/Max-2400型X射线粉末衍射分析仪(XRD)确定产物整体结构与相纯度,采用标准$\theta-2\theta$扫描方法,使用Cu靶$K\alpha_1$辐射线,波长为$\lambda=0.154\ 05$ nm,扫描角度为20°~90°。

利用Hitachi S-3500N型扫描电子显微镜(SEM)和LEO-1530型场发射扫描电镜(FESEM)观察产物形貌与结构特征;利用Oxford INCA能量色散X射线谱仪(EDS)分析产物组成。

利用Hitachi H-800型透射电子显微镜(TEM)表征产物的微结构与结晶性,所采用的加速电压为200 kV;透射样品的制样过程如下:首先从衬底上刮下少量产物,装入盛有无水乙醇的试管,超声分散后取1~2滴液体滴在覆盖有无定形碳膜的铜网上,自然晾干至乙醇完全挥发后进行观察。

利用Renishaw inVia型显微共焦激光拉曼光谱仪(Raman)获得产物的室温拉曼光谱,使用514.5 nm波长的氩离子激光器作为激发源,光谱分辨率为1 cm^{-1},显微尺寸范围小于2 μm,扫描范围从100~1 000 cm^{-1},测量在室温下进行。

利用He-Cd激光器作为激发源,研究产物的室温光致发光(PL)性质,激光波长为325 nm,激光功率为30 mW,扫描波长范围为350~700 nm,分辨率为0.5 nm,测量在室温下进行。

3.2.4 结果与讨论

图3.1所示是生长在Si衬底上的产物的XRD图谱,在扫描角度范围内所有可以探测到的衍射峰能够指标化到纤锌矿型六方相GaN,经过计算得到其晶胞参数$a=0.319\ 1$ nm,$c=0.519\ 5$ nm,这与标准粉末衍射卡片JCPDS(卡片号:76-0703)列出的六方相GaN的衍射数据相吻合。每个衍射峰均出现一定程度的宽化,可能是由于纳米尺度的尺寸效应引起的。六

方相 GaN 的晶面指数标示在相应的衍射峰位置上。在仪器的探测极限内没有发现有其他晶态物质的衍射峰,表明产物是纯的六方结构 GaN。

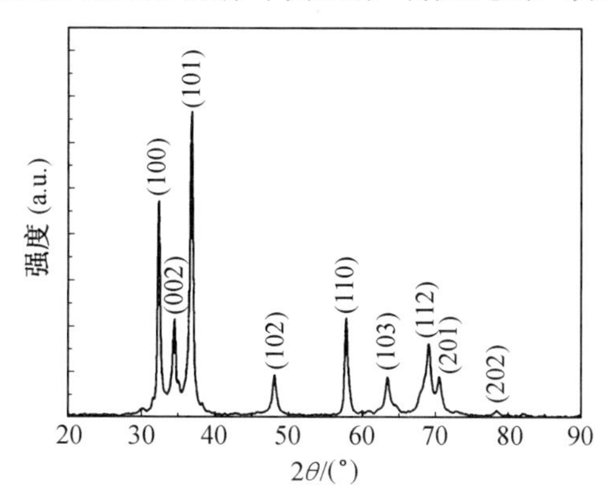

图 3.1 生长在 Si 衬底上的产物的 XRD 图谱

对衍射峰强度的分析发现,在 3 个最强峰中,(100)晶面的衍射峰相对强度与标准卡片的相应峰强度值相比发生了较大的变化,增大了约 55%,表 3.1 列出了衍射峰相对强度的对比结果。可以认为这一现象可能是由 GaN 纳米结构的各向异性生长造成的,由于某些晶面的择优生长,使得这些晶面在最终产物中占有优势,从而造成晶面对应的衍射峰相对强度发生了较大的变化。

表 3.1 产物的衍射峰强度(三强峰)与标准卡片值的比较结果

GaN	相对强度[(100)晶面]	相对强度[(002)晶面]	相对强度[(101)晶面]
JCPDS	47	37	100
产物	73	32	100
变化值	55%	-13.5%	0

利用扫描电镜对衬底表面进行了观察分析。图 3.2 所示是产物的 SEM 图像。图 3.2(a)显示了整体形貌,可观察到在 Si 衬底上的产物具有带状形貌,大量纳米带结构分布在衬底上,约有十几微米的长度,大多数展示了波浪的形状并表现出一定程度的弯曲和缠绕;图 3.2(b)是高放大倍数下的图像,更清楚地显示了带状结构,带的宽度范围大约为 80 ~ 250 nm,带的侧面展现出更薄的厚度,这与纳米线表现出一致的径向尺寸有显著的区别。图 3.3 显示了单根纳米带端部的 FFSEM 图像,可见其端

部具有尖形的形貌。对纳米带进行能谱分析可以得出纳米带由 Ga 和 N 两种元素组成。图 3.4 是 GaN 纳米带的能谱谱图,定量的分析结果(表 3.2)给出 Ga 与 N 的原子比为 50.74∶49.26,比值约为 1,说明纳米带的组成与 GaN 的化学计量比相符合。

(a) 整体形貌　　(b) 高放大倍数下图像

图 3.2　生长在 Si 衬底上的带状 GaN 纳米结构的 SEM 图像

图 3.3　单根纳米带端部的 FESEM 图像

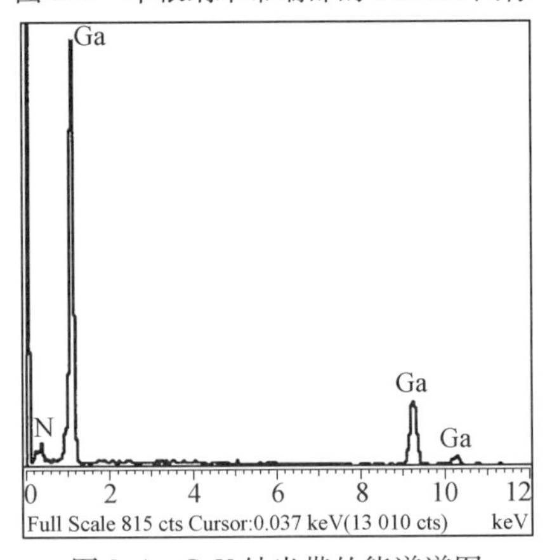

图 3.4　GaN 纳米带的能谱谱图

表 3.2　对生长的纳米带进行能谱分析的定量结果

元素	质量分数/%	原子数分数/%
N K	16.32	49.26
Ga K	83.68	50.74
总计	100.00	

对整个衬底进行仔细观察,发现在衬底表面靠近原料一端的沉积层中有大量纳米带产生弯曲形成环状结构,如图 3.5 所示,带环的宽度为150 ~ 350 nm,环的直径约为 3 ~ 8 μm,可以观察到带环之间有缠绕的现象。这可能是纳米带在生长过程中产生较大的弯曲,其两个端部发生“自融合”现象,导致最终的环状形貌。一些环未完全闭合,我们称这些为开环结构。

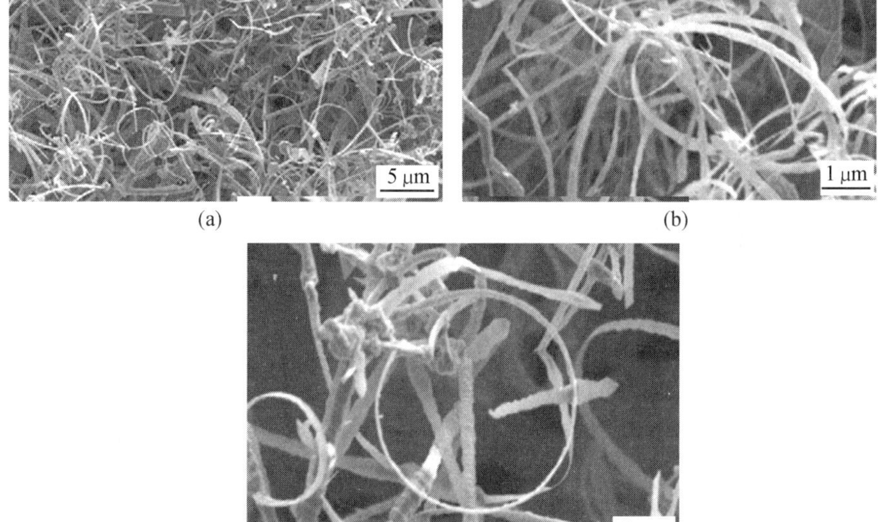

(a)　(b)　(c)

图 3.5　GaN 纳米带环状结构的 SEM 图像

能谱分析显示带环由 Ga 和 N 元素组成,表 3.3 给出了定量分析的结果,Ga 与 N 的原子比为 49.43 : 50.57,比值约为 1,表明了纳米带环的化学组成符合 GaN 的计量比。

表3.3 对纳米带环进行能谱分析的定量结果

元素	质量分数/%	原子数分数/%
N K	17.05	50.57
Ga K	82.95	49.43
总计	100.00	

利用透射电镜与电子衍射分析仪对产物的结构进行进一步表征。图3.6所示是GaN纳米带的TEM图像。图3.6(a)~3.6(c)显示了典型的带状形貌,对多个纳米带的观察显示纳米带宽度范围在80~250 nm,厚度大约为10~50 nm,在结构上明显区别于以前所报道的中空纳米管和实心纳米线。纳米带表面光滑洁净,无纳米颗粒或其他结构,也没有无定形外壳包覆。值得注意的是,在纳米带的TEM明场像中很容易观察到弯曲轮廓(即带表面呈现出的明暗条纹),这是原子平面相对于入射电子束方向的偏移造成的,由于晶体在支持物上的弯曲,相同的晶面族可以有不同的取向,因此电子束与某局部晶面间的角度会改变。如果电子束平行于原子面,不出现衍射效应,TEM图像呈亮的对比;如果入射束以Bragg(布拉格)角穿过原子面,TEM图像的局部区域就呈较暗的对比。图3.6(a)~图3.6(c)上方的插图是相应的SAED花样,清晰地显示了六方规则排列的点阵图案,衍射花样可以指标化到[001]的晶带轴,揭示了纳米带生长平行于[100]的方向。对纳米带的不同位置进行选区衍射的分析,显示出相同的衍射花样,反映出纳米带的单晶态本性,且衍射花样也表明纳米带具有六方结构,这与XRD的分析结果相一致。

图3.6(d)给出了单根纳米带端部的形貌,显示出纳米带沿着带轴方向宽度略微变窄,而在接近端部处形成了一个尖形,角度约为60°,这与SEM所观察到的纳米带头部尖端形貌一致,这种特殊的结构特征预示着纳米带具有独特的生长机理。

激光拉曼(Raman)光谱能够提供有关分子振动状态的信息,它对微观无序结构相当敏感,根据频移带的选择定则和形状,可以获得丰富的材料结构信息。拉曼散射技术已经作为一种很有用的工具来探测半导体材料中的声子激发。纤锌矿结构的GaN属于单轴晶体,所属空间群为$P6_3mc(C_{6v}^4)$,所有原子都占据C_{3v}的位置,由群论分析可以知道[19],其光学声子可表示为

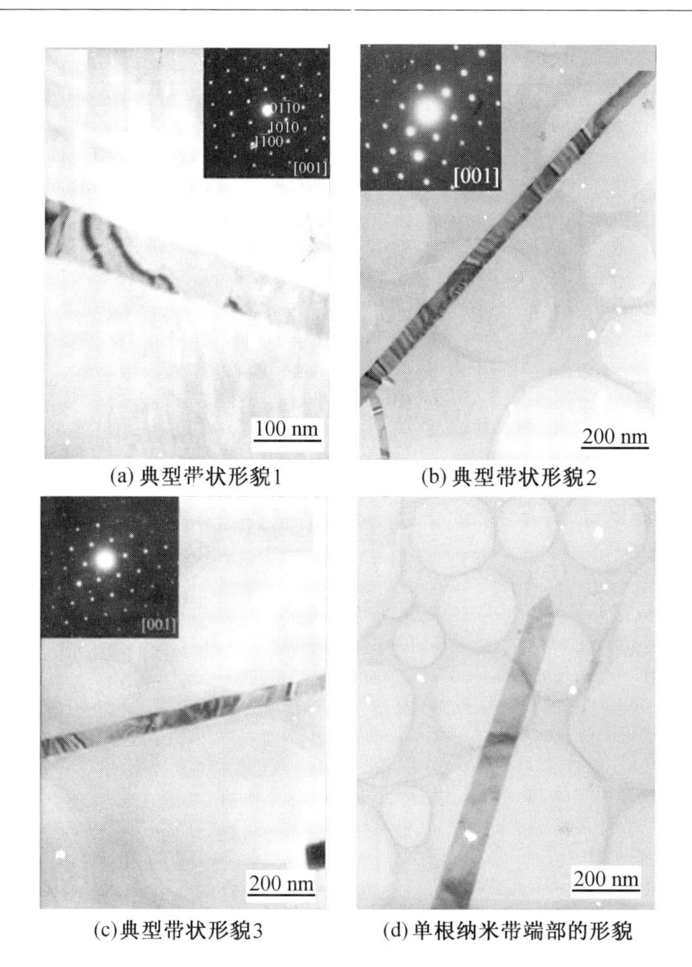

(a) 典型带状形貌1　(b) 典型带状形貌2

(c) 典型带状形貌3　(d) 单根纳米带端部的形貌

图 3.6　GaN 纳米带的 TEM 图像

$$\Gamma\mathrm{opt}=A_1(z)+2B_1+E_1(x,y)+2E_2 \tag{3.1}$$

其中,x、y、z 表示声子的极化方向。对于纤锌矿型 GaN 晶体,有一个 A_1 模式,一个 E_1 模式及两个 E_2 模式表现为拉曼活性,而 B_1 模式是非拉曼活性的。由于 GaN 属于非中心对称的晶体,当有与伸缩振动相关的宏观电场存在时,相应于 A_1 和 E_1 模式的声子会裂分为两支,一个纵光学声子(LO)和一个横光学声子(TO)。在过去十几年里人们对 GaN 材料的拉曼散射已经进行了广泛的研究,根据计算和实验结果,对于六方相结晶良好的 GaN 体晶材料(或外延 GaN 薄膜)有 6 个一阶拉曼活性声子[20-23],其相应的频移见表 3.4。

表3.4 体晶GaN的拉曼活性声子与其相应的频移

声子模式	A_1(TO)	A_1(LO)	E_1(TO)	E_1(LO)	E_2(high)	E_2(low)
频移/cm^{-1}	533	735	559	743	569	145

图3.7所示是GaN纳米带与纳米线的室温激光拉曼散射光谱对比，对于GaN纳米带结构，在727 cm^{-1}、568 cm^{-1}、533 cm^{-1}、418 cm^{-1}处出现了拉曼频移带，其中在727 cm^{-1}对比处的不对称较弱的频移带可以归于A_1(LO)声子模式，在568 cm^{-1}和533 cm^{-1}的频移带可分别归于E_2(high)和A_1(TO)声子模式，而在418 cm^{-1}的频移带不属于一阶拉曼活性声子，在$P6_3mc$空间群的一阶拉曼散射里它是被禁阻的；E_2(high)模式的高强度和尖锐且对称的峰形，证明了GaN纳米带是六方结构且具有很好的结晶性；此外，大的峰强度比值($I_{E_2}/I_{A_1(LO)}$)也表明了其极好的晶态结构特征。对于GaN纳米线结构，在670 cm^{-1}、566 cm^{-1}、530 cm^{-1}、420 cm^{-1}处出现了拉曼频移带，其中在566 cm^{-1}和530 cm^{-1}的频移带可分别归于E_2(high)和A_1(TO)模式，与纳米带相比，纳米线结构在670 cm^{-1}出现了一个宽而弱的频移带，另外在420 cm^{-1}处也出现一个不属于六方GaN一阶拉曼活性声子的频移带。以前的研究表明，由于有限晶粒尺寸导致的表面无序，造成$q=0$选择定则的弛豫，这不仅使得拉曼允许声子模式的峰产生宽化现象，而且会导致$q \neq 0$相应的新声子模式的出现。Liu等人在研究六方结构GaN纳米线的拉曼散射时[24]，观察到在421 cm^{-1}处的声子模式并认为它是由纤锌矿GaN的声学谐波引起的；在最近的研究中，Chen等人在他们所制备的棱柱

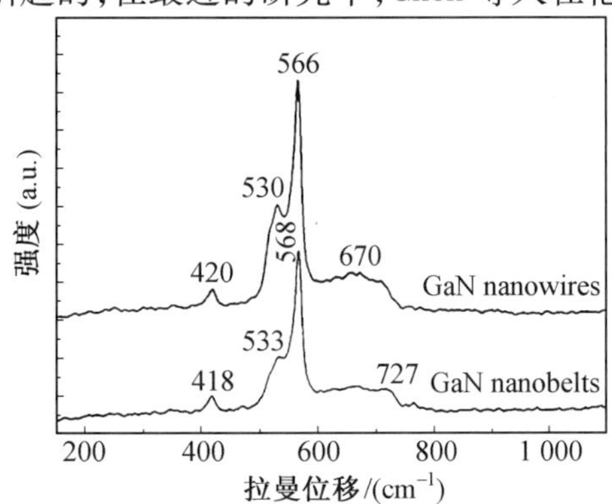

图3.7 GaN纳米带与纳米线的室温激光拉曼光谱对比

形 GaN 纳米棒结构的拉曼散射光谱中也观察到了这个声子带[25]。与文献报道的体晶 GaN 值相比，纳米带的 E_2(high) 声子模式向低频移动了 1 cm^{-1}，而 A_1(LO) 模式显著地向低频移动了 8 cm^{-1}；纳米线的 E_2(high) 和 A_1(TO) 声子模式分别向低频移动了 3 cm^{-1}，见表 3.5。一般地，纳晶尺寸引起的声子限域效应会导致拉曼声子的频移。Campbell 及其合作者提出了一个微晶模型[26]来解释晶体尺寸和形状效应对晶态半导体材料的单声子拉曼谱的影响，研究表明，不同形状的微晶（球形、柱形、薄片形）之间存在显著的差异，随晶体维度的降低将会导致一阶拉曼声子带的频移与宽化。GaN 纳米带的 A_1(LO) 模式发生显著的频移与其低维结构有关；而 GaN 纳米线在 670 cm^{-1} 附近出现一个弱的频移带，在以前的研究中很少报道，只有最近 Chen 的研究组在所制备的 GaN 纳米线产物中观察到这个带[27]，认为它可能与 GaN 纳米结构的表面态有关[28]。

表 3.5 GaN 纳米带、纳米线的声子模式与体晶 GaN 的对比

声子模式/cm^{-1}	A_1(LO)	E_2(high)	A_1(TO)	声学谐波
GaN 纳米带	727	568	533	418
GaN 纳米线	566	530	420	670
GaN 体晶	735	569	533	

3.2.5 GaN 纳米结构的光致发光研究

光致发光（PL）测量是一种强有力且非破坏性的测试手段，它可以用来表征与材料光相关的本征过程，例如带间跃迁等；同时它也常被用于探测或证实半导体材料中的杂质或缺陷态，尤其是对于浅能级杂质的探测更具有优势。

GaN 纳米结构的室温光致发光（PL）谱图显示如图 3.8 所示（激发波长为 325 nm），实线代表 GaN 纳米带结构的发光谱，虚线代表 GaN 纳米线的发光谱。从谱图可以观察到对于纳米带，在 366 nm 出现了一个强的发光峰，相应于 3.39 eV 的能量值，这与六方 GaN 的带隙宽度相一致，表明该发光峰是由带边发射引起的，而在中心位于 535 nm 附近出现了一个宽而弱的发射带。对于 GaN 纳米线结构在 373 nm(3.32 eV) 出现了一个强的发光峰，而在中心位于 555 nm 附近也出现了宽而弱的发射带。在以前的

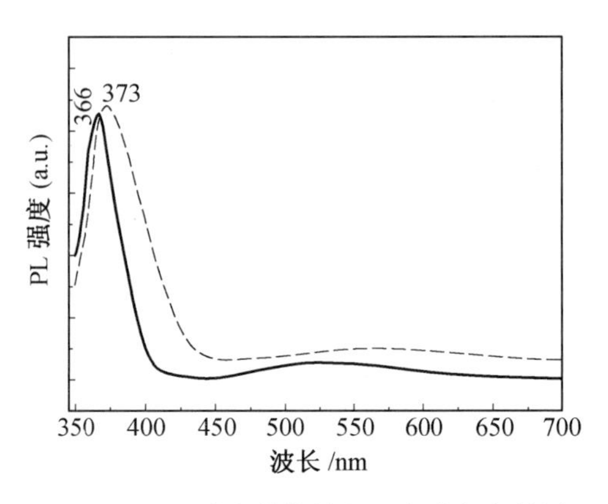

图 3.8　GaN 纳米结构的室温光致发光谱图

报道中，人们对 GaN 薄膜或体晶的发光性质进行了许多实验和理论计算的研究[29-32]，发现与 GaN 本征带隙直接相关的带边发射（室温下）位于 365 nm（3.39 eV），在 0 K 温度下六方结构的 GaN 带隙大约为3.44 eV[33]，此外，还观察到中心位于2.2～2.3 eV 的较宽的黄光发射带[34]。研究认为 GaN 黄光发射的起源是电子从导带或浅施主态到深定域态能级的跃迁过程。GaN 纳米带与纳米线结构在 2.05～2.64 eV 范围出现的弱发光带可以归于黄光发射。与纳米带结构相比，GaN 纳米线的带边发射中心位于 3.32 eV，红移了约 70 meV。根据以前的研究结果，对于 GaN 带边发射的移动一般可归于量子限域效应，但是在目前的研究中，认为带边发射的移动不是由量子限域效应引起的。首先，根据计算所得结果 GaN 的激子玻尔半径是 11 nm[35]，这比目前所制备的 GaN 纳米线的尺寸小得多，另外，量子限域效应通常引起带隙跃迁的蓝移（向短波长移动），而观察到的是红移（向长波方向移动）。对于半导体带隙的红移，碳杂质被认为是一个可能的原因[36]，同时也是造成黄光发射的原因之一，然而，根据估算碳的离子化能[37]约是 200 meV（无论碳原子是在氮位或镓位上），这比 70 meV 大得多，因此将红移归于碳杂质并不合适。一般地，氮（N）空位的能量值大约位于 GaN 导带以下几十毫电子伏[38]，与所观察到的红移值相匹配，所以 GaN 纳米线结构带边发射的红移可能由 N 空位所引起。但是 GaN 纳米带的带边发射没有发生红移，因此，认为带隙跃迁过程的发射峰移动也可能与应力有关[39]，从拉曼光谱的结果也可以发现，与纳米带相比，纳米线的 E_2（high）声子模式发生了更大的频移，这揭示了纳米线结构应受到更大的内应力作用。不同的纳米结构所受内应力不同,将导致带边发射向低能量值移动,即带隙减小,这可能是造成带隙移动的另一个原因。

此外,在最近的一些研究中,对不同的 GaN 低维纳米结构进行发光性质的测量时,还观察到位于蓝光波段的发射带[25,40,41],一般将它归于杂质能级或缺陷态的电子跃迁过程,而在我们所制备的样品中没有探测到这一发射带。

3.3 纳米带的形成机理

在以前的研究中,当利用有金属催化剂参与的气相反应制备 GaN 纳米结构时,所得到的产物通常是纳米线,而生长过程被认为遵循传统的气-液-固(VLS)生长机理。纳米线的一个显著的外在特征是在其头部连接有一个球形的纳米颗粒,它是由催化剂合金液滴固化形成的,起到了引发纳米线成核和使其沿一维方向生长的作用。在目前的研究工作中,在产物中没有观察到这样的特征,而是在 SEM 和 TEM 的观察中发现纳米带的端部呈现特殊的尖端形貌。SUN 等人利用气相蒸发所制备的 SnO_2 纳米带在电镜下观察时也发现纳米带的端部呈尖形[8],他们认为这种尖形结构可能在反应过程中作为能量有利的部位来吸附气相物种,最终生长成带状结构。最近,Bae 及其合作者利用铁和氧化硼作为催化剂的气相反应制备得到了 GaN 带状结构[42],对产物的表征也发现在纳米带的端部具有尖形的结构。通过对纳米线与纳米带结构的对比可以发现它们之间的一个显著区别是:纳米线具有圆形的横截面,而纳米带的截面表现为矩形,即纳米带具有确定的外表面,这表明纳米带结构的生长具有自身的独特性。

在实验中利用 $NiCl_2 \cdot 6H_2O$ 溶液作为催化剂前驱体,它在升温过程中将分解产生金属 Ni 纳米颗粒分散在 Si 衬底的表面,起催化作用。对于纳米线的生长可以分为轴向和径向生长两个过程,它们应是同时进行的,由于通常轴向生长的速率要大得多,因此形成了一维的结构,人们在关注轴向生长时,往往忽略了径向生长过程。纳米线的 VLS 生长机理也是用于解释沿轴向一维生长的情况,而对于纳米带的特殊结构特点,必须考虑与最快生长方向垂直的方向上的生长情形。由于纳米带的宽度明显大于其厚度,所以其径向生长具有不对称性。在纳米带的生长中,金属 Ni 颗粒的催化作用主要表现为对微观反应体系中蒸气压的调节，即通过有效的吸附和溶解气相物种引发纳米带的成核与指导其轴向和径向的生长，而不是简单地按照传统VLS生长机理所描述的，催化剂球形液滴与纳米线组成元素发生合金化过程，随着合金液滴不断溶解气相反应物，引发纳米线的成核并促使纳米线的一维生长，并由于合金液滴的固化在纳米线的头部出现纳米颗粒结构。在对径向生长分析时，认为由于六方相GaN是具有高度各向异性的晶体，其各个晶面应具有不同的生长速率，这种速率的差异在特定的外部条件影响下表现得比较显著。例如纳米带的生长，就是在一定的宏观生长条件作用下，生长表现出径向不对称性，而在最终的产物中形成了特殊的带状纳米结构。如果在横向维度上，当侧向外延生长的作用超过了催化剂液滴对纳米线横向尺寸的限制作用时，纳米线头部的纳米颗粒有可能被逐渐“挤出”，而最终与主体结构分离，这也是在纳米带的端部没有观察到纳米颗粒的原因之一。

根据以上的分析，提出了GaN纳米带的气-液-固侧向自外延生长模型(VLS Lateral Self-epitaxy Growth)。图3.9显示了GaN纳米带的形成过程，随着温度逐渐升高，$NiCl_2$分解产生金属Ni原子，在衬底表面聚集形成

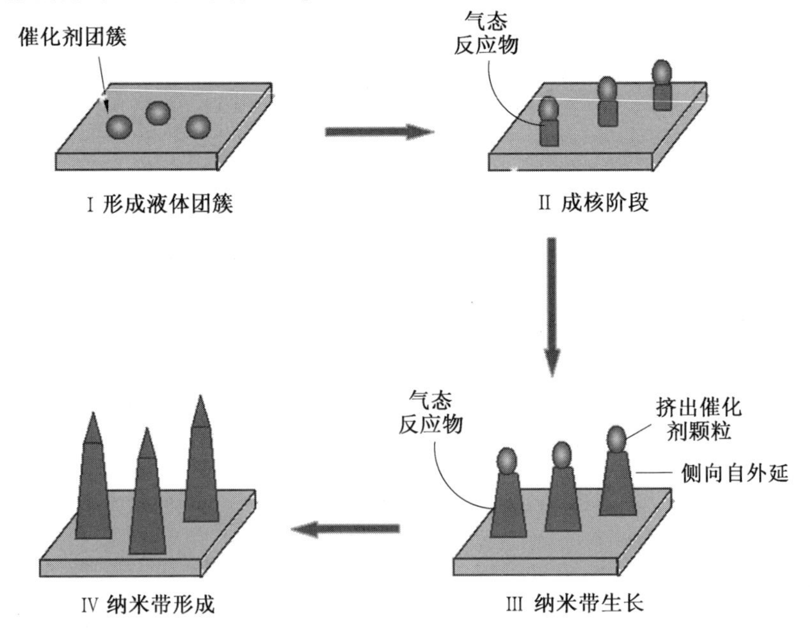

图3.9　GaN纳米带形成过程示意图

Ni 催化剂团簇，作为能量有利的部位吸附并溶解气相反应物 Ga 和 N 原子，形成 Ni-Ga-N 合金液滴；当其浓度达到过饱和时，GaN 的成核发生，随着气相反应物不断溶解，GaN 开始在液-固界面处生长，由于生长环境的作用，在径向上晶面生长速率表现出差异，而对液滴形状造成影响，近球形的液滴将被拉长；随着生长过程的进行，GaN 的侧向自外延生长愈加显著，并将催化剂液滴从端部逐渐“挤出”，液滴同主体部分的结合力变弱，在高温下容易被蒸发与主体分离；由于侧向自外延造成径向生长的不对称性最终导致了带状结构的形成，在“挤出”催化剂液滴的过程中纳米带端部的形状拉长呈现出尖端的形貌。改变催化剂的类型，利用适当尺寸的 Au 纳米颗粒来生长 GaN 纳米结构，在不同的生长参数组合下进行实验，结果发现只得到 GaN 纳米线，而没有纳米带产物，且几乎所有纳米线的头部都有合金液滴固化形成的球形纳米颗粒。这表明不同的金属催化剂在高温下应具有不同的形变特性，在引发 GaN 成核与生长时，相比金属 Ni，适当尺寸的 Au 液滴更倾向于保持近球形的形状，Au 液滴与纳米线主体有更强的结合力，这将对 GaN 的径向生长起到较强的约束作用，其侧向自外延生长被显著地抑制，径向生长显示出对称性，导致了最终产物是纳米线。

3.4 纳米带环的形成机理

最近，KONG 的研究组报道了有关纳米环结构的最新研究成果[43]，他们利用简单的气相蒸发法反应制备出半导体氧化锌环状纳米结构，并认为纳米环是由具有极性的纳米带在生长期间，通过自发地自卷曲过程形成的，并由长程静电相互作用引起，以使纳米带的静电能降低到最小。图 3.10所示是由极性纳米带通过自卷曲过程形成纳米环的示意图。其中“+”和“-”表示纳米带的极性，同轴与单一径向的纳米带自卷曲缠绕形成完全闭合的环，成环的弯曲部分之间短程的化学键产生了单晶的结构。这种自卷曲过程很可能是由极性电荷、表面区域及弹性形变所贡献的能量最小化所驱动的。因此，只有在纳米带两个端部的长程静电相互作用，短程化学键以及电荷极性、表面原子与形变很好匹配的情况下，才能够形成闭合的、完美的单晶环状结构。当上述条件不能被严格满足时，尽管纳米带可以发生自弯曲，但是不能形成完全闭合的单晶环状结构，即带的两端不能达到原子水平的结合，而成为一个整体。我们在 GaN 纳米带环中发现的开环结构证明了这一点。

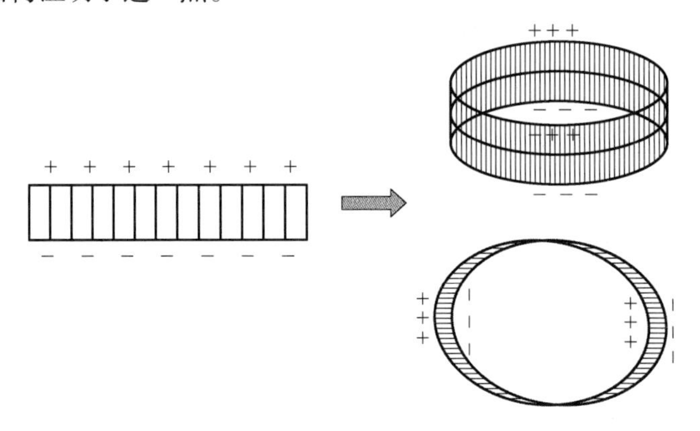

图 3.10　由纳米带自卷曲形成纳米环的示意图

3.5　生长条件对最终产物形貌的影响

为了考察生长条件对最终产物结构的影响，在不同的条件下进行了实验，通过实验研究，发现温度、气体流速、衬底与原料间的距离是影响产物结构的主要因素。使用金属 Ga 作为镓源，在分散有 $NiCl_2$ 溶液的 Si 基片衬底上生长 GaN 纳米结构时，改变温度、气体流速、衬底与原料间的距离等条件，选择温度变化范围为 900 ~ 1 000 ℃，氨气流速为 30 ~ 120 mL/min，衬底与原料间的距离为 0 ~ 35 mm 的条件下进行了多次对比实验，结果发现在较高的温度（950 ~ 980 ℃）、较低的氨气流速（30 ~ 50 mL/min）及更近的衬底与原料间的距离（0 ~ 8 mm）的条件下，可以得到纳米带和带环结构；而将温度降低（900 ~ 930 ℃），增大氨气流速（90 ~ 120 mL/min），适当增加衬底与原料间的距离（10 ~ 20 mm），则会得到 GaN 纳米线产物。在低于 900 ℃的反应温度下，在衬底上基本无 GaN 生长；而增大衬底与原料间的距离，衬底表面沉积物的量会明显减少，当距离超过 25 mm 时，则只能得到很少量的纳米线。利用没有经过催化剂溶液处理的清洁 Si 衬底进行实验，改变温度、气体流速、距离等生长参数，在衬底表面没有形成 GaN 纳米带或带环结构，这说明金属催化剂（Ni）对纳米带和纳米线的生长具有重要的作用，它可以作为能量有利部位有效地吸附气相反应物种。表3.6列出了生长条件与衬底上生长的GaN结构的关系。

表3.6 生长条件与衬底上生长的GaN结构的关系

温度/℃	氨气流速/(mL·min^{-1})	距离/mm	产物
950~980	30~50	0~3	纳米环
950~980	30~50	3~8	纳米带
900~930	90~120	10~20	纳米线
<900	30~120		基本无纳米线产物
900~1 000	30~120	>25	少量纳米线

最近,YAO等人利用气相反应法制备ZnO纳米结构时发现温度对产物形貌有重要的影响[44],在不同的温度区域将得到不同结构,包括针状、带状及线状的ZnO,而温度的变化实际上将会使反应体系局部的蒸气压发生变化,从而影响生长过程。JIAN等人在制备SnO_2纳米结构时发现在反应中使用不同的气体流速会导致不同的产物形貌[45],当气体流速减小时,局部气相过饱和度的增大,有利于纳米带的生长。

改变反应条件(反应温度为900~930 ℃,氨气流速为90~120 mL/min,距离为10~20 mm时),生长得到的GaN纳米线的典型SEM图像如图3.11所示,有大量纳米线结构生长在衬底表面,长度达到了几十微米,直径范围约为80~100 nm。图3.12显示了当原料与衬底间距离大于25 mm(30 mm)时,仅有少量纳米线生长。图3.13是单根GaN纳米线的TEM图像,显示了纳米线具有光滑的形貌,纳米线外部没有无定形包覆层,在一定长度内保持平直的外形。电子束沿着[0001]方向入射,纳米线的生长平行于<$10\bar{1}0$>方向。

图3.11 GaN纳米线的典型SEM图像

通过以上实验结果分析可以得出,宏观生长条件的改变将直接影响微观的反应体系,而微观生长条件的变化会对生长动力学产生作用,从而引起GaN各晶面生长速率的差异,当沿径向的生长具有明显不对称性时,生长过程将遵循提出的气-液-固侧向自外延生长机理,最终产物的结构将是纳米带,表现出区别于纳米线的矩形横截面。

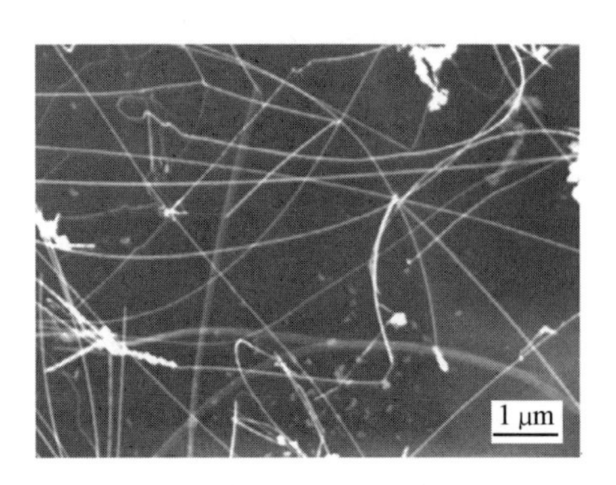

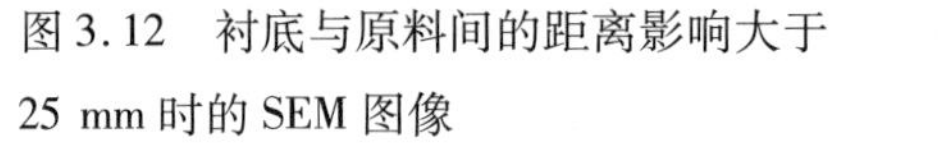
图3.12　衬底与原料间的距离影响大于25 mm时的SEM图像

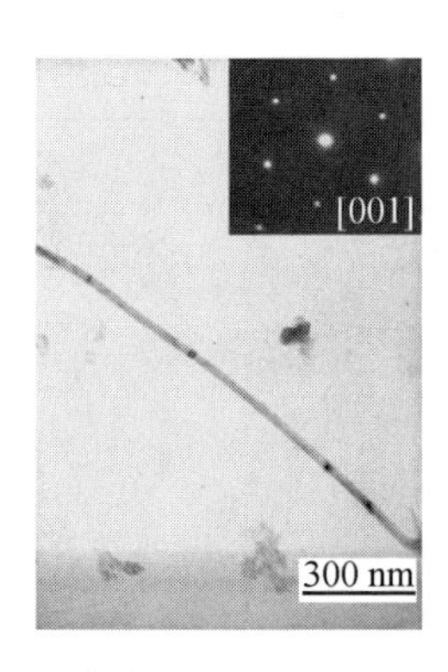

图3.13　单根GaN纳米线的TEM图像

下面根据GaN本征的晶体结构特征分析纳米带与纳米线结构的差异。六方纤锌矿型GaN是非中心对称的极性晶体,在它的低指数晶面中包含极性与非极性晶面,对于极性的晶面,例如:{0001}或{000$\bar{1}$}面,展示了富镓或者富氮的化学环境,即具有Ga原子终止的晶面或N原子终止的晶面;而非极性的晶面则通常在同一晶面内保持Ga和N原子的计量比,不显示极性特征。从生长取向分析可以知道,纳米带与纳米线的生长都是垂直于<0001>方向,但是,与具有一致径向尺寸的纳米线相比,纳米带结构表现出径向二维生长的特点,即产生了明显的宽度/厚度比,这可归于极性面的作用。在纳米带生长的法向方向上存在极性面,即显示正极性的Ga终止面和显示负极性的N终止面,导致了法向偶极矩和沿c轴的自发极化;而在纳米线生长的法向上并不显示极性面,如图3.14所示。极性面的存在导致了沿径向的二维生长趋势,最终形成了具有确定外表面的纳米带结构。由于纳米带结构存在极性的Ga和N终止面,在适当的条件下,例如,静电吸引、极性匹配、表面原子匹配等,纳米带可以自发地卷曲而形

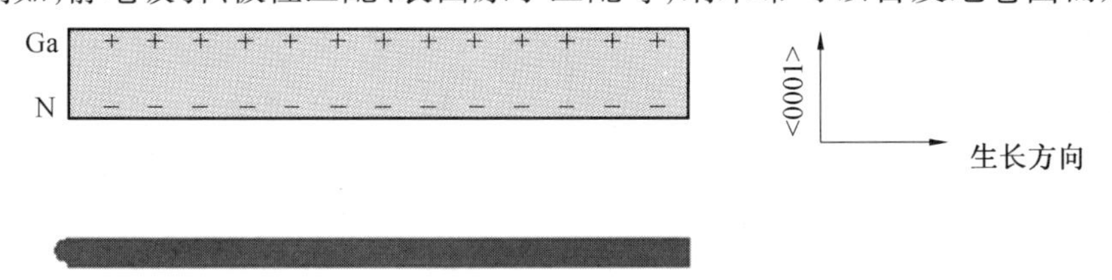

图3.14　GaN纳米带与纳米线的结构示意图

成特殊的环状结构。

3.6 不同纳米结构所受内应力对比

由于纳米带在结构上区别于常见的纳米线,其径向具有各向异性的特征,因此其内部受力情况同纳米线也有差异。以 GaN 粉末、纳米线、纳米带为研究对象,根据 XRD 衍射峰的衍射角度值变化 $\Delta(2\theta)$ 来比较不同结构 GaN 的受力差别。GaN 粉末参考文献[46]的方法制备得到,产物的 XRD 图谱如图 3.15 所示,图谱中出现的所有衍射峰都可以指标化到六方纤锌矿结构的 GaN,其晶面指标标记在相应的衍射峰上,结果表明产物是纯的六方相 GaN。

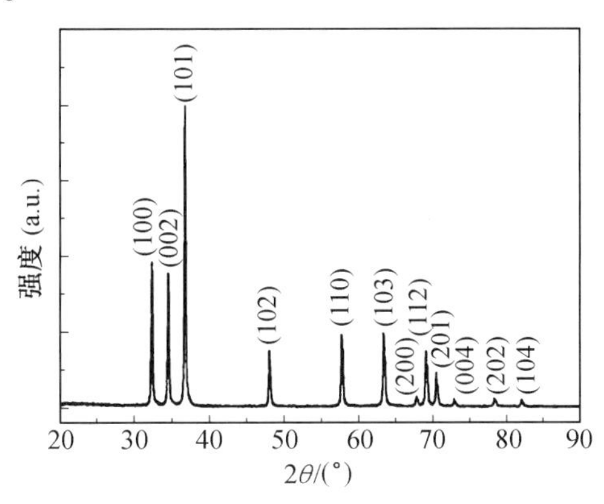

图 3.15 GaN 粉末的 XRD 图谱

图 3.16 所示为 GaN 粉末(Powder)、纳米线(NWs)与纳米带(NBs)的 XRD 谱图在低角度范围(30°~40°)内出现的衍射峰的对比。可以看出与 GaN 粉末相比,纳米线的衍射峰向高衍射角度发生较大的移动,而纳米带的衍射峰几乎未有明显的移动。表 3.7 列出了 GaN 粉末、纳米线与纳米带的 XRD 中低角度范围内三强峰的 2θ 值,分别是(100)、(002)、(101)晶面所对应的 2θ 值。比较不同结构的 2θ 值,可以发现与 GaN 粉末相比,纳米线的 2θ 值发生了显著的移动,(100)、(002)、(101)晶面对应的 2θ 值分别向高衍射角度移动了 $\Delta(2\theta)=0.14°$,$0.16°$ 和 $0.14°$,而 GaN 纳米带的 2θ 值只有很微小的移动,分别为 $\Delta(2\theta)=0$,$-0.04°$ 和 $-0.02°$(“-”号表示移动是向低衍射角度的方向),$\Delta(2\theta)$ 值的对比结果见表 3.8。

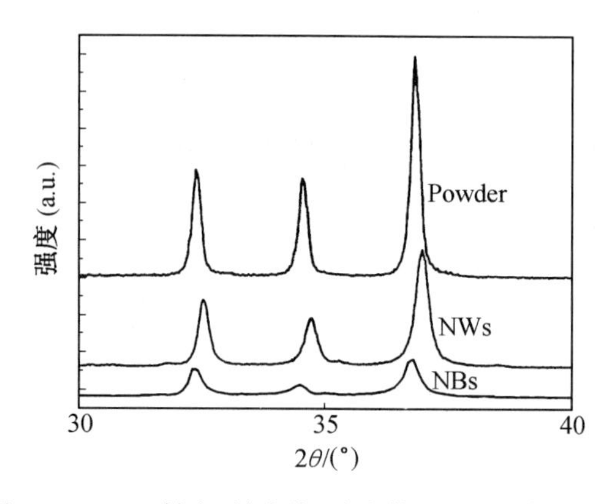

图 3.16　GaN 粉末、纳米线、纳米带的 XRD 谱图对比

表 3.7　GaN 粉末、纳米线与纳米带的 XRD 中三强峰的 2θ 值

晶面指标	$2\theta(100)/(°)$	$2\theta(002)/(°)$	$2\theta(101)/(°)$
GaN 粉末	32.36	34.54	36.82
纳米线	32.50	34.70	36.96
纳米带	32.36	34.50	36.80

表 3.8　GaN 纳米线与粉末及 GaN 纳米带与粉末的 $\Delta(2\theta)$ 值对比

晶面指标	$2\theta(100)/(°)$	$2\theta(002)/(°)$	$2\theta(101)/(°)$
$\Delta(2\theta)$ 纳米线	0.14	0.16	0.14
$\Delta(2\theta)$ 纳米带	0	-0.04	-0.02

根据布拉格方程，有

$$2d\sin\theta = n\lambda$$

其中，λ 是 X 射线波长；d 是晶面间距；θ 是衍射角。可以推断，在 XRD 中衍射峰向高衍射角度的移动表明相邻晶格平面的面间距减小，而向低衍射角度的移动表明晶面面间距增大。GaN 纳米线的 XRD 衍射峰 2θ 值与粉末相比向高衍射角度方向发生了较大的移动，这主要可归因于晶格压应力作用，而纳米带的衍射峰 2θ 值仅向低衍射角度方向有较小的移动，这是由于晶格受到张应力的微小作用。最近，Seo 等人在研究 GaN 纳米线的内应力时[39]，也发现所制备的纳米线的衍射峰向高衍射角度方向产生了移动。衍射峰角度移动的幅度反映了纳米线结构受到应力的大小，较大的移动值表明其受到较大的应力作用。在目前的结果中，GaN 纳米带的 2θ 值只有

可忽略的微小移动,这揭示出纳米带结构相比纳米线受到更小的内应力,即纳米带的生长存在应力释放。

表3.9列出了GaN粉末、纳米线和纳米带XRD三强峰相对强度的对比结果,可以看到,相比粉末和纳米线,GaN纳米带的(100)和(002)晶面对应的衍射峰强度发生了更大的变化,这表明纳米带结构显示了更强烈的晶面各向异性特征。

表3.9 GaN不同纳米结构的XRD三强峰相对强度对比

晶面指标	(100)晶面	(002)晶面	(101)晶面
GaN粉末	48(1)	47(0.98)	100(2.08)
纳米线	58(1)	42(0.72)	100(1.72)
纳米带	73(1)	32(0.44)	100(1.37)

3.7 本章小结

(1)利用催化剂辅助的气相沉积反应成功地制备出GaN纳米带和纳米带环低维结构,使用XRD、SEM、EDS、TEM、SAED、Raman、PL等对产物进行了结构表征与光学性质研究:产物是六方纤锌矿型GaN,纳米带宽度在80~250 nm,长度达到十几微米,厚度约为10~50 nm,端部呈尖形;纳米带环宽度为150~350 nm,环的直径约为3~8 μm,一些环未完全闭合,形成开环结构;纳米带是单晶态的,其生长沿$<10\bar{1}0>$方向,具有明显的宽度/厚度比;TEM明场像显示了独特的明暗条纹对比,是源于晶体弯曲产生的衍射弯曲轮廓效应。

(2)室温激光拉曼光谱显示E_2(high)声子(纳米带在568 cm^{-1},纳米线在566 cm^{-1})具有高强度和尖锐的峰形,证明其六方结构本性与高的结晶质量;拉曼光谱表现出不同于体晶GaN(或外延GaN层)的几个特征:纳米带的A_1(LO)声子显著地向低频移动8 cm^{-1}并产生宽化,是由纳晶尺寸限域效应与晶体维度降低造成的;纳米线在670 cm^{-1}出现了弱的频移带,可能是由纳米结构的表面态诱导产生的声子;纳米结构在420 cm^{-1}附近出现非一阶拉曼活性声子,是由GaN的声学谐波引起的。

(3)室温光致发光(PL)谱显示纳米带在366 nm出现强的带边发射,

在中心位于535 nm附近有宽而弱的黄光发射带;纳米线在373 nm有强的带边发光峰,而在中心位于555 nm附近也出现弱的黄光发射带;带隙发射红移(70 meV)可能由N空位或应力所引起。

(4)提出GaN纳米带的气-液-固侧向自外延生长模型,包括:形成液态团簇、GaN成核、自外延生长及纳米带形成等几个阶段;侧向自外延生长造成了径向生长的不对称,最终形成了纳米带结构;纳米带环是由在生长过程中极性纳米带产生自弯曲,在静电吸引、极性匹配、化学键合等作用下,两个端部结合而形成的。

(5)从极性晶面分析了纳米带与纳米线的特点,在纳米带生长的法向方向显示了正极性的Ga终止面和负极性的N终止面,而与纳米线生长的法向方向上不显示极性面,极性面的存在诱导了具有确定外表面的纳米带结构。

(6)分析了纳米线和纳米带所受内应力,对比XRD衍射峰2θ移动值,结果表明纳米带应受到更小的内应力,即纳米带生长存在应力释放;对衍射峰强度的研究揭示GaN纳米带显示更显著的晶面各向异性特征。

参考文献

[1] SHI W, PENG H, WANG N, et al. Free-standing single crystal silicon nanoribbons[J]. J. Am. Chem. Soc., 2001, 123:11095-11096.

[2] PAN Z W, DAI Z R, WANG Z L. Nanobelts of semiconducting oxides[J]. Science, 2001, 291:1947-1949.

[3] HU J Q, MA X L, SHANG N G, et al. Large-scale rapid oxidation synthesis of SnO_2 nanoribbons[J]. J. Phys. Chem. B, 2002, 106:3823-3826.

[4] LI Y B, BANDO Y, SATO T, et al. ZnO nanobelts grown on Si substrate[J]. Appl. Phys. Lett., 2002, 81(1):144-146.

[5] ZHANG J, YU W, ZHANG L. Fabrication of semiconducting ZnO nanobelts using a halide source and their photoluminescence properties[J]. Phys. Lett. A, 2002, 299:276-281.

[6] WANG Z L, PAN Z W. Junctions and networks of SnO nanoribbons[J].

Adv. Mater., 2002, 14:1029-1032.

[7] HU J Q, BANDO Y, GOLBERG D. Self-catalyst growth and optical properties of novel SnO2 fishbone-like nanoribbons[J]. Chem. Phys. Lett., 2003, 372:758-762.

[8] SUN S H, MENG G W, WANG Y W, et al. Large-scale synthesis of SnO_2 nanobelts[J]. Appl. Phys. A-Mater., 2003, 76:287-289.

[9] YAN Y, LIU P, WEN J G, et al. In-Situ formation of ZnO nanobelts and metallic Zn nanobelts and nanodisks[J]. J. Phys. Chem. B, 2003, 107:9701-9704.

[10] JIANG Y, MENG X M, LIU J, et al. Hydrogen-assisted thermal evaporation synthesis of ZnS nancribbons on a large scale[J]. Adv. Mater., 2003, 15:323-327.

[11] LI Q, WANG C. Fabrication of wurtzite ZnS nanobelts via simple thermal evaporation[J]. Appl. Phys. Lett., 2003, 83(2):359-361.

[12] MA C, MOORE D, LI J, et al. Nanobelts, nanocombs, and nanowindmills of wurtzite ZnS[J]. Adv. Mater., 2003, 15(3):228-231.

[13] ZHANG J, ZHANG L. Intensive green light emission from MgO nanobelts[J]. Chem. Phys. Lett., 2002, 363:293-297.

[14] MA R, BANDO Y. Uniform MgO nanobelts formed from in situ Mg_3N_2 precursor [J]. Chem. Phys. Lett., 2003, 370:770-773.

[15] LI Y B, BANDO Y, SATO T. Preparation of network-like MgO nanobelts on Si substrate[J]. Chem. Phys. Lett., 2002, 359:141-145.

[16] LI Y B, BANDO Y, GOLBERG D, et al. WO_3 nanorods/nanobelts synthesized via physical vapor deposition process[J]. Chem. Phys. Lett., 2003, 367:214-218.

[17] WANG Z, SHIMIZU Y, SASAKI T, et al. Catalyst-free fabrication of single crystalline boron nanobelts by laser ablation[J]. Chem. Phys. Lett., 2003, 368:663-667.

[18] LI J Y, QIAO Z Y, CHEN X L, et al. Gallium nitride nano-ribbon rings [J]. J. Phys.:Condens. Matter, 2001, 13:L285-L289.

[19] WEI G H, ZI J, ZHANG K M, et al. Zone-center optical phonons in

wurtzite GaN and AlN[J]. J. Appl. Phys., 1997, 82:4693-4695.

[20] GIEHLER M, RAMSTEINER M, BRANDT O, et al. Optical phonons of hexagonal and cubic GaN studied by infrared transmission and raman spectroscopy[J]. Appl. Phys. Lett., 1995, 67:733-735.

[21] MIWA K, FUKUMOTO A. First-principles calculation of the structural, electronic, and vibrational properties of gallium nitride and aluminum nitride[J]. Phys. Rev. B., 1993, 48:7897-7992.

[22] BARKER A S, ILEGEMS M. Infrared lattice vibrations and free-electron dispersion in GaN[J]. Phys. Rev. B., 1973, 7(2):743-750.

[23] ORTON J W, FOXON C T. Group Ⅲ-nitride semiconductors for short wavelength light-emitting devices[J]. Rep. Prog. Phys., 1998, 61:1

[24] LIU H L, CHEN C C, CHIA C T, et al. Infrared and Raman-scattering studies in single-crystalline GaN nanowires[J]. Chem. Phys. Lett., 2001, 345:245-251.

[25] JIAN J K, CHEN X L, TU Q Y, et al. Preparation and optical properties of prism-shaped GaN nanorods[J]. J. Phys. Chem. B., 2004, 108:12024-12026.

[26] CAMPBELL I H, FAUCHET P M. The effects of microcrystal size and shape on the one phonon Raman spectra of crystalline semiconductors [J]. Solid State Commun, 1986, 58:739-741.

[27] CHEN C C, YEH C C, CHEN C H, et al. Catalytic growth and characterization of gallium nitride nanowires[J]. J Am. Chem. Soc., 2001, 123:2791-2798.

[28] CHEN H H, CHEN Y F, LEE M C, et al. Yellow luminescence in n-type GaN epitaxial films[J]. Phys. Rev. B., 1997, 56:6942-6946.

[29] GLASER E R, KENNEDY T A, DOVERSPIKE K, et al. Optically detected magnetic resonance of GaN films grown by organometallic chemical-vapor deposition[J]. Phys. Rev. B., 1995, 51:13326-13336.

[30] NEUGEBAUER J, VAN DE WALLE C G. Gallium vacancies and the yellow luminescence in GaN[J]. Appl. Phys. Lett., 1996, 69(4): 503-505.

[31] MATTILA T, NIEMINE R M. Ab initio study of oxygen point defects in GaAs, GaN, and AlN[J]. Phys. Rev. B., 1996, 54:16676-16682.

[32] PERLIN P, SUSKI T, TEISSEYRE H, et al. Towards the identification of the dominant donor in GaN[J]. Phys. Rev. Lett., 1995, 75:296-299.

[33] MONEMAR B. Fundamental energy gap of GaN from photoluminescence excitation spectra[J]. Phys. Rev. B., 1974, 10:676-682.

[34] CHEN H M, CHEN Y F, LEE M C, et al. Yellow luminescence in n-type GaN epitaxial films[J]. Phys. Rev. B., 1997, 56(11):6942-6946.

[35] RIDLEY B K. Quantum process in semiconductors[M]. Clarendon Press, Oxford, 1982:62.

[36] ZHANG R, KUECH T F. Photoluminescence of carbon in situ doped GaN grown by halide vapor phase epitaxy[J]. Appl. Phys. Lett., 1998, 72:1611-1613.

[37] BOGUSAWSKI P, BRIGGS E L, BERNHOLC J. Amphoteric properties of substitutional carbon impurity in GaN and AlN[J]. Appl. Phys. Lett., 1996, 69:233-235.

[38] MORKOC H. Nitride semiconductors and devices[M]. Berlin:Springer, 1998.

[39] SEO H W, BAE S Y, PARK J, et al. Strained gallium nitride nanowires [J]. J. Chem. Phys., 2002, 116:9492-9498.

[40] HU J, BANDO Y, GOLBERG D, et al. Gallium nitride nanotubes by the conversion of gallium oxide nanotubes[J]. Angew. Chem. Int. Ed., 2003, 42:3493-3497.

[41] SUN X, LI Y. Ga_2O_3 and GaN semiconductor hollow spheres[J]. Angew. Chem. Int. Ed., 2004, 43:3827-3831.

[42] BAE S Y, SEO H W, PARK J, et al. Single-crystalline gallium nitride nanobelts[J]. Appl. Phys. Lett., 2002, 81(1):126-128.

[43] KONG X Y, DING Y, YANG R, et al. Single-crystal nanorings formed by epitaxial self-coiling of polar nanobelts[J]. Science, 2004, 303:

1348-1351.

[44] YAO B D, CHAN Y F, WANG N. Formation of ZnO nanostructures by a simple way of thermal evaporation[J]. Appl. Phys. Lett., 2002, 81(4):757-759.

[45] JIAN J K, CHEN X L, WANG W J, et al. Growth and morphologies of large-scale SnO_2 nanowires, nanobelts and nanodendrites[J]. Appl. Phys. A-Mater, 2003, 76:291-294.

[46] BARRY S T, RUOFF S A, RUOFF A L. Gallium nitride synthesis using lithium metal as a nitrogen fixant[J]. Chem. Mater., 1998, 10:2571-2574.

第4章　碳热辅助法控制生长 GaN 低维结构

4.1 引　　言

由气相生长无机材料的纳米线时，通常采用的方法有：利用金属催化剂引发并指导纳米线沿一维方向生长的气-液-固（V-L-S）生长模式；采用直接热蒸发原料的途径，在高温下产生气态反应物，由载气输运并沉积在温度较低的生长区，这种过程一般认为是遵循气-固（V-S）的生长模式。利用这两种途径，人们已经合成出许多材料的纳米线（或纳米棒）及其他准一维纳米结构。在过去的几年里，一种被称为碳辅助气相生长的方法（或碳热还原合成路线）逐渐为人们所认识，并被用于制备多种无机材料的纳米线[1,2]，显示出普适性、多样性与灵活性等诸多优点，利用这种方法已经成功制备出金属氧化物[3-9]（例如 ZnO，Ga_2O_3，In_2O_3，GeO_2，Al_2O_3 等）、氮化物[10-15]（如 Si_3N_4，AlN，BN，GaN 等）、碳化物[16-24]（如 SiC，BCx 等）及其他材料[25-28]（如元素半导体 Si，金属 Zn，SiO_2 等）的一维纳米线结构。这种方法的原理是：利用高温下 C 元素的反应活性（还原性），通过其与反应物分子（通常是金属氧化物）发生还原反应，产生气态的低价氧化物物种，在合适的气氛中，与气体分子结合，生长得到多种材料的纳米线。例如，在含有少量氧气的惰性气氛中可以制备出氧化物材料；在惰性气氛和碳源稍过量的条件下可以得到碳化物；而在氨气氛环境中生长得到的是氮化物材料。以氧化物纳米线的制备为例，反应通常使用金属氧化物粉末作为原料，而作为碳源的物质有多种选择，可以是石墨、活性炭以及碳纳米管等。反应的通式可表示为

$$MO+C \longrightarrow M(\text{or } MO_x)+CO \tag{4.1}$$

$$M(\text{or } MO_x)+O_2 \longrightarrow MO(\text{nanowires}) \tag{4.2}$$

在高温条件下，金属氧化物（MO）被碳（C）还原为金属（M）或不稳定、

高活性的低价氧化物（MO_x）气态分子，这些分子与气相中的氧原子结合，发生反应，在适当的气相过饱和度的控制下生长成一维纳米线结构。Lee 的研究组曾报道利用热丝化学气相沉积（HFCVD）的方法[29]来制备 GaN 纳米线，他们首先采用水压法将一定比例的 Ga_2O 与碳粉的混合物粉末压实成小片作为反应原料，然后将其放置在反应装置中的热丝上方，在热丝的下方有石墨片作为衬底，在适当的温度下通过 Ga_2O 与碳的反应，在石墨片上沉积生长出直径十几纳米的 GaN 纳米线。

本章内容为研究利用碳热辅助法生长 GaN 低维结构，实现高晶态纯净的 GaN 纳米线的可控大量制备；研究由碳辅助生长得到的 GaN 纳米线的生长机理、生长取向与反应条件及生长机理的关系；首次利用碳热辅助法在特殊的反应器中控制生长出单晶的 GaN 六方棱锥结构，对其形成机理进行讨论；在可控条件下，首次大量制备具有特殊结构的单晶态 GaN 微棱锥/纳米线（微/纳）复合结构、具有清晰侧棱的六方锥体、具有尖端的六方棱柱结构、锥形纳米线等，研究这些结构的生长特性、控制因素及光谱学性质，从晶体生长角度分析新结构形成的原因，并对结构与光谱性质间的关系进行深入的分析；对不同结构的光致发光性质进行对比研究，结果表明这些新型低维结构具有极好的发光性能，本研究将为宽带隙半导体 GaN 家族提供更丰富的结构基础，并将大大扩展 GaN 材料在发光等领域的应用前景。

4.2　利用碳热还原路线大量制备 GaN 纳米线

4.2.1　实验装置与反应原料

实验设备为连接有流量控制装置（气体转子流量计）和真空泵装置（机械旋转泵）的水平管式高温电阻炉（GSL1600X），采用程序控制升温，设备示意图如图 2.1 所示。

设计并加工一个长度为 125 mm、内径为 13 mm 的一端封口的小石英管作为反应容器，反应原料被装载到石英管封口一端，衬底被水平放置在石英管内，与原料相距适当的距离。

反应原料为：Ga_2O 粉末和活性炭粉末；所用衬底为氧化铝片和单晶硅

(100)基片;使用气体为 Ar 气(Ar),纯度大于 99.99%,氨气(NH_3),纯度大于 99.9%。

4.2.2 实验过程

首先取一片适当大小的氧化铝陶瓷片在丙酮液中超声清洗 30 min,在空气中自然晾干待用;称量 0.35 gGa_2O 粉末和 0.07 g 活性炭粉末(质量比为 5∶1)在玛瑙研钵里充分研磨混合均匀,将混合物粉末装入小石英管内,倒入封口一端,将清洁的氧化铝片水平放置在小石英管内,与原料间距离控制在 10～15 mm;将石英管水平推入高温管式炉的陶瓷管内,并使原料位置处于炉体中部的高温区;将炉体的管口密封,连接真空装置将管内的残留空气排出,然后充入 Ar 气(99.99%);随后设定电阻炉温度,将其升温至 1 100 ℃(升温速率为 10 ℃/min),保持 Ar 气流率为 150 mL/min,当温度升至 1 100 ℃时,关闭 Ar 气流,打开氨气流,保持氨气流率为 100 mL/min,在该温度下保温 120 min;此后关闭电炉电源,待管子自然冷却到室温后,小心地水平取出石英管,管内剩余少量黑色粉末,管内壁上出现少量浅黄色沉积,在氧化铝片上观察到一层浅黄色沉积物。

4.2.3 产物的表征

利用 Philips X′Pert ProMPD 型 X 射线粉末衍射分析仪(XRD)确定产物整体结构与相纯度,采用标准 θ-2θ 扫描方法,使用 Cu 靶 Kα 辐射线,波长为 λ=0.154 18 nm,扫描角度为 20°～90°。

利用 Hitachi S-3500N 型扫描电子显微镜(SEM)观察产物形貌;利用 Oxford INCA 能量色散 X 射线谱仪(EDS)分析组成。

利用 JEOLJEM-2000FX 型透射电子显微镜(TEM)和 JEOLJEM-2010 型高分辨透射电子显微镜(HRTEM)研究产物的微结构与结晶性,所使用的加速电压为 200 kV。

利用英国 Renishaw in Via 型显微共焦激光拉曼光谱仪(Raman)获得产物的室温拉曼光谱,使用 514.5 nm 波长的氩离子激光器作为激发源,光谱分辨率为 1 cm^{-1},显微尺寸范围小于 2 μm,扫描范围为 100～1 000 cm^{-1}。

4.2.4 结果与讨论

图4.1所示是氧化铝衬底上生长产物的 XRD 图谱,其中标记有黑色三角符号的衍射峰对应于氧化铝,来自于衬底的衍射。其他可以探测到的衍射峰能够容易地指标化到具有纤锌矿结构的六方相 GaN,其晶面指数标示在相应的衍射峰位置上。经过计算其晶胞参数 $a=0.319\ 3$ nm, $c=0.518\ 3$ nm,与标准衍射卡片 JCPDS(卡片号:76-0703)列出的六方相 GaN 的衍射数据相吻合,衍射峰显得尖锐且对称,表明产物有很好的结晶性。没有探测到其他物质的衍射,例如,金属 Ga、Ga_2O 或立方相 GaN,表明所得产物是纯的六方相 GaN。

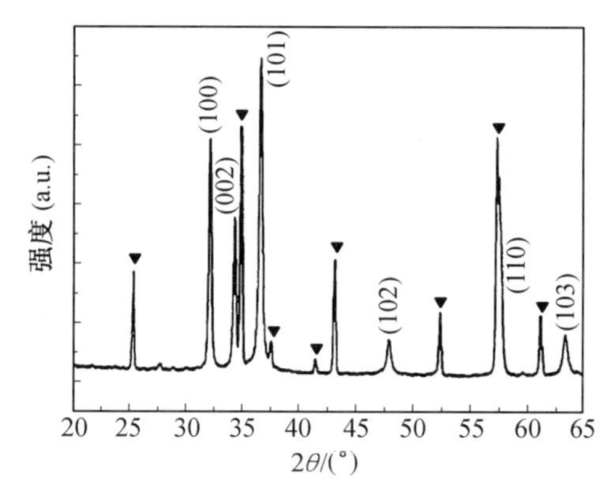

图4.1 在氧化铝衬底上生长产物的 XRD 图谱

氧化铝片表面沉积物的扫描电镜图像如图4.2所示。图4.2(a)显示了产物的整体形貌,可以看到有大量线状结构密集地生长在衬底表面;图4.2(b)~4.2(d)是在高倍下的放大图像,显示出这些线状结构的直径在纳米量级,长度有几十微米,纳米线展示了相对直的形貌与较光滑的外表面,而其直径分布则较宽,约有50~200 nm。这与催化剂存在下按照气-液-固(VLS)模式生长的纳米线不同,由于催化剂颗粒尺寸的限制,VLS 生长的纳米线具有较窄的直径分布,且在纳米线的端部会出现由合金液滴固化形成的球形颗粒。而在目前得到的产物中,没有发现纳米线上存在颗粒结构,这揭示了纳米线的生长可能不是遵循 VLS 机理。对衬底表面生长的 GaN 纳米线进行能谱分析,谱图如图4.3所示,显示了 Al、O、Ga、N 4 种元素,其中 Al 和 O 元素的信号来自于氧化铝衬底,而 Ga 和 N 两元素的原子比为 39.28∶33.17,约为 1.18,略微偏离了 GaN 的化学计量比,表明了产物微富镓的组成。

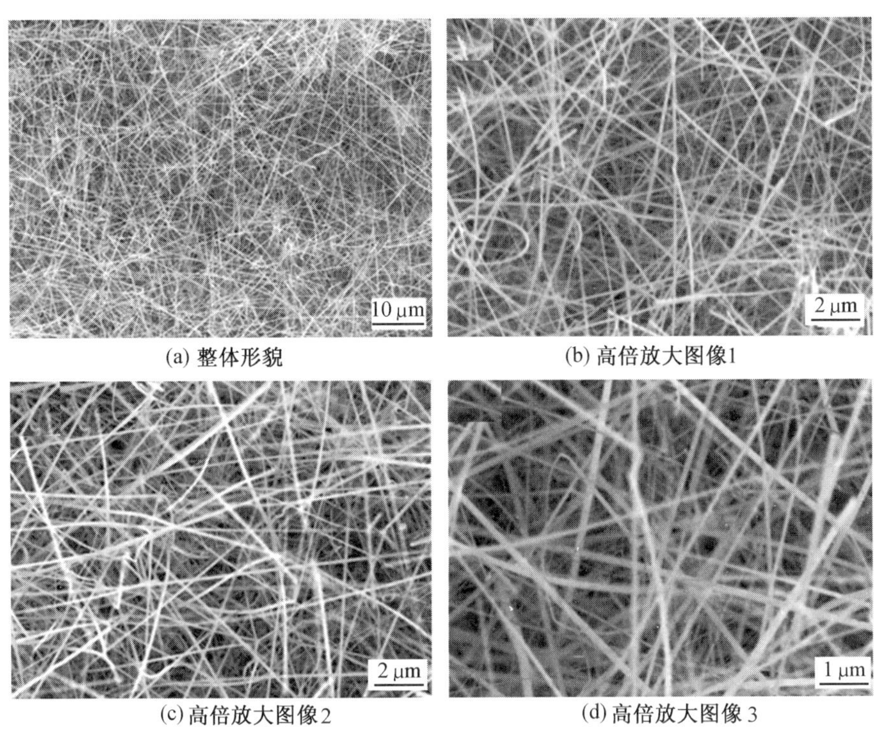

(a) 整体形貌　(b) 高倍放大图像1

(c) 高倍放大图像2　(d) 高倍放大图像3

图 4.2　氧化铝片表面沉积物的扫描电镜图像

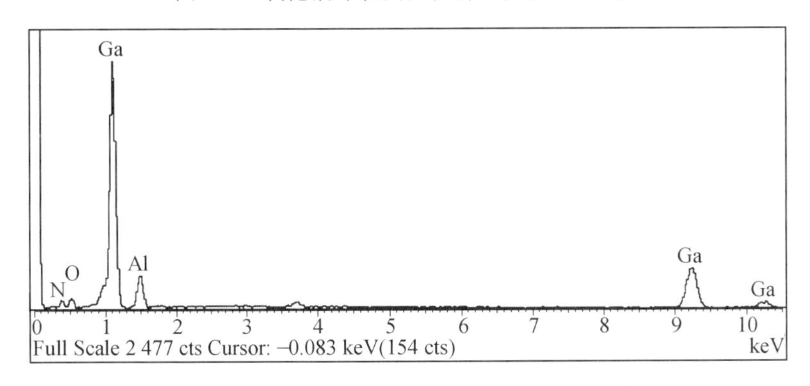

图 4.3　衬底表面生长的 GaN 纳米线的能谱谱图

利用透射电镜对 GaN 纳米线进行了微结构与生长取向的研究。对多根纳米线直径的统计发现,其直径范围在 50~200 nm,与 SEM 观察的结果相一致。图4.4所示是GaN纳米线的透射电镜图像，图4.4(a)显示了多根纳米线的典型形貌，这些纳米线生长得相当直，且沿生长方向具有一致的径向尺寸，相互之间基本无较大的弯曲和缠绕。

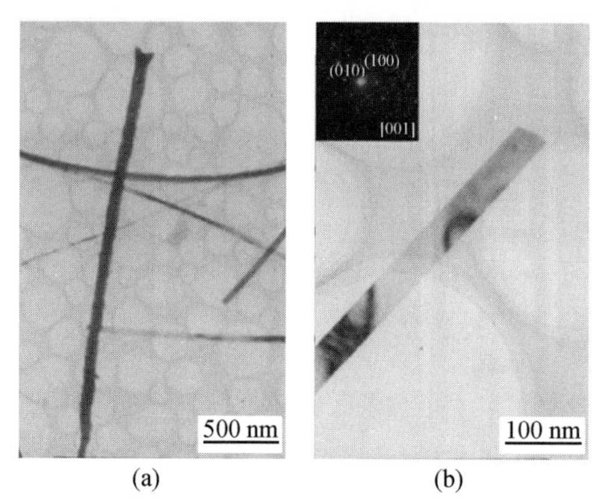

图4.4　GaN 纳米线的透射电镜图像

图4.4(b)显示了一根单独的纳米线形貌，其直径约为100 nm，沿轴向具有均匀一致的直径，具有光滑清洁的外表面和笔直无凸凹的侧面，没有无定形外包覆层，纳米线头部较平且没有连接颗粒结构，左上方的插图是相应的选区电子衍射花样，六方对称排列的衍射斑点揭示了纳米线单晶态的本性。电子束沿[001]方向入射，显示纳米线的生长方向是垂直于$\{10\bar{1}0\}$面。图4.5显示了直径约150 nm的GaN纳米线的形貌与电子衍射花样（如插图所示），花样显示了清晰的规则排列的六方点阵，电子束入

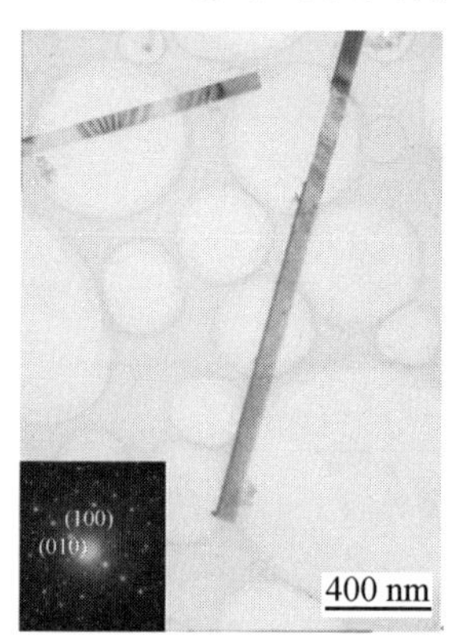

图4.5　直径约150 nm 的 GaN 纳米线的透射电镜图像

射方向平行于[001]晶带轴。对多根不同直径的纳米线进行了形貌观察及电子衍射分析,发现几乎所有的纳米线都具有相同的结构特征:较平直的形貌,光滑清洁的表面,平整的边缘,其头部没有连接纳米尺寸的球形颗粒结构,而且纳米线的生长是沿着$\langle 10\bar{1}0\rangle$的方向。图 4.6 是 GaN 纳米线的高分辨率晶格像,显示了清晰的晶格条纹,晶面间距为 0.27 nm,对应于六方 GaN 的(100)晶格面间的距离;左上方插图是电子衍射花样,揭示了纳米线的单晶态本性,电子束沿[001]方向入射。高分辨率晶格像表明所生长的纳米线几乎无缺陷与位错结构,显示了较完美的晶体特征,这是沿$\{10\bar{1}0\}$面生长的 GaN 纳米线所具有的特点。

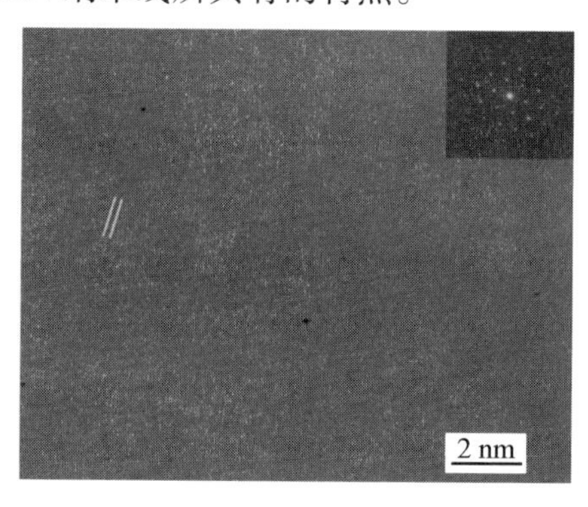

图 4.6 GaN 纳米线的高分辨率晶格像

4.2.5 纳米线生长机理与方向的分析

在生长 GaN 纳米线的实验中,采用 Ga_2O 粉末和活性炭粉末为反应原料。在高温的反应条件下,由于 C 的还原作用,原料 Ga_2O_3 被还原为亚稳的气态 Ga_2O 分子,Ga_2O 分子可以和 NH_3 分子(或 NH_3 分解产生的 N 原子)发生反应(热力学有利的反应 $\Delta G_r<0$),生成 GaN 产物,反应式为

$$Ga_2O_3(s)+2C(s)\longrightarrow Ga_2O(g)+2CO(g) \tag{4.3}$$

$$Ga_2O(g)+2NH_3(g)\longrightarrow 2GaN(s)+H_2O(g)+2H_2(g) \tag{4.4}$$

而下式所示的反应也有可能发生,即气态的 Ga_2O 分子可以被 C 进一步还原成金属 Ga 单质:

$$2Ga_2O(g)+C(s)\longrightarrow 4Ga(l)+CO_2(g) \tag{4.5}$$

对于由气相生长 GaN 一维纳米线或纳米棒结构,通常认为存在两种生长模式,一种是在金属催化剂参与下发生的气-液-固(VLS)生长,在这

种模式下,纳米尺寸的催化剂颗粒分散在适当的衬底表面,吸附并溶解气相反应物种,形成合金液滴,作为能量有利的部位,指导纳米线沿轴向快速生长,液滴的大小限制了纳米线的径向尺寸,所得到的纳米线具有一个最重要的结构特征,即一个球形的颗粒结构连接在纳米线的一端;另一种是在不使用任何催化剂的条件下,直接由镓源与氨气发生气相反应,在适当的条件下生长得到 GaN 纳米线,这一过程被认为主要由气-固(VS)模式所控制。在实验中,并没有引入金属催化剂颗粒,而是由 C 还原 Ga_2O 的路线来生长 GaN 纳米线,而且在 XRD 中没有检测到 Ga 相关的衍射峰,重要的是在 SEM 和 TEM 的观察中都没有发现纳米线的端部连接有颗粒结构,而是呈现较平坦的头部,因此,认为 GaN 纳米线的生长不应遵循 VLS 模式,而是按照 VS 模式,主要由气相物种的过饱和度来控制。然而,所制备的 GaN 纳米线的生长方向是垂直于六方 GaN 的 $\{10\bar{1}0\}$ 面,这与以前的所报道的结果[29]不同。

通常地,在金属催化的 VLS 生长机理作用下,GaN 纳米线沿着 $\langle 10\bar{1}0\rangle$ 方向生长,这被解释为:合金液滴与晶态的 GaN 纳米线之间存在的液-固界面更接近热平衡条件,因此有利于 GaN 在最密堆积的 $\{10\bar{1}0\}$ 面上结晶。而在 VS 模式作用下,GaN 纳米线更倾向于在第二或第三密堆积面,即由 $\{0002\}$ 或 $\{10\bar{1}1\}$ 面形成,这是由于此时的反应偏离了热力学平衡条件[29,30]。在目前的实验中,尽管纳米线的生长主要由 VS 机理所控制,但是其生长仍是沿着 $\{10\bar{1}0\}$ 面,而且纳米线所具有的形貌与结构特征与以前所报道的沿 $\{10\bar{1}0\}$ 面生长的 GaN 纳米线相一致[31],即纳米线较平直,表面光滑清洁,无污染,较少结构缺陷,几乎无位错,长度约为宽度的 2 ~ 3 个数量级,纳米线的侧表面以成 60°或 120°角的 $\{10\bar{1}0\}$ 面为主。由沿 $\{10\bar{1}0\}$ 面的快速生长避免了位错的生成,而沿 $\{0002\}$ 面生长的 GaN 纳米线一般不平直,其侧表面是折面,由数个小平面构成,表现为明显的多棱角形貌,这些同取向的纳米晶片形成了多畴结构。纳米线一般长度较短,其长度与宽度之比要比沿 $\{10\bar{1}0\}$ 面生长的小,在密堆积面的生长方向存在较多的缺陷与位错。图 4.7 示出了沿 $\{10\bar{1}0\}$ 面和 $\{0002\}$ 面生长的 GaN 纳米线的形貌特征。

最近,Bae 等人[32]利用高温下 B_2O_3 辅助的催化化学气相沉积法制备

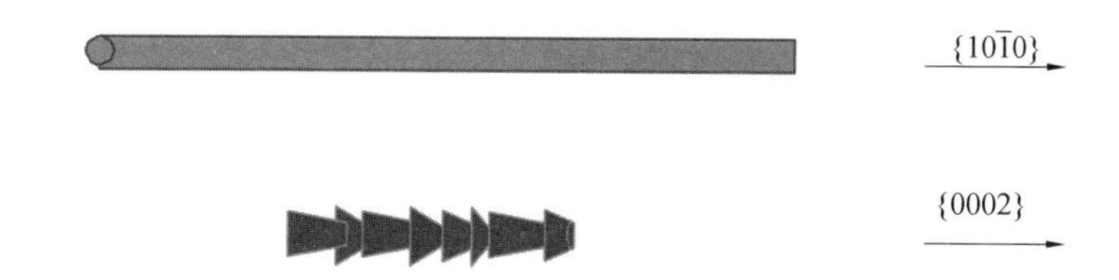

图 4.7　沿不同晶面生长的 GaN 纳米线的形貌特征

了具有一致<0001>生长方向的 GaN 纳米线,纳米线呈现出非平直的外貌,由多角锥形的微结构堆垛而成,沿{0001}面存在位错结构。这些形貌与结构特征在我们所制备的纳米线中并未发现。通过对纳米线生长机理与生长方向的分析,认为 GaN 纳米线的生长方向并不是由其生长机理所决定,但不管是在 VLS 还是 VS 生长模式作用下,沿最密堆积的{10$\bar{1}$0}面的生长都是有利的,而沿其他的密堆积面,如{0002}或{10$\bar{1}$1}的生长是复杂的动力学控制过程,与特定的反应条件有关。

4.3　反应温度对纳米线生长取向的影响

本节介绍在不同温度下(1 050 ~ 1 150 ℃)GaN 纳米线的生长情况,以及反应温度与生长取向的关系。图 4.8 所示为在 1 050 ℃下生长的 GaN 纳米线的透射电镜形貌图像,显示了平直光滑的形貌,头部平坦无颗粒结构,SAED 花样显示了纳米线是单晶态的,电子束入射方向为[001],纳米线生长仍是沿着{10$\bar{1}$0}面,对多根纳米线的电子衍射分析显示了相同的结果。

将反应温度提高到 1 150 ℃,所制备产物的 SEM 图像如图 4.9 所示,可以观察到大量纳米线生长在衬底表面,纳米线有几十微米的长度,显示了较平直、清洁的外貌,而其直径则具有更宽的分布,大约为 60 ~ 300 nm,在整个生长区域里无颗粒或其他结构存在,证明产物由纯的纳米线组成。图 4.10 显示了 GaN 纳米线的透射电镜图像,可以看到纳米线具有平直而光滑的形貌,尽管有少量缺陷与非完美结晶存在于纳米线结构中,但 SAED 花样可以指标化到[001]的晶带轴,纳米线生长同样是沿着{10$\bar{1}$0}面。这揭示了在这样的生长条件下反应温度的变化并不影响纳米线的形貌特征与生长取向,⟨10$\bar{1}$0⟩是纳米线优先的生长方向。

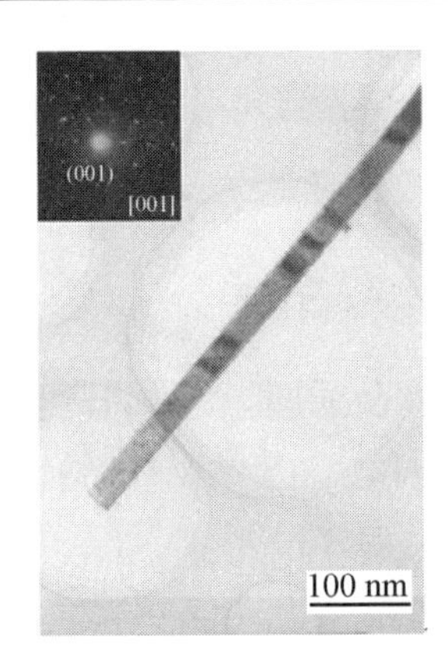

图 4.8　1 050 ℃时生长的 GaN 纳米线的透射电镜图像
（插图为相应的 SAED 花样）

(a) 大尺度范围图像　　(b) 高倍放大图像

图 4.9　1 150 ℃时生长的 GaN 纳米线的 SEM 图像

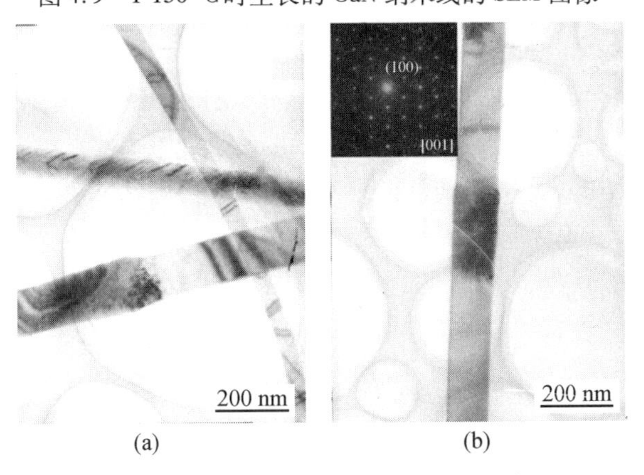

(a)　　(b)

图 4.10　GaN 纳米线的透射电镜图像

4.4 碳含量对纳米线生长的影响

本节介绍直接使用 Ga_2O 粉末(不加入活性炭)作为原料,以及使用不同原料配比的条件下,GaN 纳米线的生长情况。

4.4.1 反应原料中不加入碳源

直接将纯的 Ga_2O 粉末装载到石英管底部作为反应原料,在 1 100 ℃下通入氨气反应 2 h,反应结束后,取出石英管,在衬底表面观察不到有明显的沉积物。在扫描电镜下进行观察,可以看到在衬底表面只有极少量稀疏分散的线状纳米结构,如图 4. 11(a)所示,图 4. 11(b)显示了在高倍下的放大图像,揭示了这些纳米线长度有十几微米,直径约为 60 ~ 200 nm,无颗粒结构附着。实验结果表明了在不加入碳源(在反应中起到还原作用)的条件下,直接以 Ga_2O 和氨气进行气相反应,不能制备得到大量 GaN 纳米线产物。

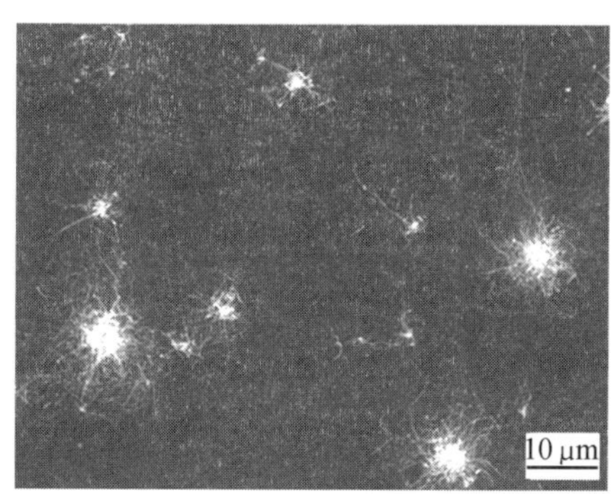

(a) 大尺度范围图像

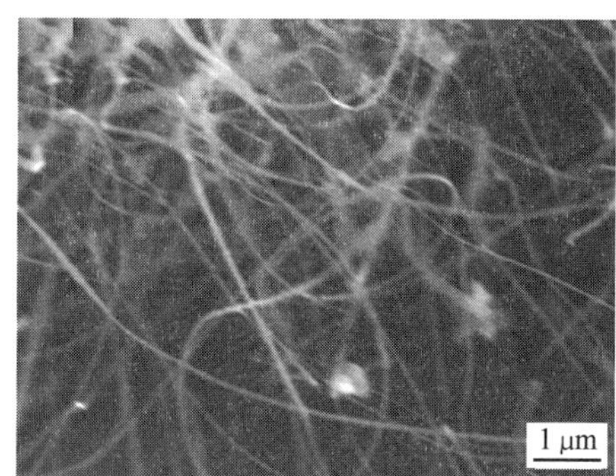

(b) 高倍放大图像

图 4. 11 不加碳条件下产物的 SEM 图像

4.4.2 改变反应原料中碳的比例

在增大碳源使用量和减少碳源用量的条件下进行了对比实验,研究初始原料中碳的含量对纳米线生长的影响。以 $w(Ga_2O_3):w(C)=3:1$(质量比)的原料配比进行反应,在 1 100 ℃下通入氨气反应 2 h,反应结束后,在衬底表面观察到有一层浅黄色沉积物,石英管内壁上出现淡黄色沉积。

产物的 XRD 图谱显示在图 4.12 中，除了来自于衬底氧化铝的衍射峰（图中标记有三角符号的），其他的衍射峰都可以指标化到纤锌矿型的 GaN，各晶面间距值与标准卡片 JCPDS（76-0703）吻合得很好，表明产物是纯净的六方相 GaN。

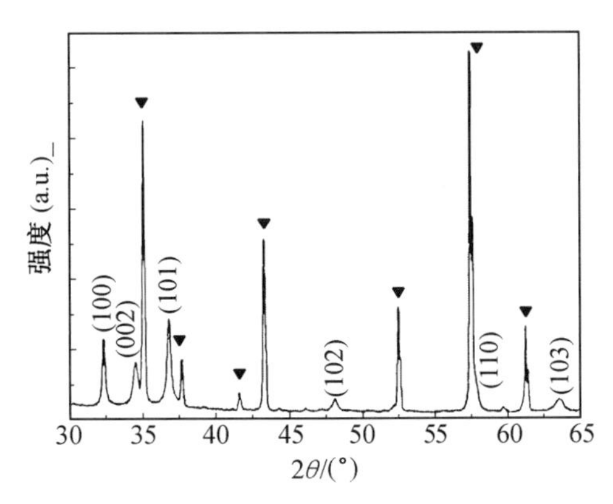

图 4.12　$w(Ga_2O_3):w(C)=3:1$ 的条件下产物的 XRD 图谱

对产物进行 SEM 观察，如图 4.13 所示，发现大量纳米线稠密地生长在衬底表面，纳米线长度有几十微米，在生长区域里基本无颗粒结构，表明产物是纯的纳米线，这与在原料配比（$w(Ga_2O_3):w(C)$）为 5∶1 的条件下得到的产物相似。图 4.14 所示是纳米线的 TEM 图像与 SAED 花样，显示了纳米线具有平直、光滑的形貌，头部平整无颗粒连接，电子束入射平行于[001]晶带轴，显示了纳米线生长是沿着$\langle 10\bar{1}0\rangle$方向。

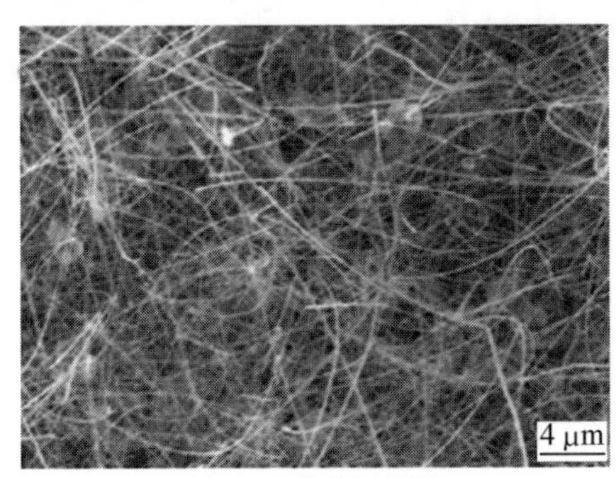

(a) 大尺度范围图像

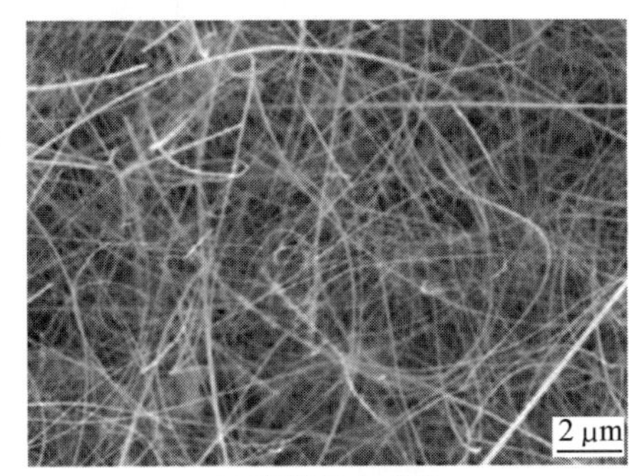

(b) 高倍放大图像

图 4.13　$w(Ga_2O_3):w(C)=3:1$ 的条件下产物的 SEM 图像

减少初始反应物中 C 的用量，以 $w(Ga_2O_3):w(C)=8:1$（质量比）的

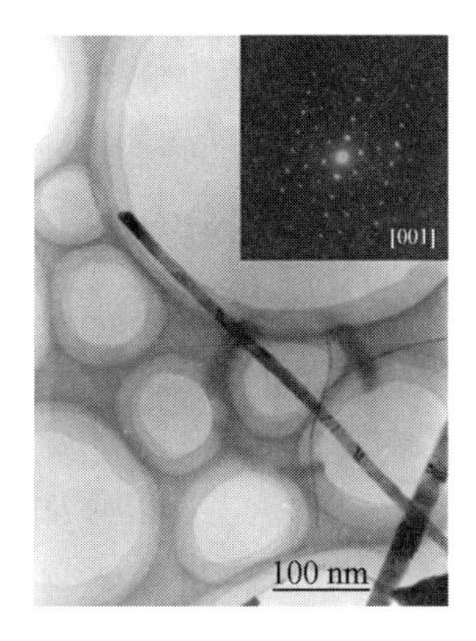

图 4.14　纳米线的 TEM 图像与 SAED 花样

初始配比，在温度 1 100 ℃下氨气流中进行反应，保持 2 h，反应结束后，可以观察到在衬底表面出现一层浅黄色沉积，在石英管的内壁上也有少量淡黄色沉积层。图 4.15 是产物的 SEM 照片，在衬底表面生长了大量纳米线结构，高倍下放大的图像显示纳米线较平直、表面光滑且端部没有颗粒结构连接，纳米线长度有几十微米，其直径分布较宽。GaN 纳米线的 TEM 图像显示在图 4.16 中，纳米线沿轴向具有一致的径向尺寸，其头部平坦、表面光滑，SAED 花样揭示出纳米线是单晶态的，且电子束沿着[001]方向入射。

(a) 大尺度范围图像

(b) 高倍放大图像

图 4.15　$w(Ga_2O_3):w(C)=8:1$ 的条件下产物的 SEM 图像

对初始反应原料中碳含量的研究表明，在原料配比，$w(Ga_2O_3):w(C)=8:1\sim3:1$的范围内，都能够生长得到大量纳米线产物，且它们具有相同的形貌与相似的长度和直径分布。而在原料中不加入碳源，则仅有很少量的纳米线生长，这反映出碳源对 GaN 纳米线的大量生长起到了重

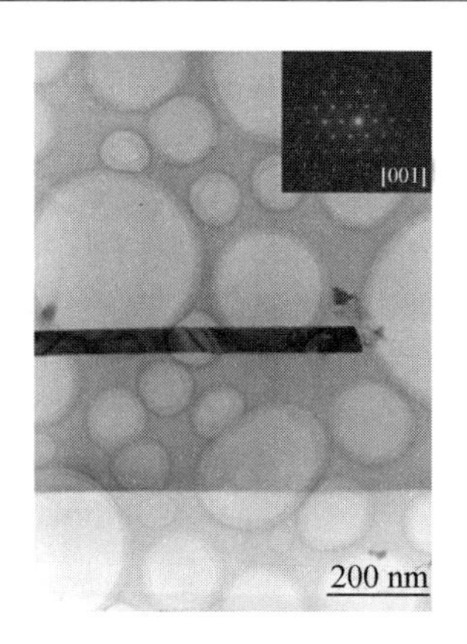

图 4.16　GaN 纳米线的 TEM 图像与 SAED 花样

要的促进作用。可以认为,这是由于在高温的反应条件下,碳与 Ga_2O 之间发生还原反应,生成了大量的气态氧化亚镓中间物的原因,这些气相中间物种可以为 GaN 的成核与生长提供充足的气相原料分子,从而能够得到大量的纳米线产物。在一定的原料配比范围内,碳的用量对产物并不产生显著的影响。

4.5　GaN 微棱锥的生长与表征

4.5.1　实验过程

采用适当尺寸的单晶 Si(100)基片作为衬底,利用一个一端封口的石墨管作为反应器(长度为 50 mm,直径为 13 mm)。将 Si 片在丙酮液中超声清洗后,在空气中晾干待用;称量 0.35 gGa_2O 粉末,将其装入石墨管封口一端,将清洁的 Si 片水平放置在石墨管内,与 Ga_2O 原料的距离保持在 5 ~ 8 mm;将石墨管另一端的盖子旋上,然后水平推入管式炉的陶瓷管内,使原料位置处于炉内的中部高温区;连接真空装置将管内的残留空气排出,然后充入氨气(纯度 >99.9%);随后设定电炉温度,将其升温至 1 100 ℃(升温速率为 10 ℃/min),保持氨气的流率为 100 mL/min,在 1 100 ℃下保温 2 h;此后关闭电炉电源,待炉体冷却到室温后,水平取出石墨管,发现管内剩余部分粉末,硅片上无肉眼可见的沉积层。

4.5.2　产物的表征

利用 Hitachi S-3500N 型扫描电子显微镜(SEM)和 JEOLJSM-6301F 型场发射扫描电镜(FESEM)观察产物形貌、结构特征及组成分析(EDS)。

利用英国 Renishaw RM2000 型显微共焦激光拉曼光谱仪(Raman)获得产物的室温拉曼光谱,使用514.5 nm 波长的氩离子激光器作为激发源,光谱分辨率为 1 cm^{-1},光斑尺寸(显微尺寸)为 1 μm,扫描范围为 100 ~ 1 000 cm^{-1}。

4.5.3　结果与讨论

在扫描电镜下观察 Si 片,在低倍下可以发现有针状结构分布在其表面,如图 4.17(a)所示。在较高的倍数下对单个针状结构进行观察(图 4.17(b)),发现它实际上是一个对称的金字塔形棱锥体,锥体长度为 30 ~ 40 μm,锥底部宽度为 2 ~ 4 μm,显示了清晰的侧棱和光滑清洁的侧面,如图 4.17(c)和 4.17(e)所示,底面为六边形,整个棱锥由 6 个等价的侧面包围,显示了六方晶体的生长特性。图 4.17(d)和 4.17(f)显示出棱锥的尖端,尖的尺寸约为几十纳米,仔细观察可以发现在接近尖端的部位,锥度发生了变化,即尖端的锥度大于棱锥主干部分的锥度,也就是侧面与棱锥生长轴向间的夹角增大。对棱锥结构进行能谱分析,谱图如图 4.18 所示,表明了棱锥由 Ga 和 N 两种元素组成,原子比 w(Ga) : w(N) = 46.52 : 49.58,为 1 : 1.06(结果见表 4.1),与 GaN 的化学计量比一致,证明棱锥是纯的 GaN,其中 Si 的信号峰(原子数分数为 3.90)来自于 Si 衬底。

表 4.1　GaN 微棱锥的能谱分析结果

元素	质量分数/%	原子数分数/%
N K	17.16	49.58
Si K	2.71	3.90
Ga K	80.13	46.52
总计	100.00	

拉曼光谱能够揭示分子的振动状态,是一种探测晶态材料中声子激发的强有力的手段。可以利用显微拉曼光谱研究 GaN 微棱锥的结构与结晶

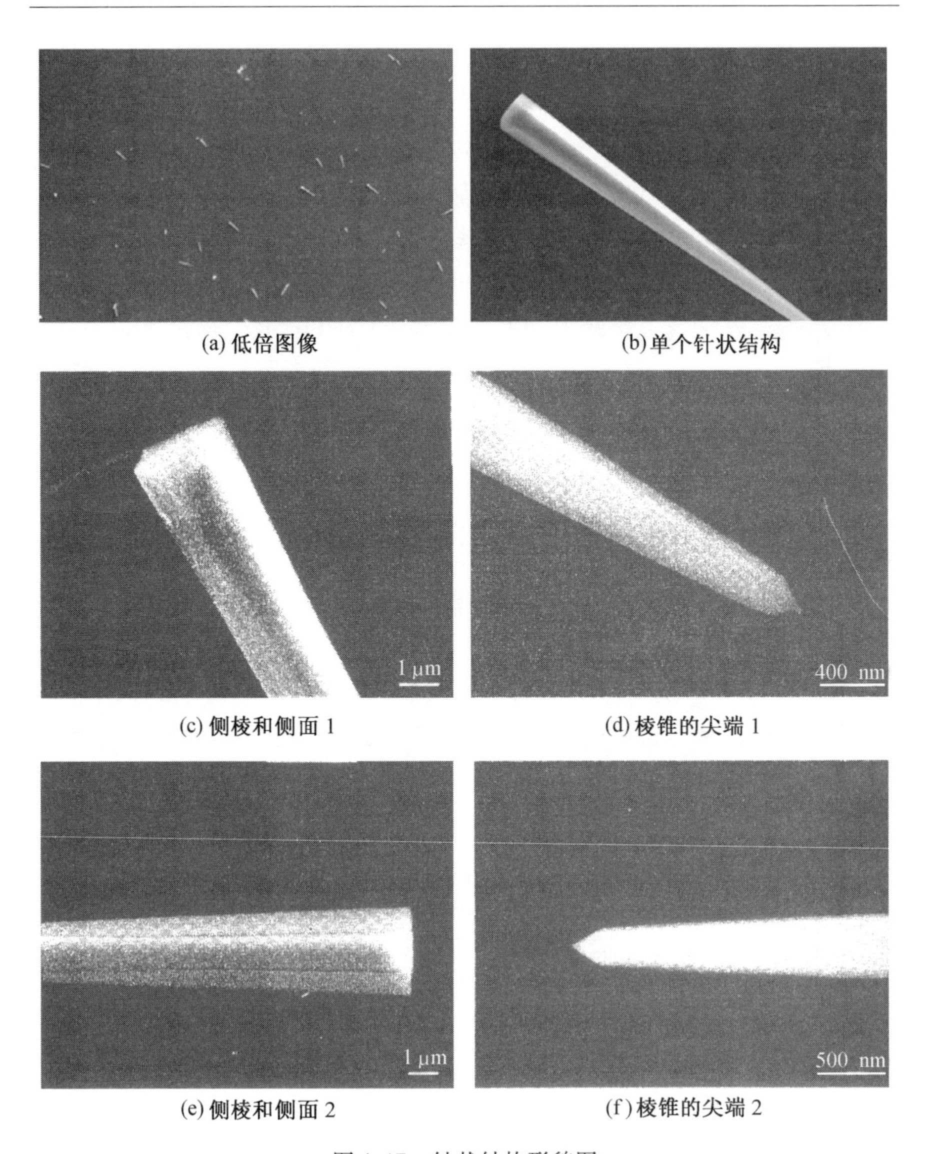

(a) 低倍图像

(b) 单个针状结构

(c) 侧棱和侧面 1

(d) 棱锥的尖端 1

(e) 侧棱和侧面 2

(f) 棱锥的尖端 2

图 4.17 针状结构形貌图

性。图 4.19 显示了单根 GaN 微棱锥相应的室温激光拉曼光谱图与光学形貌照片,其中在 520 cm^{-1} 出现的频移峰来自于单晶 Si,是由 Si 衬底引起的。在 568 cm^{-1} 的频移峰可以归属于六方纤锌矿 GaN 的一阶拉曼活性声子 E_2(high)模式,在 559 cm^{-1} 出现的肩峰可以归为 E_1(TO)声子模式。

通常地,利用拉曼声子可以确认 GaN 晶体的结构与结晶质量,可以发

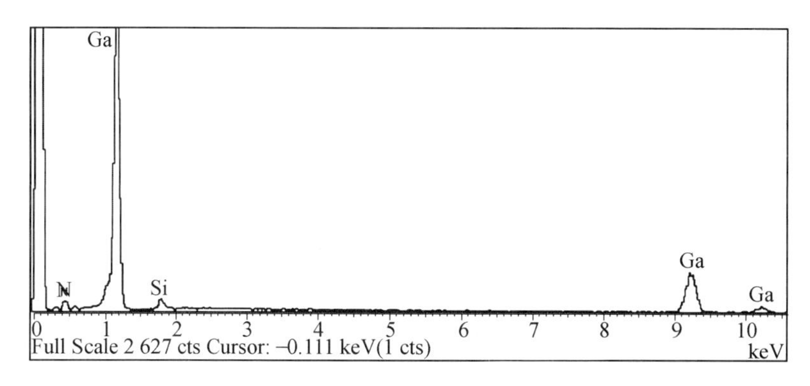

图 4.18 GaN 微棱锥的 EDS 谱图

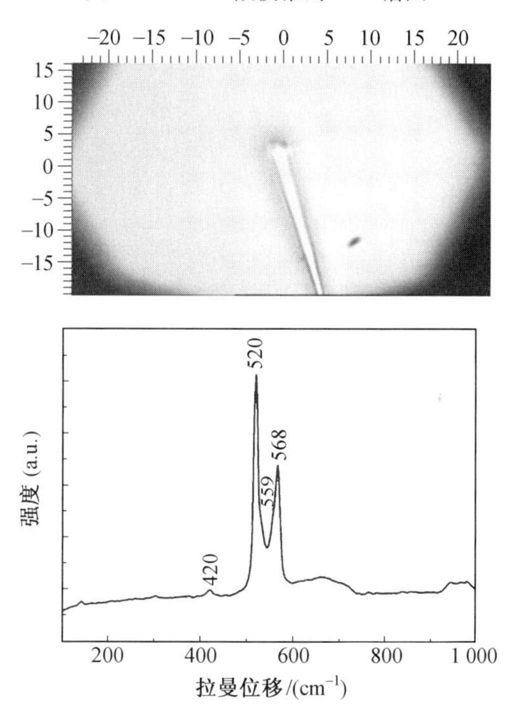

图 4.19 单根 GaN 微棱锥的室温激光拉曼光谱图与相应的光学形貌照片

现在 568 cm^{-1} 和 559 cm^{-1} 的两个频移峰的位置与体晶 GaN 相应的声子相当一致[33]，而且，在 568 cm^{-1} 的 E_2(high) 声子频移显示了尖锐且对称的峰形，揭示了 GaN 微棱锥高度晶态的结构特征。在 420 cm^{-1} 的极弱的频移峰是由纤锌矿 GaN 的声学谐波引起的，由于 Si 衬底的影响，没有观察到位于 533 cm^{-1} 附近的 A_1(TO) 声子。

4.5.4　形成机理讨论

在以前的研究中，Bertram 和 Carter 等研究者利用金属有机气相外延(MOVPE)的方法[34-38]在单晶蓝宝石或 Si(111)衬底上采用选区外延生长技术制备了六方 GaN 微棱锥体(金字塔形)。具体的过程是首先在蓝宝石$(11\bar{2}0)$或 Si(111)衬底上生长一层 AlN 缓冲层，然后再生长一层2 μm厚的 GaN(0001)外延层，利用光刻技术制备一层 SiO_2 掩膜，随后对其进行图案化刻蚀形成规则排列的六角形窗口阵列，最后，GaN 在窗口中选区外延生长成六方金字塔形棱锥体，侧面由 6 个等价的$\{1\bar{1}01\}$晶面所包围。制备的 GaN 棱锥(金字塔)结构的示意图如图 4.20 所示。图 4.21 显示了 MOVPE 生长的 GaN 棱锥高度(h)与底边长(a)的关系：$h=1.63a$，正好符合六方晶胞的晶格常数之比($c/a=1.63$)，可计算出侧面与底面的夹角为 62°。很显然，这种棱锥结构的生长与衬底之间存在外延关系，而且侧面是由确定的$\{\bar{1}101\}$晶面构成。这与我们制备的 GaN 微棱锥是有区别的，首先，我们利用的是碳热辅助–气相沉积的方法来生长 GaN，直接以 Si 作为衬底，没有经过复杂的衬底预制备过程；其次通过 SEM 的观察，GaN 微棱锥平躺地生长在衬底表面，属于自由生长，与衬底间不存在外延关系；而且它们具有更大的高度/边长比，侧面由$\{1\bar{1}0L\}$晶面包围($L>1$)，即侧面与底面间有更大的夹角。这些都揭示了目前 GaN 微棱锥的生长不同于 MOVPE 的衬底选区外延生长。

在最近的研究中，也曾报道了其他材料相似结构的制备，Guha 和 Jia H 及其合作者利用直接物理蒸发的方法制备了氧化铟金字塔形棱锥体[39,40]，Baxter 等人利用等离子体沉积技术生长得到氧化锌六方棱柱体及棱锥–棱柱复合结构[41]。在本实验中，采用的制备技术和反应过程显示了不同于文献报道的一些新特征。首先，设计了一个适当大小的石墨管作为反应器，反应原料被装载到管内。在这里石墨管具有双重作用，一是作为进行反应的容器，即在管内发生气相反应，二是提供碳热反应所需的碳源——石墨。在高温下，石墨将 Ga_2O 还原为气态的 Ga_2O 分子，Ga_2O 与 NH_3 分子发生气相反应，生成 GaN 分子。另一个特点是石墨管开口一端可以用盖子旋上，也就是说，气相反应是在一个相对密闭的反应器中发生

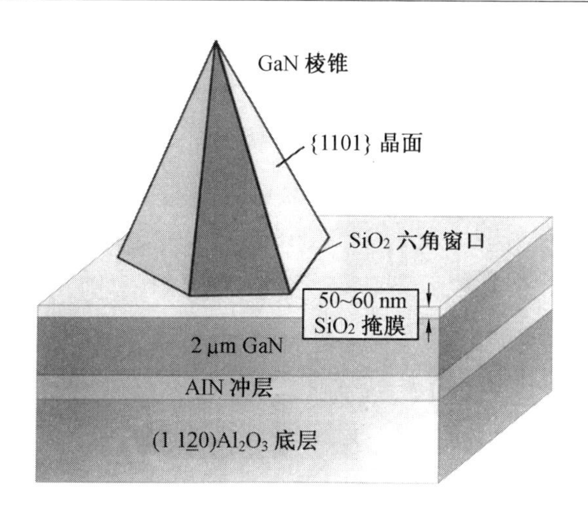

图 4.20 利用 MOVPE 选择外延生长技术制备的 GaN 棱锥(金字塔)结构的示意图

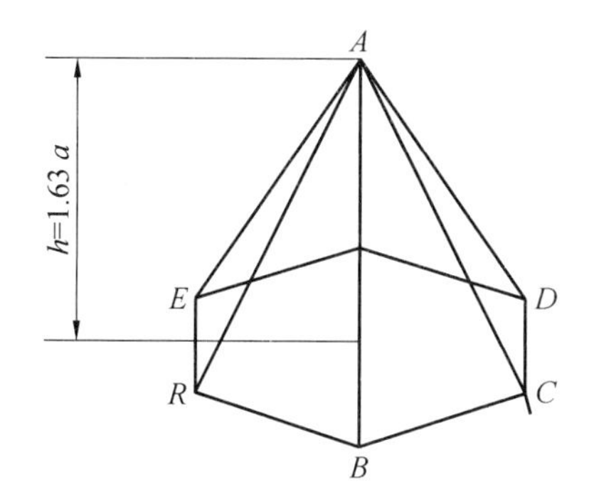

图 4.21 MOVPE 生长的 GaN 棱锥高度(h)与底边长(l)的关系

的,而石墨管壁的间隙允许气体分子的进出,这与通常所使用的开口反应器(石英或陶瓷舟、管)是明显不同的。这种独特的封闭式反应器会导致特殊的气流模式,影响局部的气流状态,对新结构的形成将是有利的。Chang 和 Geng 等人利用特殊的反应器制备出新奇的氧化锌纳米线阵列结构[42,43],并认为反应器的几何构形可以改变气体流动模式,是导致纳米线阵列形成的重要因素。

根据晶体生长的知识,可以知道那些具有较小面间距的高指数晶面通常比低指数晶面(具有较低的晶面能)生长得更快,这导致了它们最终将不出现在晶体的外表面。GaN 属于纤锌矿型六方晶体,以晶体的 c 轴为中心,它有 6 个等价的$\{10\bar{1}0\}$晶面,GaN 体晶的生长一般会保持其六方晶体特征,即它的最终外形为六方柱形或六方盘形,其两个底面分别是(0001)和(000$\bar{1}$),侧面由{10$\bar{1}$0}面包围。需要指出的是,GaN 体晶的生长通常是在热力学平衡条件下进行的,即稳定、均匀的生长介质,较长的生长时间以及缓慢的降温速率。而对于本实验中 GaN 微棱锥的形成,可以认为这是内外因素共同作用的结果,从 GaN 的本征晶体特征来看,它是沿 GaN 六方晶体的 c 轴生长的结果,而非平衡热力学条件(短的生长时间,快速的降温速率,非稳态的生长介质)创造了棱锥各向异性生长的外部环境——即非稳定的三维生长环境。由于 GaN 棱锥具有大的高度/边长比(h/a>20),因此,沿底面(0001)的生长速率大于沿棱锥面{1$\bar{1}$0L}的生长速率,沿(0001)面的快速生长导致了较长棱锥的形成。这种特殊的 GaN 棱锥体结构可归于非平衡效应,是由于微观的 Ehrlich-Schwoebel 势垒和平衡条件被沉积过程打破造成的[44-46]。原子在邻位面的扩散将经历一个势能能垒,这个势垒通常是指 Ehrlich-Schwoebel 势垒,可能是由邻近的扩散原子配位数减少或长程应力场产生的。气相原子在棱锥邻位面上吸附-沉积的过程中,与棱锥底边垂直的方向上存在 Ehrlich-Schwoebel 势垒。Ehrlich-Schwoebel 效应造成了气相原子的择优吸附,在非平衡条件下,沿 c 轴的晶面出现快速生长,气相反应原子持续不断地在侧面沉积,导致与 c 轴垂直的晶面(0001)在棱锥生长的顶部消失,最终形成了尖端的外形。棱锥体侧面(斜面)的晶面构成取决于材料的本征特性与生长参数,在物质结构确定的情况下,主要是由生长的非平衡效应(原子在不同晶面的沉积-扩散速率)决定的。

4.6　反应条件对产物结构的影响

在不同的反应温度下进行了对比实验,考察了温度对 GaN 棱锥结构生长的影响。在 1 050 ℃下进行实验,所得产物的扫描图像显示在图 4.22 中,在 Si 衬底表面得到少量锥体结构,径向尺寸为 0.5 ~ 1 μm,长度有十几微米。与较高温度下生长的 GaN 六方棱锥体不同,这些锥体不具有明显的棱锥特征,图 4.22(a)和 4.22(b)显示了较粗糙的柱形表面,图 4.22(c)所示为锥体有一端发生弯折,图 4.22(d)所示为光滑无侧棱的表面,没有观察到对称的六方棱锥体结构。

将反应温度降低至 1 000 ℃,结果在反应后的 Si 基片表面没有发现

GaN 微棱锥结构生长，只观察到少量直径在几十至一百纳米的纳米线结构（且有部分絮状产物），如图 4.23 所示。实验结果反映出温度因素对 GaN 棱锥结构的形成具有很大的影响，适当高的温度有利于生长得到具有对称六方棱锥特征（显示清晰的侧棱与等价的侧面）的产物，而在较低的温度下，六方棱锥的外部结构特征会逐渐弱化，只能形成柱形结构或圆锥形结构（截面为圆形，无侧棱），进一步降低反应温度，则只生长得到纳米线结构。

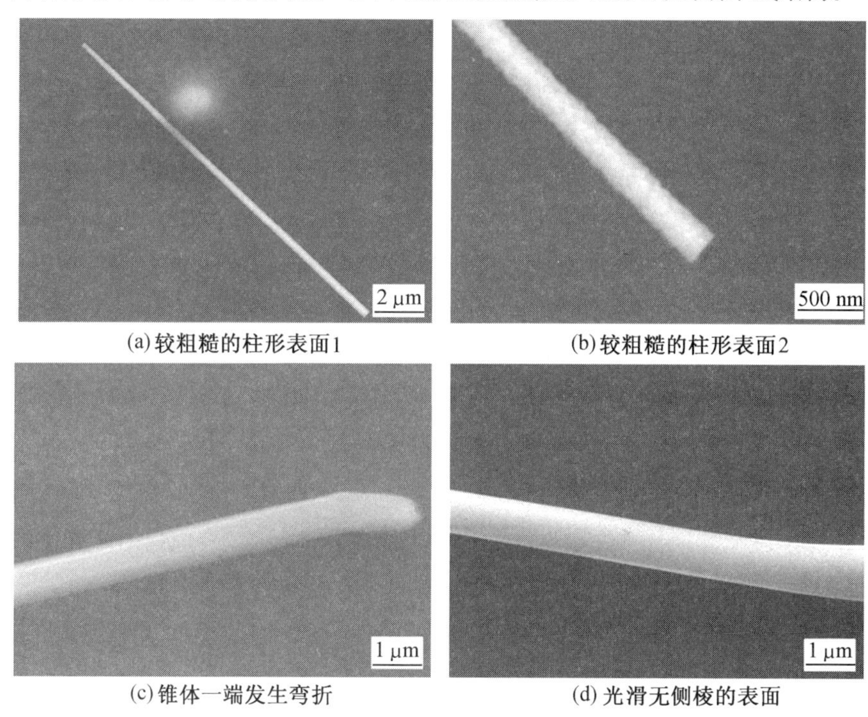

(a) 较粗糙的柱形表面1　　(b) 较粗糙的柱形表面2

(c) 锥体一端发生弯折　　(d) 光滑无侧棱的表面

图 4.22　1 050 ℃下生长得到的锥体的 SEM 图像

(a)　　(b)

图 4.23　在 1 000 ℃下生长得到的纳米线结构的 SEM 图像

4.7　GaN 棱锥的大量控制制备与表征

4.7.1　实验过程

首先利用离子溅射仪在清洁的单晶 Si 基片上蒸镀一层金薄膜，控制膜的厚度约为 3 nm，用作 GaN 生长的衬底；利用一个长度为 50 mm、内径为 13 mm 的石墨管作为反应器；称量 0.35 gGa_2O 粉末，装入石墨管的底部，将预先镀有金膜的 Si 片放入石墨管中，与原料保持在 5 ~ 8 mm 的水平距离；将石墨管的开口一端盖上，水平推入管式炉的陶瓷管内，使原料处于炉内的中部位置；利用真空泵排出管内的空气，随后通入氨气流（纯度>99.9%）；设定电炉温度，程序升温至 1 120 ℃（升温速率为 10 ℃/min），调节氨气的流率稳定在 100 mL/min，在该温度下保温 120 min；反应结束后关闭电炉电源，待其冷却到室温后，取出石墨管，发现管内余下黄白色粉末，Si 片上有一层均匀的淡白色微黄沉积。

4.7.2　产物结构表征

利用 Philips X′Pert ProMPD 型 X 射线粉末衍射分析仪（XRD）确定产物整体结构与相纯度，采用标准 $\theta-2\theta$ 扫描方法，使用 Cu 靶 Kα 辐射线，波长为 $\lambda=0.154\ 18$ nm，扫描角度为 20° ~90°。

利用 Hitachi S-3500N 型扫描电子显微镜（SEM）和 S-4500 型场发射扫描电镜（FESEM）观察产物形貌、结构特征及组成分析（EDS）。

利用 Hitachi H-8100 型透射电子显微镜（TEM）和 JEOLJEM-2010 型高分辨透射电子显微镜（HRTEM）研究产物的微结构与结晶性，所使用的加速电压为 200 kV。

利用 JY-T64000 型显微共焦激光拉曼光谱仪（Raman）获得产物的室温拉曼光谱，使用波长为 532 nm 的固态二极管激光器作为激发源，激光功率为 4.45 mW，光谱分辨率为 1 cm^{-1}，聚焦激光束光斑直径约为 1 μm，扫描范围为 100 ~1 000 cm^{-1}。

利用 He-Cd 激光器作为激发源，研究产物的室温光致发光（PL）性质，激发波长为 325 nm，激光功率为 30 mW，扫描波长范围为 350 ~650 nm，分辨率为 0.5 nm。

4.7.3　结果与讨论

如图 4.24 所示是在衬底上生长产物的 XRD 图谱，其中位于 61.67°的衍射峰对应 Si(400)Kβ，来自于 Si(100)衬底的衍射。其他所有的衍射峰都可以指标化到纤锌矿结构的 GaN，各晶面指数已经标示在相应的衍射峰上。经计算得出其晶胞参数 a=0.318 9 nm，c=0.518 4 nm，与标准衍射卡片六方 GaN(JCPDS:76-0703)的数据相当吻合，表明所制备产物是纯的六方 GaN，尖锐、窄且对称的衍射峰揭示了产物良好的结晶性。

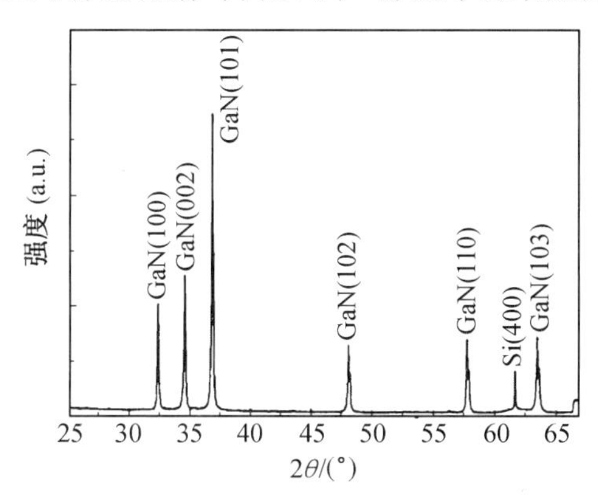

图 4.24　在衬底上生长产物的 XRD 图谱

图 4.25 显示了产物的 SEM 图像，可以观察到有大量微米尺度的棱锥体和线状纳米结构生长在衬底上，如图 4.25(a)和 4.25(b)所示。棱锥体具有清晰的侧棱和尖锥的外形，轴向长度为 6 ~ 8 μm，最大横向宽度为 2 ~ 3 μm，具有相当对称的金字塔状外形。

图 4.25(c)显示了两个交叉生长的锥体，一个棱锥从另一个的中部穿过，即它们之间发生部分嵌套（“咬合”），这是由于在生长过程中相遇并嵌入对方形成的，这种结构在产物中较易发现。图 4.25(d)是在高倍下的放大的图像，清楚地显示了从锥体的尖端生长出一根直径约为几十纳米的细线，而在锥体的其他部位没有发现连接有纳米线结构，对其他锥体的观察也发现这种特殊结构，这说明产物中存在微棱锥体与纳米线的同质复合结构，尽管有一些纳米线仍是自由生长的。产物的 EDS 图谱如图 4.26 所示，揭示了产物组成仅有 Ga 和 N 两种元素，定量结果见表 4.2，Ga、N 的原子

图 4.25 GaN 微棱锥与纳米线结构的 SEM 图像

比为 47.34 : 52.66(1 : 1.11),非常接近 GaN 的化学计量比。XRD 和 EDS 的结果显示了所制备的微棱锥体与纳米线结构是高纯的六方 GaN。

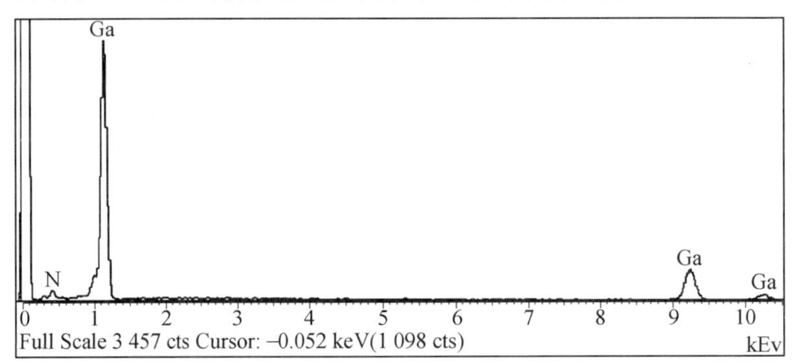

图 4.26 在衬底表面产物的 EDS 图谱

表 4.2　产物的能谱分析结果

元素	质量分数/%	原子数分数/%
N K	18.27	52.66
Ga K	81.73	47.34
总计	100.00	

图 4.27 显示了 GaN 特殊棱锥的 TEM 形貌图像。图 4.27(a) ~4.27(c) 为典型的棱锥形貌，可以观察到其一端（顶部）较尖，侧面光滑，无明显的附着结构，而另一端（底部）较平坦，需要指出的，棱锥的横向最大宽度不是在其底部，而是在距其底部约为 1/4 ~ 1/3 长度处。根据 SEM 和 TEM 的分析，认为 GaN 棱锥的生长轴向是沿着+c 或-c 轴，即[0001]或[$000\bar{1}$]，各个侧面相对轴对称生长。图 4.27(d) 显示了一种特殊的结构，即分别沿[0001]和[$000\bar{1}$]不对称生长的两段锥体，其底部是相连形成的。由于棱锥厚度达到了微米量级，因此在电镜下的形貌呈不透明。

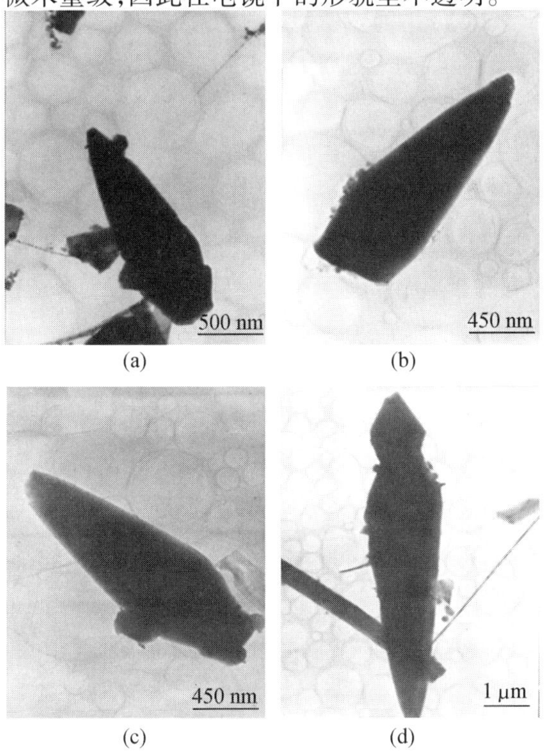

图 4.27　GaN 特殊棱锥的 TEM 形貌图像

图4.28给出 GaN 微棱锥/纳米线复合结构的 TEM 图像,可以发现一根直径为50 nm 左右的较直的纳米线从棱锥体的尖端生长出去。对纳米线进行电子衍射分析,其右上方插图显示了相应的电子衍射花样,标定可知电子束沿[100]方向入射,纳米线的生长方向平行于[001]。这反映了纳米线结构是由棱锥体尖端外延生长出的,即纳米线的轴向与棱锥的轴向是一致的。

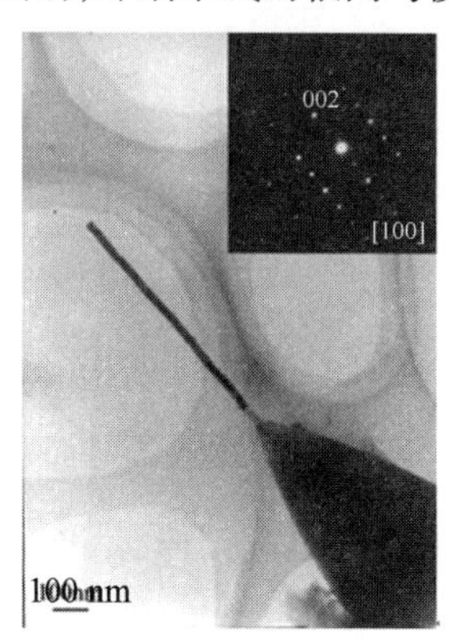

图4.28　GaN 微棱锥/纳米线复合结构的 TEM 图像与电子衍射花样

图4.29是 GaN 微棱锥和纳米线结构的室温激光拉曼光谱图,在531 cm^{-1}、567 cm^{-1}、143 cm^{-1}、420 cm^{-1}、669 cm^{-1}分别出现了拉曼频移峰,在567 cm^{-1}和531 cm^{-1}的峰可分别归于六方 GaN 的 E_2(high)声子和 A_1(TO)声子,143 cm^{-1}频移峰可归于 E_2(low)声子,E_2(high)声子模强且尖锐的峰形(半峰宽约12 cm^{-1})表明产物高度晶态的结构特征。420 cm^{-1}处很弱的非一阶拉曼声子应归于声学谐波。669 cm^{-1}的频移在以前的研究

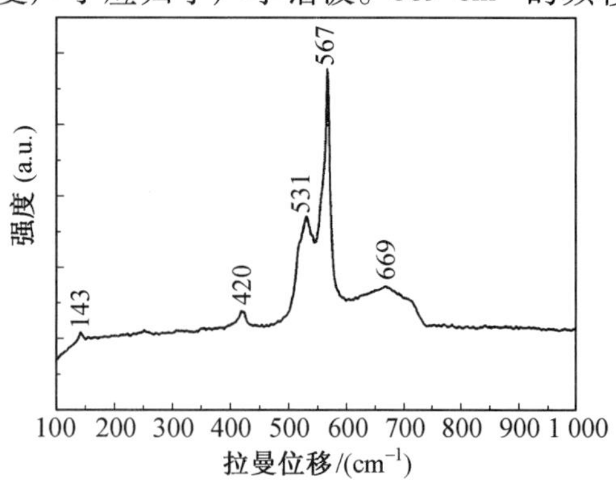

图4.29　GaN 微棱锥和纳米线结构的室温激光拉曼光谱

中较少观察到,Chen C-C 等人认为[47]它可归属于表面诱导声子模,可以认为由于产物是具有大量外表面的棱锥结构,因此表面效应对拉曼声子的贡献造成了在669 cm^{-1}出现频移。GaN 棱锥的拉曼声子与其相应频移见表4.3。

表4.3 GaN 棱锥的拉曼声子与其相应的频移

声子模式	A_1(TO)	E_2(high)	E_2(low)	声学谐波	表面诱导声子模
频移/cm^{-1}	531	567	143	420	669

在其他实验条件相同的情况下,将反应时间缩短至1 h,所得产物的SEM图像显示在图4.30中。可以看到棱锥体的长度减小至2~4 μm,产物除了具有光滑清晰侧面的微棱锥结构外,还有一些横向尺寸在亚微米尺度的圆锥体结构,长度达到5~10 μm,这些圆锥体沿轴向生长得相当笔直,其端部尖锐;纳米线结构仍存在于产物中。可以推断,这是由于在较短的反应时间下,未完全生长形成具有侧棱的对称棱锥体。

图4.30 缩短反应时间所得产物的SEM图像

4.7.4　形成机理讨论

前面已经讨论了在无催化剂覆盖的 Si 衬底表面 GaN 微棱锥的生长机理。在该实验条件下，Si 片表面被预覆盖了一层金膜，在反应后的衬底上形成了大量 GaN 棱锥体与纳米线结构，产物得率明显高于无金膜存在条件下的。通常地，在利用过渡金属或贵金属存在下的气相沉积反应法来生长低维结构时，生长机理一般归于气-液-固（VLS）模式，金属粒子被认为起到了催化生长的作用，产物的一个明显的形貌特征是在头部连有一个与其直径接近的金属颗粒，它起到了指导纳米线（或纳米棒）生长与限制纳米线径向尺寸的作用。在实验中，镀有金膜的 Si 片被作为 GaN 生长的衬底，Au 元素似乎应扮演催化剂的角色，使 GaN 的生长遵循 VLS 模式，然而，在所制备的产物中没有观察到棱锥与线的头部连有金属颗粒，XRD 与 EDS 的表征也未探测到 Au 的存在，这些结果表明了在这里 GaN 棱锥与纳米线的生长不能简单地归于 VLS 模式。与无金膜存在的实验条件下所得产物相比，GaN 棱锥体的产率大大增加，而且所制备的棱锥体显示出一些新特点。首先，棱锥结构发生了变化，不是呈六方单金字塔形，而是在轴向生长的两个方向都出现收缩，一端收缩形成金字塔形的尖端（即(0001)面在生长后消失），另一端收缩但未形成尖端，而保留了部分$(000\bar{1})$面的特征；其次，棱锥长度与最大宽度之比减小至 3～4；再一个显著的特征是伴随着棱锥的形成，有纳米线生长，而且观察到纳米线由棱锥的尖端生长出去，TEM 和 SAED 的分析显示纳米线的生长沿[0001]方向，与棱锥的轴向相同，即纳米线与棱锥间存在外延关系。Baxter 等人在制备氧化锌六方棱柱时也观察到这一生长现象[41]。这些新的结构特征暗示了金膜在这里起到了特殊的作用。通过分析，可以认为对生长机理合理的解释是：随反应温度的升高，金膜破裂并自团聚成纳米尺度的 Au 颗粒，一致地分散在 Si 衬底上，在设定的反应温度下，Au 颗粒作为“吸附子”有效地吸附与捕获气相反应物分子（Ga_2O 与 NH_3 分子），它们在衬底表面结合、发生反应生成 GaN，Au 颗粒对气相物种的吸附作用导致了大量的 GaN 产物，Au 在反应中起到吸附与定位的作用；同时，Au 的存在还对 GaN 晶面的生长速率具有调节作用，使得沿(0001)面的生长速率减小（与没有 Au 存在时相比），最终对产物结构产生了影响，导致棱锥的长宽比减小，且在一端保持了较明显的$(000\bar{1})$面的特征。GaN 棱锥/纳米线这种特殊的微/纳复合结构的形成,可能是由于棱锥的非完美尖端造成的二次成核,即棱锥的尖端部位可能存在缺陷,有利于形成 GaN 晶核,晶核一旦形成,气相反应物分子就持续不断地溶入晶核,在浓度达到过饱和后,纳米线结构形成并在适当的气相环境中持续生长。这种生长遵循气-固外延(Vapor-Solid Epitaxy)模式,纳米线轴向(生长方向)沿[0001]方向,与棱锥的长轴方向一致。

4.7.5 产物结构的控制

尝试在不同温度下控制制备 GaN 低维结构,研究产物结构随反应温度的演化,进而研究结构的变化对材料光学性能的影响。

图 4.31 所示为 1 080 ℃下在 Si 衬底上生长产物的 XRD 图谱,其中在 32.93°和 61.67°出现的衍射峰分别对应 Si(200)和 Si(400)Kβ,是由 Si(100)衬底产生的。其余的衍射峰对应于纤锌矿结构的六方 GaN(JCPDS:76-0703),计算得出其晶胞参数 $a=0.319\,0$ nm,$c=0.518\,7$ nm,窄且尖锐的衍射峰反映出产物的高度晶态特征。值得注意的是,GaN(002)晶面产生的衍射峰与标准衍射卡片相比,不仅成为最强峰,而且相对强度大大增加,这揭示出产物中占优势的生长方向应垂直于(002)晶面,即生长沿<0001>方向。

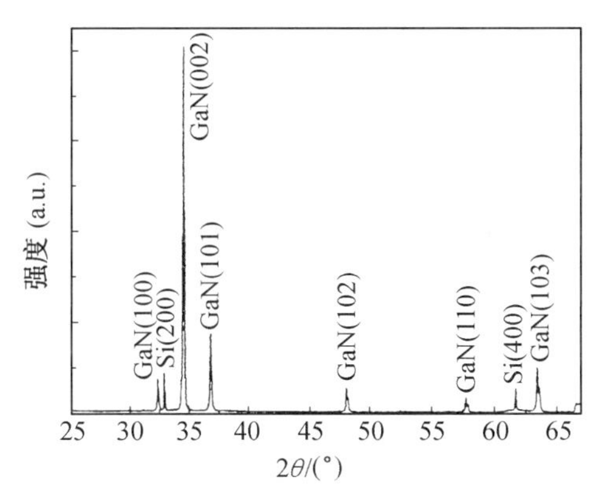

图 4.31 1 080 ℃时在 Si 衬底上生长产物的 XRD 图谱

图 4.32 所示是所制备的 GaN 低维结构的 SEM 图像。图 4.32(a)和 4.32(b)是低倍下的图像,显示了大量具有尖端的长棒状结构,长度大约十几微米,生长得相当笔直。图 4.32(c)~4.32(f)是棒状结构的特写照

片,其中图4.32(c)和4.32(d)显示了具有尖端的六方棱柱形纳米棒,直径在350~500 nm,纳米棒主干部分由对称的六个{10$\bar{1}$0}晶面包围,具有相对一致的横向尺寸,在端部收缩成六棱锥形,由{1$\bar{1}$01}晶面包围而成;图4.32(e)和4.32(f)显示了规则的六方棒状结构,具有6个清晰的侧棱,在顶部呈凸出的棱锥形结构,与图4.32(c)和4.32(d)展示的光滑侧面所不

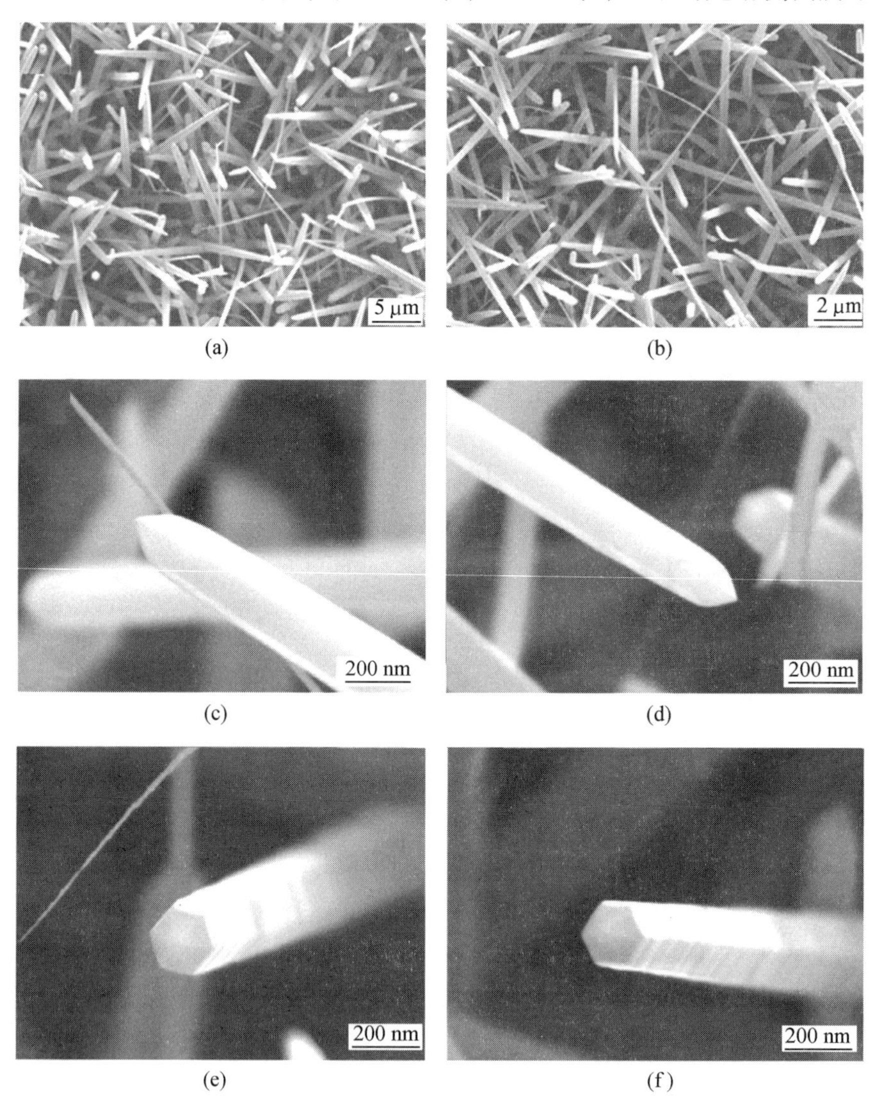

图4.32　在1 080 ℃下所制备的 GaN 低维结构的 SEM 图像

同的是,其侧面展示了小台阶状结构。带尖的六棱柱形纳米棒的结构特征揭示了 GaN 不同晶面的生长速率,并存在如下的关系:$\{0001\}>\{1\bar{1}01\}>\{10\bar{1}0\}$。

GaN 六方棱柱形纳米棒的 TEM 图像显示在图 4.33 中。图 4.33(a)和 4.33(b)是典型的带尖六方棱柱结构,径向尺寸为 400~500 nm,沿生长方向直径相对一致,表面清洁,侧面平直光滑,具有笔尖形的端部;图4.33(c)显示了一根具有钝形头部的纳米棒,其端部明显不是很尖锐;图4.33(d)显示了一根纳米棒的头部特写,可观察到在其尖端部位生长出一段约 100 nm的凸起结构,认为这可能是棱锥体/纳米线复合结构的雏形。

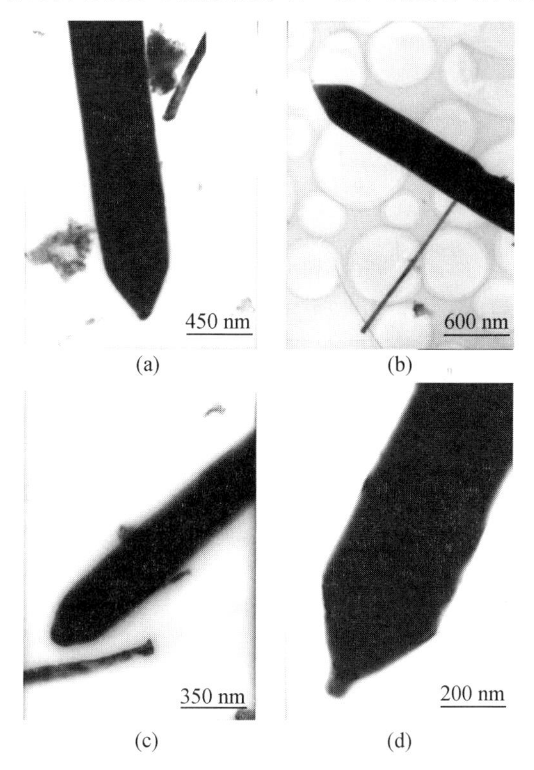

图 4.33 所制备的 GaN 六方棱柱纳米棒的 TEM 图像

图 4.34 所示是具有棱角侧面的 GaN 棱柱形纳米棒的 TEM 图像,直径约为 300~350 nm,与具有光滑平直侧面的纳米棒不同,这种纳米棒的侧面呈现多个凸出的棱角,轴向生长得较直,而其头部仍然呈笔尖形,这种具有多棱角形貌的纳米棒是 GaN 沿[0001]方向生长的一个显著特征。

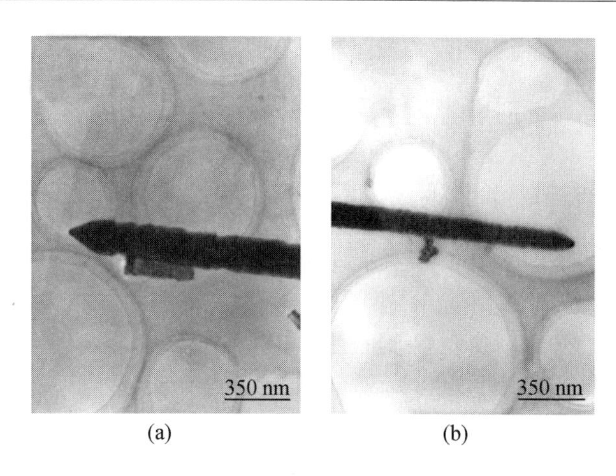

图 4.34　具有棱角侧面的 GaN 棱柱形纳米棒的 TEM 图像

图 4.35 所示是 1 040 ℃下生长在 Si 片上产物的 XRD 图谱，图谱中在 33.04°和 61.77°出现的衍射峰分别对应 Si(200)和 Si(400)Kβ，来自于 Si(100)衬底。其他衍射峰可以指标化到六方纤锌矿结构 GaN，计算其晶胞参数 a=0.318 4 nm，c=0.518 4 nm，与标准衍射卡片(JCPDS:76-0703)值吻合，结果表明产物是纯的六方相 GaN。与 1 080 ℃时制备的 GaN 低维结构的 XRD 图谱相比，GaN(002)衍射峰的相对强度没有明显的增大，而其他衍射峰的相对强度也与标准衍射卡片的峰强度相似，这表明在产物中可能不存在某个方向是占优势的生长方向。

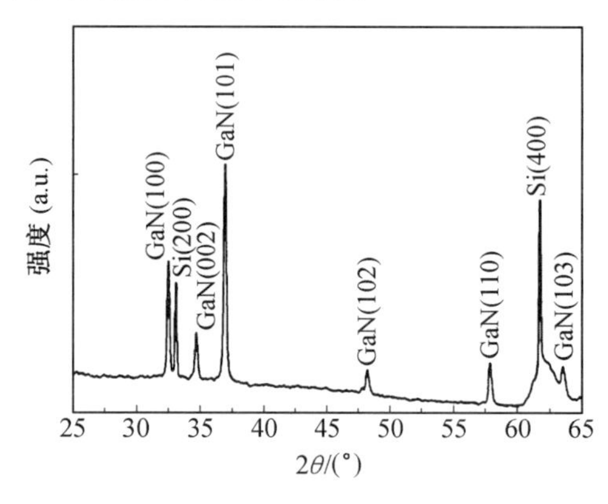

图 4.35　1 040 ℃下生长在 Si 衬底上产物的 XRD 图谱

衬底表面生长的 GaN 低维结构的 SEM 图像如图 4.36 所示。低倍下的图像(图 4.36(a)和 4.36(b))显示出有大量锥形的纳米线结构，长度有十几至二十微米,形貌相对较直,纳米线之间基本无缠绕或卷曲;图 4.36(c)显示了部分纳米线的端部形貌,纳米线的生长顶端呈尖锥形,这表明纳米线的径向尺寸是逐渐减小的;图 4.36(d)显示了高放大倍数下一根纳米线的端部特写。在产物中没有观察到颗粒或具有清晰侧面的六方棱锥或六方棱柱形结构,说明产物是结构上一致的锥形纳米线。

图 4.36 所制备的 GaN 低维结构的 SEM 图像

GaN 锥形纳米线的 TEM 图像与电子衍射花样如图 4.37 所示,纳米线具有锥形、笔直的形貌,表面光滑,径向最大宽度大约为 150 ~ 250 nm,尖端尺寸有几十纳米;对形貌光滑平直的纳米线的电子衍射分析显示了同样的六方排列点阵的衍射花样,如图 4.37(c)和 4.37(d)所示,电子束沿[001]晶带轴方向入射,表明纳米线的生长平行于<100>方向,电子衍射的结果揭示出纳米线是单晶态的。

在 TEM 的研究中还观察到一种表面多棱角的纳米线,如图 4.38 所示,纳米线沿轴向生长得也比较平直,然而,与具有光滑外貌的纳米线相比,这种结构的侧面呈现出不平、多棱角的形貌;选区衍射的结果显示在图

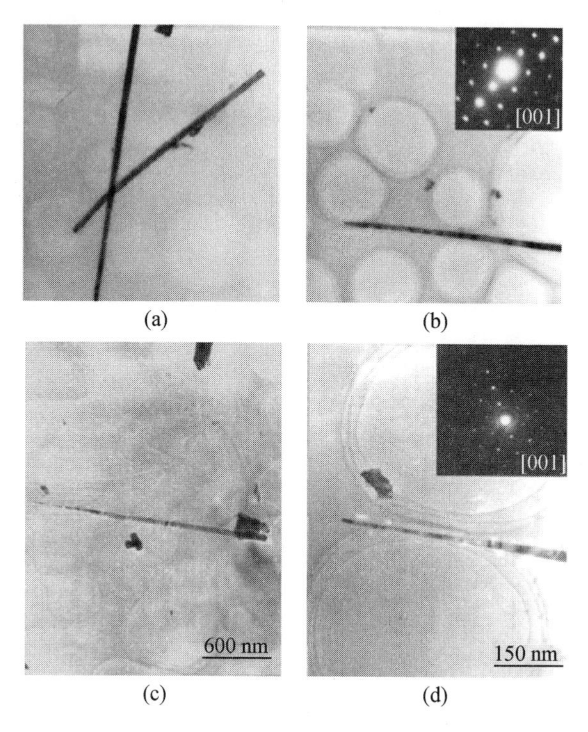

图 4.37　所制备的 GaN 锥形纳米线的 TEM 图像与电子衍射花样

4.38(b)的右上方插图中,表明纳米线的生长是沿<001>方向,而不是平行于<100>方向,这种形貌与生长方向的对应关系与以前的研究结果[31,32]相一致。TEM 与 SAED 的结果反映出锥形纳米线的生长既有沿<100>方向的,又有沿<001>方向的,也就是说其生长方向不是完全一致的。

两种 GaN 低维结构的拉曼光谱显示如图 4.39 所示,对于棱柱形纳米棒(a),在 529 cm^{-1}、557 cm^{-1}和 565 cm^{-1}的拉曼频移峰,可分别归于纤锌矿型 GaN 的 A_1(TO)、E_1(TO)和 E_2(high)一阶拉曼活性声子,在 418 cm^{-1}和 667 cm^{-1}的声子分别由声学谐波与表面诱导声子产生,其中 E_2(high)的半峰宽约 8 cm^{-1};对于 GaN 锥形纳米线(b),A_1(TO)、E_1(TO)和 E_2(high)声子分别出现在 531 cm^{-1}、559 cm^{-1}和 568 cm^{-1},其中 E_2(high)的半峰宽约为 10 cm^{-1},而声学谐波引起的声子频移峰出现在 421 cm^{-1}附近。两种结构的 E_2(high)声子均显示了高的强度与窄的半峰宽,揭示了产物具有很好的结晶质量。两种结构的拉曼声子与其相应的频移值见表 4.4。

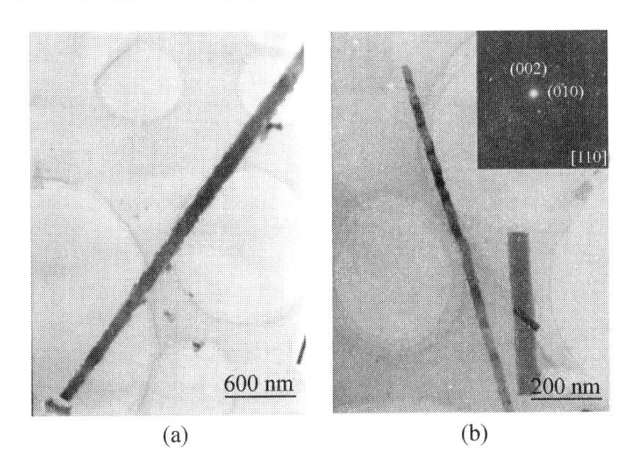

图 4.38 表面多棱角的 GaN 纳米线的 TEM 图像与电子衍射花样

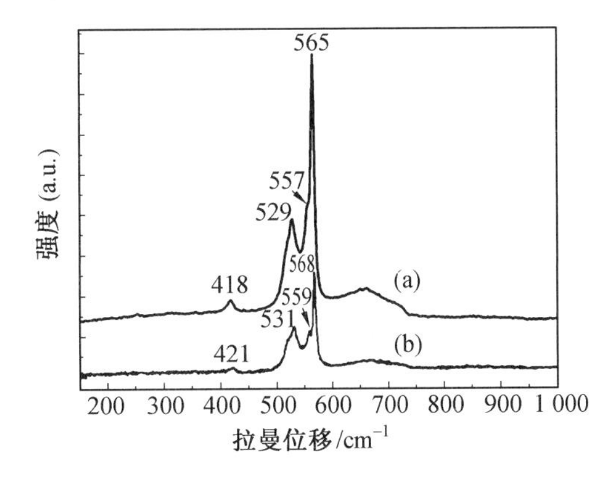

图 4.39 GaN 棱柱形纳米棒(a)与锥形纳米线(b)的室温激光拉曼光谱

表 4.4 GaN 两种结构的拉曼声子与其相应的频移值

声子模式	A_1(TO)	E_2(high)	E_1(TO)	声学谐波	表面诱导声子模
棱柱形纳米棒	529	565	557	418	667
锥形纳米线	531	568	559	421	673

4.7.6 对不同结构形成原因的分析

实验结果表明,改变生长条件可以得到不同结构的产物,也就是说产物结构可以由生长条件来控制。通过分析可以发现,反应温度是影响产物结构的重要因素,随着温度的提升,产物结构由锥形纳米线进化到具有尖端的六棱柱形纳米棒,再到棱锥/纳米线复合结构。在较低温度下生长的纳米线尽管显示了锥体的形貌，但是不具有较完美棱锥体的外部特征。适当地升高温度，GaN 本征的六方晶体特征在产物中显示出来，表现为六棱柱形纳米棒和六方微棱锥体。可以推测，这种随温度的结构进化是由生长环境中气相物种的饱和度差异造成的。在目前的生长条件下，在石墨管反应器中将主要发生式(4.3)～(4.5)的反应，不过参与反应的碳源由制备 GaN 纳米线时的活性炭变成了石墨。然而，随反应温度逐渐升高，反应

$$2Ga_2O_3(s)+3C(石墨)\longrightarrow 4Ga(l)+3CO_2(g) \tag{4.6}$$

$$2Ga(l)+2NH_3\longrightarrow 2GaN(s)+3H_2(g) \tag{4.7}$$

趋势将会增大，镓物种的气相饱和度会相应增加，气相镓物种的组成由主要是 Ga_2O 变为 Ga_2O+Ga，这就造成了在反应器内不仅发生式(4.4)所示的反应，而且也发生(4.7)所示的反应。

在不断增多的气相镓物种的生长条件下，GaN 的六方晶体生长特性被“激活”，导致了具有本征晶体外形特征的 GaN 棱柱形纳米棒和微棱锥的形成。对于在更高温度下生长的棱锥/纳米线复合结构，认为这是由金膜的存在、镓物种饱和度的增加以及棱锥的尖端结构效应共同诱导的复杂的动力学生长过程。另外，在这种富镓的生长条件下，产物结构中容易产生氮空位，将对其发光性能造成影响。综上所述，GaN 不同低维结构的形成是金属调节下气相反应物种饱和度所驱动的晶体结构的进化过程。

4.7.7　不同结构的光致发光研究

GaN 是重要的光电子材料，对光发射(光致发光)性能的研究是其在光电子领域应用的基础，而研究不同结构的光致发光特性，理解结构与性能间的内在关系，从而实现性能可控的制备对于材料的应用具有重要的意义。下面研究所制备的不同结构 GaN 的室温光致发光性能。图4.40 和图4.41 分别是对应波长和对应能量的光致发光谱，在谱图中 3 条谱线的标号(a)、(b)、(c)分别代表 GaN 棱锥与纳米线复合结构，GaN 棱柱形纳米棒，GaN 锥形纳米线。通过分析可以得出，它们在 370 nm(3.35 eV)附近都出现了强的发光峰，应归于六方 GaN 的带边发射，是由带隙电子跃迁引起的，而通常在 GaN 材料中出现的较弱的黄光发射带[48]在发光谱中没有观察到。仔细分析可以发现，3 种结构的带边发射存在略微的差异，(a)曲线 GaN 棱锥与纳米线复合结构的发光峰中心位于 372 nm(3.33 eV)，而

(b)曲线 GaN 棱柱形纳米棒和(c)曲线 GaN 锥形纳米线的发光峰分别位于369 nm(3.36 eV)和368 nm(3.37 eV),相对于体晶 GaN 的带边发射位置(3.39 eV)发生了不同程度的红移(向低能方向移动)。

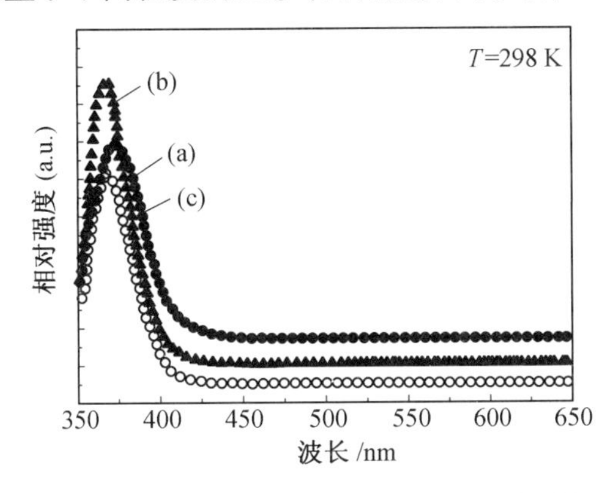

图 4.40 GaN 低维结构的室温光致发光谱(波长)

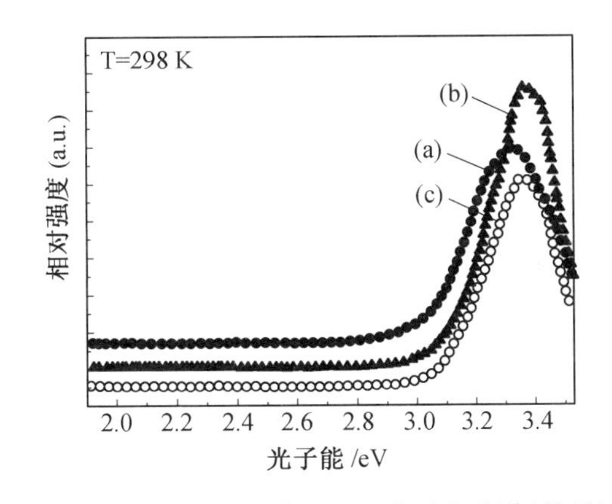

图 4.41 GaN 低维结构的室温光致发光谱(能量)

通常认为,GaN 带边发射的蓝移(向高能方向移动)是由量子限域效应产生的,当 GaN 一维结构的横向尺寸小于材料的激子玻尔半径(11 nm)时,可以观察到发射峰的蓝移现象[49,50],而产生红移的原因则比较复杂,可能由杂质或结构空位等因素造成。通过计算,3 种结构的发射峰分别红移了(a)60 meV、(b)30 meV、(c)20 meV。在前面对 GaN 低维结构的形成机理分析时,已经讨论了富镓的生长条件下容易在结构中产生氮空位,而形成不同结构的原因主要是在不同的生长条件下(温度)产生的镓物种饱和度不同。研究表明氮空位的能量一般位于 GaN 导带下几十毫电子伏处，与目前的发射峰红移值比较吻合，因此，认为在这里 GaN 低维结构带边发射峰的红移可归于氮空位，而不同的红移程度是由氮空位在导带下的不同能级水平造成的。

目前的研究揭示了生长条件-结构-性能间的内在联系，表明了性能可控的制备是可以通过制备条件的改变来实现的。

发光峰的半峰宽值通常被认为是材料晶体质量的一个重要标志。对这些结构进行测量得到，带边发射半峰宽分别是(a)320 meV、(b)250 meV 和(c)260 meV，与文献报道[51-56]的晶态 GaN 一维结构(纳米线、纳米锯、多孔纳米线)相比，半峰宽较窄，具有与体晶 GaN 可比拟的半峰宽值[57]，这证明了所制备的产物具有极好的晶体学质量与光致发光性能。GaN 低维结构的发光峰(发射波长、发射能量)、半峰宽(FWHM)值见表 4.5。

表 4.5　GaN 低维结构的发光峰与半峰宽(FWHM)值

GaN 结构	谱线标号	发射波长/nm	发射能量/eV	半峰宽(FWHM)/meV
棱锥与纳米线复合结构	(a)	372	3.33	320
棱柱形纳米棒	(b)	369	3.36	250
锥形纳米线	(c)	368	3.37	260

4.8　本章小结

(1)利用碳热辅助法，选择活性炭为碳源，大量制备了高晶态、纯的 GaN 纳米线，长度达到几十微米，具有较宽的直径分布；对生长机理的分析表明纳米线生长应按照气-固(VS)模式，而其生长方向是沿 $<10\bar{1}0>$，纳米线的生长方向与生长机理没有必然联系。

(2)反应温度对纳米线的生长没有显著影响，在不同温度下得到的 GaN 纳米线具有同样较直的形貌与光滑的表面，生长方向沿最密堆积的 $\{10\bar{1}0\}$ 面；初始反应物中 Ga_2O 与活性炭的比例在适当范围内(3 ∶ 1 到 8 ∶ 1)变化时，都可以得到大量结构一致的 GaN 纳米线产物，而仅使用 Ga_2O 作为原料(不加入碳源)，则只能得到极少量的纳米线，表明碳源对纳米线的大量制备有重要作用。

(3)以设计的石墨管为反应器生长得到单晶的六方金字塔形 GaN 棱

锥体,锥体长度为 30 ~ 40 μm,底部宽度为 2 ~ 4 μm,具有大的高度/底边比($h/a>20$);棱锥具有 6 个光滑、清晰的侧面,显示了对称六棱锥的结构特征,反映了六方 GaN 晶体的生长特性。

(4)拉曼光谱显示在 568 cm^{-1} 的 E_2(high)声子与体晶 GaN 相当一致,尖锐且对称的峰形反映了棱锥的高晶态特征;反应温度对棱锥的生长有重要影响,在较低的温度下不能形成对称棱锥体结构。

(5)GaN 棱锥体的形成可归于微观的 Ehrlich-Schwoebel 势垒和平衡条件被沉积过程打破造成的非平衡效应,在非平衡条件下,沿 c 轴方向发生快速生长,导致与 c 轴垂直的晶面在棱锥的顶部消失,形成了尖端的外形;棱锥侧面的晶面构成由材料的本征特性与生长参数共同决定,对于特定的结构,主要由非平衡效应(原子在不同晶面的沉积-扩散速率)控制。

(6)综合利用金属催化剂与高温碳辅助生长路线制备了特殊的 GaN 棱锥/纳米线复合结构,纳米线由棱锥的尖端生长出去,其生长方向沿[0001],表明纳米线的轴向与棱锥的轴向一致,即生长存在外延关系;拉曼光谱揭示了产物具有六方与高结晶的特征;金在反应过程中起到吸附与定位的作用,并对晶面的生长速率产生影响,复合结构的生长遵循气-固外延模式。

(7)在不同温度下可控制备了 GaN 带尖的六棱柱形纳米棒与锥形纳米线低维结构,纳米棒显示了沿 c 轴取向生长的特性,侧面由 6 个$\{10\bar{1}0\}$面所包围,棱锥形头部由 6 个$\{1\bar{1}01\}$面构成,反映了晶面生长速率从大到小的顺序$\{0001\}$、$\{1\bar{1}01\}$、$\{10\bar{1}0\}$,锥形纳米线具有两种生长方向,即$<10\bar{1}0>$和$<0001>$;温度是影响产物结构的主要因素,在较高温度下,发生沿 c 轴择优生长,即$<0001>$方向,且显示六方晶体的结构特征,在较低的温度下,不显示择优生长性;不同结构的形成是由金属调节下气相物种饱和度所驱动的晶体结构进化所致。

(8)光致发光研究显示发射峰位置对结构的依赖性,不同结构在 370 nm(3.35 eV)附近都出现了强的带边发射峰,而发射峰位置相比体晶 GaN 出现了不同程度的红移,是由结构中氮空位造成的,起源于富镓的生长环境;窄的半峰宽反映了极好的发光性能,表明了良好的晶体学质量;研究揭示了制备条件-结构-性能间存在内在联系。

参考文献

[1] RAO C N R, DEEPAK F L, GUNDIAH G, et al. Inorganic nanowires [J]. Prog. Solid State Chem., 2003, 31:5-147.

[2] RAO C N R, GUNDIAH G, DEEPAK F L, et al. Carbon-assisted synthesis of inorganic nanowires[J]. J. Mater. Chem., 2004, 14:440-450.

[3] WU X C, HONG M J, HAN Z L, et al. Fabrication and photoluminescence characteristics of single crystalline In_2O_3 nanowires[J]. Chem. Phys. Lett., 2003, 373:28-32.

[4] WU X C, SONG W H, HUANG W D, et al. Crystalline gallium oxide nanowires: intensive blue light emitters[J]. Chem. Phys. Lett., 2000, 328:5-9.

[5] GUNDIAH G, GOVINDARA J A, RAO C N R. Nanowires nanobelts and related nanostructures of Ga_2O_3[J]. Chem. Phys. Lett., 2002, 351: 189-194.

[6] WU X C, SONG W H, ZHAO B, et al. Preparation and photoluminescence properties of crystalline GeO_2 nanowires[J]. Chem. Phys. Lett., 2001, 349:210-214.

[7] ZHANG Y, ZHU J, ZHANG Q, et al. Synthesis of GeO_2 nanorods by carbon nanotubes[J]. Chem. Phys. Lett., 2000, 317:504-509.

[8] HUANG M H, WU Y, FEICK H, et al. Catalytic growth of zinc oxide nanowires by vapor transport[J]. Adv. Mater., 2001, 13(2):113-116.

[9] LI S Y, LEE C Y, TSENG T Y. Copper-catalyzed ZnO nanowires on silicon (100) grown by vapor-liquid-solid process[J]. J. Crystal Growth, 2003, 247:357-362.

[10] DEEPAK F L, VINOD C P, MUKHOPADHYAY K, et al. Boron nitride nanotubes and nanowires[J]. Chem. Phys. Lett., 2002, 353:345-352.

[11] LUI J, ZHANG X, ZHANG Y, et al. Novel synthesis of AlN nanowires with controlled diameters[J]. J Mater. Res., 2001, 16(11):3133-

3138.

[12] DEEPAK F L, VANNITHA P V, GOVINDARA J A, et al. Photoluminescence spectra and ferromagnetic properties of GaMnN nanowires[J]. Chem. Phys. Lett., 2003, 374:314-318.

[13] HAN W, FAN S, LI Q, et al. Synthesis of silicon nitride nanorods using carbon nanotube as a template[J]. Appl. Phys. Lett., 1997, 71(16): 2271-2273.

[14] WU X C, SONG W H, ZHAO B, et al. Synthesis of coaxial nanowires of silicon nitride sheathed with silicon and silicon oxide[J]. Solid State Commun, 2000, 115:683-686.

[15] GUNDIAH G, MADHAV G V, GOVINDARA J A, et al. Synthesis and characterization of silicon carbide, silicon oxynitride and silicon nitride nanowires[J]. J. Mater. Chem., 2002, 12(5):1606-1611.

[16] HAN W, BANDO Y, KURASHIMA K, et al. Boron-doped carbon nanotubes prepared through a substitution reaction[J]. Chem. Phys. Lett., 1999, 299:368-373.

[17] SATISHKUMAR B C, GOVINDARA J A, ZHANG J P, et al. Boron-carbon nanotubes from the pyrolysis of $C_2H_2-B_2H_6$ mixtures[J]. Chem. Phys. Lett., 1999, 300:473-477.

[18] WEI J, JIANG B, LI Y, et al. Straight boron carbide nanorods prepared from carbon nanotubes[J]. J Mater. Chem., 2002, 12(10):3121-3124.

[19] MENG G W, ZHANG L D, MO C M, et al. Preparation of β-SiC nanorods with and without amorphous SiO_2 wrapping layers[J]. J. Mater. Res., 1998, 13(9):2533-2538.

[20] LIANG C H, MENG G W, ZHANG L D, et al. Large-scale synthesis of β-SiC nanowires by using mesoporous silica embedded with Fe nanoparticles[J]. Chem. Phys. Lett., 2000, 329:323-328.

[21] HAN W, FAN S, LI Q, et al. Continuous synthesis and characterization of silicon carbide nanorods[J]. Chem. Phys. Lett., 1997, 265:374-378.

[22] ZHOU X T, WANG N, LAI H L, et al. β-SiC nanorods synthesized by hot filament chemical vapor deposition[J]. Appl. Phys. Lett., 1999, 74(26):3942-3944.

[23] PAN Z, LAI H L, AU F C K, et al. Oriented silicon carbide nanowires: synthesis and field emission properties[J]. Adv. Mater., 2000, 12 (16):1186-1190.

[24] SUN X H, LI C P, WONG W K, et al. Formation of siliconcarbide nanotubes and nanowires via reaction of silicon (from disproportionation of silicon monoxide) with carbon nanotubes[J]. J Am. Chem. Soc., 2002, 124(48):14464-14471.

[25] GUNDIAH G, GOVINDARA J A, DEEPAK F L, et al. Carbon-assisted synthesis of silicon nanowires[J]. Chem. Phys. Lett., 2003, 381:579-583.

[26] WANG Y, ZHANG L, MENG G, et al. Zn nanobelts: A new quasi one-dimensional metal nanostructures[J]. Chem. Commun, 2001, (24): 2632-2633.

[27] MA R, BANDO Y. Investigation on the growth of boron carbide nanowires[J]. Chem. Mater., 2002, 14(10):4403-4407.

[28] LI S H, ZHU X F, ZHAO Y P. Carbon-assisted growth of SiO_x nanowires[J]. J. Phys. Chem. B., 2004, 108:17032-17041.

[29] PENG H Y, ZHOU X T, WANG N, et al. Bulk-quantity GaN nanowires synthesized from hot filament chemical vapor deposition[J]. Chem. Phys. Lett., 2000, 327:263-270.

[30] PENG H Y, WANG N, ZHOU X T, et al. Control of growth orientation of GaN nanowires[J]. Chem. Phys. Lett., 2002, 359:241-245.

[31] 叶恒强，王元明. 透射电子显微学进展[M]. 北京:科学出版社，2003.

[32] BAE S Y, SEO H W, HAN D S, et al. Synthesis of gallium nitride nanowires with uniform [001] growth direction[J]. J. Crystal Growth, 2003, 258:296-301.

[33] ORTON J W, FOXON C T. Group Ⅲ-nitride semiconductors for short

wavelength light-emitting devices[J]. Rep. Prog. Phys., 1998, 61:1.

[34] YANG W, MCPH ER SON S A, MAO Z, et al. Single-crystal GaN pyramids grown on (111) Si substrates by selective lateral overgrowth[J]. J. Crystal Growth, 1999, 204:270-274.

[35] HOFFMANN A, SIEGLE H, KASCHNER A, et al. Local strain distribution of hexagonal GaN pyramids[J]. J. Crystal Growth, 1998, 189/190:630-633.

[36] TANAKA S, KAWAGUCHI Y, SAWAKI N, et al. Defect structure in selective area growth GaN pyramid on (111) Si substrate[J]. Appl. Phys. Lett., 2000, 76(19):2701-2703.

[37] LIU Q K K, HOFFMANN A, SIEGLE H, et al. Stress analysis of selective epitaxial growth of GaN[J]. Appl. Phys. Lett., 1999, 74(21): 3122-3124.

[38] BERTRAM F, CHRISTEN J, SCHMIDT M, et al. Direct imaging of local strain relaxation along the {1-101} side facets and the edges of hexagonal GaN pyramids by cathodoluminescence microscopy[J]. Physica E, 1998, 2:552-556.

[39] GUHA P, KAR S, CHAUDHURI S. Direct synthesis of single crystalline In_2O_3 nanopyramids and nanocolumns and their photoluminescence properties[J]. Appl. Phys. Lett., 2004, 85(17):3851-3853.

[40] JIA H, ZHANG Y, CHEN X, et al. Efficient field emission from single crystalline indium oxide pyramids[J]. Appl. Phys. Lett., 2003, 82(23):4146-4148.

[41] BAXTER J B, WU F, AYDIL E S. Growth mechanism and characterization of zinc oxide hexagonal columns[J]. Appl. Phys. Lett., 2003, 83(18):3797-3799.

[42] CHANG P C, FAN Z, WANG D, et al. ZnO nanowires synthesized by vapor trapping CVD method[J]. Chem. Mater., 2004, 16(24):5133-5137.

[43] GENG C, JIANG Y, YAO Y, et al. Well-aligned ZnO nanowire arrays fabricated on silicon substrates[J]. Adv. Funct. Mater., 2004, 14

(6):589-594.

[44] SIEGERT M, PLISCHKE M. Formation of pyramids and mounds in molecular beam epitaxy[J]. Phys. Rev. E., 1996, 53(1):307-318.

[45] ZUO J K, WENDELKEN J F. Evolution of mound morphology in reversible homoepitaxy on Cu(100)[J]. Phys. Rev. Lett., 1997, 78(14):2791-2794.

[46] SIEGERT M, PLISCHKE M. Slope selection and coarsening in molecular beam epitaxy[J]. Phys. Rev. Lett., 1994, 73(11):1517-1520.

[47] CHEN C C, YEH C C, CHEN C H, et al. Catalytic growth and characterization of gallium nitride nanowires[J]. J Am. Chem. Soc., 2001, 123:2791-2798.

[48] CHEN H M, CHEN Y F, LEE M C, et al. Yellow luminescence in n-type GaN epitaxial films[J]. Phys. Rev. B., 1997, 56(11):6942-6946.

[49] LIU J, MENG X M, JIANG Y, et al. Gallium nitride nanowires doped with silicon[J]. Appl. Phys. Lett., 2003, 83(20):4241-4243.

[50] YIN L W, BANDO Y, ZHU Y C, et al. Indium-assisted synthesis on GaN nanotubes[J]. Appl. Phys. Lett., 2004, 84(19):3912-2914.

[51] LYU S C, CHA O H, SUH E K, et al. Catalytic synthesis and photoluminescence of gallium nitride nanowires[J]. Chem. Phys. Lett., 2003, 367:136-140.

[52] KIM T Y, LEE S H, MO Y H, et al. Growth of GaN nanowires on Si substrate using Ni catalyst in vertical chemical vapor deposition reactor [J]. J Crystal Growth, 2003, 257:97-103.

[53] BAE S Y, SEO H W, PARK J, et al. Porous GaN nanowires synthesized using thermal chemical vapor deposition[J]. Chem. Phys. Lett., 2003, 376:445-451.

[54] BAE S Y, SEO H W, PARK J, et al. Large-scale synthesis of gallium nitride nanosaws using a chemical vapor deposition method[J]. Chem. Phys. Lett., 2003, 373:620-625.

[55] BAE S Y, SEO H W, PARK J, et al. Triangular gallium nitride nano-

rods[J]. Appl. Phys. Lett., 2003, 82(25):4564-4566.

[56] ZHI C Y, ZHONG D Y, WANG E G. GaN-filled carbon nanotubes: synthesis and photoluminescence[J]. Chem. Phys. Lett., 2003, 381:715-719.

[57] SONG Y T, CHEN X L, WANG W J, et al. Preparation and characterization of bulk GaN crystals[J]. J. Crystal Growth, 2004, 260:327-330.

第 5 章　定向排列的孪晶 GaN 纳米线的制备与表征

5.1 引　言

GaN 作为一种宽带隙半导体材料具有许多优良的性能，如高熔点、禁带宽度大、热导率高、介电常数低、电子漂移饱和速度高等，在包括激光二极管、发光二极管、场发射和探测器等技术领域有着广泛的应用[1,2]，因此在各种一维半导体纳米材料中，GaN 纳米材料备受关注。目前，相当多的研究致力于 GaN 一维纳米材料的制备、表征及在光电器件中的应用，其中由于高度有序的一维纳米结构更容易被集成到各种微纳器件中而备受关注[3-6]。组装各种纳米结构的方法通常可分为两种：自组装，即体系在不受外力的作用下自发形成一种有序的结构；人工组装，通常是人为地引入外力（如，电场、磁场）诱导体系形成有序结构。与人工组装的方法相比，自组装方法更为简单，成本更为低廉。因此相当多的研究正致力于探索用自组装方法制备各种高度有序的纳米结构[7,8]。到目前为止，一些有序的 GaN 一维纳米结构已经通过金属有机化学气相沉积（MOCVD）[7]、分子束外延（MBE）[9]、氢化物气相外延（HVPE）[10]等方法制备得到。如：Goldberger 和杨培东等人[11]采用 MOCVD 法，以 ZnO 纳米线阵列为模板，在 ZnO 纳米线上外延生长 GaN，然后用氢除去 ZnO，成功得到 GaN 纳米管阵列，他们还通过选择恰当的衬底成功实现了对 GaN 纳米阵列生长方向的控制[7]；Hersee 等人采用选择性的生长模板成功地对生长位置和直径进行了控制[12]。尽管在有序的 GaN 一维纳米结构制备方面已经取得了长足的进步，但是如何通过简单、经济的方法来实现有序一维 GaN 纳米结构的生长仍然是个挑战。

此外，纳米孪晶现象近年来也受到研究人员的广泛关注[13]。通常为了强化材料的力学性能，可在材料中引入大量缺陷，包括晶界及位错等。

而这些缺陷会明显增大对电子的散射,从而降低材料的导电性能。中科院沈阳金属所卢柯等人[13]利用脉冲电解沉积技术制备出高密度纳米尺寸孪晶的纯铜样品,这种样品利用孪晶界作为强化相来提高纯铜的强度,而孪晶界这种共格晶界对电子的散射能力极小,因而不会导致导电性能的明显下降。由此可见,纳米孪晶将对材料的物理性能产生重要的影响,是提高材料性能的一条有效途径。此外,纳米孪晶还可用来作为新奇器件结构的模板[14]。目前,这种孪晶结构在面心立方的金属纳米晶中经常被报道[15,16],而在 GaN 的纳米材料中还很少有报道[17-19]。

本章介绍采用金属 Ag 为催化剂,通过简单的碳热还原法,制备得到定向排列的孪晶 GaN 纳米线;在对这种孪晶 GaN 纳米线结构表征的基础上,详细地讨论孪晶形成的机理,同时对样品的场发射性能测试进行研究。

5.2 实验部分

5.2.1 实验设备和试剂

设备为一水平管式高温电阻炉(GSL1400X)(图 5.1)。管内插入一根石英瓷管(ϕ30×600 mm),管两端密封后,通入反应气体,气体进口一端有一套流量控制装置(转子流量计)调节气体的流量,气体出口一端可以连接真空泵装置,原料装载到一个氧化铝陶瓷舟内,在反应前抽真空排除管内空气。

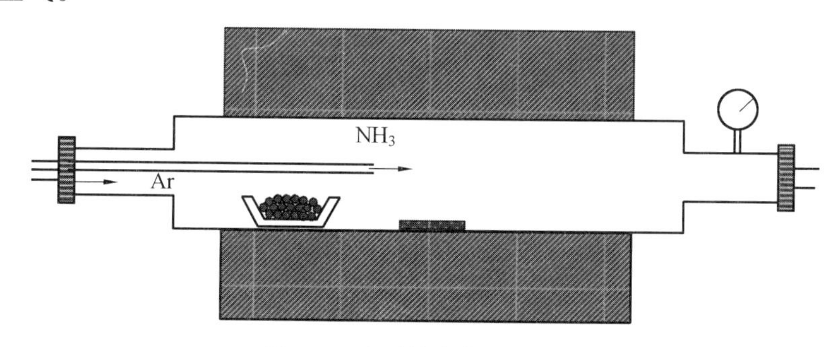

图 5.1 水平管式高温电阻炉

实验所需的试剂与仪器:

金属 Ga,纯度为 99.999% 的三氧化二镓(Ga_2O_3),自制;

硝酸银($AgNO_3$),北京化学试剂公司;
活性炭;
无水乙醇,分析纯,北京化工总厂;
蒸馏水,自制;
Ar 气(Ar),纯度大于 99.99%,北京普莱克斯实用气体有限公司;
氨气(NH_3),纯度大于 99.9%,北京普莱克斯实用气体有限公司;
单面抛光单晶硅 Si,天津半导体研究所;
石英管,中科院物理所;
氧化铝陶瓷舟,北京大华陶瓷厂;
GSL1600X 真空管式高温电阻炉,洛阳威达高温仪器有限公司;
KQ-250E 医用超声波清洗器,上海昆山超声仪器有限公司。

5.2.2 实验过程

首先将 Si 衬底置于 HF(5%)酸中去除 Si 衬底上的天然氧化层;然后将 Si 衬底放在乙醇溶液中超声清洗 5 min,再反复用蒸馏水清洗,最后吹干后在 Si 衬底上磁控溅射一层 ZnO 缓冲层,厚度为 500 ~ 600 nm。将 Ga_2O_3 和 C 按摩尔比 2∶1 研磨并滴加 10 mL 0.01 mol/L 的 $AgNO_3$ 溶液,在使其均匀混合后,于 150 ℃左右烘干;将上述粉体置于陶瓷舟中,再将陶瓷舟放于石英管的中部,其温度约为 1 150 ℃;镀有 ZnO 缓冲层的 Si 衬底置于石英管的下气流方向处,距镓源约为 6 ~ 8 cm;将石英管两端密封,并用 Ar 气反复清洗 5 min;然后将炉子加热到 1 150 ℃,并在该温度下保温 1 h,其中 NH_3 气流量为 100 mL/min,沉积气压为一个大气压。

5.2.3 结果表征

对于所得产物,采用 X-ray 粉末衍射仪(XRD, Philips X'pert PRO diffractometer)确定产物的物相结构与相纯度,采用标准 θ-2θ 扫描方法,使用 Cu 靶 $K\alpha_1$ 辐射线,波长为 λ=0.015 418 nm,扫描角度为 10° ~ 80°。

采用 Hitachi S-3500N 型扫描电子显微镜(SEM)观察产物的形貌与结构特征;为了不破坏产物的原始形貌,扫描电镜的样品是直接将产物置于样品台上用导电胶粘牢,由于样品的导电性较好,观察前无需在样品表面上镀金膜。

采用 Tecnai F30 型透射电子显微镜(TEM)表征产物的微结构与结晶性,所采用的加速电压为 200 kV;对于透射样品的观察,首先将产物装入盛有乙醇的试管里,超声分散一定时间,然后取 1 ~2 滴液体滴在覆有无定形碳膜的铜网上,自然晾干待乙醇完全挥发后观察;利用 Oxford INCA 能量色散 X 射线谱仪(EDS)对产物进行成分分析。

5.3 结果与讨论

在 1 150 ℃下的 NH_3 气氛中,采用 Ag 催化的碳热还原法,制备得到定向排列的孪晶 GaN 纳米线。图 5.1(a)为样品的 XRD 图谱,其中除 69°处的为 Si 衬底的衍射峰外,其他峰都与六方相 GaN 晶体标准谱的衍射峰相吻合(JCPDS 卡片号为:76-0703)。

值得注意的是在这些峰中,只有(002)的峰信号最强,而其他峰的信号都较弱,表明 GaN 纳米线存在着沿 c 轴方向的择优取向。图 5.2(b)和图 5.2(c)为样品的 SEM 图像。由图可以看出,在 Si 衬底上生长着大量的定向排列的 GaN 纳米线,且在部分纳米线中间存在着一条凹槽(图中已用箭

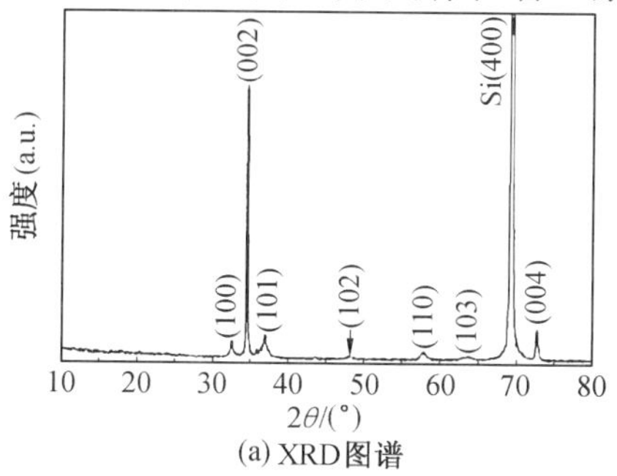

(a) XRD图谱

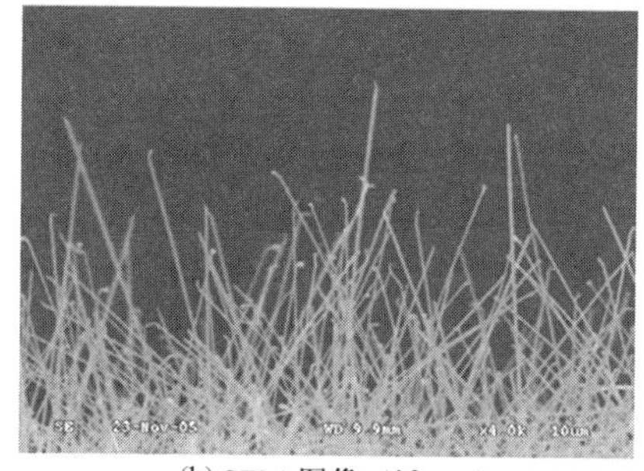

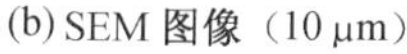

(b) SEM 图像 (10 μm)

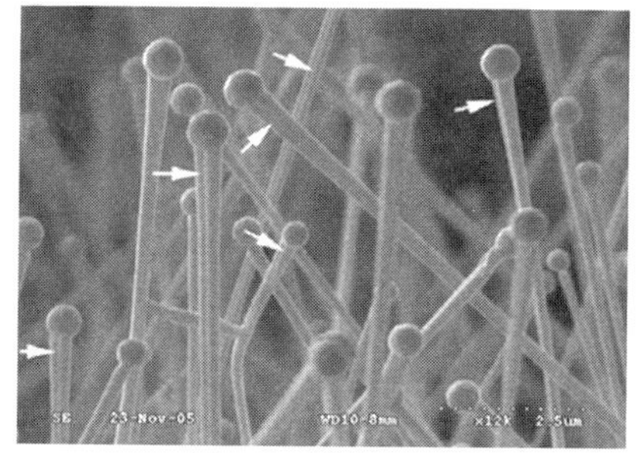

(c) SEM 图像 (2.5 μm)

图 5.2 孪晶 GaN 纳米线的 XRD 图谱和不同倍数下的 SEM 图像

头标识)。同时在几乎所有的纳米线顶部都有球状催化剂颗粒存在,表明生长可能是由于 VLS 模式所致[20]。这些 GaN 纳米线直径约为 200 nm,长度为 5 ~20 μm。

进一步采用 TEM、SAED 和 HRTEM 对样品的结构进行表征。图 5.3(a)为孪晶 GaN 纳米线的 TEM 图像。由图可以看出,孪晶纳米线由 A 和 B 两部分组成,且中间位置有一狭长的孪晶边界(用 T 表示)。图 5.3(b)和图 5.3(c)为 A 和 B 处的 SAED 结果。该结果显示 A 和 B 处的选区电子衍射模式几乎一样,且都与六方相 GaN 单晶电子衍射模式吻合。而从孪晶边界 T 处得到的 SAED 结果(图 5.3(d))显示有两套衍射格点同时存在,也进一步表明 GaN 纳米线的孪晶结构。A 和 B 间的孪晶面为[101]。尽管 A 和 B 两部分的取向基本一致,但从图 5.3(d)中可以看出它们之间沿[101]轴成 2.7°的夹角,表明部分缺陷的存在。图 5.3(e)为孪晶 GaN 纳米线的 HRTEM 图像。从该图中可以看到两套晶格条纹,其晶面间距为 0.51 nm,对应于块体六方相 GaN 晶体的(001)面间距。A 和 B 两部分的(001)面间成 124°夹角,由此可以看出,GaN 纳米线在沿生长的方向包含一个二重旋转对称轴,这也表明 GaN 纳米线的孪晶结构。另外,这种孪晶结构间存在着一个较宽的孪晶边界,约为 20 nm。图 5.3(f)所示的 EDS 谱表明产物由 Ga 和 N 组成,其中 Cu 峰来源于铜网。纳米线顶部的催化剂颗粒成分主要为 Ag,表明 Ag 对 GaN 纳米结构的生长具有良好的催化效果。

为了进一步考察这种孪晶现象是否具有普遍性,对 24 根 GaN 纳米线进行了 TEM、SAED 和 HRTEM 检测。结果表明:尽管两孪晶区之间的夹角从 0°变化到 5°,但是 80% 的纳米线都具有这种孪晶结构,且孪晶角为 124°,如图 5.4 所示;另外有 20% 的纳米线为单晶结构,如图 5.5 所示。SAED 和 HRTEM 结果均表明纳米线为沿 c 轴生长的单晶 GaN 纳米线。上述结果表明该孪晶现象在我们的实验中具有普遍性。

5.3.1 生长机理分析

基于上述 GaN 纳米线的形貌、成分和结构的表征结果,和在纳米线顶部有 Ag 的催化剂颗粒存在,分析认为其形成过程可归因于 VLS 生长模式。其形成过程如下:首先,在起始阶段,随着温度的升高,Ga_2O_3 粉体逐

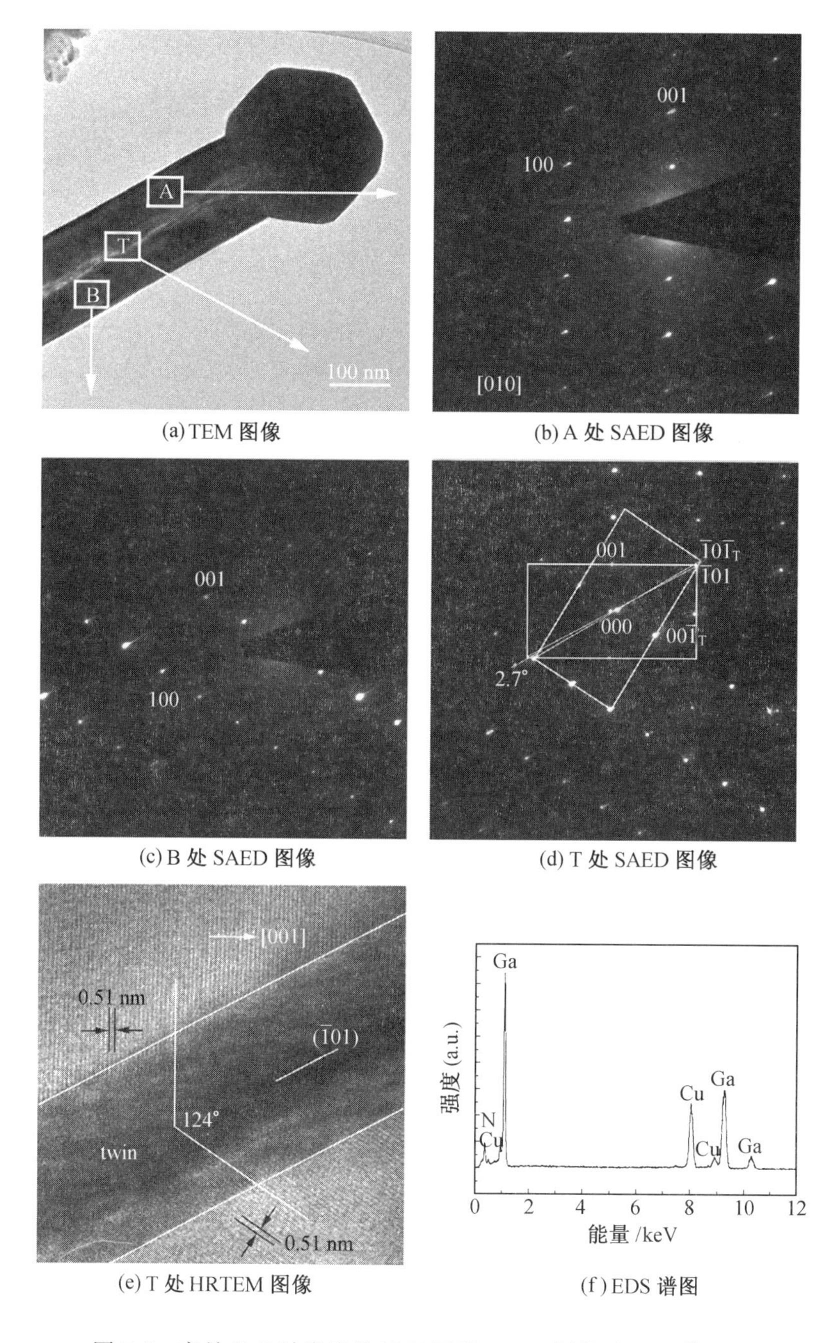

(a) TEM 图像

(b) A 处 SAED 图像

(c) B 处 SAED 图像

(d) T 处 SAED 图像

(e) T 处 HRTEM 图像

(f) EDS 谱图

图 5.3　孪晶 GaN 纳米线的 TEM 图像、SAED 图像及 EDS 谱图

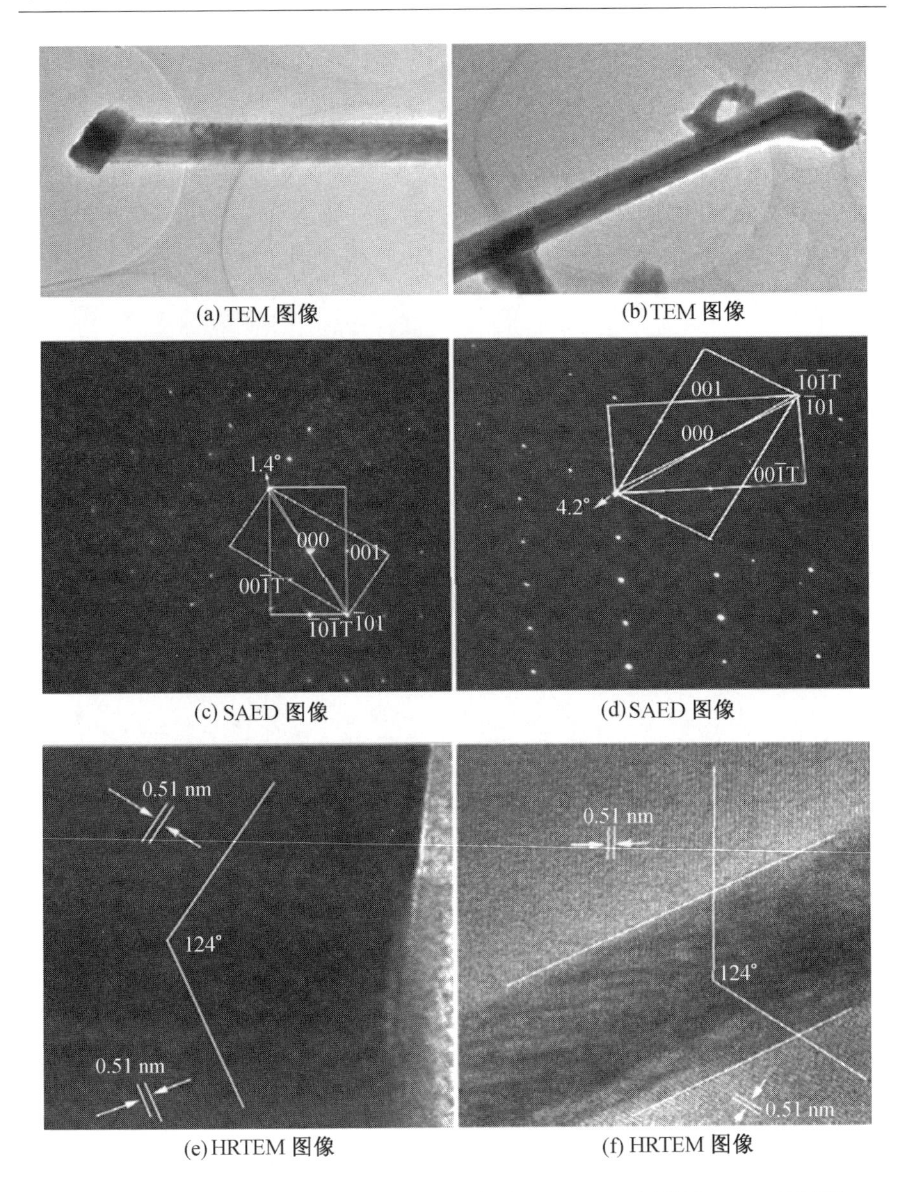

(a) TEM 图像
(b) TEM 图像
(c) SAED 图像
(d) SAED 图像
(e) HRTEM 图像
(f) HRTEM 图像

图 5.4 孪晶 GaN 纳米线的 TEM 图像、孪晶处的 SAED 图像及 HRTEM 图像

步被 C 还原产生 Ga_2O 气体。其化学反应方程式如下：

$$Ga_2O_3+2C \longrightarrow Ga_2O+2CO \tag{5.1}$$

$$Ga_2O_3+2CO \longrightarrow Ga_2O+2CO_2 \tag{5.2}$$

其中，Ga_2O 为挥发性金属氧化物[21,22]。形成的 Ga_2O 将被载气（Ar）输运

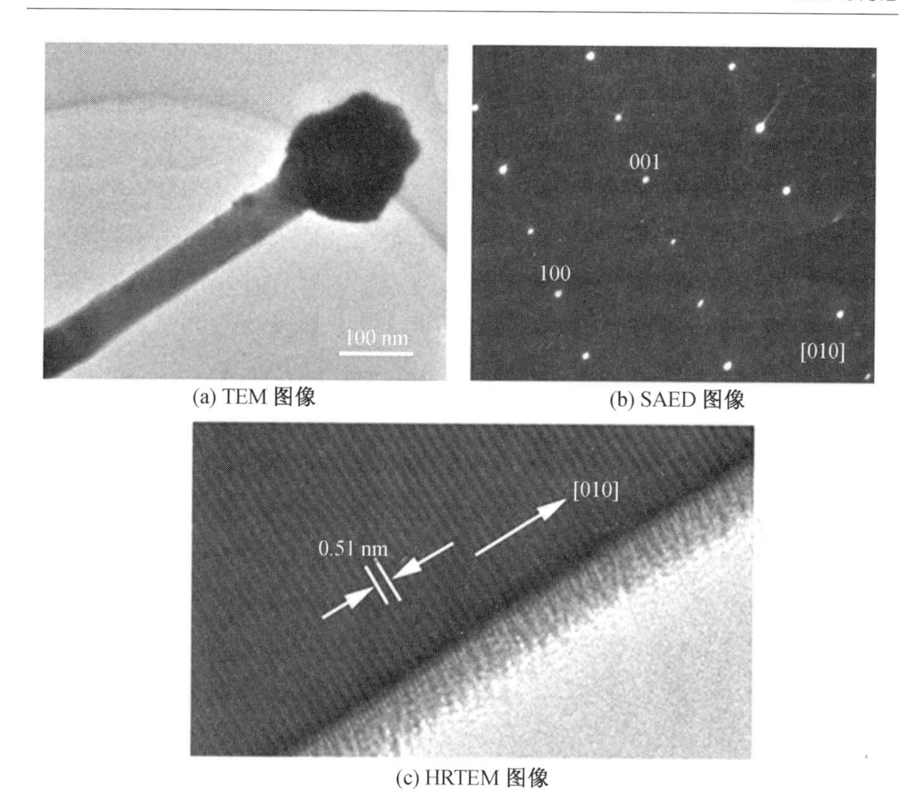

(a) TEM 图像

(b) SAED 图像

(c) HRTEM 图像

图 5.5 单晶 GaN 纳米线的图像

到衬底表面。期间 Ga_2O 将于 CO 反应生成 Ga，见方程(5.3)[22]，因此将形成 Ga 的团簇；与此同时，$AgNO_3$ 也将根据方程(5.4)[23]发生分解并产生 Ag 的团簇：

$$Ga_2O+CO \longrightarrow 2Ga+CO_2 \tag{5.3}$$

$$2AgNO_3 \longrightarrow 2Ag+2NO_2+O_2 \tag{5.4}$$

这些 Ag 的原子团簇也将被载气输运到衬底表面，并与 Ga 原子团簇一起形成合金液滴，并在衬底上沉积。这些微小的 Ga-Ag 合金液滴不仅可以作为 GaN 生长物种的优先吸附点，同时还可以避免衬底上的 ZnO 层在 NH_3 气中分解[24]。

随后，当温度达到预设值时，Ar 气被切换成 NH_3 气。在 Ag 的催化下，Ga 与 Ga_2O 都将与 NH_3 反应，由此使 GaN 纳米线进行连续生长。对于这种有趣的孪晶现象，认为存在以下两种可能的原因。其一，孪晶纳米线是由两根单个纳米线结合而成；其二，孪晶的形成发生于成核阶段。鉴于孪晶在生长阶段形成的概率远低于成核阶段,因此第一种可能性可以排除。然而,孪晶核为何得以形成仍需合理解释[19]。根据晶体生长理论[25],与单晶相比,孪晶是一种高能态。因此为了克服新增界面所需的自由能,孪晶的形成需要更高的驱动力。如果成核阶段的驱动力高于形成单晶核所需的驱动力,则孪晶核的形成概率将大大增加。从生长过程来看,在起始的成核阶段形成孪晶的概率应当远高于随后的生长阶段。在目前的实验中,可以合理推断,随着源物质不断地被消耗,起始成核阶段的过饱和度应该高于随后的生长阶段。此外,对于具有旋转对称性的孪晶,由于其孪晶面同时连接着两边的晶体,并非自由面,因而不会产生极化,可以稳定地存在。同时,孪晶处的高能点可作为结晶的成核点,使得纳米线沿着孪晶界面处连续生长,并由此导致观测到纳米线中部的狭缝。根据纳米线的缺陷援助 VLS 生长模型(图 5.6)[19],对于“允许的”孪晶纳米线构型存在着一“选择定则”,即:对于非对称的孪晶核(图 5.6(b)),随后的生长将导致单晶的形成;只有对称的孪晶核(图 5.6(a))才能稳定地生长形成孪晶纳米线。另外,由于 GaN 和 ZnO 的(001)晶面间的晶格失配仅为 1.9%,因此 Si 衬底上的 ZnO 缓冲层应该是 GaN 纳米线定向排列的主要原因。

5.3.2 场发射性能测试与分析

于 1 150 ℃时生长 60 min 的定向排列的孪晶 GaN 纳米线被置于如图 5.7 所示的场发射设备中进行性能测试,气压为 1.2×10^{-6} Pa,温度为室温,其他条件均保持不变。图 5.7(a)给出了发射电流密度与所加电场的关系曲线。由于这些孪晶 GaN 纳米线的顶部都有 Ag 颗粒存在,因而其场发射性能应该由 Ag/GaN 所决定,而非 GaN 的本征场发射性能。在此定义开启电场和阈值电场分别为发射电流密度达到 0.01 $mA\cdot cm^{-2}$ 和 1 $mA\cdot cm^{-2}$ 时的所加电场[26]。测试结果表明样品开启电场和阈值电场分别为 8 $V\cdot\mu m^{-1}$ 和13.4 $V\cdot\mu m^{-1}$。该值高于磷掺杂 GaN 纳米线的 5.1 $V\cdot\mu m^{-1}$[27]、针状孪晶 GaN 纳米线的7.5 $V\cdot\mu m^{-1}$[17],但低于细小的 GaN 纳米线的8.5 $V\cdot\mu m^{-1}$[28]和 GaN 纳米线的 12 $V\cdot\mu m^{-1}$[29]。

图 5.7(b)为相应的 Fowler-Nordheim(FN)曲线。该曲线在高场处为线性关系,表明样品的场发射电流是由于量子隧穿效应所引起的。根据 FN 理论[30],场发射增强因子 β 为

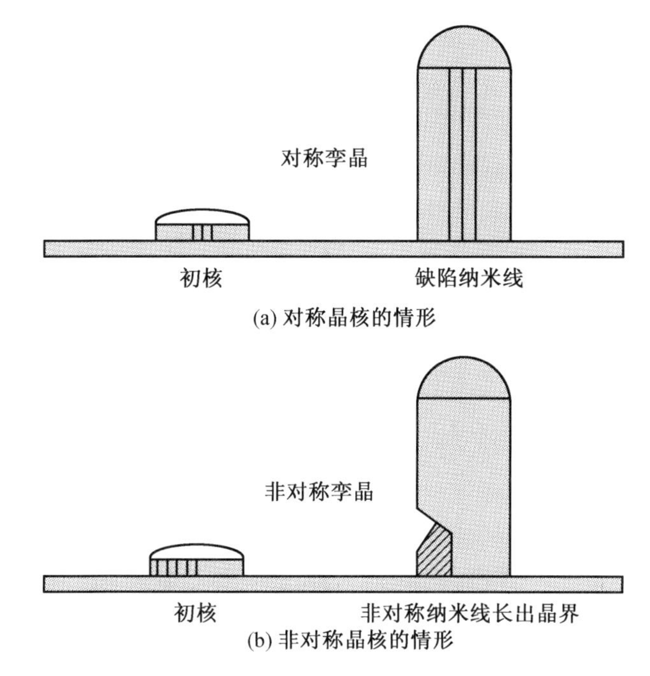

图 5.6 纳米线的缺陷援助 VLS 生长模型[19]

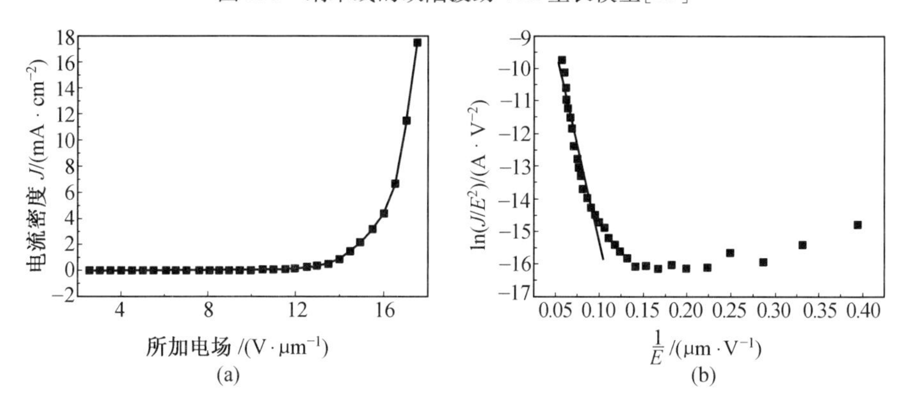

图 5.7 (a) Ag/GaN 纳米线的场发射电流密度与电场的关系曲线图与相应的 Fowler-Nordheim(FN) 曲线

$$\beta=-6.83\times10^{9}\phi^{3/2}/S \tag{5.5}$$

其中,ϕ 是功函,S 为 $\ln\frac{J}{E^2}-\frac{1}{E}$ 曲线的斜率。由于大部分 GaN 纳米线的顶部都有 Ag 颗粒存在,因此应该用金属 Ag 的功函来计算场发射增强因子。另外,GaN 非故意掺杂时总是 n 型半导体,其功函 ϕ 为 2.8 eV[31],而 Ag 为

4.26 eV[32]。因此 Ag 与 GaN 将构成肖特基结。在施加正向偏压时,电子流过 Ag/GaN 界面将更为容易。根据 $\ln\frac{J}{E^2}-\frac{1}{E}$曲线的斜率,计算得到场发射增强因子 β 为 513。我们进一步调查了样品的场发射稳定性(所加电场为8.5 V · μm^{-1})。图5.8 所示表明了气压为 1.2×10^{-6} Pa、时间为 120 min、定向排列的 Ag/GaN 纳米线场发射电流密度随时间的变化关系。平均电流密度和其标准偏差分别为 15.72 μA · cm^{-2}和 0.81 μA · cm^{-2}。它们之间的比率只有 5.1%,这表明样品场发射电流的高度稳定性。优良的场发射性能及高度的稳定性将使其在电子发射器件中得到的应用。

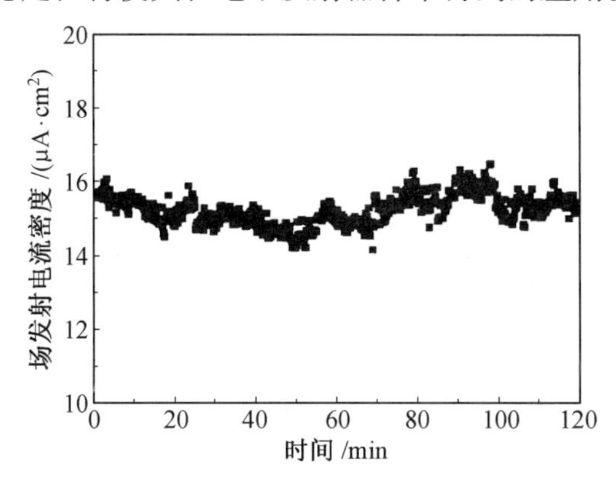

图 5.7 定向排列的 Ag/GaN 纳米线场发射电流密度随时间的变化关系

5.4 本章小结

本章采用金属 Ag 为催化剂,通过简单的碳热还原法,制备得到定向排列的孪晶 GaN 纳米线。在对这种孪晶 GaN 纳米线结构表征的基础上,我们详细地讨论了孪晶形成的机理。该孪晶结构由两个(001)面组成,其夹角为 124°。对大量纳米线进行的结构检测表明这种孪晶结构在我们实验中具有普遍性。最后对样品的场发射性能进行了测试。开启电场为8 V · μm^{-1},同时发射电流密度在 120 min 内波动为 5.1%,表明具有高度的稳定性。这对于其在场发射显示和真空纳电子器件中的应用将起着重要的作用。

参考文献

[1] NAKAMURA S. The roles of structural imperfections in InGaN-Based blue light-emitting diodes and laser diodes[J]. Science, 1998, 281:956-961.

[2] FASOL G. Room-temperature blue gallium nitride laser diode[J]. Science, 1996, 272:1751-1752.

[3] SMITH P A, CHRISTOPHER D N, THOMAS N J, et al. Electric-field assisted assembly and alignment of metallic nanowires[J]. Appl. Phys. Lett., 2000, 77:1399-1401.

[4] CHEN M, SUN L, BONEVICH J E, et al. Tuning the response of magnetic suspensions[J]. Appl. Phys. Lett., 2003, 82:3310-3312.

[5] MESSER B, SONG J H , YANG P. Microchannel networks for nanowire patterning[J]. J. Am. Chem. Soc., 2000, 122:10232-10233.

[6] YANG P D. Wires on water [J]. Nature, 2003, 425:243-244.

[7] KUYKENDALL T, PAUZAUSKIE P J, ZHANG Y F, et al. Crystallographic alignment of high-density gallium nitride nanowire arrays[J]. Nature Materials, 2004, 3:524-528.

[8] WANG X D, SONG J H, LI P, et al. Growth of uniformly aligned ZnO nanowire heterojunction arrays on GaN, AIN, and Al0. 5Ga0. 5N substrates[J]. Journal of the American Chemical Society, 2005, 127:7920-79023.

[9] CALLEJA E, SCHEZ-GARC M A, SCHEZ F J, et al. Luminescence properties and defects in GaN nanocolumns grown by molecular beam epitaxy[J]. Phys. Rev. B., 2000, 62:16826.

[10] KIM H M, KIM D S, KIM D Y, et al. Growth and characterization of single-crystal GaN nanorods by hydride vapor phase epitaxy [J]. Appl. Phys. Lett., 2002, 81:2193-2195.

[11] GOLDBERGER J, HE R R, ZHANG Y F, et al. Single-crystal gallium nitride nanotubes[J]. Nature, 2003, 422:599-602.

[12] HERSEE S D, SUN X, WANG X. The controlled growth of GaN

nanowires[J]. Nano Lett, 2006, 6:1808-1811.

[13] LU K, SHEN Y F, CHEN X H, et al. Ultrahigh strength and high electrical conductivity in copper[J]. Science, 2004, 304:422-426.

[14] CARIM A H, LEW K K, REDWING J M. Bicrystalline silicon nanowires[J]. Advanced Materials, 2001, 13:1489-1491.

[15] MOLARES M E T, BUSCHMANN V, DOBREV D, et al. Single-crystalline copper nanowires produced by electrochemical deposition in polymeric ion track membranes[J]. Advanced Materials, 2001, 13:62-65.

[16] SAUER G, BREHM G, SCHNEIDER S, et al. Highly ordered monocrystalline silver nanowire arrays[J]. Journal of Applied Physics, 2002, 91:3243-3247.

[17] LIU B, BANDO Y, TANG C, et al. Needlelike bicrystalline GaN nanowires with excellent field emission properties[J]. J. Phys. Chem. B., 2005, 109:17082-17085.

[18] ZHOU S M, ZHANG X H, MENG X M, et al. The novel bicrystalline GaN nanorods[J]. Materials Letters, 2004, 58:3578-3581.

[19] THAM D, NAM C Y, FISCHER J. Defects in GaN nanowires[J]. Advanced Functional Materials, 2006, 16:1197-1202.

[20] WAGNER R S, ELLIS W C. Vapor-liguid-solid mechanism of single crystal growth [J]. Appl. Phys. Lett., 1964, 4:89-90.

[21] HU J Q, LI Q, MENG X M, et al. Synthesis of Ga_2O_3 nanowires by laser ablation[J]. J. Phys. Chem. B., 2002, 106:9536-9539.

[22] XU L, SU Y, LI S, et al. Self-assembly and hierarchical organization of Ga_2O_3/In_2O_3 nanostructures[J]. J. Phys. Chem. B., 2007, 111:760-766.

[23] LIDE D R. CRC handbook of chemistry and physics[M]. Boca Raton: CRC, 2005.

[24] DETCHPROHM T, HIRAMATSU K, AMANO H, et al. Hydride vapor phase epitaxial growth of a high quality GaN film using a ZnO buffer layer[J]. Appl. Phys. Lett., 1992, 61:2688-2690.

[25] SUNAGAWA I. Crystals growth, morphology and perfection[M]. Cam-

bridge:Cambridge University Press, 2005.

[26] TANG Y B, CONG H T, ZHAO Z G, et al. Field emission from AIN nanorod array[J]. Appl. Phys. Lett., 2005, 86:153104.

[27] LIU B D, BANDO Y, TANG C C, et al. Excellent field-emissionproperties of p-doped GaN nanowires[J]. J. Phys. Chem. B., 2005, 109: 21521-21524.

[28] HA B, SEO S H, CHO J H, et al. Optical and field emission properties of thin single-crystalline GaN nanowires[J]. J. Phys. Chem. B., 2005, 109:11095-11099.

[29] CHEN C C, YEH C C, CHEN C H, et al. Catalytic growth and characterization of gallium nitride nanowires[J]. J. Am. Chem. Soc., 2001, 123:2791-2798.

[30] FOWLER R H, NORDHEIM L W. Electron Emission in intense electric fields[C]. London: Proc. R. Soc. A., 1928:119,173.

[31] TRACY K M, MECOUCH W J, DAVIS R F, et al. Preparation and characterization of atomically clean, stoichiometric surfaces of n- and p-type GaN(0001)[J]. Journal of Applied Physics, 2003, 94:3163-3172.

[32] NEAMAN D A. Semiconductor physics and devices: Basic Principles [M]. Chicago:McGraw-Hill, 1997.

第6章　GaN纳米柱阵列的制备及表征

6.1 引　言

一维半导体纳米材料不仅具有独特的物理化学性能,同时有望作为基本的构建模块在未来纳米级电子及光电子器件中得到广泛的应用[1-3]。GaN一维纳米材料的制备已经有了多方面的研究,制备得到包括纳米线或纳米棒等多种结构[4-19],但有序一维纳米结构GaN的生长仍然是一个挑战。

由于缺乏合适的衬底,目前GaN基材料通常都是生长在蓝宝石衬底或SiC衬底上。但是,蓝宝石是绝缘的,且硬度高,导热性能差,其器件加工困难,而SiC成本又很高,这都使得生产成本大幅上升。相对蓝宝石和SiC而言,Si材料具有低成本、大面积、高质量、导电导热性能好等优点,且硅工艺技术成熟,Si衬底上生长GaN材料有望实现光电子和微电子的集成。因此Si衬底上生长GaN材料的研究受到了广泛的关注。

本章介绍以$GaCl_3$为源,通过简单、低成本的化学气相沉积(CVD)法在Si衬底上成功制备得到GaN纳米柱阵列,并且没有使用催化剂。XRD、SAED和HRTEM结果表明,GaN纳米柱沿c轴方向生长。室温下的场发射研究表明,制备的GaN纳米柱阵列具有优良的场发射性能,不仅具有很低的开启电场$2.6\ V\cdot\mu m^{-1}$,同时发射电流密度在60 min内波动为7.4%,表明具有高度的稳定性。这对于其在场发射显示和真空纳米电子器件中的应用将起着重要的作用。光致发光谱在369 nm处有一个强峰,表明该GaN纳米柱阵列样品具有良好的光学性能。同时对样品的I-V测试结果表明,p-Si上的GaN纳米柱阵列展示了良好的p-n节电学行为,有望在光电器件中得以应用。此外,由于生长衬底为Si,因而GaN纳米柱阵列将很容易被集成到目前主流的Si基微电子器件中。

6.2 实验部分

6.2.1 实验设备和试剂

设备为一水平管式高温电阻炉(GSL1400X),如图5.1所示。管内插入一根石英管(ϕ30 mm×600 mm),管两端密封后,通入反应气体,气体进口一端有一套流量控制装置(转子流量计)调节气体的流量,气体出口一端可以连接真空泵装置,原料装载到一个氧化铝陶瓷舟内,在反应前抽真空排除管内空气。

实验所需的试剂与仪器:

三氯化镓($GaCl_3$),纯度为99.999%,美国Strem Chemicals公司;

无水乙醇,分析纯,北京化工总厂;

蒸馏水,自制;

Ar气(Ar),纯度大于99.99%,北京普莱克斯实用气体有限公司;

氨气(NH_3),纯度大于99.9%,北京普莱克斯实用气体有限公司;

单面抛光单晶硅p-Si(111),天津半导体研究所;

石英管,中科院物理所;

氧化铝陶瓷舟,北京大华陶瓷厂;

GSL1600X真空管式高温电阻炉,洛阳威达高温仪器有限公司;

KQ-250E医用超声波清洗器,上海昆山超声仪器有限公司。

6.2.2 实验过程

首先将p-Si(111)衬底置于HF(5%)酸中去除p-Si衬底上的天然氧化层。然后将p-Si衬底放在乙醇溶液中超声清洗5 min,再反复用蒸馏水清洗,最后吹干待用;以$GaCl_3$和NH_3分别作为镓源和氮源,将适量$GaCl_3$置于陶瓷舟中,再将陶瓷舟放于石英管的上气流端,其温度约为150 ℃;清洗后的p-Si衬底置于石英管的中部,距镓源约20 cm;将石英管两端密封,并用Ar气反复清洗5 min;然后将炉子加热到所需温度,并在该温度下保持所需时间,其中NH_3和Ar气流量分别为200 sccm和100 sccm(sccm为标准立方厘米每分),沉积气压为一个大气压。

6.2.3　结果表征

对于所得产物，采用 X-ray 粉末衍射仪（XRD，Philips X'pert PRO diffractometer）确定产物的物相结构与相纯度，采用标准 $\theta-2\theta$ 扫描方法，使用 Cu 靶 $K\alpha_1$ 辐射线，波长为 $\lambda=0.154\ 18$ nm，扫描角度为 20°～60°。

采用 HitachiS-4800 型扫描电子显微镜（SEM）观察产物的形貌与结构特征；利用 Oxford INCA 能量色散 X 射线谱仪（EDS）对产物进行成分分析。

采用 TecnaiF30 型透射电子显微镜（TEM）表征产物的微结构与结晶性，采用的加速电压为 200 kV；对于透射样品的观察，首先将产物装入盛有乙醇的试管里，超声分散一定时间，然后取 1～2 滴液体滴在覆有无定形碳膜的铜网上，自然晾干待乙醇完全挥发后观察。

采用 HitachiF-4500 荧光光谱仪对样品进行光致发光测试，光源为 Xe 灯。

6.3　结果与讨论

采用化学气相沉积（CVD）法制备得到了 GaN 纳米柱阵列。反应结束后，p-Si(111) 衬底上覆盖着一层光亮的浅黄色产物。如图 6.1 所示为 800 ℃生长 30 min 的 GaN 纳米柱阵列产物的 XRD 图谱。从 XRD 图谱可以看出，只在 35.9°出现一个强峰。该峰相应于六方相 GaN(002) 的衍射峰。该结果表明 GaN 纳米柱优先沿 *c* 轴方向生长。

随后，利用 SEM 对 800 ℃生长 30 min 的 GaN 纳米柱阵列产物形貌进行了观测（图 6.2）和能谱分析（EDS，图 6.3 及表 6.1）。EDS 谱图表明产物由 Ga 和 N 组成，且原子比为 1∶1。从图 6.2 所示的 SEM 图像中可以看出，大量垂直的一维 GaN 纳米柱阵列均匀且高密度地生长于 p-Si 衬底上。纳米柱直径为 50～150 nm，且大部分纳米柱截面都为六方形。为了进一步了解一维 GaN 纳米柱的结构特征，我们对其进行了 TEM、SAED 和 HRTEM 表征，结果如图 6.4 所示。图 6.4(a) 为 GaN 纳米柱透射图像，可以看出在样品表面包覆着一层无定形的氧化层。其中沿径向的黑线可能是来源于样品中的堆垛层错缺陷。透射下观测到样品的直径与扫描下的观测

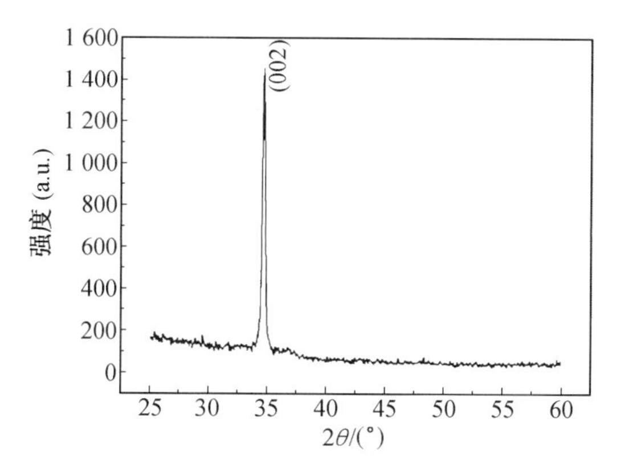

图 6.1 800 ℃生长 30 min 的 GaN 纳米柱阵列产物的 XRD 图谱

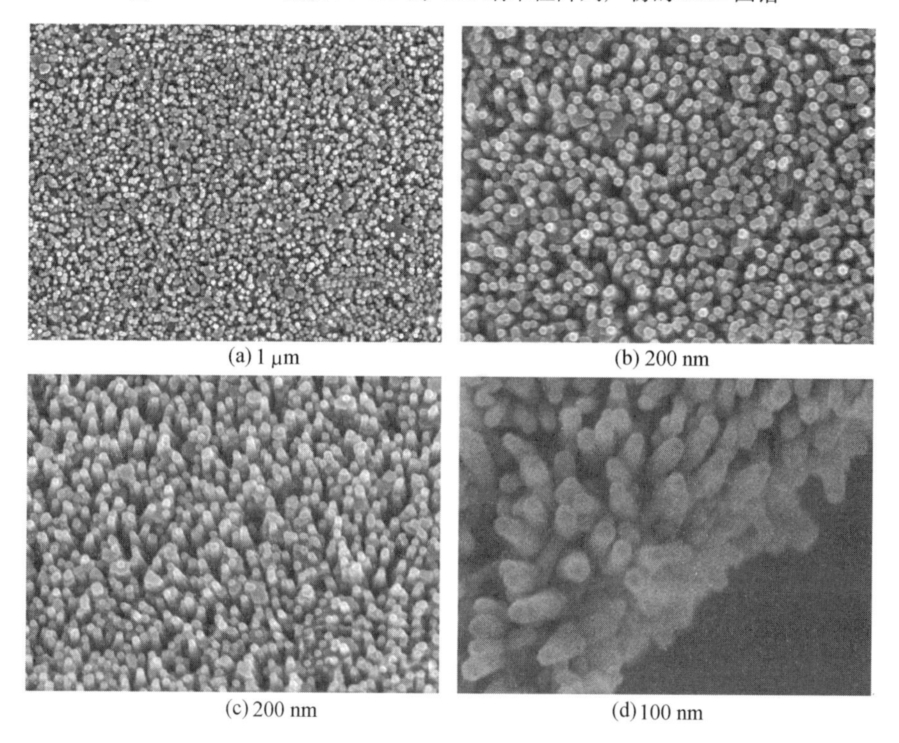

图 6.2 800 ℃生长 30 min 的 GaN 纳米柱阵列产物形貌图

结果基本一致。SAED 结果表明样品的单晶本质,同时也表明 GaN 纳米柱的生长方向为<001>方向,如图 6.4(b)所示。根据 SAED 结果可计算其晶格常数为 a=0.318 nm 和 c=0.512 nm,这与六方相 GaN(a=0.319 0 nm, c=0.518 9 nm,JCPDS 卡片号为:76-0703)的报道值十分吻合。图 6.4(c)、

图6.4(d)所示的 HRTEM 结果显示了清晰的晶格条纹,其晶面间距为 0.51 nm,对应于块体六方相 GaN 晶体的(001)面间距。SAED 和 HRTEM 结果都证实 GaN 纳米柱是沿 c 轴方向生长,与 XRD 结果相一致。

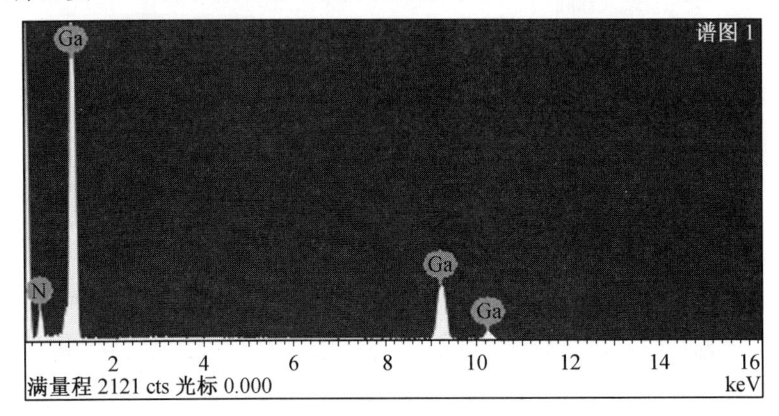

图6.3　GaN 纳米柱阵列产物的 EDS 谱图

表6.1　定量的 EDS 分析结果

元素	质量分数/%	原子数分数/%
N K	16.60	49.79
Ga K	83.40	50.21
总计	100.00	

6.3.1　温度对一维 GaN 纳米柱生长的影响

通过保持其他实验条件不变而只改变生长温度,以考察其对一维 GaN 纳米柱生长的影响。当生长温度下降到 750 ℃时,一维 GaN 纳米结构从类柱状向类棒状转变,如图6.5(a)~6.5(d)所示。与 800 ℃所获得的一维柱状结构不同,750 ℃时得到的棒状结构顶部为锥尖状而非平面状了,而且原来明显的六方截面也消失了。我们进一步将温度升高至 850 ℃和 900 ℃,产物形貌如图6.5(e)、6.5(f)所示。形貌与 800 ℃类似,但尺寸有所增加,从 800 ℃下 50~150 nm 增加到 850 ℃下 100~250 nm,再增加到 900 ℃下 200~450 nm。

6.3.2　生长机理分析

由于在制备过程中没有使用催化剂且在 GaN 纳米结构顶部也没有合

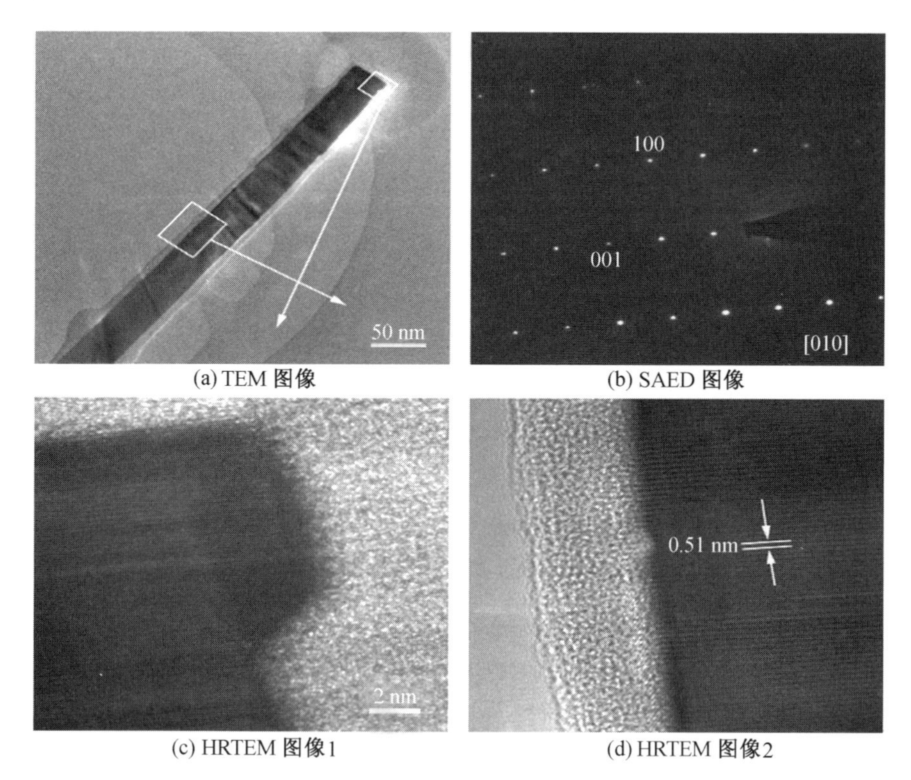

(a) TEM 图像 (b) SAED 图像

(c) HRTEM 图像1 (d) HRTEM 图像2

图6.4 800 ℃下生长30 min的GaN纳米柱TEM、SAED和HRTEM图像

金颗粒，因此可以推断这些纳米结构是由所谓的气-固过程所导致的。根据XRD、SAED、HRTEM等表征结果可知这些GaN纳米结构生长方向为[001]，这与GaN本身的结晶学特征相吻合。对于六方相GaN晶体结构而言，每个Ga^{3+}离子周围有4个N^{3-}离子，每个N^{3-}离子同样围绕着4个Ga^{3+}离子。因此，六方相GaN晶体可以看成由{GaN4}四面体堆垛而成。在GaN晶体生长时，{GaN4}四面体生长单元持续不断地在生长界面处与晶格相结合，而这种结合强烈地依赖于四面体与界面处原子的键合强度，如图6.6所示。从该图中可见，在配位四面体的顶角处可同时与3个生长单元成键，在配位四面体的边界处可同时与两个生长单元成键，而在配位四面体的侧面处只能与一个生长单元成键。这表明配位四面体的顶角处的键合力最强，在配位四面体的边界处键合力次强，而在侧面处键合力最弱。因此，在由配位四面体的顶角构成的晶体生长界面，其生长速率最快；由边界构成的生长界面，其生长速率次之；由侧面构成的生长界面，其生长速率

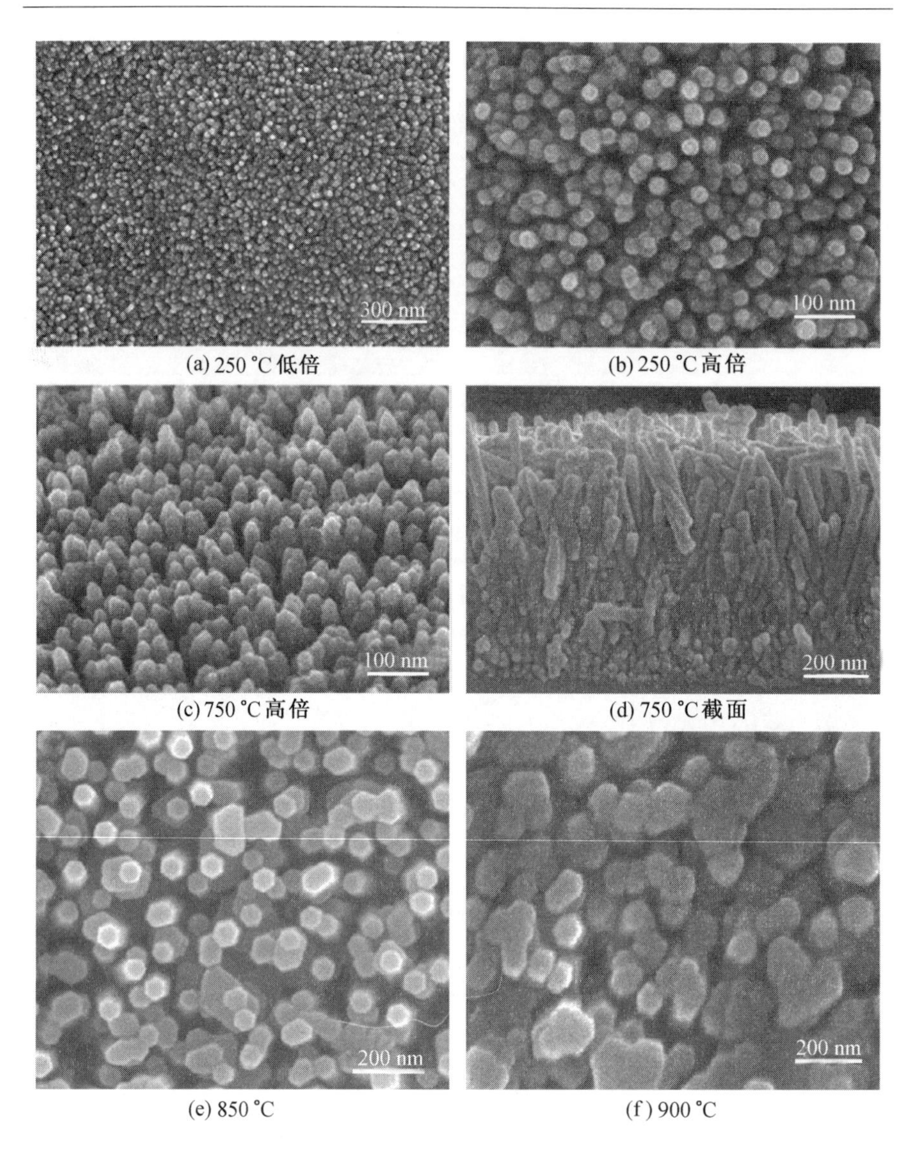

(a) 250 ℃低倍　(b) 250 ℃高倍

(c) 750 ℃高倍　(d) 750 ℃截面

(e) 850 ℃　(f) 900 ℃

图 6.5　不同温度下 GaN 的纳米结构形貌图

最慢。由此可见,[001]方向为 GaN 晶体生长的择优取向,这与实验结果相一致。另外,根据晶体生长理论可知,随着温度的升高,侧面的表面粗糙度将增加,从而使径向生长速率增加。由此导致纳米柱顶部尺寸随生长温度增加而增加。该结果与第 11 章 AlN 纳米结构生长情形十分相似。

图 6.6 {GaN4}四面体沿[001]方向的理想堆垛图

6.3.3 场发射性能测试与分析

于 800 ℃时生长 30 min 的 GaN 纳米柱阵列被置于场发射设备中进行性能测试,气压为 1.2×10^{-6} Pa,温度为室温,其他条件均保持不变。图 6.7 给出了发射电流密度与所加电场的关系曲线,图 6.7 中小图为 Fowler-Nordheim(FN)曲线。在此定义开启电场和阈值电场分别为发射电流密度达到 0.01 $mA\cdot cm^{-2}$和 1 $mA\cdot cm^{-2}$时的所加电场[21]。测试结果表明样品开启电场和阈值电场分别为 2.6 $V\cdot \mu m^{-1}$和 5.1 $V\cdot \mu m^{-1}$。目前报道的 2.6 $V\cdot \mu m^{-1}$的开启电场低于磷掺杂 GaN 纳米线的 5.1 $V\cdot \mu m^{-1}$[22]、针状孪晶 GaN 纳米线的 7.5 $V\cdot \mu m^{-1}$[23]、细小的 GaN 纳米线的 8.5 $V\cdot \mu m^{-1}$[24]和 GaN 纳米线的 12 $V\cdot \mu m^{-1}$[25]。该结果甚至可以和碳纳米管相比[26]。可以认为,GaN 纳米柱阵列优良的场发射性能可能主要是由以下两个因素造成的:GaN 纳米柱阵列定向排列的高度有序性;在电场的作用下,电子很容易从 p-Si 和 GaN 界面流过。宽带隙 GaN(3.4 eV)的电子亲和势为 2.8 eV[27],窄带隙 Si(1.1 eV)的电子亲和势为 4.01 eV[28],因而在 p-Si 和 GaN 界面将形成跨骑式异质结。在热平衡建立后,p-Si 和 GaN 异质结处的能带将发生弯曲,如图 6.8 所示,ECP、EVP、EFP、ECN、EVN 和 EFN 分别为 p-Si 和 n-GaN 的导带、价带及费米能级。这将导致结处形成一个势阱,而非势垒。从而在电场的作用下,使电子更容易通过该异质结。

图 6.7 中的小图表明样品的场发射 FN 曲线。该曲线呈线性关系,表

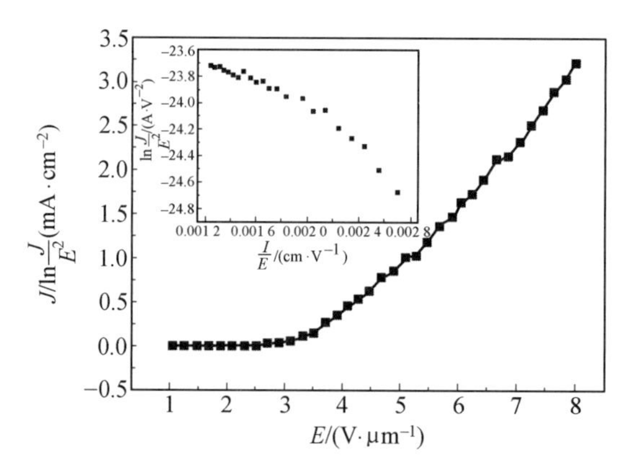

图6.7　800 ℃下生长30 min 的 GaN 纳米柱阵列的场发射电流密度与电场的关系曲线图

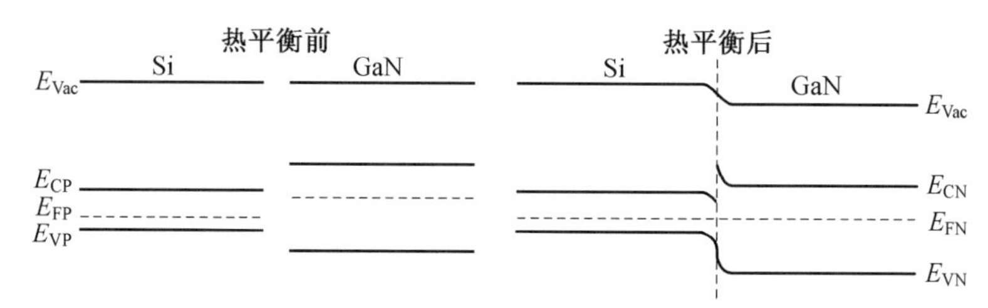

图6.8　p-Si 和 GaN 异质结能带示意图

明样品的场发射电流的确是由于量子隧穿效应引起的。随后，进一步考查了 GaN 纳米柱阵列场发射的稳定性（所加电场为 $2.5\ \mathrm{V \cdot \mu m^{-1}}$）。图6.9表明了气压为 1.2×10^{-6} Pa、时间为60 min 时，GaN 纳米柱阵列场发射电流密度随时间的变化。平均电流密度和其标准偏差分别为 $2.96\ \mathrm{\mu A \cdot cm^{-2}}$ 和 $0.22\ \mathrm{\mu A \cdot cm^{-2}}$。它们之间的比率只有7.4%，这表明样品场发射电流

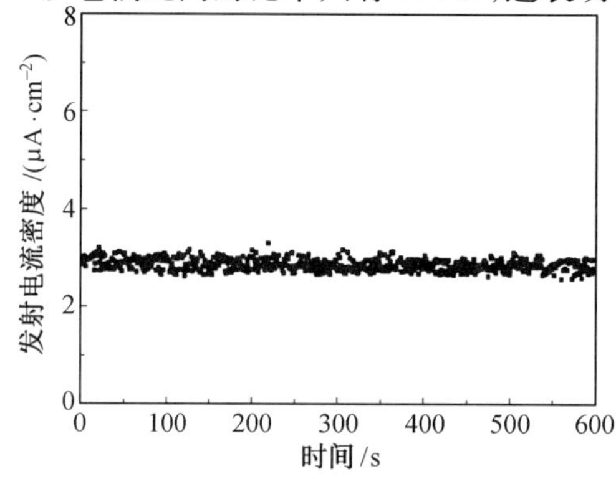

图6.9　GaN 纳米柱阵列场发射电流密度随时间的变化

的高度稳定性。优良的场发射性能及高度的稳定性将使其在电子发射器件中有着重要的应用。

6.3.4 光致发光性能测试与分析

固体材料吸收外界能量后发射出可见光或近可见光的现象称为发光。光致发光是用光激发材料引起的发光,是发光现象中研究最多、应用最广的一种现象。光致发光有两个过程,首先是激发过程,吸收激发光子使激活(发光)中心受激,即所谓激发过程。其方法有多种,视情况不同而异。其次是光子发射过程,激活电子从激发态回复到较低能态(一般为基态)而发射出光子,称为发射(或辐射)过程。

由于 GaN 本身是一种极为重要的发光材料,目前已经广泛应用于发光二极管、激光二极管、探测器等光电器件领域,因此,我们对 800 ℃时生长 30 min 的 GaN 纳米柱阵列的光致发光性能进行了研究。在波长为 325 nm的 Xe 灯激发下,所得的 GaN 纳米柱阵列的光致发光谱如图 6. 11 所示。从图中可以看到在 369 nm(3. 36 eV)处存在一个稳定而强的发光峰。该峰可归为六方相 GaN 晶体的带边发射,但与六方相 GaN 单晶的带边发射峰相比红移了 70 meV。该微小红移可能是由于 GaN 纳米柱内部的应力所导致[29]。在 GaN 的光致发光谱中经常被观测到一个较宽的黄光带[30]。这在样品中并未发现,取而代之的是 3 个分别位于 451 nm (2.75 eV)、468 nm(2.65 eV)和 524 nm(2.37 eV)处的较弱的小峰。这些小峰可能是由于深能级或缺陷能级所导致的。这些与缺陷相关的发光峰

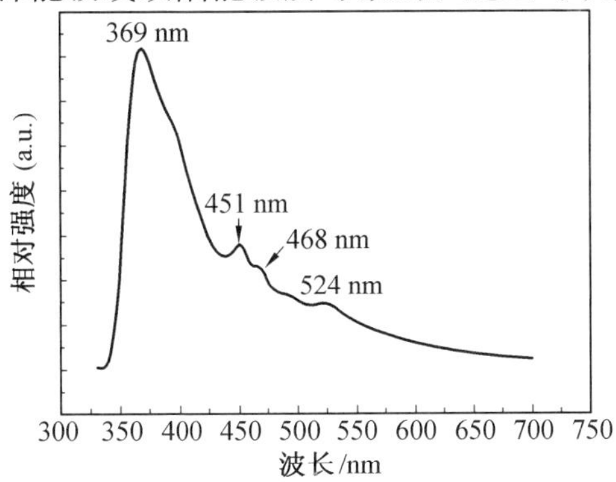

图 6.10 室温下 GaN 纳米柱阵列的光致发光谱

信号较弱也表明我们制备的GaN纳米柱阵列的晶体质量较高、缺陷较少。而较强的带边发射也意味着GaN纳米柱阵列有望在纳米光电器件中得以应用。

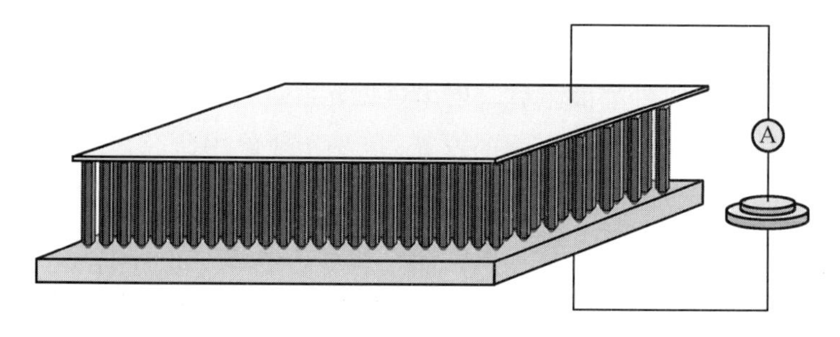

图6.11 p-Si上的GaN纳米柱阵列I-V测试结构图

6.3.5 GaN纳米柱阵列的电学性能测试

为了进一步探讨p-Si上的GaN纳米柱阵列在光电器件中的应用前景，现对至关重要的电学性能进行了测试，其测试结构图如图6.12所示。室温下，采用HP6632A对其进行I-V测试，结果如图6.12所示。从该图中可以看出，样品展示了良好的p-n节电学行为。采用理想二极管方程$I=I_s[\exp(eV/nkT)-1]$拟合所得实验数据（图6.12虚线所示）可以算得反向饱和电流I_s为0.99 μA。由于GaN非故意掺杂时为n型半导体，故导致该异质p-n节的形成。从样品展示的良好的p-n节电学行为，可以推测p-Si上的GaN纳米柱阵列将有望在发光二极管、太阳能光伏电池和光探测器等光电器件方面有着重要的应用。

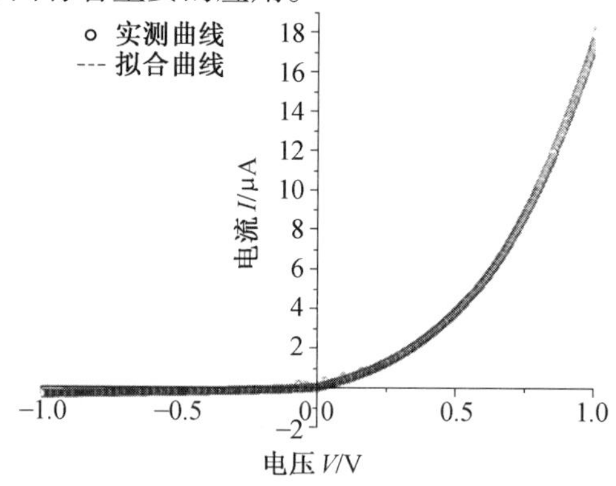

图6.12 p-Si上的GaN纳米柱阵列的I-V特征曲线

6.4 本章小结

本章以 $GaCl_3$ 为源,通过简单、低成本的化学气相沉积(CVD)法在p-Si衬底上成功制备得到 GaN 纳米柱阵列,并且没有使用催化剂。XRD、SAED 和 HRTEM 结果表明 GaN 纳米柱沿 c 轴方向生长。室温下的场发射研究表明,我们制备的 GaN 纳米柱阵列具有优良的场发射性能,不仅具有很低的开启电场 2.6 $V \cdot \mu m^{-1}$,同时发射电流密度在 60 min 内波动为7.4%,表明具有高度的稳定性。这对于其在场发射显示和真空纳电子器件中的应用将起着重要的作用。光致发光谱在 369 nm 处有一个强峰,表明该 GaN 纳米柱阵列样品具有良好的光学性能,有望在光电器件中得以应用。同时还表现出良好的 p-n 节电学行为,可以推测 p-Si 上的 GaN 纳米柱阵列将有望在发光二极管、太阳能光伏电池和光探测器等光电器件方面有着重要的应用。此外,由于生长衬底为 p-Si,因而 GaN 纳米柱阵列将很容易被集成到目前主流的 p-Si 基微电子技术中。

参考文献

[1] XIA Y N, YANG P D, SUN Y G, et al. One-dimensional nanostructures: Synthesis, characterization, and applications[J]. Advanced Materials, 2003, 15:353-389.

[2] HUANG Y, DUAN X F, CUI Y, et al. Logic gates and computation from assembled nanowire building blocks[J]. Science, 2001, 294: 1313-1317.

[3] FAN H J, WERNER P, ZACHARIAS M. Semiconductor nanowires:from self-organization to patterned growth[J]. Small, 2006, 2:700-717.

[4] XIANG X, CAO C B, HE S Z. Catalytic synthesis of single-crystalline gallium nitride nanobelts[J]. Solid State Communication, 2003, 126: 315-318.

[5] XIANG X, CAO C B, HUANG F L, et al. Synthesis and characterization of crystalline gallium nitride nanoribbon rings[J]. Journal of Crystal

Growth, 2004, 263:25-29.

[6] CAO C B, XIANG X, ZHU H S. High-density, uniform gallium nitride nanorods grown on Au-coated silicon substrate [J]. Journal of Crystal Growth, 2004, 273 (3/4) :375-380.

[7] XIANG X, CAO C B, ZHAI H Z, et al. Large-scale crystalline GaN nanowires synthesized through a chemical vapor deposition method[J]. Applied Physics A, 2005, 80(5):1129-1132.

[8] QIU H L, CAO C B, LI J, et al. Synthesis, optical properties and growth mechanism of leaf-like GaN crystal[J]. Journal of Crystal Growth, 2006, 291:491-496.

[9] QIU H L, CAO C B, XIANG X, et al. Large scale tapered GaN rods grown by chemical vapor deposition[J]. Journal of Crystal Growth, 2006, 290(1):1-5.

[10] XIANG X, CAO C B, ZHU H S. Large-scale synthesis and optical properties of hexagonal GaN micropyramid/nanowire homostructures [J]. Nanotechnology, 2006, 17:30-34.

[11] CHEN Z, CAO C B, HE S Z. Oriented bicrystalline GaN nanowire arrays suitable for field emission application[J]. Chemical Vapor Deposition 2007, 13 (10):527-532.

[12] CHEN Z, CAO C B, LI WAI SANG, et al. Well-aligned single-crystalline GaN nanocolumns and their field emission properties[J]. Crystal Growth and Design, 2009, 9:792-796

[13] LI Y A, CAO C B, CHEN Z. Ferromagnetic Fe doped GaN nanowires grown by chemical vapor depostioin[J]. Journal of Physical Chemistry C, 2010, 114:21029-21034.

[14] NABI GHULAM, CAO C B, KHAN WAHEED S, et al. Preparation of grass-like GaN nanostructures; its PL and excellent field emission properties[J]. Materials Letters, 2011, 66:50-53.

[15] NABI GHULAM, CAO C B, KHAN WAHEED S, et al. Synthesis, characterization, growth mechanism, photoluminescence and field emission properties of novel dandelion-like gallium nitride[J]. Applied Sur-

face Science, 2011, 257, 10289-10293.

[16] NABI GHULAM, CAO C B, HUSSAIN SAJAD, et al. Synthesis, photoluminescence and field emission properties of well aligned/ well patterned conical shape GaN nano-rods [J]. Cryst. Eng. Comm., 2012, 14:8492-8498.

[17] LI Y A, CHEN Z, CAO C B. The controllable synthesis, structural, and ferromagnetic properties of Co doped GaN nanowires[J]. Appl. Phys. Lett., 2012, 100:232404.

[18] NABI GHULAM, CAO C B, KHAN WAHEED S, et al. Synthesis, characterization, photoluminescence and field emissionproperties of novel durian-like gallium nitride microstructures[J]. Materials Chemistry and Physics, 2012, 133(2-3) :793-798.

[19] HERSEE S D, SUN X, WANG X. The controlled growth of GaN nanowires[J]. Nano Lett, 2006, 6:1808-1811.

[20] CHEN Z, CAO C B, ZHU H S. Controlled growth of aluminum nitride nanostructures:aligned tips, brushes, and complex structures[J]. Journal of Physical Chemistry C, 2007, 111:1895-1899.

[21] HE J H, YANG R S, CHUEH Y L, et al. Aligned AlN nanorods with multi-tipped surfaces-Growth, field-emission, and cathodoluminescence properties[J]. Advanced Materials, 2006, 18:650.

[22] LIU B D, BANDO Y, TANG C C, et al. Excellent field-emission properties of p-doped GaN nanowires[J]. J. Phys. Chem. B., 2005, 109: 21521-21524.

[23] LIU B, BANDO Y, TANG C, et al. Needlelike bicrystalline GaN nanowires with excellent field emission properties[J]. J. Phys. Chem. B., 2005, 109:17082-17085.

[24] HA B, SEO S H, CHO J H, et al. Optical and field emission properties of thin single-crystalline GaN nanowires [J]. J. Phys. Chem. B., 2005, 109:11095-11099.

[25] CHEN C C, YEH C C, CHEN C H, et al. Catalytic growth and characterization of gallium nitride nanowires[J]. J. Am. Chem. Soc., 2001,

123:2791-2798.

[26] JEAN-MARC B, JEAN-PAUL S, THOMAS S, et al. Field emission from single-wall carbon nanotube films[J]. Appl. Phys. Lett., 1998, 73:918-920.

[27] TRACY K M, MECOUCH W J, DAVIS R F, et al. Preparation and characterization of atomically clean, stoichiometric surfaces of n- and p-type GaN(0001)[J]. Journal of Applied Physics, 2003, 94:3163-3172.

[28] NEAMAN D A. Semiconductor physics and devices: basic principles[M]. Chicago:McGraw-Hill, 1997.

[29] KIPSHIDZE G, YAVICH B, CHANDOLU A, et al. Controlled growth of GaN nanowires by pulsed metalorganic chemical vapor deposition[J]. Appl. Phys. Lett., 2005, 86:033104.

[30] Jian J K, Chen X L, Tu Q Y, et al. Preparation and optical properties of prism-shaped GaN nanorods[J]. J. Phys. Chem. B., 2004, 108:12024- 2.

第 7 章 Fe、Co 掺杂 GaN 纳米线的制备及性能研究

7.1 引 言

GaN 作为一种直接带隙宽禁带半导体材料，具有优异的光电性能，目前在半导体领域获得广泛的应用，如可用于蓝绿光发光二极管、激光器、高速场发射晶体管、紫外光探测器等。由于 Ga 和 N 之间的键合很强，还可用作高温器件。在此基础上，GaN 基稀磁半导体将综合光、电、磁性能，获得更广泛的应用。2000 年，Dietl 等用平均场模型计算得出，在一定 Mn 掺杂含量和空穴浓度下，一些 p 型 GaN 具有高于室温的居里温度[1]。自此，迎来了 GaN 基稀磁半导体研究大发展的时代，人们广泛开展了有关 GaN 基稀磁半导体薄膜、纳米线等方面的研究，掺杂元素包括 Mn、Fe、Co、Ni、V 等。然而，研究得到的居里温度和磁性依赖于制备工艺和掺杂元素，并且不同的研究小组得到的结果差异很大。以 Mn 掺杂为例，2001 年，Reed 等人[2]采用 MOCVD 法，在蓝宝石衬底上生长出(Ga，Mn)N 薄膜，Mn 摩尔分数约为 1%，居里温度跟生长条件有关，在 310 ~ 400 K 之间变化；2002 年，Hori H 等人[3]采用分子束外延法，在蓝宝石衬底上制备出了居里温度最高的(Ga，Mn)N 薄膜，T_c 高达 940 K，Mn 的摩尔分数为 3% ~5%。

由于制备方法、工艺条件以及衬底的影响等原因，薄膜不可避免地存在结构缺陷和杂质分布不均匀等不足，这限制了对稀磁半导体的理论研究及其实际应用。一维尺度上的稀磁半导体材料可以通过控制生长条件得到单晶结构的纳米线，避免缺陷的不良影响。另一方面，工业应用及科学研究中电子器件的小型化趋势使得一维材料比薄膜更有前景。基于 GaN 优异的光电性能，GaN 基稀磁半导体纳米线综合了光、电、磁性能，成为未来的纳电子器件构建单元的重要材料之一。并且，GaN 基稀磁半导体薄膜已经被证明了具有室温铁磁性，相应的纳米线为自旋电子学的理论研究和

实际应用提供了材料基础。目前为止,已报道的GaN基稀磁半导体纳米线主要采用化学气相沉积(CVD)法或金属有机化学气相沉积(MOCVD)法制备,即在一定温度下加热反应物后,在衬底上沉积得到纳米线,主要掺杂元素有Mn[4-8]、Co[7]、Cr[7]、Cu[9]等。类似于GaN基稀磁半导体薄膜,只有Mn掺杂GaN纳米线研究得较为充分,其他过渡元素的研究较少,或仅限于理论计算[10]。GaN基稀磁半导体纳米线合成的壁垒主要在于过渡金属在GaN中有限的固溶度[11,12],因此不能有效地掺入。所以,探索并改进现有合成方法,提高过渡金属在GaN中的固溶度显得十分必要。

本章介绍通过对前驱体的预处理,增加反应活性,有效地提高过渡金属的掺杂浓度。具体步骤如下:采用Ga_2O(Ga_2O_3)和氧化铁(Fe_2O_3)作为源,按一定比例混合后,进行压片并煅烧预处理,得到的产物再进行氮化,在Si片上沉积得到Fe掺杂GaN纳米线。采用XPS研究了掺杂的GaN纳米线中Fe的价态,结果表明Fe离子的价态随浓度变化,证实了本征掺杂。磁性测试表明,所得到的Fe掺杂的GaN纳米具有室温铁磁性。类似地,采用Ga_2O(Ga_2O_3)和氧化钴(Co_2O_3)作为源,对源进行类似的预处理再氮化来合成Co掺杂的GaN纳米线,测试表明同样具有室温铁磁性。进一步研究发现,通过改变预处理温度可以调控掺杂浓度和磁化强度。以上研究发展了一种合成掺杂GaN纳米线的方法,也可用于制备其他掺杂化合物纳米结构,并为进一步的理论研究和实际应用提供了材料基础。

7.2 实验部分

7.2.1 试剂及仪器

Ga_2O(Ga_2O_3),自制;

氧化铁(Fe_2O_3),分析纯,天津市福晨化学试剂厂;

氧化钴(Co_2O_3),分析纯,北京化学试剂公司;

氨气(NH_3),纯度大于99.9%,北京普莱克斯实用气体有限公司;

单面抛光单晶硅片Si(100)和(111),中镜科仪有限公司;

氧化铝磁舟,北京大华陶瓷厂;

坩埚,北京大华陶瓷厂;

GSL1400X 真空管式高温电阻炉,郑州威达高温仪器有限公司;
马弗炉,天津市中环实验电炉有限公司;
FW-4 型压片机,天津市光学仪器厂;
KQ-250E 医用超声波清洗器,上海昆山超声仪器有限公司。

7.2.2 实验过程

1. Fe 掺杂 GaN 纳米线的制备

采用 CVD 法在水平管式炉中制备得到。不同于通常 CVD 法的是,对反应物进行一定的预处理,对其加热加压以提高反应活性,提高掺杂效率。实验步骤如下:

(1)称料:以 Ga_2O_3 和 Fe_2O_3 分别作为 Ga 源和 Fe 源,按一定摩尔比称量后,在研钵中研磨一段时间使其充分混合。

(2)预烧:把反应物放在坩埚中,在马弗炉中加热到 900 ℃,保温 4 h,然后随炉冷却。

(3)压片:原料预烧后在研钵中研磨一段时间,然后取适量放在圆形模具中,在一定压强下用压片机压成直径为 1 cm、厚度为 1 ~ 2 mm 的圆片。

(4)烧结:将压片得到的圆片放在坩埚中,置于马弗炉中加热到 900 ℃,保温 4 h,然后随炉冷却。

(5)研磨:烧结后的圆片在研钵中磨碎后充分研磨,得到细的粉末,待用。

(6)氮化:将以上加热加压预处理后的样品放在氧化铝瓷舟中,推入水平管式炉的中心;将清洗过的 Si 衬底置于下气流端,距炉管中心约11 ~ 12 cm;反应物和 Si 衬底放好后,将炉管两端封好,加热前先通约 20 min 的氨气,以排出炉管内的空气;然后以 10 ℃/min 的速率加热到 1 150 ℃,保温 6 h 后,自然降温。在这整个过程中,保持氨气流量为 200 sccm。反应结束后,在 Si 衬底上得到浅黄色的样品。

2. Co 掺杂 GaN 纳米线的制备

以 Ga_2O_3 和 Co_2O_3 分别作为 Ga 源和 Co 源,基本步骤同上。不同的是,考虑了预处理温度的影响,预处理温度分别设置为 700 ℃、800 ℃、900 ℃、1 000 ℃和 1 100 ℃。

7.2.3　结果表征

采用 X 射线衍射仪(X-ray diffraction,XRD, PANalytical X′Pert PRO MPD)来表征产物的物相结构和组成,以 Cu 靶 $K\alpha_1$ 作为射线源,波长 λ 为 0.154 18 nm。

采用扫描电子显微镜(Scanning electronic microscope, SEM, Hitachi S-4800)来表征产物的形貌,采用能量色散谱仪(Energy dispersive spectrometer,EDS)来表征产物的组成元素。

采用透射电子显微镜(Transmission electronic microscope,TEM, Tecnai F20)来表征产物的微观结构。

采用 X 射线光电子能谱仪(X-ray photoelectron spectroscopy, XPS, PerkinElmer Physics PHI 5300)来表征产物中离子的结合能和价态。

采用光致发光光谱仪(Photoluminescence spectroscopy, PL, Hitachi F-4500)来表征产物的光致发光性能。

采用振动样品磁强计(Vibrating sample magnetometer,VSM, Lake Shore 7400)来表征产物的磁性能。

扩展边 X 射线吸收精细结构(Extended X-ray absorption fine structure, EXAFS)测试是在中科院高能物理研究所同步辐射装置的 1W1B-XAFS 实验站上进行的,用来表征产物中掺杂离子的局域结构。

7.3　Fe 掺杂 GaN 纳米线的结果分析

按反应物中 Fe 与 Ga 的摩尔比分别为 20%、30%、40% 称取一定质量的样品,按 7.2.2 小节中所述方法制备 Fe 掺杂 GaN 纳米线,并考虑预处理和衬底温度的影响(Si 衬底在炉管的温度场中所处的位置决定衬底的温度),保持其他实验条件不变。样品编号、对应的制备条件及相应的结果见表 7.1。

表 7.1　不同条件下制备样品的对应结果

样品编号	预处理	反应物中的 Fe 与 Ga 的摩尔比	衬底温度	产物中的 Fe 浓度
样品 1	无	20%	700 ℃	低于检测极限
样品 2	有	20%	700 ℃	0.06%
样品 3	有	30%	700 ℃	—
样品 4	有	40%	700 ℃	—
样品 5	有	20%	800 ℃	0.12%

7.3.1　产物的 XRD 结果分析

如图 7.1 所示为表 7.1 所示样品 1 ~ 5 的 XRD 图谱。对比相同实验条件下，反应物中 Fe 和 Ga 不同摩尔比对产物的影响（样品 2,3,4）。分析物相可知，30% 和 40% 的掺杂比例得到的产物中出现了 Ga_xFe_y 杂质相，而 20% 的掺杂比例则得到了纯的纤锌矿 GaN（JCPDSNo. 76-0703），没有出现 Fe-N 或者 Ga-Fe 等杂质相。XRD 结果表明，应采用摩尔比为 20% 的 Fe 和 Ga 作为反应物，反应物中过高的 Fe 会造成产物中析出 Ga 和 Fe 的合金相。因此，以下样品都采用 20% 的摩尔比。在 Fe 和 Ga 的摩尔比为 20% 时，升高衬底温度所得到的产物仍为纯的 GaN（样品 5）。需要说明的是，XRD 结果只给出了物相组成，并不能排除团簇的存在。

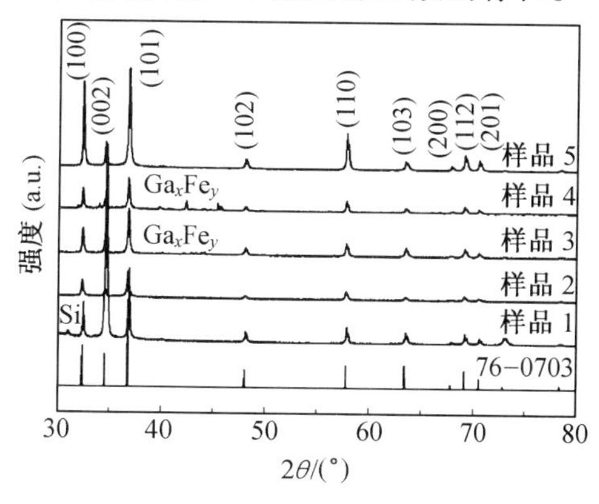

图 7.1　表 7.1 中所示样品 1 ~ 5 的 XRD 图谱

7.3.2　产物的SEM结果分析

采用扫描电子显微镜表征所得到的Fe掺杂GaN纳米线的形貌特征，如图7.2所示。可以看到，在Si衬底上得到了大量的纳米线，直径为100～200 nm，长度为几个微米左右。并且可以发现，所得到的纳米线的截面为三角形结构，不同于纯GaN纳米线的六角形截面，且这种三角形截面普遍存在。结合相关文献可以认为，这种三角形截面纳米线的形成是由Fe的掺杂导致的[7]。其他条件下得到的Fe掺杂GaN纳米线具有类似的形貌特征。这表明，通过掺杂可以改变GaN纳米线的形貌特征。

图7.2　Fe掺杂制备的GaN纳米线的SEM图像

7.3.3　产物的EDS结果分析

1. 预处理的影响

固定反应物中Fe和Ga的摩尔比为20%，考虑氮化前对反应物预处理的影响。保持其他条件不变，与直接混合的Ga_2O_3和Fe_2O_3对比，即对比样品1和2。直接混合的Ga_2O_3和Fe_2O_3氮化后得到的产物中Fe的摩尔分数极低，低于EDS的检测极限（表7.1）。而进行预处理后，得到的产物中Fe的摩尔分数为0.06%。这表明对反应物进行预处理能够有效促进掺杂。原因可能是，对反应物的加热加压促进了其充分混合。对预处理后的反应物测试XRD表明，Ga_2O_3和Fe_2O_3之间并未发生反应生成镓铁氧化物。

2. 衬底温度的影响

固定反应物中Fe和Ga的摩尔比为20%，考虑衬底温度的影响。将硅片置于管式炉中一定位置，则处于温度场中相应的温度。EDS结果表

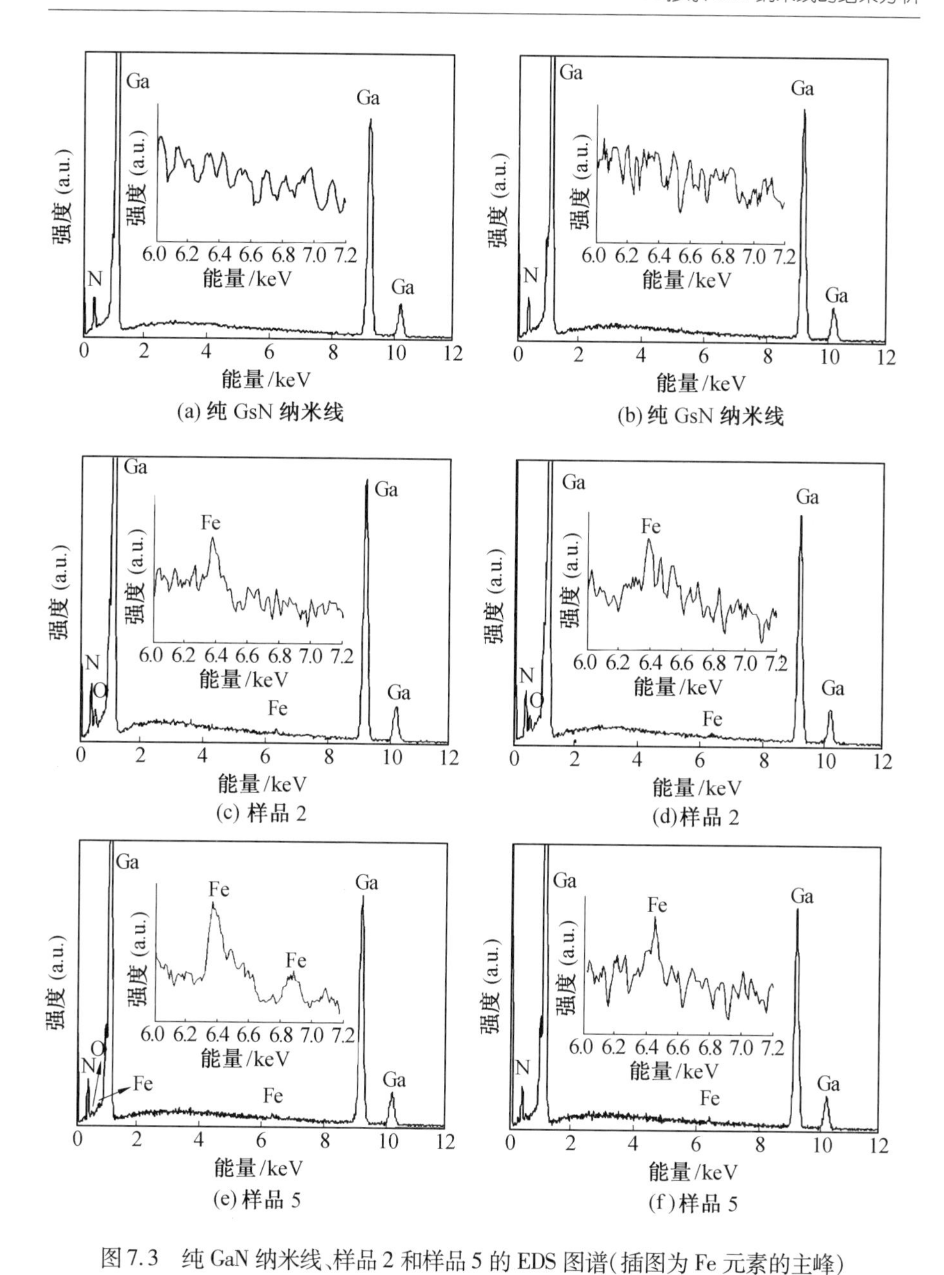

图7.3 纯 GaN 纳米线、样品 2 和样品 5 的 EDS 图谱(插图为 Fe 元素的主峰)

明,衬底温度约为 800 ℃时产物中 Fe 的摩尔分数约为 0.12%(样品 5,见表 7.1),高于衬底温度约为 700 ℃时产物中的 Fe 的摩尔分数(样品 2,见表 7.1)。以上结果表明,较高的衬底温度能够促进掺杂,提高掺杂浓度。

这可能是由于较高的衬底温度为纳米线的生长提供了较高的能量,促进了 Fe 在 Ga-Fe-N 合金中的固溶。然而,进一步提高衬底温度,则不能得到纳米线,而是得到了纳米颗粒,可能与纳米线的生长机制有关。样品 2 和样品 5 的 EDS 图谱如图 7.3 所示,并给出纯 GaN 纳米线的 EDS 图谱做对比。需要说明的是,EDS 检测到的 Fe 浓度较低,只能用于定性的分析,而不能作为定量的依据。

7.3.4　产物的 TEM 结果分析

为进一步表征产物的微观结构,采用透射电子显微镜观察了样品 2 的 TEM 图像、选区电子衍射(SAED)和高分辨透射电镜(HRTEM)图像,如图 7.4 所示。图 7.4(a)插图中的明暗衬度表明了纳米线的厚度不均,与图 7.2 中所示纳米线具有的三角形截面特征相吻合。图 7.4(b)中 HRTEM 图像及相应的 SAED 图谱中的衍射斑可以表明所得到的纳米线具有单晶结构,表面有一层 2 nm 左右的无定形氧化物。在 HRTEM 图像中没有观察到第二相或团簇等。对 SAED 图谱的标定表明纳米线的生长方向沿 <200>方向,与其他人的研究结果一致[13]。

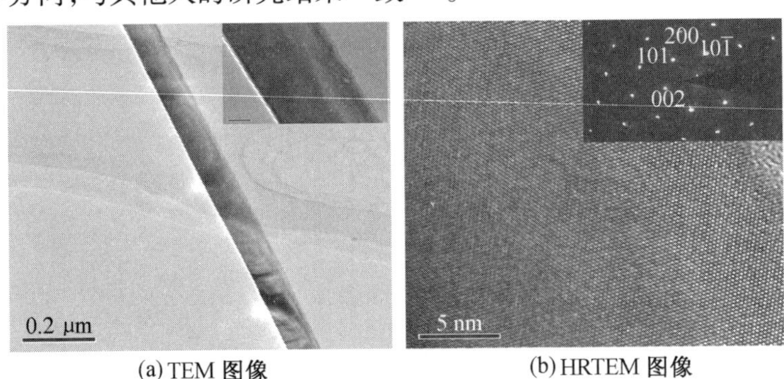

(a) TEM 图像　　(b) HRTEM 图像

图 7.4　Fe 掺杂 GaN 纳米线的 TEM 照片和 SAED、HRTEM 图像

7.3.5　产物的线扫描结果分析

为表征纳米线中掺杂元素的分布情况,对样品 2 的单根纳米线中 Fe 元素和 Ga 元素的 EDS 信号沿垂直于生长方向进行线扫描(图 7.5(a)),所得曲线如图 7.5(b)所示。可以看到,Fe 元素沿纳米线截面的分布曲线与 Ga 元素的曲线形状一致,且都具有三角形的形状特征,这与 SEM 和

TEM 表明的纳米线的截面形状一致。线扫描结果表明,Fe 元素在纳米线中均匀分布。需要说明的是,为便于更清楚地比较,将 Fe 的强度数值乘以 10。

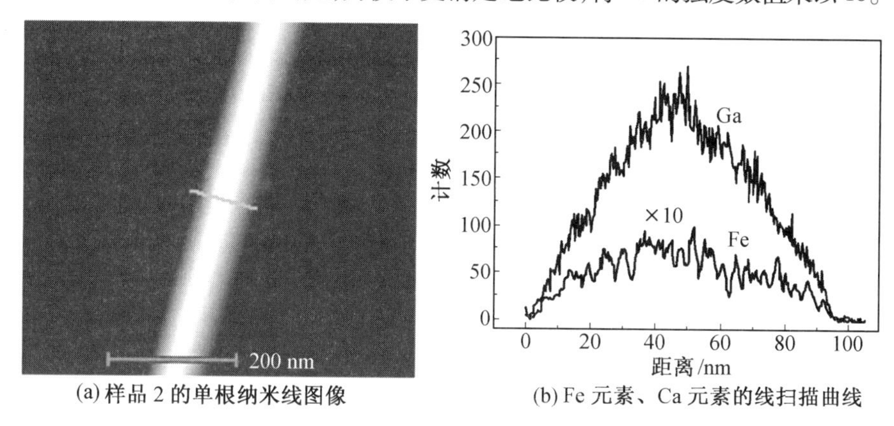

(a) 样品 2 的单根纳米线图像　　(b) Fe 元素、Ca 元素的线扫描曲线

图 7.5　Fe 掺杂 GaN 纳米线的形貌及元素线扫描

7.3.6　产物的 XPS 结果分析

在有关 Fe 掺杂稀磁半导体的研究中,关于 Fe 的价态存在一些争论,Fe 离子被认为以+2 价[14]、+3 价存在[15],或两种价态共存[16];或者随掺杂浓度增大从一种价态向另一种价态转变[17]。为了确认得到的 Fe 掺杂 GaN 纳米线中 Fe 的价态特征,对所得到的掺杂样品进行了 XPS 测试。图 7.6 给出了样品 1、2、5 中 Fe 的 2p 壳层电子和 Ga 的 3p 壳层电子的 XPS 图谱,以及相应的结合能的变化与 Fe 的摩尔分数的关系曲线。根据有关报道[18],Fe 的 2p 壳层电子的结合能见表 7.2。对样品 1,当 Fe 浓度(摩尔分数)低于 EDS 检测限时,XPS 仍能测试到 Fe 的 2p 电子的峰,表明样品 1 中有少量的 Fe 存在。对峰进行拟合后发现,峰所处的位置为 724.4 eV,与 Fe 的 $2p_{1/2}$电子在+3 价的结合能很相近,这表明样品 1 中的 Fe 离子以+3 价存在。由于样品中 Fe 的量较少,Fe 的 $2p_{1/2}$电子的峰较强,而 $2p_{3/2}$的峰较弱,因此以下只比较 $2p_{1/2}$的峰位变化。对样品 2,Fe 浓度为 0.06%,Fe 的 $2p_{1/2}$电子的峰的位于 723.7eV,居于+2 价和+3 价的结合能之间。对样品 3,Fe 浓度为 0.12%,$2p_{1/2}$电子的结合能为 722.9eV,与 $2p_{1/2}$电子在+2 价的结合能相近。综合以上结果,可以认为随着 Fe 浓度的增大,Fe 的 $2p_{1/2}$电子的结合能逐渐减小(图 7.6(b)),对应于价态从+3 价向+2 价转变,与 Bonanni 等人的结果一致[17]。计算表明,在过渡金属掺杂绝缘体的

模型中,过渡金属氧化态的改变伴随着过渡金属周围电荷密度空间分布的改变,以及间隙能级占据态的改变[19]。因此,GaN纳米线中Fe离子价态随着Fe浓度增大的改变可以用Fe掺杂引起的周围电荷密度和间隙能级的占据改变来解释。这是因为Fe的电子结构和Ga的电子结构不同,Fe浓度的改变会引起周围的电荷分布改变,相应地,在k空间的能级结构也会发生变化。

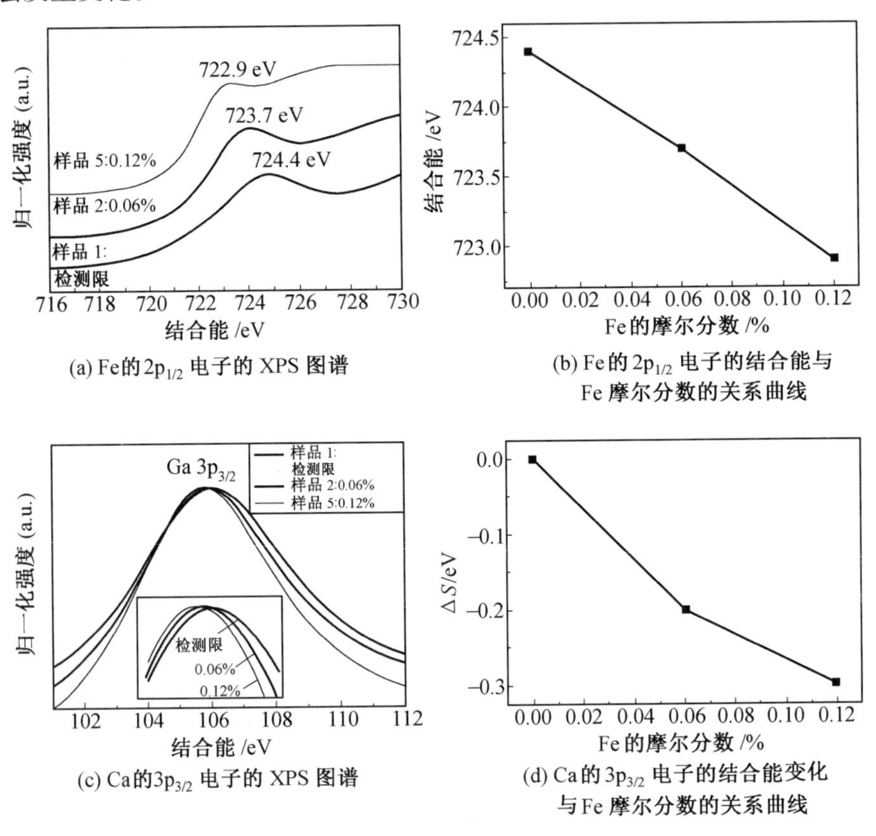

(a) Fe的$2p_{1/2}$电子的XPS图谱

(b) Fe的$2p_{1/2}$电子的结合能与Fe摩尔分数的关系曲线

(c) Ca的$3p_{3/2}$电子的XPS图谱

(d) Ca的$3p_{3/2}$电子的结合能变化与Fe摩尔分数的关系曲线

图7.6 不同摩尔分数Fe掺杂的GaN纳米线中Fe及Ca的结合能分析

表7.2 Fe的2p壳层电子在+2价和+3价时的结合能

	$2p_{3/2}$	$2p_{1/2}$
Fe^{2+}	709.30 eV	722.30 eV
Fe^{3+}	710.70 eV	724.30 eV

图7.6(c)给出了样品1、2、5中Ga的3p壳层电子的XPS图谱。可以

观察到，随着 Fe 浓度的增大，Ga 的 $3p_{3/2}$ 电子峰位向左移，结合能减小。相对于样品 1 来说，样品 2（摩尔分数为 0.06%）和样品 3（摩尔分数为 0.12%）的结合能分别减小0.20 eV和0.30 eV（图7.6(d)）。Ga 的 $3p_{3/2}$ 电子的结合能随 Fe 浓度的变化可以归因于 Fermi（费米）能级的变化，因为在 Fe 掺杂的样品中，Fermi 能级决定于 Fe 的浓度[20]。XPS 结果已经证实了 Fe^{2+} 和 Fe^{3+} 的共存，这两个价态的共存能够将 Fermi 能级钉在 $Fe^{3+/2+}$ 电荷转移能级（charge transferlevel）[20]。在 Fe 浓度较低时，电子被 Fe^{3+} 捕获，因此降低了 Fermi 能级，导致了 Ga 的 $3p_{3/2}$ 电子更高的结合能。随着 Fe 浓度的增大，Fermi 能级被钉到较高的位置，因此测试到电子的结合能减小。以上结果表明，Fe 浓度可用于调节 $Fe^{3+/2+}$ 电荷转移能级的位置，从而调节 Fermi 能级的位置，可用于调控材料的光电特性。

7.3.7 产物的 PL 光谱

为了表征产物的光致发光性能，在室温下测试了样品 1、2、5 的 PL 光谱，结果如图 7.7 所示。可以看出，3 条曲线的最强峰均位于3.37 eV，并出现了其他杂峰。作为对比，插图中给出了纯 GaN 纳米线的 PL 光谱。插图中只有一个峰，位于 3.37 eV，为 GaN 的带边发射。因此，样品 1、2、5 的 PL 光谱中位于 3.37 eV 的峰可以认为是 GaN 的带边发射，旁边位于3.14 eV 的峰与 Fe 掺杂有关，为导带与 Fe 受主能级之间电子转移的发射峰[21,22]。因为纯 GaN 纳米线只有一个荧光发射峰，对比样品 1、2、5 的 PL 光谱，可以认为，这 3 个样品中均含有一定量的杂质，即使样品 1 中 Fe 浓度位于 EDS 的检测限以下。对比 3 个样品的 PL 光谱，可以发现，带边发射的相对强度随 Fe 浓度增大而增大。在低浓度时，由于+3 价 Fe 离子对电子具有较高的捕获率，激子发射被严重淬灭[17]。前面 XPS 的结果已经证实，随着 Fe 浓度的增大，Fe 离子价态由+3 向+2 转变。因此可以认为，随着 Fe 浓度的增大，电子浓度增大，激子发射逐渐回复。事实上，其他研究小组的结果已经证明，伴随着电子浓度的增大，Fe 的价态转变引起了近带边发射的回复[17]。由于 PL 光谱的相对强度与很多因素有关，相对强度改变的机制非常复杂，在我们的结果中，Fe 浓度和价态的改变在一定程度上给出了一些解释。

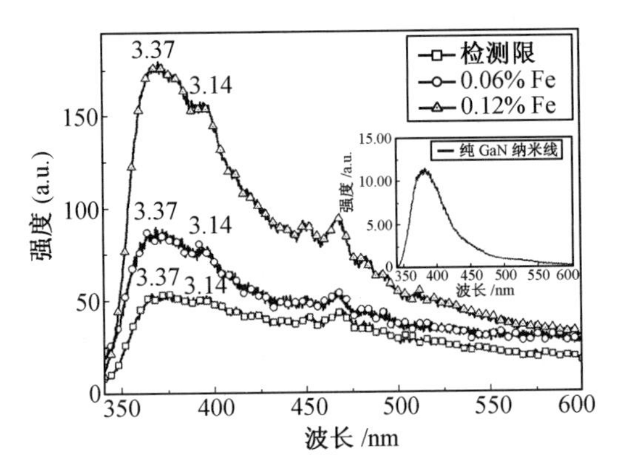

图 7.7　Fe 掺杂 GaN 纳米线的 PL 光谱(插图为纯 GaN 纳米线的 PL 光谱)

7.3.8　产物的 *M*–*H* 结果分析

图 7.8 给出了样品 1、2、5 在室温下测得的磁滞回线,结果表明所得到的 Fe 掺杂 GaN 纳米线具有室温铁磁性。作为对比,图 7.8 插图给出了纯 GaN 纳米线的 *M*–*H* 曲线,显示出抗磁性。需要说明的是,所有样品都是在 Si 衬底上测的,且扣除了 Si 衬底作为背底的影响。样品 1 显示出很弱的铁磁性,矫顽力为 42.768 G,饱和磁化强度为 13.544 μemu/cm^2,剩余磁化强度为 0.495 5 μemu/cm^2。这也从性能的角度表明了样品 1 中确实有少量磁性物质存在。对比样品 1 与样品 2 可以发现,预处理后,产物表现出较强的铁磁性,如图 7.8(a)所示。另外,对比样品 2 和样品 5,较高的衬底温度可以导致较高的掺杂浓度(表 7.1)和较高的铁磁性(图 7.8(b))。

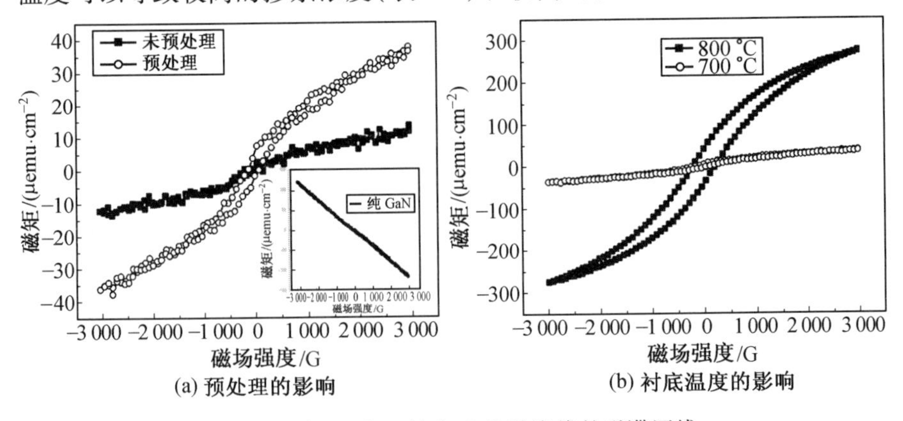

图 7.8　室温下 Fe 掺杂 GaN 纳米线的磁滞回线

进一步分析产物的 $M-H$ 曲线可以发现，图 7.8 所示的磁滞回线并未完全饱和，而是由线性顺磁部分和铁磁性部分组成，与 Fe 掺杂的 GaN 薄膜类似[17,23]。其中，线性部分可归因于 $Fe^{2+}(3d^6)$ 产生的 Van-Vleck（范费利克）顺磁性[17,23]，铁磁性部分可归因于 $Fe^{3+}(3d^5)$ 产生的 Curie（居里）磁性，在 T_c 以下表现为铁磁性。XPS 结果已经证实了 Fe 离子的价态随 Fe 浓度的变化，因此表明了掺杂为本征掺杂。结合以上磁滞回线的分析，结果表明 Fe 掺杂 GaN 纳米线的室温铁磁性为其本征属性。

7.4 Co 掺杂 GaN 纳米线的结果分析

7.4.1 前驱体比例的影响

制备 Co 掺杂 GaN 纳米线是参照制备 Fe 掺杂 GaN 纳米线的实验方法进行的。在不对反应物进行预处理的情况下，直接将一定比例的 Ga_2O_3 和 Co_2O_3 混合后氮化，当 Co 和 Ga 的摩尔比例增加到 1∶5 时，在产物中仍很少有 Co 的掺杂。如前所述，对反应物进行预处理后，当 Co 和 Ga 的比例高于 1∶5 时，XRD 结果表明产物中有 Co 和 Ga 的合金相出现。因此，固定 Co 和 Ga 的比例为 1∶5。

7.4.2 预处理温度的影响

在制备 Fe 掺杂 GaN 纳米线的实验中，对 Ga_2O_3 和 Fe_2O_3 预处理后的产物进行 XRD 表征，结果表明 Ga_2O_3 和 Fe_2O_3 没有生成镓铁氧化物，即没有固相反应发生。而在制备 Co 掺杂 GaN 纳米线的实验过程中，对 Ga_2O_3 和 Co_2O_3 预处理后的产物进行 XRD 表征的结果表明有新物质生成，即发生了固相反应。因此，设计了一系列实验，改变预处理的煅烧温度，考查预处理温度对前驱体的影响，以及对产物中掺杂浓度及相应的结构和磁性的影响。

图 7.9 给出了在预处理温度分别为 700 ℃、800 ℃、900 ℃、1 000 ℃和 1 100 ℃时，前驱体的 XRD 图谱。图 7.9 中用“△”代表 $CoGa_2O_4$，“◆”代表 Co_3O_4。其中 $CoGa_2O_4$ 的生成表明 Ga_2O_3 和 Co_2O_3 之间发生了固相反应，Co_3O_4 的生成可能与 Co_2O_3 的分解有关。推断在预处理过程中发生了

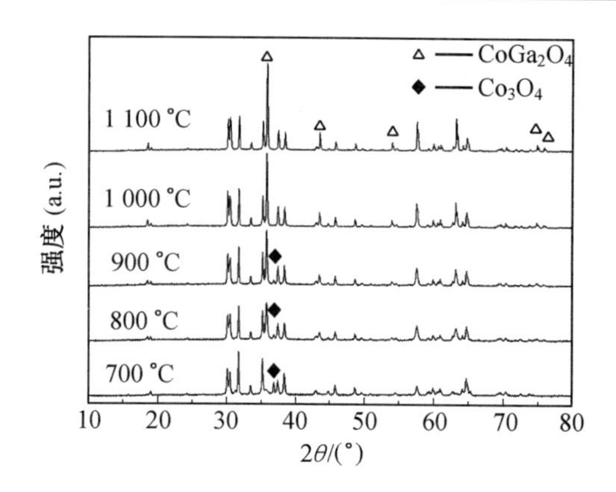

图7.9　在不同预处理温度下前驱体的XRD图谱

以下化学反应：

$$2Co_2O_3 \longrightarrow 4CoO+O_2 \tag{7.1}$$

$$CoO+Ga_2O_3 \longrightarrow CoGa_2O_4 \tag{7.2}$$

$$CoO+Co_2O_3 \longrightarrow Co_3O_4 \tag{7.3}$$

对比不同预处理温度下得到的前驱体的衍射峰，可以发现 $CoGa_2O_4$ 的相对强度随着预处理温度的升高而增强，而 Co_3O_4 峰的相对强度逐渐降低，当温度达到1 100 ℃时甚至消失。XRD图谱中峰的相对强度代表样品中的相对含量，因此可以认为，随着预处理温度升高，$CoGa_2O_4$ 的含量增大，即前驱体发生固相反应的程度随着预处理温度的升高而增大。

7.4.3　产物的XRD结果分析

对不同预处理温度煅烧的前驱体在同一条件下氮化后得到的Co掺杂GaN纳米线进行XRD表征，结果如图7.10所示。图7.10中，所有的峰都归一化处理以便于比较。其中，在大约32.9°出现的峰用"★"标记，是Si(200)晶面的衍射峰；在大约61.7°出现的峰用"☆"标记，是Si(400)晶面在Kβ射线衍射下得到的衍射峰。由于在大约67°会出现Si(400)晶面在Kα射线衍射下的衍射峰，该峰很强以至于其他峰相对来说很弱，因此，为了更好地显示衍射峰的特征，图7.10中给出XRD图谱的角度范围为10°~66°。对于在1 100 ℃以下预处理的样品，所得到的均为纯的纤锌矿GaN(JCPDSNo.76-0703)，没有检测到第二相的存在。而对于在1 100 ℃预处理得到的样品，可以看到，除了GaN外还有杂质相，在44°左右出现的峰可以标记为CoGa。在报道的Co掺杂GaN薄膜中也存在这样的合金相[24]。以上XRD结果表明,高的预处理温度会导致产物中出现杂质相。

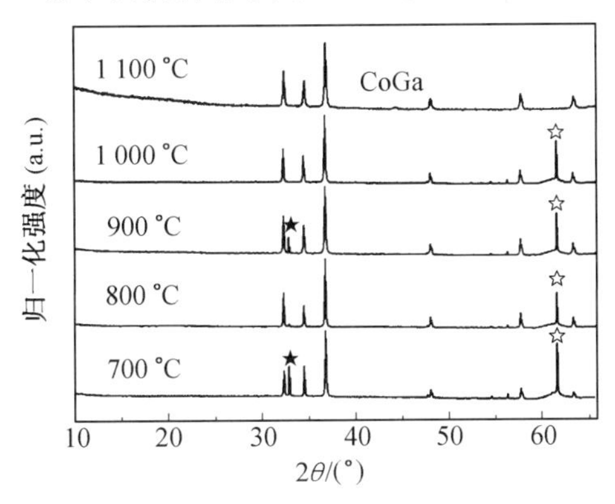

图7.10 在不同预处理温度得到的Co掺杂GaN纳米线的XRD图谱

7.4.4 产物的SEM结果分析

图7.11给出了900 ℃预处理后得到的Co掺杂GaN纳米线的SEM图像。可以看到,在Si衬底上可以得到大量的纳米线,直径为100~200 nm,长度为几微米左右。类似于Fe掺杂GaN纳米线,Co掺杂GaN纳米线同样具有三角形的截面,局部放大图如图7.11(b)、7.11(c)所示。在其他预处理温度下得到的Co掺杂GaN纳米线具有类似的形貌特征。鉴于纯GaN纳米线具有六角形截面,我们认为三角形的截面特征是由于掺杂引起的[7]。

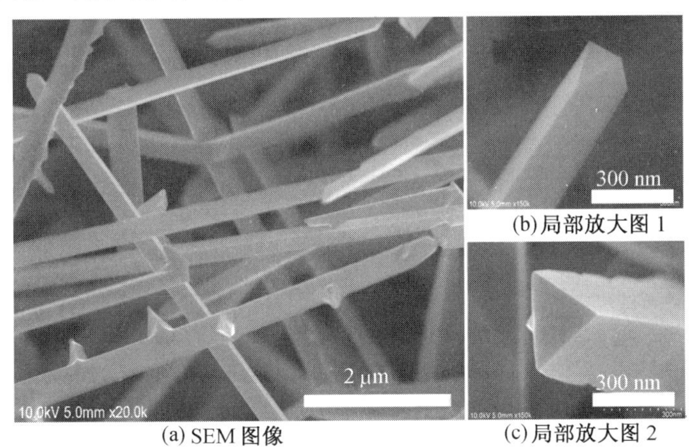

(a) SEM图像　(b)局部放大图1　(c)局部放大图2

图7.11 在900 ℃预处理后得到的Co掺杂GaN纳米线的SEM图像

7.4.5　产物的 TEM 结果分析

为进一步表征所得到的 Co 掺杂 GaN 纳米线的微观结构特征，对样品进行了 TEM 表征。图 7.12 给出了 900 ℃预处理后得到的 Co 掺杂 GaN 纳米线的低倍 TEM 图像、HRTEM 图像及相应的 SAED 图谱。低倍 TEM 图像显示纳米线直径在 100 nm 左右，HRTEM 图像及相应的 SAED 图谱表明纳米线具有单晶结构，且表面有一层 2 nm 左右的无定形氧化物。没有观察到缺陷和第二相存在。通过对 SAED 图谱的标定，可以确定空间轴沿[010]方向，纳米线的生长方向为<200>，与前面得到的 Fe 掺杂 GaN 纳米线的结构一致。HRTEM 图像及相应的 SAED 图谱中没有观察到第二相的存在。

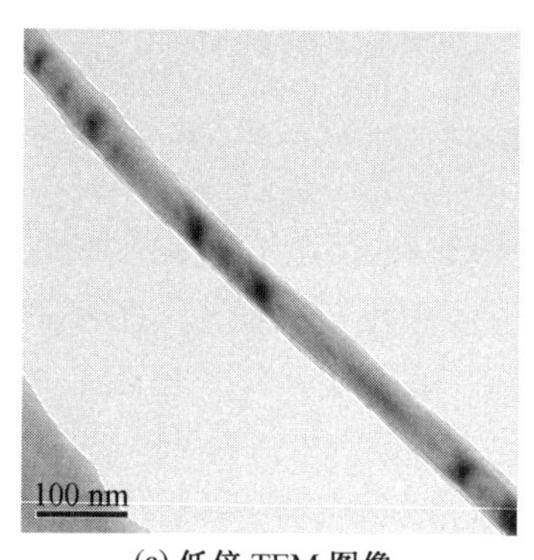

(a) 低倍 TEM 图像　　(b)HRTEM 图像

图 7.12　在 900 ℃预处理后得到的 Co 掺杂 CaN 纳米线的图像

7.4.6　产物的 EDS 结果分析

为了分析预处理温度对产物中掺杂浓度的影响，采用 EDS 测试了各个预处理温度下得到纳米线中的 Co 含量，结果见表 7.3。结果表明，产物中的 Co 含量随预处理温度的升高而增大。对 1 100 ℃预处理得到的样品，由于 XRD 已经证实其中含有 CoGa，高的 Co 含量可能主要来源于合金相。因此，所得到的 Co 掺杂 GaN 纳米线中最高的 Co 含量为 0.55%（原子数分数），与其他人的研究结果[7]接近。需要说明的是，EDS 测试到的样品中 Co 的含量较小，只能用于定性的分析，而不能用作定量的证据。900 ℃预处理后得到的 Co 掺杂 GaN 纳米线的 EDS 图谱如图 7.13 所示。

表 7.3 预处理温度对产物的掺杂浓度和磁性的影响

预处理温度 / ℃	Co 含量 (原子数分数)/%	M_r /μemu	M_s /μemu	H_c /G
700	0.06	7.9975	111.27	110.62
800	0.12	14.913	188.62	122.01
900	0.27	13.912	238.73	125.38
1 000	0.55	19.000	242.23	72.69
1 100	1.25	31.627	273.57	108.16

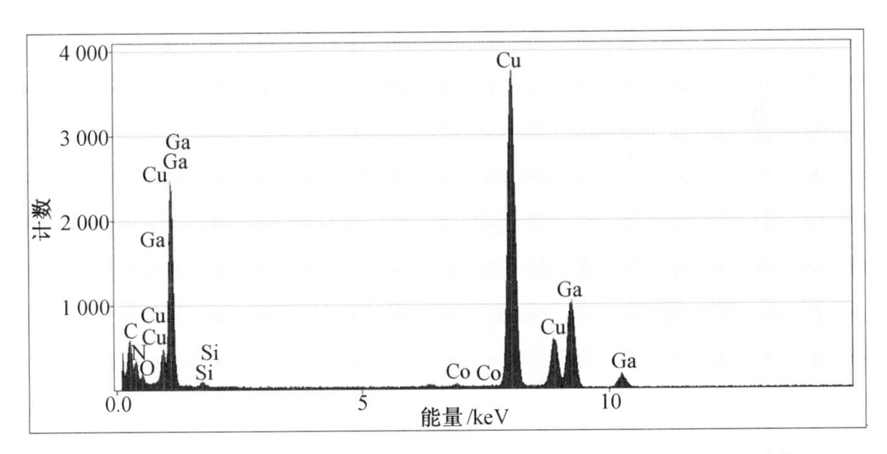

图 7.13 在 900 ℃预处理后得到的 Co 掺杂 GaN 纳米线的 EDS 图谱

7.4.7 产物的线扫描结果分析

稀磁半导体中掺杂元素的分布将显著影响其结构和性能。为表征所得到的 Co 掺杂 GaN 纳米线中的元素分布,对 900 ℃预处理后产物中的单根纳米线进行了 EDS 线扫描,沿垂直于纳米线生长方向进行,采集了 Co 的能谱信息,并以 Ga 和 N 作为参照。以收集到的能谱强度对纳米线的位置作图,所得到的 EDS 线扫描图谱如图 7.14 所示。需要说明的是,将 Co 的值乘以 3 以便于清楚地比较。从图中可以看出,Co 的曲线形状与 Ga 和 N 的曲线形状一致,表明纳米线中 Co 元素分布均匀。

7.4.8 产物的 EXAFS 结果分析

为了分析掺杂 GaN 纳米线中 Co 的局域结构,以确认 Co 是否掺入到

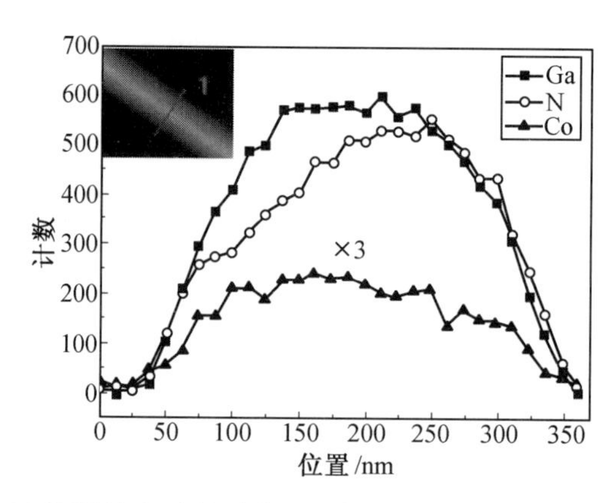

图7.14 在900 ℃预处理后得到的Co掺杂GaN纳米线的EDS线扫描图谱（为便于比较，将Co的值乘以3）

GaN晶格中，测试了900 ℃预处理得到的产物中Co的K边EXAFS图谱。采用ATHENA软件对EXAFS图谱扣除背底和归一化[25]。在k空间中的2~10范围进行傅里叶变化，以得到在实空间的径向分布，并与GaN晶格中Co替代Ga的理论拟合做对比，结果如图7.15所示。GaN晶格中Co替代Ga的理论拟合是由ARTEMIS软件计算EXAFS结果得出的。通过对比发现，实验结果与理论拟合基本一致，因此可以认为，在900 ℃预处理得到的Co掺杂GaN纳米线中，Co替代Ga的晶格位置。图7.15中位于0.21 nm和0.32 nm左右的峰分别对应于最近邻原子和次近邻原子。由于Co的原子半径与Ga的原子半径很相近[24]，而图7.15中Co与最近邻原子的间距(0.21 nm)与体相GaN的Ga—N键长(0.195~0.196 nm)[26]相近，因此，可以将位于0.21 nm的峰标定为“4N”，其中，“4”为Co在最近邻位置的配位数，“N”为Co的最近邻原子。此外，Co与次近邻原子的距离(0.32 nm)与GaN标准卡片(JCPDSNo. 76-0703)的晶格常数(a = 0.319 nm)一致，因此，可以将位于0.32 nm的峰标定为“12Ga”，其中，“12”为Co在次近邻位置的配位数，“Ga”为Co的次近邻原子。由EXAFS结果得到的径向原子间距与标准数据的一致进一步表明在GaN晶格中Co对Ga的取代，即Co占据了Ga的点阵位置。

7.4.9 产物的 *M*–*H* 结果分析

稀磁半导体的磁性能最受人关注，人们期望得到具有室温铁磁性的稀

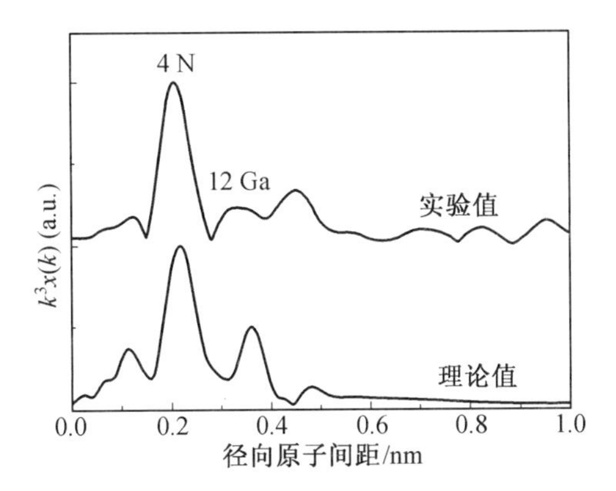

图 7.15 900 ℃预处理得到的 Co 掺杂 GaN 纳米线中 Co 的 K 边 EXAFS 振荡函数的傅里叶变换(上图)和 GaN 晶格中 Co 替代 Ga 的理论拟合

磁半导体,以便用于制造具有应用前景的自旋电子器件。为此,测试了不同预处理温度得到的样品在室温下的磁滞回线,如图 7.16 所示。作为参照,插图中给出了纯 GaN 纳米线的 $M-H$ 曲线。需要说明的是,所有的磁性测试样品是在 Si 衬底上,得到的 $M-H$ 曲线扣除了 Si 衬底作为背底的影响。可以看到,纯 GaN 纳米线的 $M-H$ 曲线具有抗磁性的特征,而 Co 掺杂 GaN 纳米线则表现出磁滞回线的特征,表明所得到的 Co 掺杂 GaN 纳米线具有室温铁磁性。除此之外,还可以发现,随着预处理温度的升高,样品的磁化强度有增大的趋势,在 1 000 ℃时趋于饱和,在 1 100 ℃时明显增大。每个样品的饱和磁化强度(M_s)、剩余磁化强度(M_r)和矫顽力(H_c)见表 7.3。参照样品中 Co 含量的变化,可以发现,磁化强度的增大与 Co 含量增大的规律一致。其中,1 100 ℃时已经由 XRD 结果证实样品中含有 CoGa。

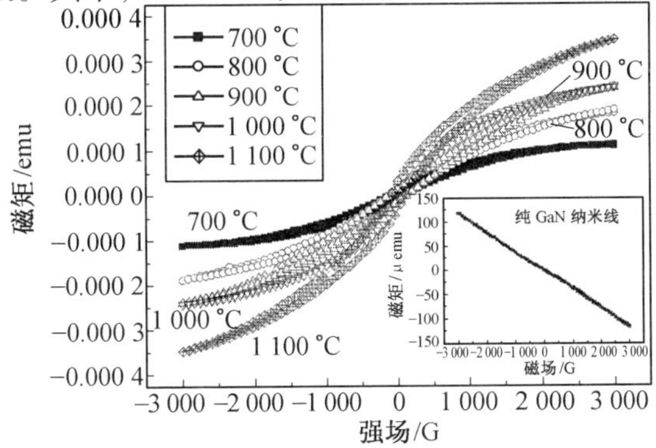

图 7.16 不同预处理温度得到样品的 $M-H$ 曲线(插图为纯 GaN 纳米线的 $M-H$ 曲线)

由于CoGa具有顺磁性[27]，因此对磁滞回线中的线性部分有贡献，这可以用来解释1 100 ℃时磁滞回线不饱和且磁化强度明显增大的现象。对于1 000 ℃及1 000 ℃以下温度预处理的样品，由于EXAFS结果表明900 ℃预处理得到的Co掺杂GaN纳米线中Co取代了Ga的晶格位置，可以认为，低温下预处理得到的产物中，Co的掺杂为本征掺杂，可以参照Dietl等人提出的机制来解释[1]。自旋-自旋耦合可以认为是一种长程相互作用，因此可以用基于RKKY相互作用的平均场近似。在较低的Co浓度时，Co原子之间的平均距离相对较远，以铁磁相互作用为主。随着Co浓度的增大，Co原子之间的距离缩短，增强了反铁磁作用，同时减弱了一部分铁磁有序。因此，在反铁磁和铁磁作用的竞争中，铁磁性相对减弱，表现为1 000 ℃时饱和磁化强度的微弱增长和矫顽力的减小。

7.5　本章小结

本章介绍了采用化学气相沉积法分别制备Fe和Co掺杂的GaN纳米线。主要内容如下：

(1)得到了Fe掺杂GaN纳米线，单根纳米线为单晶结构，纳米线截面为三角形。对比实验结果可以认为，通过对反应物的预处理提高了反应活性，从而提高了掺杂浓度。XPS结果表明，随Fe浓度增大，Fe的$2p_{1/2}$电子的结合能和Ga的$3p_{3/2}$电子的结合能会发生变化，对应于Fe离子的价态由+3向+2转变，并引起了PL光谱中带边发射相对强度的增大，因此表明了掺杂为本征掺杂。室温下的磁性测试表明，所得到的Fe掺杂GaN纳米线具有室温铁磁性，且磁化强度随掺杂浓度增大而增大。

(2)得到了Co掺杂GaN纳米线，具有与Fe掺杂GaN纳米线类似的形貌和结构，且同样具有室温铁磁性。前驱体的XRD结果表明，在预处理过程中发生了固相反应，且升高预处理温度可以提高产物中掺入Co的浓度，并因此增大磁化强度。Co的K边EXAFS结果表明低温预处理得到的产物中，Co取代了Ga的晶格位置。

本章发展了一种制备掺杂GaN纳米线的方法，表明采用预处理的方法可提高掺杂浓度，该方法有望用于制备其他掺杂半导体纳米结构；所制得的Fe、Co掺杂GaN纳米线具有室温铁磁性，可用于半导体自旋电子器件。

参考文献

[1] DIETL T, OHNO H, MATSUKURA F. Zener model description of ferromagnetism in zinc-blende magnetic semiconductors [J]. Science, 2000, 287(5455): 1019-1022.

[2] STADELMAIER H H, REED M L, RITUMS M K. Room temperature magnetic (Ga, Mn)N: A new material for spin electronic devices [J]. Materials Letters, 2001, 51(6): 500-503.

[3] HORI H, SONODA S, SASAKI T. High-tc ferromagnetism in diluted magnetic semiconducting GaN:Mn films [J]. Physica B-Condensed Matter, 2002, 324(1-4): 142-150.

[4] PARK J, HAN D S, RHIE K W. Ferromagnetic Mn-doped GaN nanowires [J]. Applied Physics Letters, 2005, 86(3): 032506.

[5] YU D P, SONG Y P, WANG P W. Ferromagnetic GaMnN nanowires with T_c above room temperature [J]. Physica B-Condensed Matter, 2005, 368 (1-4): 16-24.

[6] WANG Q, SUN Q, JENA P. Ferromagnetism in Mn-doped GaN nanowires [J]. Physical Review Letters, 2005, 95(16): 167202.

[7] RADOVANOVIC P V, STAMPLECOSKIE K G, JU L. General control of transition-metal-doped GaN nanowire growth: toward understanding the mechanism of dopant incorporation [J]. Nano Letters, 2008, 8(9): 2674-2681.

[8] PAUTLER B G, RADOVANOVIC P V, STAMPLECOSKIE K G. Dopant ion concentration dependence of growth and faceting of manganese-doped GaN nanowires [J]. Journal of the American Chemical Society, 2007, 129 (36): 10980-10981.

[9] XIANG H J, WEI S H. Enhanced ferromagnetic stability in Cu doped passivated GaN nanowires [J]. Nano Letters, 2008, 8(7): 1825-1829.

[10] WANG Q, SUN Q, JENA P. Ferromagnetic GaN-Cr nanowires [J]. Nano Letters, 2005, 5(8): 1587-1590.

[11] SEDMIDUBSKY D, LEITNER J, SOFER Z. Phase relations in the Ga-Mn-N system [J]. Journal of alloys and compounds, 2008, 452(1): 105-109.

[12] HASHIMOTO M, EMURA S, TANAKA H. Local crystal structure and local electronic structure around Cr in low-temperature-grown GaCrN layers [J]. Journal of Applied Physics, 2006, 100(10): 103907.

[13] YANG P D, KUYKENDALL T, PAUZAUSKIE P. Metalorganic chemical vapor deposition route to GaN nanowires with triangular cross sections [J]. Nano Letters, 2003, 3(8): 1063-1066.

[14] JAYASANKAR C K, SAMBASIVAM S, JOSEPH D P. Synthesis and characterization of thiophenol passivated Fe-Doped ZnS nanoparticles [J]. Materials science and engineering b-advanced functional solid-state materials, 2008, 150(2): 125-129.

[15] SAMBASIVAM S, REDDY B K, DIVYA A. Optical and esr studies on Fe doped ZnS nanocrystals [J]. Physics Letters A, 2009, 373(16): 1465-1468.

[16] CHAKRAVORTY D, BHATTACHARYA S. Electrical and magnetic properties of cold compacted iron-doped Zinc sulfide nanoparticles synthesized by wet chemical method [J]. Chemical Physics Letters, 2007, 444(4-6): 319-323.

[17] BONANNI A, KIECANA M, SIMBRUNNER C. Paramagnetic GaN: Fe and ferromagnetic (Ga, Fe)N: The relationship between structural, electronic, and magnetic properties [J]. Physical Review B., 2007, 75(12): 125210.

[18] WU X M, CHEN A J, SHA Z D. Structure and photoluminescence properties of Fe-Doped ZnO thin films [J]. Journal of Physics D-Applied Physics, 2006, 39(22): 4762-4765.

[19] RAEBIGER H, LANY S, ZUNGER A. Charge self-regulation upon changing the oxidation state of transition metals in insulators [J]. Nature, 2008, 453(7196): 763-766.

[20] MALGUTH E, HOFFMANN A, PHILLIPS M R. Fe in III-V and II-VI

semiconductors [J]. Physica Status Solidi B-Basic Solid State Physics, 2008,245(3): 455-480.

[21] LIU C,YUN F,MORKOC H. Ferromagnetism of ZnO and GaN: a review [J]. Journal of Materials Science-Materials in Electronics,2005,16(9): 555-597.

[22] SHON Y,KWON Y H,PARK Y S. Ferromagnetic behavior of p-type GaN epilayer implanted with Fe^{+} ions [J]. Journal of Applied Physics, 2004,95(2): 761-763.

[23] PRZYBYLINSKA H,BONANNI A,WOLOS A. Magnetic properties of a new spintronic material - GaN:Fe [J]. Materials Science and Engineering B-Solid State Materials for Advanced Technology,2006,126(2-3): 222-225.

[24] SAWAHATA J,BANG H,TAKIGUCHI M. Structural and magnetic properties of Co doped GaN [J]. Physica Status Solidi C - Conferences and Critical Reviews,2005,2(7): 2458-2462.

[25] NEWVILLE M. EXAFS analysis using FEFF and FEFFIT [J]. Journal of Synchrotron Radiation,2001,8: 96-100.

[26] OFUCHI H,OSHIMA M,TABUCHI M. Fluorescence X-ray absorption fine structure study on local structures around Fe atoms heavily doped in GaN by low-temperature molecular-beam epitaxy [J]. Applied Physics Letters,2001,78(17): 2470-2472.

[27] MALGUTH E,HOFFMANN A,GEHLHOFF W. Structural and electronic properties of Fe^{3+} and Fe^{2+} centers in GaN from optical and EPR experiments [J]. Physical Review B,2006,74(16): 165202.

第8章　GaN及其稀磁半导体纳米晶的制备与性能研究

8.1 引　言

与体相材料相比,纳米晶具有特殊的尺寸效应和量子效应,如较低的熔点、较高的能带和非热平衡的结构等[1,2]。在GaN优异光电性能的基础上,GaN纳米晶引入了量子效应的影响,可用于短波长光电子器件,并且具有波长可调的特点。

然而,这种重要的化合物半导体纳米晶至今仍有待发展一种简单的、可靠的合成路线。迄今为止,对GaN纳米晶的合成已经进行了十余年的探索。目前,合成GaN纳米晶的方法主要包括前驱体热分解[3,4]、溶剂热[5-7]和常压下两个前驱体反应[8,9]。热分解法需要制备合适的前驱体,过程较复杂,不容易控制;溶剂热提供了高温高压的环境,利于结晶,但所得到的粒子尺寸不均匀,且严重团聚;常压下两个前驱体反应得到的GaN纳米晶结晶度较差,需要进一步退火,然而退火常常伴随着晶粒长大以及尺寸分布不均等问题。由于Ga和N之间的键合需要的能量较大,通常液相合成GaN需要高温高压的条件,而要合成高质量的纳米晶,则需要快速成核、快速终止生长过程以及有效退火,这对于GaN的液相合成来说很难同时满足。一是没有合适的氮源,二是Ga和N键合所需要的高温高压通常伴随着晶粒的长大和尺寸分布不均。这些合成方法上存在的问题促使我们寻找新的合成路线。

基于在合成InN纳米晶的实验方法和合成路线上的成功探索,借鉴了SiO_2限域下的气液联合法来合成GaN纳米晶。这种方法将纳米晶的生长和尺寸控制分离开来,首先在液相中合成氧化物纳米晶,然后以包覆的SiO_2来进行尺寸控制,接着以氨气作为氮源在高温下氮化。液相法提供了尺寸分布较窄的氧化物;氨气作为一种活泼的氮源,能够有效地参与反应,而且高温为氮化物的键合提供了足够的能量，使得纳米晶结晶度较好；同时 SiO_2 的限域有效控制了尺寸分布。因此，能够得到高质量的纳米晶，结晶度较好，尺寸分布均匀。这种方法的普适性使得我们能够将其成功运用于合成 GaN 纳米晶。

已经在实验上证明了 Fe 和 Co 掺杂 GaN 纳米线具有室温铁磁性。然而，测试表明，得到的掺杂浓度都较低（低于 1%）。过低的浓度不利于有效调控掺杂引起的性能变化。考虑到纳米晶是由几千个原子组成，表面原子占很大比例，因此决定了纳米晶具有较大的结构弛豫，能够将掺杂引起的内应力释放，从而有可能掺入较大浓度的杂质。然而，掺杂纳米晶的合成也面临着机遇和挑战。如 Mn 可以掺入 CdS 和 ZnSe 中[10-12]，却不能掺入 CdSe 中[13]，尽管在体相材料中，Mn 在 CdSe 中的固溶度将近 50%。这通常被归因于掺杂纳米晶的“自纯化效应”。也有观点认为，掺杂效率是由纳米晶的表面形貌、形状和表面活性剂等决定的[14]。如在闪锌矿结构中，杂质原子更容易吸附在(001)表面，因此更容易掺杂；而纤锌矿结构由于不容易吸附杂质原子，因此不容易掺杂。这使得掺杂纳米晶具有更大的研究价值。另一方面，零维稀磁半导体与二维和一维稀磁半导体相比具有更大的优势。首先，相比二维材料来说，制备零维材料的工艺过程能够将高温合成和成膜过程分离，可用于制造大面积的光电器件[15]；其次，由于量子效应，稀磁半导体纳米晶具有独特的磁性能和磁光性能[16]；再次，纳米晶对载流子的限域能够增强空穴的局域化，因此增强了磁极子的热稳定性，使得稀磁半导体纳米晶具有更高的居里温度[17]。

目前，对于Ⅲ族氮化物基稀磁半导体纳米晶的研究相当贫乏，这一方面是由于Ⅲ族氮化物纳米晶本身合成上的困难；另一方面，Ⅲ族氮化物多为纤锌矿结构，而杂质原子易于掺入闪锌矿结构，在纤锌矿结构中则较难掺入[14]。其中，GaN 基稀磁半导体纳米晶的研究还不够充分。2006 年，Biswas 等人[18]采用低温溶剂热法在 350 ℃制备了 Mn 掺杂 GaN 纳米晶，尺寸在 4 ~ 18 nm，掺杂浓度可达 5%，在室温下具有铁磁性，且磁化强度和居里温度随掺杂浓度和粒子尺寸增大而增大。已报道的 GaN 基稀磁半导体纳米晶的研究十分有限，对 GaN 基稀磁半导体纳米晶从制备方法到性能缺乏系统的、深入的研究，该研究领域存在着巨大的机遇和挑战。

本章借鉴了 InN 纳米晶的合成方法，制备出尺寸分布较窄的 GaN 纳米晶,研究了其光学性能;在此基础上,尝试掺入了 Mn、Fe、Co 等元素,研究了一系列浓度下 Mn 掺杂 GaN 纳米晶的结构和性能,也对 Fe、Co 掺杂 GaN 纳米晶进行了一些探索;从实验上进一步证实了第 13 章提出的氮化物纳米晶合成路线的可行性和普适性,也对 GaN 及其稀磁半导体纳米晶的结构和性能做了初步的研究。

8.2　实验部分

8.2.1　试剂及仪器

油酸钠($C_{18}H_{33}NaO_2$),化学纯,国药集团化学试剂有限公司;
氯化镓($GaCl_3$),99.999%,STEMCHEMICALS;
氯化锰($MnCl_2 \cdot 4H_2O$),分析纯,广东省汕头市西陇化工厂;
氯化亚铁($FeCl_2 \cdot 4H_2O$),分析纯,广东省汕头市西陇化工厂;
氯化钴($CoCl_2 \cdot 6H_2O$),分析纯,天津市福晨化学试剂厂;
十八烯($C_{18}H_{36}$),90%,阿拉丁试剂;
十八醇($C_{18}H_{37}OH$),分析纯,天津市福晨化学试剂厂;
十四酸($C_{14}H_{28}O_2$),98%,阿拉丁试剂;
乙酸乙酯($CH_3COOC_2H_5$),分析纯,北京市通广精细化工公司;
正硅酸乙酯($(C_2H_5O)_4Si$),分析纯,北京益利精细化学品有限公司;
正辛醇($C_8H_{17}OH$),分析纯,北京化工厂;
曲拉通(近似式($C_{34}H_{62}O_{11}$)),化学纯,国药集团化学试剂有限公司;
正己烷(C_6H_{14}),分析纯,北京化工厂;
蒸馏水,自制;
氨水($NH_3 \cdot H_2O$),分析纯,广东省汕头市西陇化工股份有限公司;
氨气(NH_3),纯度大于 99.9%,北京普莱克斯实用气体有限公司;
N 气(N_2),纯度大于 99.9%,北京普莱克斯实用气体有限公司;
氢氟酸(HF),分析纯,北京化工厂;
十二胺($C_{12}H_{27}N$),分析纯,天津市光复精细化工研究所;
油胺($C_{18}H_{37}N$),C18:80% ~90%,阿拉丁试剂;
无水乙醇(C_2H_5OH),分析纯,北京化工厂;

丙酮(CH_3COCH_2),分析纯,北京化工厂;

DF-101S 型集热式恒温加热磁力搅拌器,郑州长城科工贸有限公司;

SHT 型搅拌数显恒温电热套,山东鄄城华鲁电热仪器有限公司;

TGL-16C 型低容量高速离心机,上海安亭科学仪器厂;

KQ-250E 医用超声波清洗器,上海昆山超声仪器有限公司;

GSL1400X 真空管式高温电阻炉,郑州威达高温仪器有限公司;

玻璃仪器,北京欣维尔玻璃仪器有限公司。

8.2.2 实验过程

参照 13.2.2 小节。

8.2.3 结果表征

采用 X 射线衍射仪(X-ray diffraction, XRD, PANalytical X'Pert PRO MPD)来表征产物的物相结构和组成,以 Cu 靶 $K\alpha_1$ 作为射线源,波长 λ 为 0.154 18 nm。

采用透射电子显微镜(Transmission electronic microscope, TEM, Tecnai F 20)来表征产物的微观结构。采用能量色散谱仪(Energy dispersive spectrometer, EDS)来表征产物的组成元素。

采用 X 射线光电子能谱仪(X-ray photoelectron spectroscopy, XPS, PerkinElmer Physics PHI 5300)来表征产物中离子的结合能和价态。

采用紫外-可见-红外吸收光谱仪(Ultraviolet-Visible-Infrared spectrophotometer, UV-Vis-IR, Hitachi U4100)来表征产物的光吸收性能。

采用光致发光光谱仪(Photoluminescence spectroscopy, PL, Hitachi F-4500)来表征产物的光致发光性能。

采用振动样品磁强计(Vibrating sample magnetometer, VSM, Lake Shore 7400)来表征产物的磁性能。

8.3 GaN 纳米晶的结果分析

基于在合成 InN 及其稀磁半导体纳米晶实验方法上的成功探索,将这一合成路线运用于制备 GaN 及其稀磁半导体纳米晶。由于 In_2O_3 和 Ga_2O_3

的氮化温度不同,因此需要摸索以优化实验条件。

8.3.1 GaN@SiO_2纳米晶的XRD结果分析

为了得到高质量的GaN纳米晶,对Ga_2O_3@SiO_2的氮化温度设定了一系列值,通过比较来选择一个合适的氮化温度,氮化时间固定在5 h。不同氮化温度下得到的GaN@SiO_2纳米晶的XRD图谱如图8.1所示。可以看到,在850 ℃氮化的产物没有明显的结晶峰,产物为无定形结构。在大约23°出现了很微弱的峰,对应于SiO_2壳的衍射峰。升高氮化温度至900 ℃时,出现了明显的衍射峰,表明具有良好的结晶性。衍射峰与标准卡片(JCPDS No.76-0703)一致,表明氮化后得到了纤锌矿结构的GaN,没有多余的杂质峰。值得一提的是,采用同一个合成路线来制备GaN和InN纳米晶,得到的结果却有一定差异。不同于InN纳米晶的立方闪锌矿结构,GaN纳米晶具有六方纤锌矿结构。从反应热力学角度考虑,六方纤锌矿结构更为稳定,但由于InN和GaN的氮化温度不同,因此在反应动力学上存在差异,再加上SiO_2壳的限域减小了氨气的扩散速率,影响氮化物的成核和生长过程,最终使得InN和GaN的结构不同。如何通过调控实验条件,得到六方纤锌矿结构的InN纳米晶和立方闪锌矿结构的GaN纳米晶是一个值得进一步探究的课题。

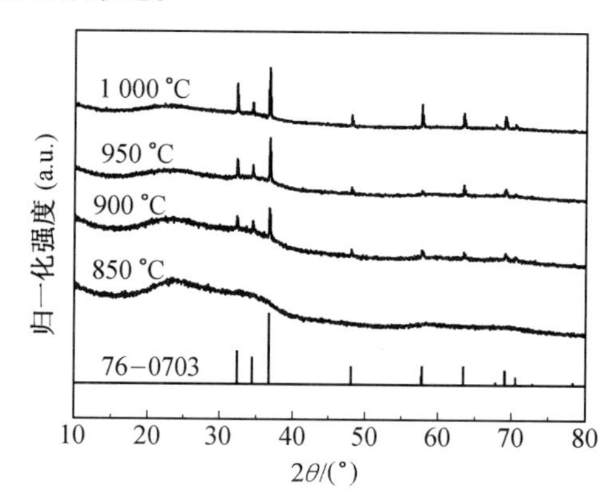

图8.1 不同氮化温度下GaN@SiO_2纳米晶的XRD图谱

对比不同氮化温度下产物的衍射峰,可以发现,随着氮化温度的升高,衍射峰的强度逐渐增强。由于已经对衍射峰进行了归一化,排除了样品量的影响。因此,衍射峰强度的增强可以认为是高温下产物的结晶度提高导致的。另一方面,随着氮化温度的升高,物相并没有发生变化,仍为纯的纤锌矿 GaN。但是,考虑到高温可能会增大 SiO_2 与 GaN 的界面相互作用,为减小 SiO_2 的影响,选取了较低的氮化温度。因此,以下的样品都在 900 ℃氮化。

8.3.2 GaN 纳米晶的 TEM 结果分析

900 ℃氮化 5 h 后的 GaN@ SiO_2 用氢氟酸去掉 SiO_2 壳后,再用水清洗数次,最后用乙醇分散,得到了分散性较好的 GaN 纳米晶。对产物进行 TEM 表征,如图 8.2 所示。低倍 TEM 表明,GaN 纳米晶有一定程度的团聚,并非单分散。HRTEM 照片表明,得到的 GaN 纳米晶尺寸分布较窄,约为 5 nm。由图 8.2(b)中的晶格条纹可以量出晶面间距为 0.261 nm,与六方相 GaN(002)(JCPDSNo.76-0703)晶面间距一致。

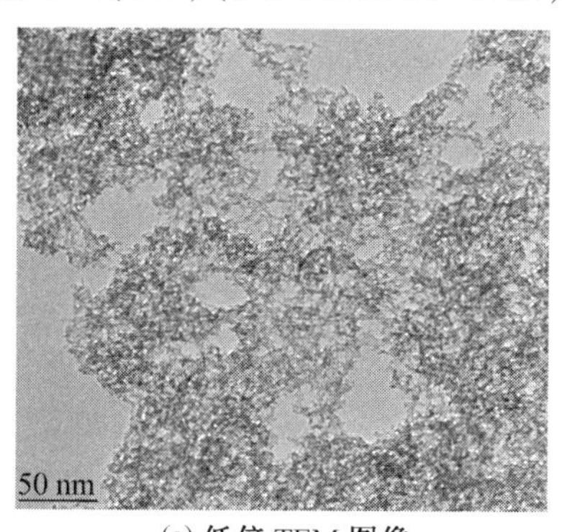

(a) 低倍 TEM 图像

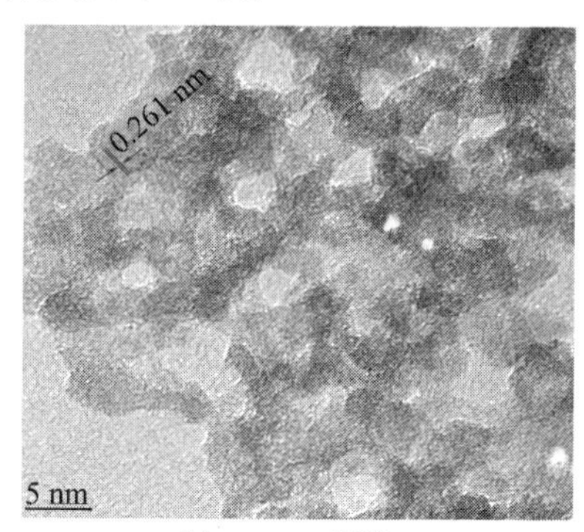

(b)HRTEM 图像

图 8.2 GaN 纳米晶的图像

8.3.3 GaN 纳米晶的 EDS 结果分析

为表征样品中所含有的元素,对产物进行了 EDS 测试,所得到的 EDS 图谱如图 8.3 所示。结果表明产物由 Ga 和 N 组成,Cu 和 C 分别来自于铜网和铜网上的碳膜。Si 可能来源于碳膜,也可能来源于没完全清洗掉的 SiO_2 壳。F 来源于残留的少量氢氟酸。

8.3.4 GaN@SiO_2 纳米晶的 XPS 结果分析

为了进一步表征产物中的元素成分、含量以及离子的化合态,测试了

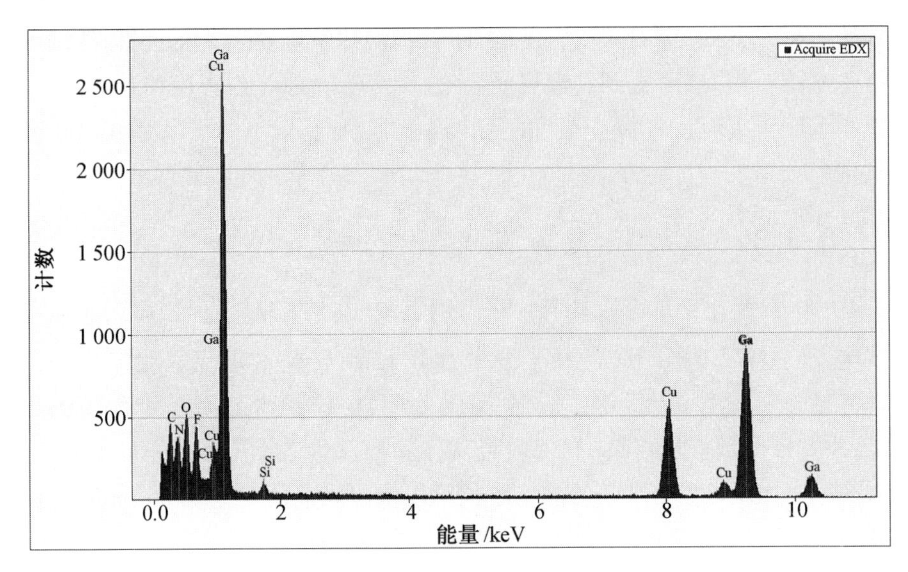

图8.3 GaN纳米晶的EDS图谱

$GaN@SiO_2$ 纳米晶的XPS图谱，并对可能含有的元素进行了标定，如图8.4所示。对XPS结果的定性分析表明，产物中含有Si、O、C、Ga、N等元素。其中，Si和O来源于 SiO_2 壳。Ga和N峰的存在表明合成了GaN。

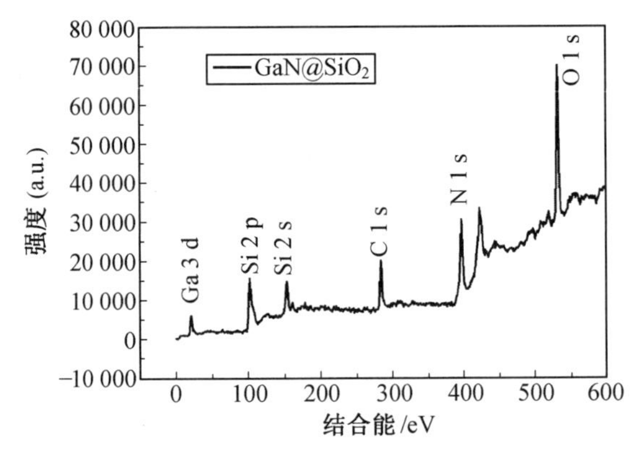

图8.4 $GaN@SiO_2$ 纳米晶的XPS图谱

对Ga和N的峰进一步分析，拟合得到的峰分别位于20.0 eV和396.9 eV，分别对应于Ga3d壳层的电子和N1s壳层的电子，如图8.5所示。与数据库中的标准物质对比可以确定，Ga和N的价态分别为+3和−3，表明得到的产物中Ga和N以化合态存在。对Ga和N的峰分别拟合后计算峰面积，然后进行半定量分析，得到Ga和N的含量分别为36.9%

和63.1%，其中 N 的含量高于化学计量比，可能是由于 SiO_2 壳在较高的反应温度下有一定程度的氮化，对产物中的 N 含量有贡献。

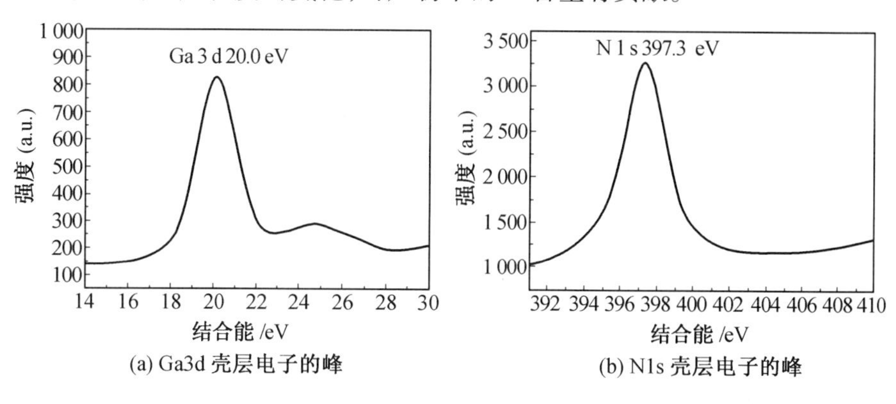

图 8.5 (a) Ga3d 壳层电子的峰和(b) N1s 壳层电子的峰

8.3.5 GaN@SiO_2 纳米晶的吸收光谱

将 GaN@ SiO_2 分散在乙醇中，在室温下测定了其吸收光谱，如图 8.6 所示。图中显示，GaN@ SiO_2 没有明显的吸收峰，而是在 300 ~ 350 nm 范围内有一个较宽的吸收带，相比大块 GaN 的带隙(3.39 eV，364 nm)有明显蓝移，可归因于量子尺寸效应。

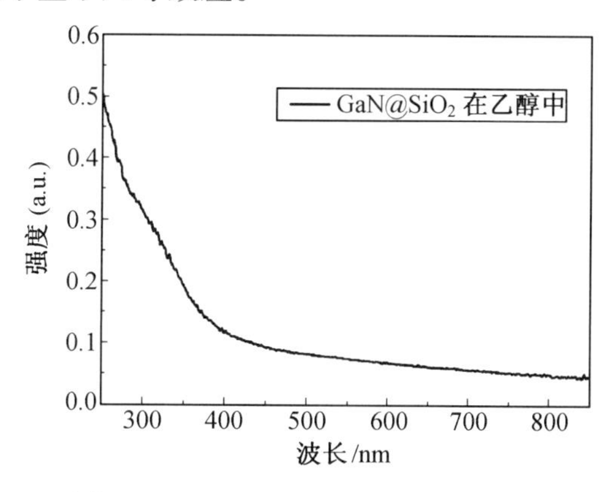

图 8.6 GaN@ SiO_2 纳米晶的吸收光谱

8.3.6 GaN@SiO_2纳米晶的 PL 光谱

为表征 GaN 纳米晶的发光性能，采用波长为 325 nm 的光分别激发去

除了 SiO_2 壳的 GaN 纳米晶及 GaN@ SiO_2 纳米晶，分散溶剂为乙醇，测试时用石英比色皿盛放。为扣除溶剂作为背底的影响，在同样条件下测试了乙醇在石英比色皿中的荧光光谱作为对比。由图 8.7 可以看到，在波长为 325 nm 的光激发下，背底在 350 ~ 450 nm 之间有 3 个明显的发射峰，这可能会干扰样品本身的信号。因此，在 GaN 及 GaN@ SiO_2 的 PL 光谱中观察到的类似的发射峰应该是背底的信号，而不是样品的本征峰。对比 GaN 和 GaN@ SiO_2 的发射谱可以发现，包覆有 SiO_2 壳的 GaN 纳米晶在 600 nm 左右有微弱的发射峰，而去除 SiO_2 壳以后，GaN 纳米晶表现出明显的黄光发射，这与肉眼观察到的产物呈黄色的现象一致。在 600 nm 左右所观察到的很宽的发射峰可能是由于去除 SiO_2壳以后大量的表面缺陷导致的。

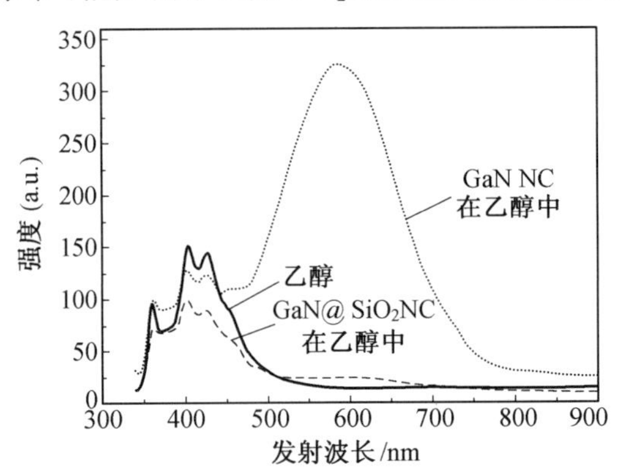

图 8.7　波长为 325 nm 的激发光下 GaN 及 GaN@ SiO_2 的 PL 光谱

通常 GaN 的带边发射在 370 nm 左右，325 nm 的激发波长下背底的发射峰位于 350 ~ 450 nm 之间，干扰了样品的本征信号，而在 200 nm 的激发波长下背底的发射峰位于 290 nm 左右，如图 8. 8 所示。因此，采用了 200 nm的激发波长来采集样品的 PL 光谱。类似地，对比了去除了 SiO_2 壳的 GaN 纳米晶与 GaN@ SiO_2 纳米晶在同一条件下的 PL 光谱。相比之下，去除 SiO_2 壳后的 GaN 纳米晶峰较宽，除了 370 nm 左右很宽的带边发射外，还包括 560 nm 左右的峰。由于发射峰很宽，范围为 300 ~ 620 nm，没有观察到明显的较强的峰，其中 300 nm 左右的峰可能与量子限域效应有关（GaN 的激子波尔半径为 3 nm 左右[19]）。对比文献报道的结果，尺寸为 4 nm左右的 GaN 纳米晶在 250 nm 和 260 nm 的激发波长下，在315 nm左右有一个很强的峰，且随晶粒尺寸减小，进一步蓝移[6]。结果中基线较高，且没有出现很强的荧光峰,可能与合成方法有关。SiO_2 的限域控制了粒子尺寸,但在较高的氮化温度下,Si 和 O 可能与 GaN 纳米晶表面有一定程度的键合,在去除 SiO_2 壳后,会产生很多表面缺陷,因此出现很宽的缺陷峰。此外,带边发射的强度很弱,量子效率很低,可能是与 GaN 纳米晶结晶度不高有关。而在 SiO_2 包覆的情况下,发射峰相对较窄。

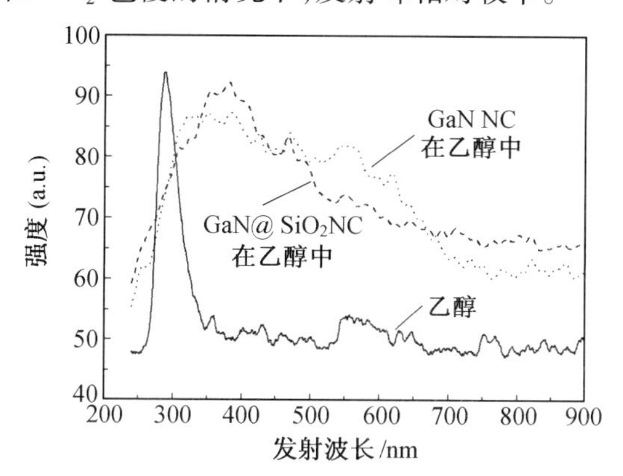

图 8.8 波长为 200 nm 的激发光下 GaN 及 GaN@ SiO_2 的 PL 光谱

对比相同激发波长下 GaN 与 GaN@ SiO_2 的 PL 光谱可以发现,SiO_2 的包覆掩盖了 600 nm 左右的缺陷峰,在 325 nm 的激发波长下尤为明显。

8.4 GaN:Mn 纳米晶的结果分析

参照 GaN 纳米晶的合成路线,在前驱体中掺入一定比例的过渡金属氯化物,其他实验过程不变,最终得到了 GaN:TM 纳米晶。首先,对 Mn 掺杂 GaN 纳米晶进行了比较系统的研究。取 Mn 的比例分别为 1 %、5 % 和 10%,得到了一系列实验结果。

8.4.1 Ga_2O_3:Mn@SiO_2 纳米晶的 XRD 结果分析

首先采用 XRD 对产物的物相进行表征,不同掺杂浓度的 Ga_2O_3:Mn@SiO_2的 XRD 图谱如图 8.9 所示。结果表明,产物为立方相结构,与立方相 Ga_2O_3 的标准卡片(JCPDS No. 20-0426)一致,出现在 23°左右的峰是所包覆的 SiO_2 的非晶峰。与合成 Mn 掺杂 In_2O_3@ SiO_2 的 XRD 衍射峰相比,Ga_2O_3 的峰较弱,强度基本相当于 SiO_2 壳的非晶峰。由于对最强衍射峰进行了归一化处理，可以排除样品量的影响，因此可以说明，在同样的合成温度下 Ga_2O_3 的结晶较差。XRD 图谱中没有出现杂质峰，表明浓度为 1% ~ 10% 的 Mn 在 Ga_2O_3 中形成了固溶体，没有析出杂质相。这为接下来氮化物固溶体的形成奠定了基础。

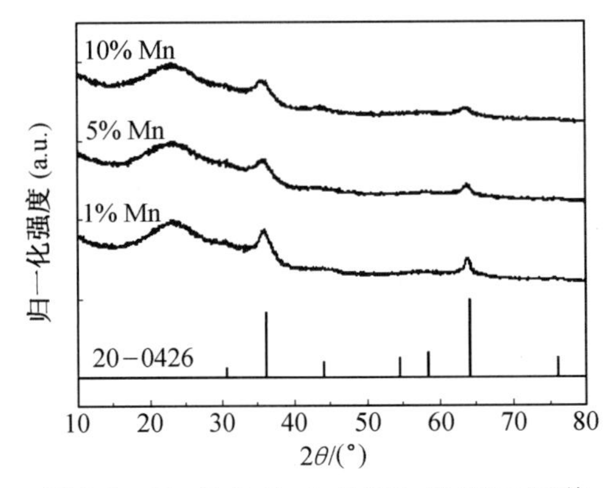

图 8.9　Mn 掺杂 Ga_2O_3@ SiO_2 的 XRD 图谱

8.4.2　GaN:Mn@ SiO_2 纳米晶的 XRD 结果分析

900 ℃氮化 5 h 后得到的 GaN:Mn@ SiO_2 的 XRD 图谱如图 8.10 所示。可以看到，氮化后的产物结晶度较差。标定微弱的衍射峰，与六方相 GaN 的标准卡片（JCPDSNo. 76-0703）一致，且与纯 GaN 纳米晶所具有的六方相结构相同。没有出现其他的杂质峰，表明不存在第二相，浓度为 1% ~ 10% 的 Mn 在 GaN 晶格中固溶。

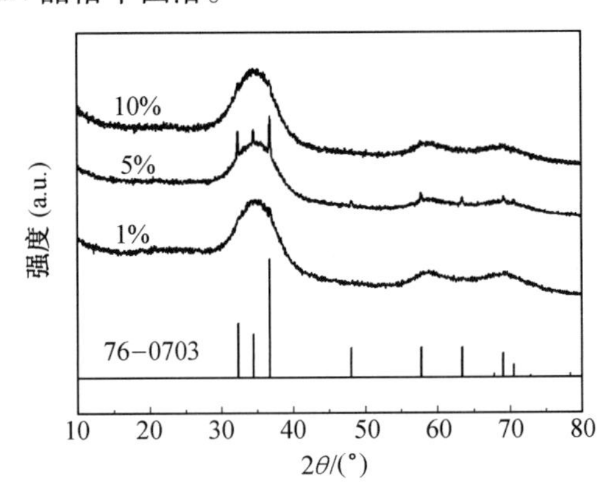

图 8.10　GaN:Mn@ SiO_2 的 XRD 图谱

8.4.3　GaN:Mn@SiO_2 纳米晶的 TEM 结果分析

将产物分散在无水乙醇中,对掺杂比例为5%的 GaN:Mn@ SiO_2 进行 TEM 表征,结果如图8.11所示。低倍 TEM 照片表明,GaN:Mn@ SiO_2 纳米晶的各个粒子之间有一定程度的粘连,不是单分散,可能是 SiO_2 壳经过高温处理后,不同颗粒之间相互扩散导致的。HRTEM 照片表明,所得到的 Mn 掺杂 GaN 纳米晶结晶较好,尺寸大约为5 nm。由图8.11(b)中的晶格条纹可以量出晶面间距为0.262 nm,与六方相 GaN(002)(JCPDSNo.76-0703)晶面间距一致。

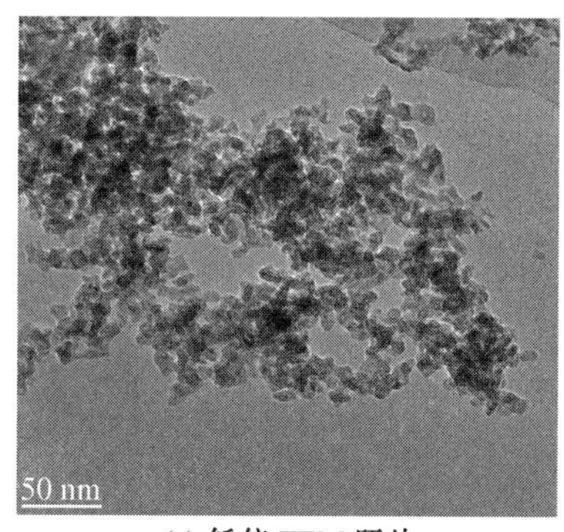

(a) 低倍 TEM 照片

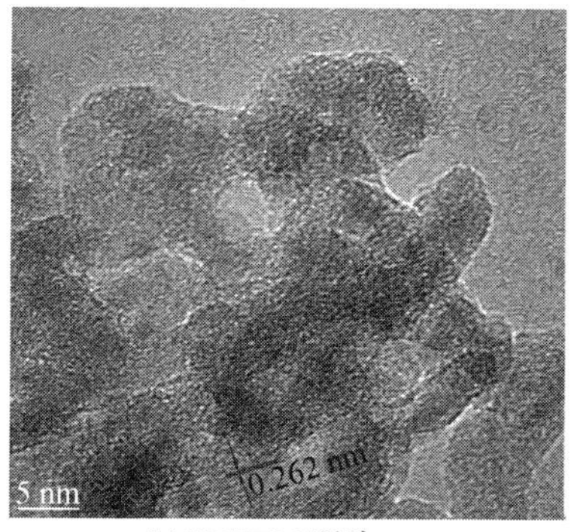

(b) HRTEM 照片

图8.11　GaN:Mn@ SiO_2 的照片

8.4.4　GaN:Mn@SiO_2 纳米晶的 EDS 结果分析

采用 EDS 对 GaN:Mn@ SiO_2 的元素成分进行测试,得到10% Mn 掺杂的 EDS 图谱如图8.12所示。其中 Si 和 O 来源于 SiO_2 壳,明显可以看到 Mn 的峰。多次测量取平均值得到的 Mn 的比例见表8.1,并与反应中加入的比例做对比。可以看到,Ga_1-xMn_xN 中实际掺入 Mn 的比例与加入 Mn 的比例基本相当。

表8.1　GaN:Mn@SiO_2 的 Mn 含量

Ga_1-xMn_xN	x		
加入比例/%	1	5	10
EDS 结果/%	1.26	5.76	10.39
XPS 结果/%	0.92	5.42	9.31

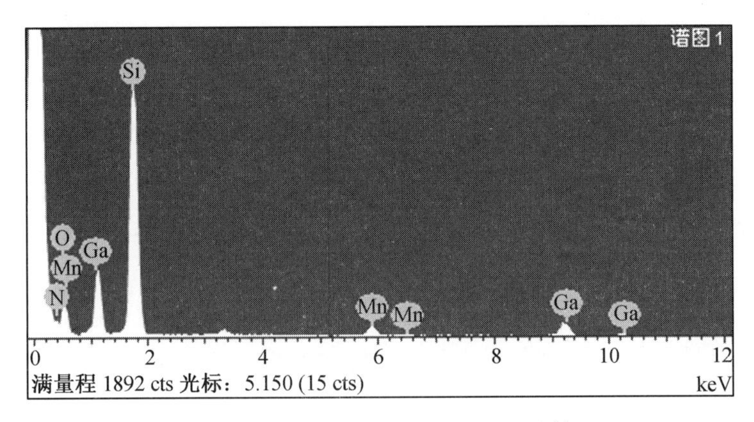

图 8.12　GaN:Mn@ SiO_2 的 EDS 图谱

8.4.5　GaN:Mn@SiO_2 纳米晶的 XPS 结果分析

为表征产物中的元素成分、含量以及离子的化合态，我们测试了 GaN:Mn@ SiO_2 纳米晶的 XPS 图谱，并对其中含有的元素进行标定，如图 8.13(a)所示。对 XPS 结果的定性分析表明，产物中含有 Si、O、C、Ga、N 等元素。其中，Si 和 O 来源于 SiO_2 壳。对 Ga、N 和 Mn 等元素的峰做进一步分析。不同 Mn 掺杂浓度下的 Ga3d 电子的结合能分别是 19.4 eV、19.6 eV 和 19.9 eV，随 Mn 浓度的增大略有增大，N1s 电子的结合能分别为 396.4 eV、396.6 eV 和 396.8 eV，随 Mn 含量变化有增大的趋势，可以用 Mn 浓度的增大引起 Fermi 能级的变化来解释。与数据库中的标准物质对比可以确定，Ga 和 N 的价态分别为+3 和-3，表明得到的产物中 Ga 和 N 以化合态存在。Mn2$p_{3/2}$电子的结合能在不同浓度下变化不大，在 641.8 eV 左右，对应于 Mn^{2+}中 2$p_{3/2}$电子的结合能，表明 Mn 在 GaN 中以化合态存在，价态为+2价。对 Ga3d 壳层电子和 Mn2$p_{3/2}$电子的峰积分计算峰面积，求得 $Ga_{1-x}Mn_xN$ 中 Mn 的相对含量 x，见表 8.1。通过对比发现，XPS 半定量结果与 EDS 结果相近，并且都与加入 Mn 的比例基本一致。表明在反应过程中 Mn 几乎全部参与反应，在产物中的比例与加入的比例一致。但是，需要说明的是，Mn 在 GaN 晶格中的存在状态及分布还有待进一步表征才能确定。

8.4.6　GaN:Mn@SiO_2 纳米晶的 M-H 曲线

为表征所得到的 Mn 掺杂 GaN 是否具有室温铁磁性，在室温下测试了

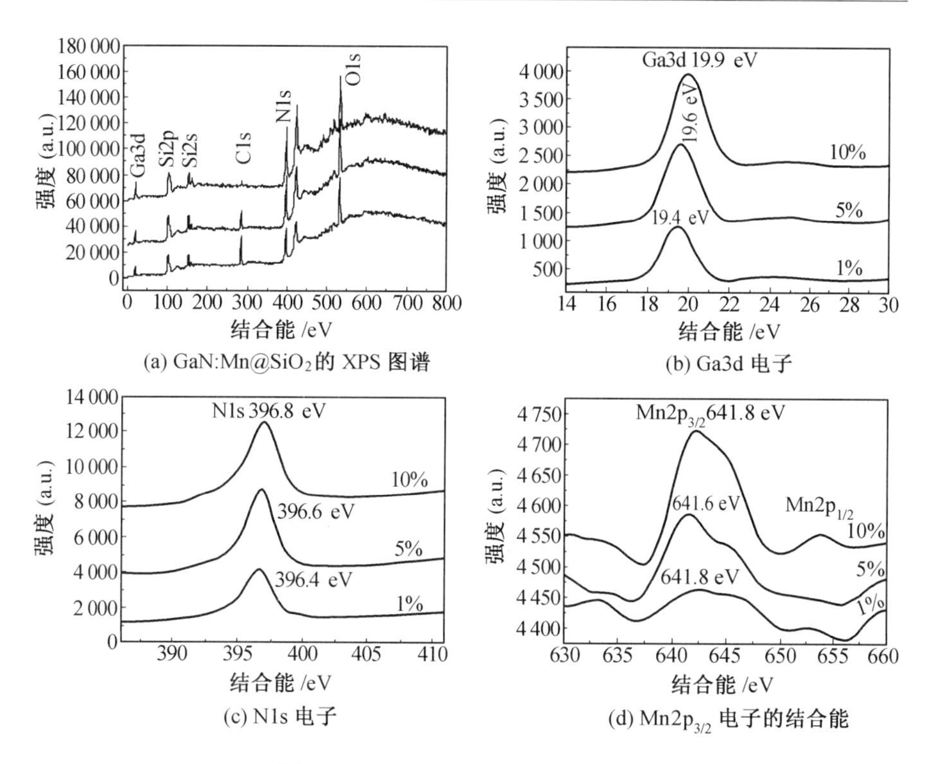

(a) GaN:Mn@SiO_2的 XPS 图谱　(b) Ga3d 电子　(c) N1s 电子　(d) $Mn2p_{3/2}$ 电子的结合能

图 8.13　GaN:Mn@ SiO_2 的 XPS 图谱

不同掺杂浓度下 GaN:Mn@ SiO_2 的 *M*–*H* 曲线,如图 8.14 所示。由图 8.14 可以看出,在各个掺杂浓度下,产物均显示出室温铁磁性。且随着掺杂浓度的增大,磁化强度增强。但在高浓度下,*M*–*H* 曲线在 3 000 G 的磁场下没有完全饱和,表现为磁滞回线和线性部分的叠加,类似于 Mn 掺杂 InN 纳米晶的 *M*–*H* 曲线,可以归因为高浓度下增强的反铁磁交换作用。

8.4.7　GaN:Mn@SiO_2 纳米晶的 *M*–*T* 曲线

为了进一步研究 Mn 掺杂 GaN 纳米晶的磁性,测试了不同掺杂浓度的 GaN:Mn@ SiO_2 在 200 Oe 磁场下的 ZFC(Zero-field-cooled)和 FC(Field-cooled)曲线,如图 8.15 所示,研究磁化强度对温度的依赖关系,以表征是否存在不可逆相。从图 8.15 中可以看到,在所有的 Mn 浓度下,300 K 时的磁化强度都不为 0,表明 Mn 掺杂 GaN 纳米晶的居里温度至少为 300 K[20],与我们在室温下观测到磁滞回线的现象一致。在 200 Oe 磁场下 ZFC 和 FC 曲线之间显示出明显的分叉,表明存在有序相。随着 Mn 浓度

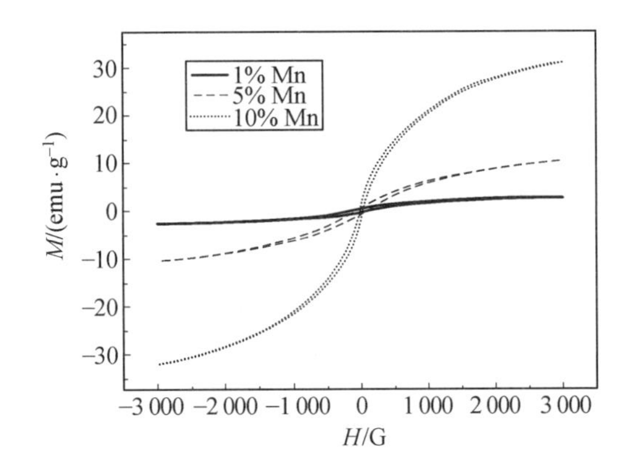

图8.14　不同掺杂浓度下 GaN:Mn@ SiO_2 的 *M*–*H* 曲线

的增大,分叉减小。当 Mn 浓度达到 10% 时,FC 和 ZFC 曲线几乎互相重合。且在高浓度下,随温度升高,FC 和 ZFC 曲线都几乎线性减小;而在低浓度下,FC 曲线只在较高温度下随温度升高线性减小,说明有序程度降低,而 ZFC 曲线随温度变化不明显。磁化强度随温度升高而降低可能是由于晶格对载流子的散射增强,因此由载流子调制的磁离子之间的耦合减弱[21,22];在高浓度下,缺陷增多,对载流子的散射增强,因此进一步减弱了磁离子之间的耦合,使得磁化强度明显降低。随 Mn 浓度升高,FC 和 ZFC 曲线中磁化强度绝对值增大,可能是来源于 Mn 浓度增大的贡献。

8.4.8　GaN:Mn@SiO_2 纳米晶的吸收光谱

在室温下测定了 GaN:Mn@ SiO_2 纳米晶的吸收光谱,如图 8.16 所示。GaN:Mn@ SiO_2 纳米晶在 300 ~ 350 nm 范围有微弱的吸收峰,且随着 Mn 浓度增大,吸收峰强度增大。与图 8.6 的结果相比,Mn 的掺杂没有造成其他吸收峰的出现。

8.4.9　GaN:Mn@SiO_2 纳米晶的 PL 光谱

为了表征 Mn 掺杂 GaN 纳米晶的荧光性能,在室温下测试了一系列 Mn 掺杂浓度的 GaN:Mn@ SiO_2 纳米晶的 PL 光谱,如图 8.17 所示。参考纯 GaN 纳米晶的 PL 光谱,我们采用波长为 200 nm 的激发光进行测试。所得到的一系列 Mn 掺杂浓度的 GaN@ SiO_2 纳米晶的荧光发射峰均位于 370 nm 左右,峰形较宽。不同于 Mg 和 Zn 掺杂的 GaN 纳米晶[23],所得到

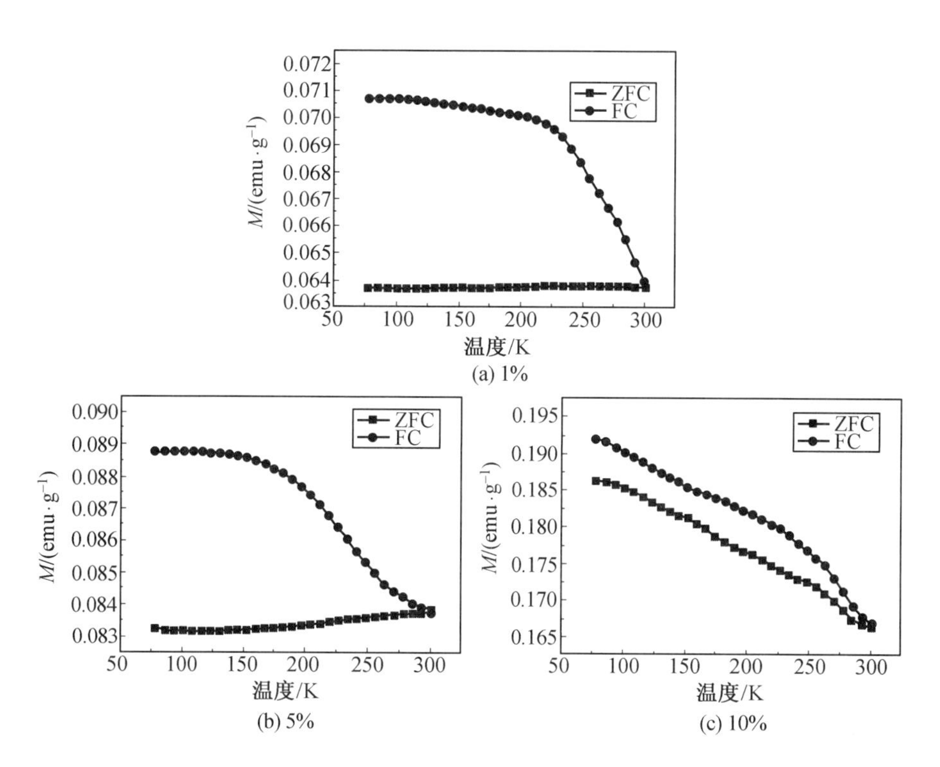

图 8.15 Mn 掺杂 GaN 纳米晶在 200 Oe 下的 FC/ZFC 曲线

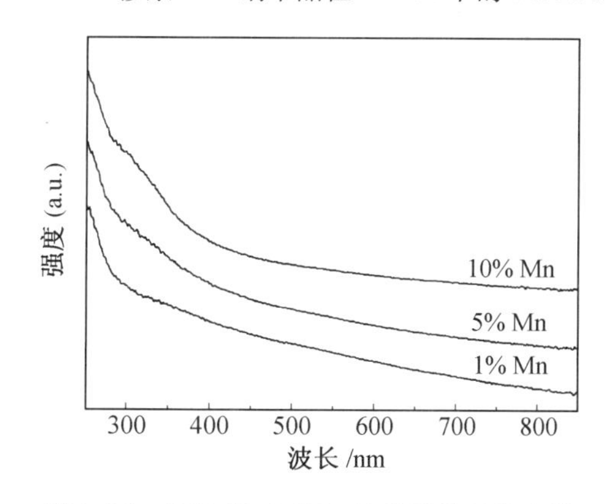

图 8.16 GaN:Mn@ SiO_2 纳米晶的吸收光谱

的 PL 光谱与未掺杂 GaN@ SiO_2 的 PL 光谱类似,没有出现峰位的移动和其他的峰。对比不同 Mn 含量的 PL 光谱,可以发现 466 nm 左右的峰随 Mn 掺杂含量增大而减弱。

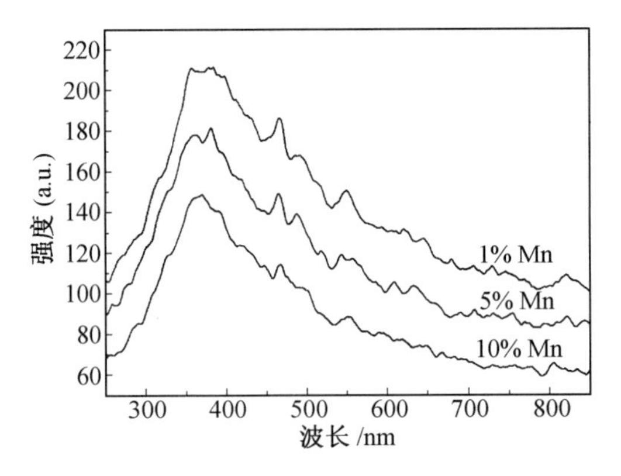

图8.17　GaN:Mn@SiO_2 纳米晶的PL光谱

8.5　其他GaN:TM纳米晶的结果分析

在系统地研究了Mn掺杂GaN纳米晶的形貌、结构和性能后，初步研究了Fe和Co掺杂的GaN纳米晶。由于Mn掺杂GaN纳米晶的浓度可以达到10%，因此，在设计实验时，Fe和Co的浓度也选择了较高的比例，取5%和10%。按照制备GaN纳米晶的合成路线，我们制备了Fe和Co掺杂的GaN纳米晶。

8.5.1　Ga_2O_3:TM@SiO_2 纳米晶的XRD结果分析

首先对加入一定比例Fe和Co合成的 Ga_2O_3@SiO_2 进行了XRD表征，如图8.18所示，Ga_2O_3:Fe和 Ga_2O_3:Co有微弱的结晶峰，可以标定为立方相 Ga_2O_3(JCPDSNo.20-0426)，没有出现多余的杂质峰，表明在较大的掺杂浓度下，没有出现相分离现象。

8.5.2　GaN:TM@SiO_2 纳米晶的XRD分析

掺杂浓度为5%和10%的Fe、Co掺杂样品在900 ℃氮化5 h后产物的XRD图谱如图8.19所示。两个浓度下产物的XRD图谱与标准卡片(JCPDSNo.76-0703)完全一致，没有出现多余的峰，表明得到了纯的六方相GaN。在23°左右出现的微弱的峰是 SiO_2 的衍射峰。假设加入的Fe、Co完全掺入到GaN晶格中，则掺杂浓度可达10%，远大于第7章中采用CVD

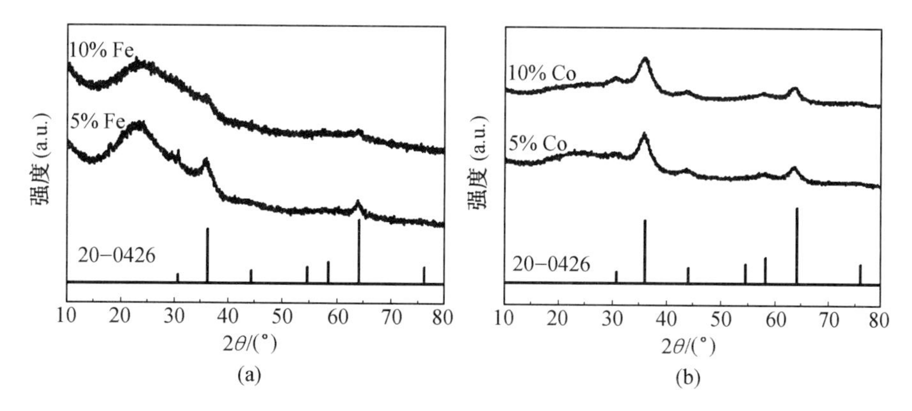

图 8.18 Fe 和 Co 掺杂 Ga_2O_3@SiO_2 的 XRD 图谱

法制备 Fe、Co 掺杂 GaN 纳米线的掺杂极限(Fe:0.12%;Co:0.53%)。考虑到在制备掺杂 Ga_2O_3 的过程中,在液相中 Fe、Co 可能没有完全参与反应,因此 GaN 中的实际掺杂浓度需要进一步表征。

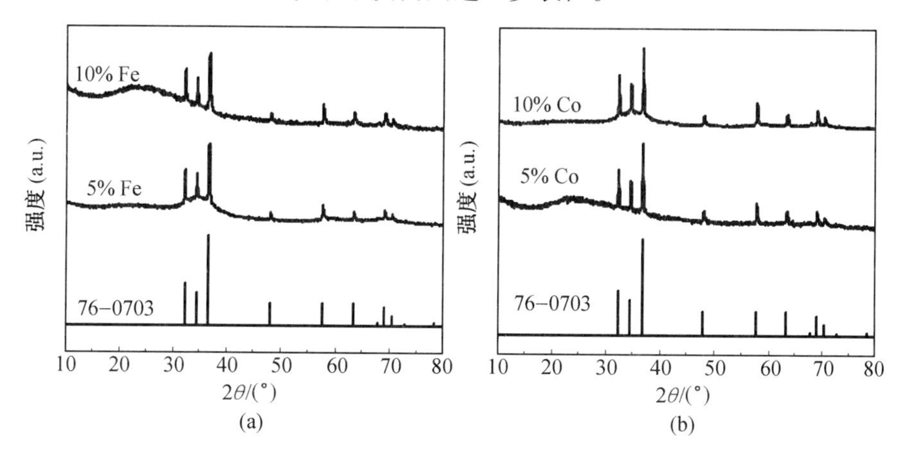

图 8.19 Fe 和 Co 掺杂 GaN@SiO_2 的 XRD 图谱

8.5.3 GaN:TM@SiO_2 纳米晶的 EDS 结果分析

为此,对 10% 掺杂的样品测试了 EDS,GaN:Fe@SiO_2 和 GaN:Co@SiO_2 的 EDS 图谱分别如图 8.20(a)和 8.20(b)所示。其中,Si 和 O 来源于 SiO_2 壳。多次测量取平均值,得到 Fe 含量为 12.0%,Co 含量为 12.8%,略高于加入量。这表明了产物中确实有较大量的掺杂。这一方面是由于纳米晶的结构特点决定的,另一方面也跟合成路线有关。在实验中,首先在液相中得到了Fe、Co掺杂的立方相Ga_2O_3，然后在SiO_2的限域下氮化，得到最终产物。由于杂质在立方相表面容易吸附[14]，因此可能以较大量掺入，在Ga_2O_3中可以得到较大掺杂含量的Fe、Co，在此基础上，氮化后的产物即使为六方纤锌矿结构，纳米晶的结构特点也使得Fe、Co在六方纤锌矿GaN中固溶而不析出。这为其他化合物纳米晶的掺杂提供了有益的借鉴。

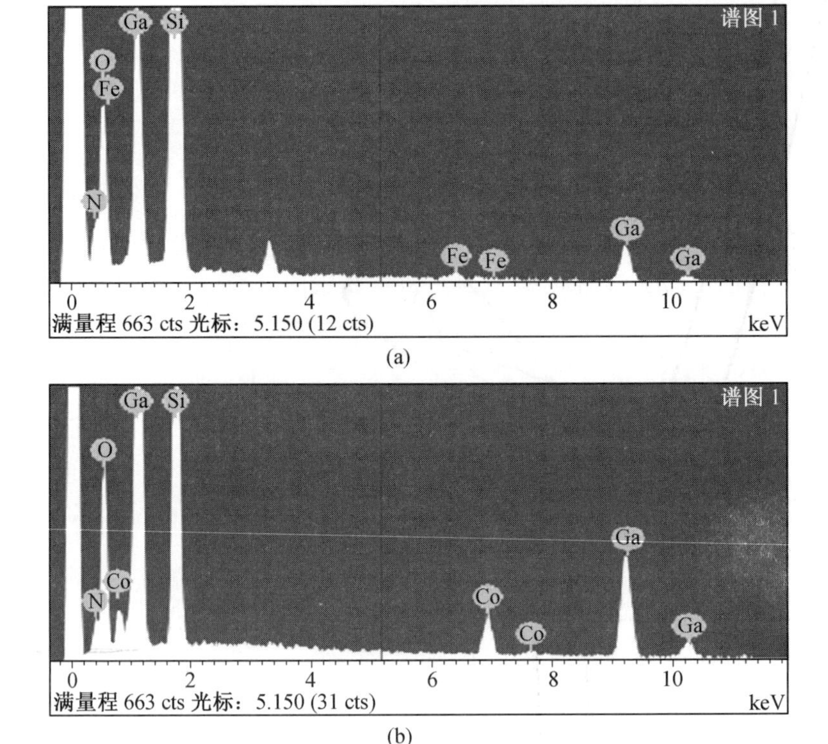

图8.20 Fe和Co掺杂GaN@SiO_2的EDS图谱

8.5.4 GaN:TM@SiO_2纳米晶的TEM结果分析

将产物分散在无水乙醇中，对掺杂比例为5%的GaN:Fe@SiO_2和GaN:Co@SiO_2分别进行TEM表征，结果如图8.21所示。低倍TEM照片(图8.21(a),8.21(c))表明，得到的纳米晶尺寸分布均匀，GaN:TM@SiO_2不同粒子之间有一定粘连，可能是SiO_2壳经过高温处理后，在不同颗粒之间相互扩散导致的。HRTEM照片(图8.21(b),8.21(d))表明，所得到的

Fe 和 Co 掺杂 GaN 纳米晶结晶较好,尺寸大约为 5 nm。由图 8.21(b)中的晶格条纹可以量出晶面间距为 0.259 nm,与六方相 GaN(002)(JCPDSNo. 76-0703)晶面间距一致。由图 8.21(d)中的晶格条纹可以量出晶面间距为0.278 nm,与六方相 GaN(100)(JCPDSNo. 76-0703)晶面间距一致。

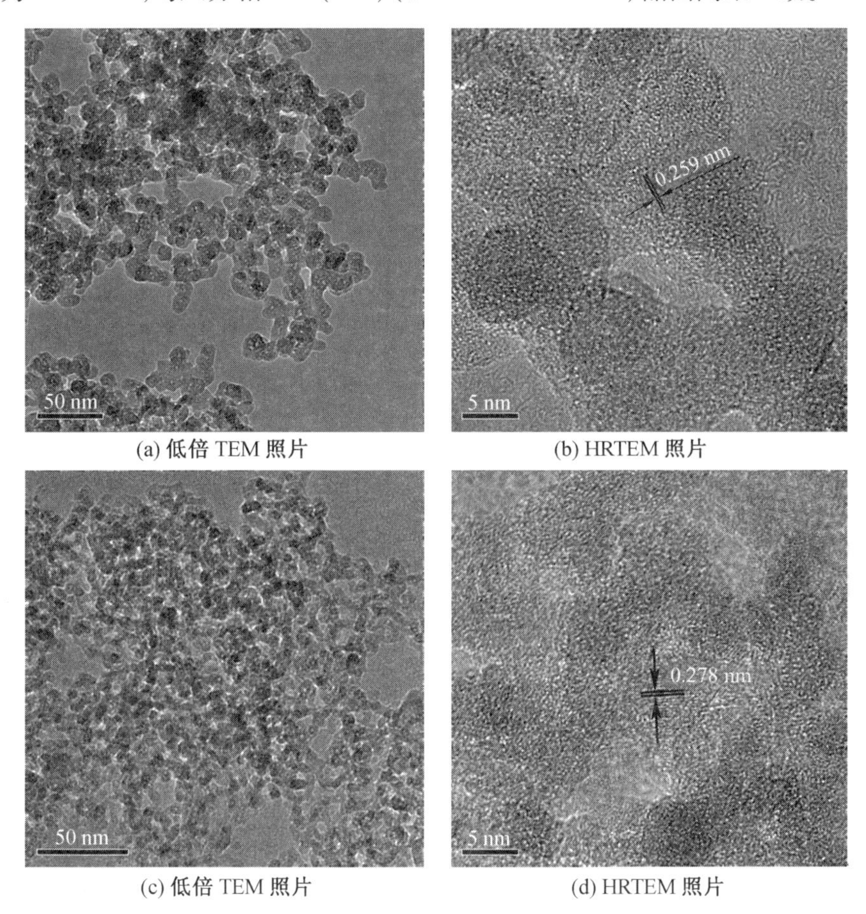

(a) 低倍 TEM 照片　(b) HRTEM 照片

(c) 低倍 TEM 照片　(d) HRTEM 照片

图 8.21　GaN:Fe@ SiO_2 的照片

8.5.5　GaN:TM@SiO_2 纳米晶的 *M*-*H* 曲线

在室温下测试了 Fe 掺杂 GaN@ SiO_2 的 *M*-*H* 曲线,如图 8.22(a)所示。两个浓度下,曲线均表现出磁滞回线的特征,表明得到的 Fe 掺杂 GaN 纳米晶具有室温铁磁性。不同的是,10% Fe 掺杂 GaN 的磁化强度反而小于 5% Fe 掺杂 GaN。这可以参照 Dietl 等人提出的机制来解释[24]。在 Fe

浓度较低时，Fe原子之间的平均距离相对较远，以铁磁相互作用为主。随着Fe浓度的增大，Fe原子之间的距离缩短，增强了反铁磁作用，同时减弱了一部分铁磁有序。在铁磁和反铁磁的竞争中，表现出铁磁性相对减弱。

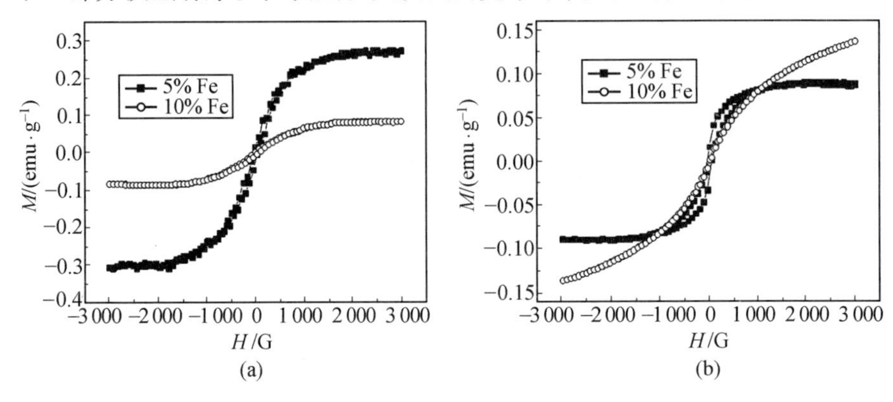

图8.22　Fe和Co掺杂GaN@ SiO_2 的 *M-H* 曲线

类似的情况在Co掺杂GaN纳米晶中也有出现。图8.22(b)给出了Co掺杂GaN@ SiO_2 纳米晶的 *M-H* 曲线。图中，5% Co掺杂的样品具有明显的磁滞回线，在3 000 G的磁场下饱和。而10% Co掺杂样品的剩磁和矫顽力很小，回线特征不明显，且在3 000 G的磁场下未达到饱和，有一部分为线性部分组成。Co掺杂GaN中高浓度下铁磁性的减弱也可以用上述理论解释，反铁磁和铁磁的竞争，减弱了一部分磁有序。当反铁磁作用较强时，在 *M-H* 曲线显示出顺磁的特征，也就是线性部分。

8.6　本章小结

本章采用 SiO_2 限域下的气液联合法制备GaN及其稀磁半导体纳米晶，主要内容如下：

(1)沿用了第13章合成InN纳米晶的方法，制备出尺寸分布较窄的GaN纳米晶，证实了该合成方法的普适性；XRD结果表明，制备出的GaN纳米晶为六方纤锌矿结构，不同于InN纳米晶的立方结构；XPS结果表明Ga和N分别以+3和-3存在；吸收光谱表明吸收边位于300～350 nm范围内；PL光谱表明去除 SiO_2 壳的GaN纳米晶具有明显的黄光发射峰，但在 SiO_2 壳包覆的情况下被掩盖。

（2）在这个基础上，制备了一系列浓度的 Mn 掺杂 GaN 纳米晶。XRD 结果表明，在 1% ~10% 的掺杂浓度范围内，没有析出第二相，为六方纤锌矿结构，在 GaN 基体中得到了较大的掺杂浓度范围；EDS 和 XPS 结果表明实际掺杂浓度与加入比例基本一致；*M*–*H* 曲线表明，所得到的 Mn 掺杂 GaN 纳米晶具有室温铁磁性，随着 Mn 浓度的增大，在高浓度下出现顺磁部分；*M*–*T* 曲线表明，Mn 掺杂 GaN 纳米晶中存在磁有序结构，且随温度升高，有序程度降低；吸收光谱表明在 300 ~ 350 nm 范围的吸收边随 Mn 浓度增大而增强；在 200 nm 激发波长下，荧光峰位于 370 nm 左右。

（3）初步研究了 Fe、Co 掺杂 GaN 纳米晶。XRD 结果表明，在较大浓度（如 10 %）仍为固溶体；磁性测试表明其具有室温铁磁性，但在高浓度下铁磁性减弱。

综上，本章采用 SiO_2 限域下的气液联合法得到了尺寸分布较窄的 GaN 纳米晶，证实了该方法在制备氮化物纳米晶上的普适性；制备出具有较大掺杂浓度范围的 GaN 基稀磁半导体纳米晶，表明在纳米晶中可以得到较大的固溶度；GaN 基稀磁半导体纳米晶具有室温铁磁性，但在较高掺杂浓度下铁磁性减弱。

参考文献

[1] MURRAY C B, KAGAN C R, BAWENDI M G. Synthesis and characterization of monodisperse nanocrystals and close-packed nanocrystal assemblies [J]. Annual Review of Materials Science, 2000, 30: 545-610.

[2] ALIVISATOS A P. Semiconductor clusters, nanocrystals, and quantum dots [J]. Science, 1996, 271(5251): 933-937.

[3] MICIC O I, AHRENKIEL S P, BERTRAM D. Synthesis, structure, and optical properties of colloidal GaN quantum dots [J]. Applied Physics Letters, 1999, 75(4): 478-480.

[4] FISCHER R A, MANZ A, BIRKNER A. Solution synthesis of colloidal gallium nitride at unprecedented low temperatures [J]. Advanced Materials, 2000, 12(8): 569-573.

[5] GILLAN E G, GROCHOLL L, WANG J J. Solvothermal azide decomposi-

tion route to GaN nanoparticles, nanorods, and faceted crystallites [J]. Chemistry of Materials,2001,13(11):4290-4296.

[6] RAO C N R,SARDAR K. New solvothermal routes for GaN nanocrystals [J]. Advanced Materials,2004,16(5):425-429.

[7] SARDAR K,DAN M,SCHWENZER B. A simple single-source precursor route to the nanostructures of AlN,GaN and InN [J]. Journal of Materials Chemistry,2005,15(22):2175-2177.

[8] GILLAN E G,WANG J J,GROCHOLL L. Facile azidothermal metathesis route to gallium nitride Nanoparticles [J]. Nano Letters,2002,2(8):899-902.

[9] CHEN C C,LIANG C H. Syntheses of soluble GaN nanocrystals by a solution-phase reaction [J]. Tamkang Journal of Science and Engineering, 2002,5(4):223-226.

[10] LEVY L,HOCHEPIED J F,PILENI M P. Control of the size and composition of three dimensionally diluted magnetic semiconductor clusters [J]. Journal of Physical Chemistry,1996,100(47):18322-18326.

[11] NORRIS D J,YAO N,CHARNOCK F T. High-quality manganese-doped ZnSe nanocrystals [J]. Nano Letters,2001,1(1):3-7.

[12] SUYVER J F,WUISTER S F,KELLY J J. Luminescence of nanocrystalline ZnSe:Mn^{2+} [J]. Physical Chemistry Chemical Physics, 2000, 2(23):5445-5448.

[13] MIKULEC F V,KUNO M,BENNATI M. Organometallic synthesis and spectroscopic characterization of manganese-doped CdSe nanocrystals [J]. Journal of the American Chemical Society,2000,122(11):2532-2540.

[14] ERWIN S C,ZU L J,HAFTEL M I. Doping semiconductor nanocrystals [J]. Nature,2005,436(7047):91-94.

[15] TAN M,MAHALINGAM V,VAN VEGGEL F C J M. White electroluminescence from a hybrid polymer- GaN:Mg nanocrystals device [J]. Applied Physics Letters,2007,91(9):093132.

[16] GHOSH S,BHATTACHARYA P. Surface-emitting spin-polarized In0.4

Ga0.6As/GaAs quantum-dot light-emitting diode [J]. Applied Physics Letters,2002,80(4): 658-660.

[17] HOLUB M,CHAKRABARTI S,FATHPOUR S. Mn-doped InAs self-organized diluted magnetic quantum-dot layers with curie temperatures above 300 K [J]. Applied Physics Letters,2004,85(6): 973-975.

[18] RAO C N R,BISWAS K,SARDAR K. Ferromagnetism in mn-doped gan nanocrystals prepared solvothermally at low temperatures [J]. Applied Physics Letters,2006,89(13): 132503.

[19] ORTON J W,FOXON C T. Group III nitride semiconductors for short wavelength light-emitting devices [J]. Reports on Progress in Physics, 1998,61(1): 1-75.

[20] NORTON D P,PEARTON S J,HEBARD A F. Ferromagnetism in Mn-implanted ZnO:Sn single crystals [J]. Applied Physics Letters,2003,82(2): 239-241.

[21] GUZENKO V A,THILLOSEN N,DAHMEN A. Magnetic and structural properties of GaN thin layers implanted with Mn, Cr, or V Ions [J]. Journal of Applied Physics,2004,96(10): 5663-5667.

[22] SHON Y,LEE S,JEON H C. The Study of structural,optical,and magnetic properties of undoped and P-type GaN implanted with Mn^{+} (10 At. %) [J]. Materials Science and Engineering B-Solid State Materials for Advanced Technology,2008,146(1-3): 196-199.

[23] MAHALINGAM V,BOVERO E,MUNUSAMY P. Optical and structural characterization of blue-emitting Mg^{2+}-and Zn^{2+}-Doped GaN nanoparticles [J]. Journal of Materials Chemistry,2009,19(23): 3889-3894.

[24] DIETL T,OHNO H,MATSUKURA F. Zener model description of ferromagnetism in Zinc-blende magnetic semiconductors [J]. Science,2000, 287(5455): 1019-1022.

第9章　GaN纳米晶体及其复合材料的制备及性能

9.1　溶胶凝胶方法制备GaN纳米晶

GaN晶体材料作为室温直接宽禁带化合物半导体材料（禁带宽度为3.4 eV），以其优良的性质，比如低的压缩性及高的热导性使其在高温、高能器件、短波长光学器件上具有潜在的应用。从20世纪30年代被发现以来，一直是物理学及化学界的研究热点[1-3]。特别是GaN基发光二极管和激光器件的商业化[4-6]，更加激起来自世界各地研究小组的激情。由此，人们对GaN的制备以及物理化学性质的研究投入了大量的精力。但是较少有文献报道纳米GaN晶体的制备[7-10]。

综合各代表性制备方法的产物，大多数GaN晶体（粉末）产物制备，多用于研究反应机理以及探索新的合成路线，产物的用途现阶段主要有：用于高质量一维GaN的制备[11-13]；大块GaN气化凝结法制备的原料[14,15]；直接用于作为GaN量子点复合材料[16]。

对于直接用于作为GaN量子点复合材料，当前很少有制备产物能满足直接用于量子点应用的要求，比如说，要求平均粒径大小小于或接近玻尔激子半径（11 nm左右），粒径分布小，没有硬团聚生成等[17]。这和GaN本身的性质有很大的关系，制备粒径均匀的纳米材料通常采用快速成核、快速终止的方法[18]，但是对于GaN来说，较高的合成温度及较为接近的分解温度，强的离子键特征，使得所期望的类似Ⅱ-Ⅵ族量子点的制备完全不可能。目前，只有单分子叠氮镓爆炸法[19]、有机镓氮化合物热分解[19]的办法可以产生符合量子点要求的产物，但是，很低的产率，复杂的制备路线以及中间产物的安全问题困扰着进一步的应用。用于制备高质量一维GaN使用的需求，中科院陈小龙小组采用球磨后的GaN粉末成功制备得到高质量的GaN纳米棒和竹节棒[20,21]，而对比没有球磨的GaN粉末作为前驱物,却没有相应的产物生成。球磨后 GaN 颗粒尺寸变小,更多的表面面积使得气化时获得高的源蒸汽压,说明了小粒径的重要性及被迫切需要的原因。

基于日益广泛的 GaN 材料的需求,寻找一种方法简单、路线短、安全的制备方法,大量制备粒径小(小于或等于玻尔激子半径)而且分布均匀的 GaN 纳米晶体,将是一件很有意义的工作,这也会为 GaN 纳米晶体的直接应用和高质量一维材料的制备打下基础。

溶胶凝胶法是应用广泛的湿化学方法之一,是制备超精细粉末和纳米粉末的重要方法,主要用于金属氧化物微粉及纳米粉末的制备[22]。

通常的溶胶-凝胶过程包括:水解(溶液)-缩聚(溶胶)-干燥(凝胶)-分解(固化)四个阶段。可以大量制备亚微米的金属氧化物,得到的产物粒径分布很窄且颗粒形状均匀,而且通过原料配比、pH、加工温度等参数可以有效控制产物的粒径。如图 9.1 所示为溶胶-凝胶法的制备途径和工艺示意图。

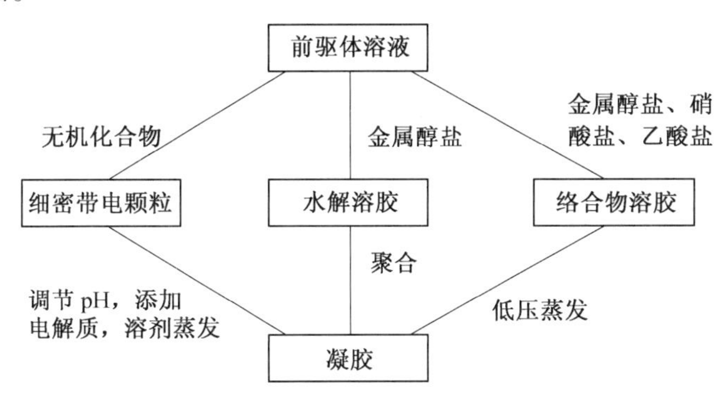

图 9.1 溶胶-凝胶法的制备途径和工艺示意图

利用水解、络合、加入电解质等方法可在溶液中产生微小颗粒,形成稳定的溶胶。采用柠檬酸络合金属离子形成溶胶是常用的溶胶制备方法之一,含金属 Ga 离子的溶胶制备方法主要是形成含镓离子的柠檬酸加合水合络合物,柠檬酸络合镓离子的结构如图 9.2 所示,其分子式可以表示为:$(NH_4)_3[Ga(C_6H_5O_7)_2]\cdot 4H_2O$[23],该水合物的主要结构是由中心对称的柠檬酸络合镓离子与铵离子以及水组成。柠檬酸作为一个螯合剂和剪刀撑配位体存在,和镓离子形成中心对称的络合体。柠檬酸加合镓离子水合络合物已经成功用于旋涂法生长 GaN 薄膜[24]。

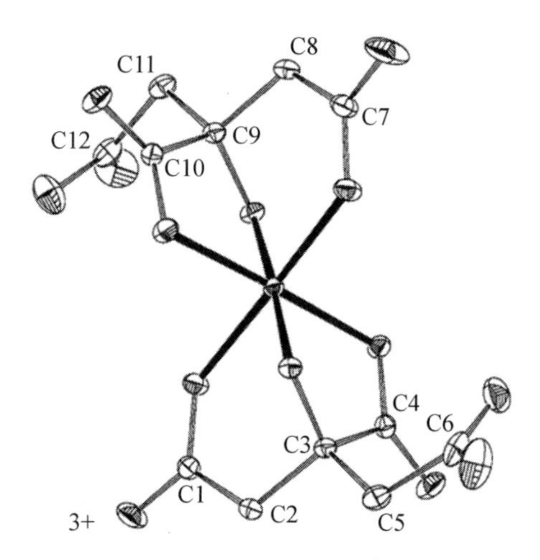

图9.2 ［CaⅢ(柠檬酸盐)$_2$］$^{3+}$离子结构

碳热还原辅助Ga_2O[25]前驱物制备GaN的方法被证明是比较有效的高纯度高效率制备GaN晶体的方法，除了直接采用添加活性炭粉以外，蔗糖、葡萄糖、柠檬酸等都被广泛用作碳源，其最大的优点是碳源可以更加细腻地和氧化物融合发挥作用。

这里，受MOCVD前驱物热解制备GaN纳米粉末的启发，尝试采用溶胶凝胶方法制备Ga_2O微粉，并且在前驱物中加入过量的碳源。综合碳热还原辅助的方法制备GaN，在原料中一次加入碳源，得到了期望的粒径分布均匀、结晶完好、纯净度高的GaN晶体。

9.1.1 实验设备与反应原料

如图9.3所示是制备GaN所使用的管式高温炉及配套装置示意图。反应设备为一水平管式高温电阻炉(GSL1600X)，管内插入一根陶瓷管(φ65 mm×1 000 mm)，管两端密封后可以通入反应气体，气体进口一端有一套流量控制装置(气体转子流量计)调节气体的流量，气体出口一端可以连接真空泵装置(机械旋转泵)，在反应前出口部位可以抽真空排除管内残余的空气。反应原料装在瓷舟中，然后瓷舟放在陶瓷管的中央部位。

使用试剂与仪器：

氧化铝舟，北京大华陶瓷厂；

无水乙醇，分析纯；

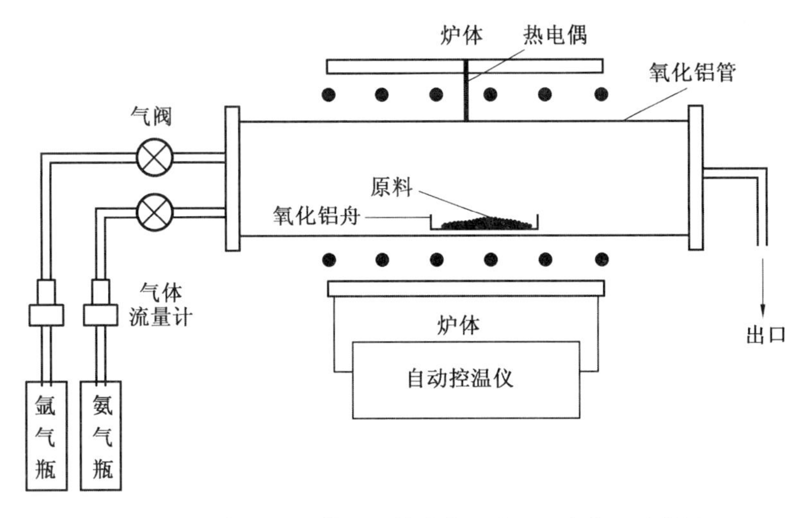

图 9.3 制备 GaN 所使用的管式高温炉及配套装置示意图

丙酮,分析纯,北京化工总厂;
硝酸,分析纯,北京益利精细化学品有限公司;
金属 Ga99.999%,硝酸镓,自制;
蒸馏水,自制;
柠檬酸,分析纯,北京庆盛达化工技术有限公司;
氨气(NH_3),纯度大于 99.9%,北京普莱克斯实用体有限公司;
GSL1600X 真空管式高温电阻炉,洛阳威达高温仪器有限公司;
KQ-250E 医用超声波清洗器,上海昆山超声仪器有限公司;
81-2 型恒温电磁加热搅拌仪,上海市施乐仪器有限公司;
SRJX-4-13 型箱式高温炉,江苏东台电器厂;
101A-1 型恒温干燥箱,上海市实验仪器总厂;
其他玻璃仪器。

9.1.2 试验过程

1. 溶胶凝胶法制备 Ga_2O/无定型碳混合物

6 g 硝酸镓溶解到 10 mL 浓硝酸中,滴加氨水到溶液中,使 pH 为7.5 ~ 8.2,溶液呈现为白色浑浊及絮状悬浮物,将溶液加热到 80 ℃,缓慢添加柠檬酸到溶液呈现透明黏稠状,继续加入约 2 g 柠檬酸,持续搅拌 2 h,结束加热,冷却后产物为透明凝胶。

将所得到的透明凝胶在马弗炉中 400 ℃干燥 2 h,得到灰白色多层状的产物,加热过程中有烟雾冒出,认为是分解其中有机成分的结果。分析造成灰色的原因是有机物分解时残留的无定型碳的颜色或者是有机物不完全分解,碳的残留是有意识的操作,希望通过残留的碳起到辅助氮化的效果。镓氮含量采用 EDS 测试。

所得产物被称为 Ga_2O/无定型碳混合物。

2. 氮化制备 GaN 纳米晶体

氮化采用的设备是高温管式真空炉。

将约 1 gGa_2O/无定型碳混合物粉末装载到一个清洁的氧化铝舟内,尽量把粉末在瓷舟底部均匀摊开,然后将舟推入水平陶瓷管内并定位在中部高温区,将管口密封,连接真空装置排出管内的空气,然后充入氨气,随后持续保持稳定的气流流率(80 ~ 100 mL/min)。设定电阻炉温度(不同的对比试验的设定温度分别是 750 ℃,850 ℃,900 ℃,950 ℃),将陶瓷管升温至设定温度,升温速率为 8 ℃/min,当温度达到设定值后,设定温度保温 1 h,然后关闭氨气气流,此后将电炉电源关闭,通入 Ar 气气流(100 mL/min),待管子自然冷却到室温后,取出氧化铝舟,750 ℃产物是黄灰色粉末,其余温度条件(850 ℃,900 ℃,950 ℃)下产物为浅黄色粉末。

9.1.3　产物表征

利用 RigakuD/max-2400 型 X 射线粉末衍射分析仪(XRD)确定产物整体结构与相纯度,采用标准 $\theta \sim 2\theta$ 扫描方法,使用 Cu 靶 $K\alpha_1$ 辐射线,波长为 λ=0.154 05 nm,扫描角度为 20° ~90°。

利用 Hitachi S-3500N 型扫描电子显微镜(SEM)观察产物形貌;利用 Oxford INCA 能量色散 X 射线谱仪(EDS)分析组成,由超薄 Be 材料作为窗口材料;利用 Hitachi-8100 型透射电子显微镜(TEM)研究产物的微结构与结晶性,所使用的加速电压为 200 kV;对于透射样品的观察,首先取少量产物,装入盛有乙醇的试管里,超声分散一定时间,然后取 1 ~2 滴液体滴在覆盖有无定型碳膜的铜网上,自然晾干后待观察。紫外可见光吸收光谱计(Hitachi 公司 UV-vis U4100 型)配有漫反射附件及透射附件,用于测定样品的光学吸收性质。

利用 Hitachi F-4500 型荧光光谱仪研究产物的室温光致发光(PL)性

质,利用波长连续可调氙灯(Xe)作为激发源,波长范围为 330 ~ 550 nm,波长精度为±1 nm,分辨率为 1.0 nm。

9.1.4 结果和讨论

1. XRD 表征

如图 9.4 是产物的 XRD 图谱,850 ℃,900 ℃,950 ℃条件下制备得到的产物在扫描角度范围内所有可以探测到的衍射峰能够指标化到纤锌矿型六方相 GaN,经过计算得到其晶胞参数 $a=3.191$、$c=5.198$,这与标准粉末衍射卡片 JCPDS(卡片号:JCPDS76-0703)列出的六方相 GaN 的衍射数据相吻合。在仪器的探测极限内没有发现有其他晶态物质的衍射峰,表明产物是纯的六方相晶体结构的 GaN。每个衍射峰均出现一定程度的宽化,可能是由于纳米尺度的尺寸效应引起的。可以采用谢乐公式计算产物的粒径。

K 值取 0.89,波长为 $\lambda=0.154\ 05$ nm,β 取(110)晶面的半峰宽,相应的 θ 取(110)晶面对应的角度,则

$$D_{hkl}=\frac{K\lambda}{\beta\cos\theta}$$

计算结果为:950 ℃条件下 $D_{110}=10.4$ nm,900 ℃条件下 $D_{110}=10.2$ nm,850 ℃条件下 $D_{110}=10.5$ nm。结果说明,反应稳定从 850 ℃起,产物中主要以六方相 GaN 晶型存在,晶体的平均粒径接近 GaN 玻尔激子半径,温度的改变对于 GaN 产物的平均粒径基本没有影响。

表 9.1 列出了峰相对强度的对比结果,对衍射峰强度的分析发现,和标准卡片相比有差别。认为这一现象可能是由 GaN 纳米晶体在不同温度条件下,各晶面的生长动力不同,使得某些晶面在最终产物中占有优势,造成晶面对应的衍射峰相对强度发生了较大的变化。

表 9.1 产物的衍射峰强度(三强峰)与标准卡片值(JCPDS76-0703)的比较结果

GaN	相对强度/(100)晶面	相对强度/(002)晶面	相对强度/(101)晶面
JCPDS76-0703	47	37	100
产物 950 ℃	78	68	100
产物 900 ℃	79	63	100
产物 850 ℃	84	89	100

不同条件下制备的GaN产物的XRD图谱如图9.4所示。

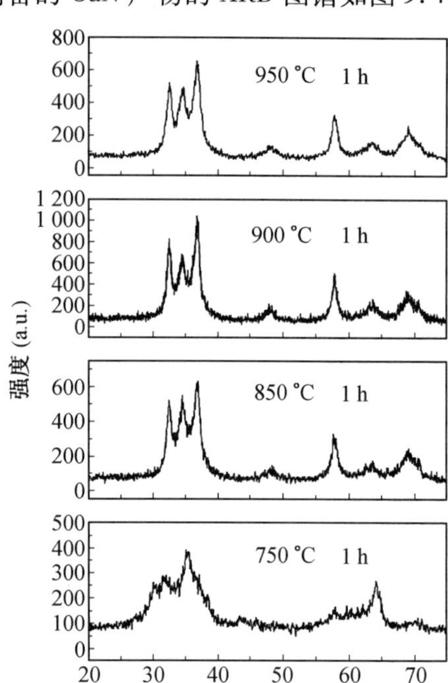

图9.4　不同条件下制备的GaN产物的XRD图谱

对于750 ℃条件下制备的产物，观察到相当宽化的衍射峰，对于较强的4个峰进行鉴别发现，可以归结为α-Ga_2O_3，峰形表现说明较多无定型产物，晶体粒径很小，估计为2～3 nm。而其产生的原因可以归结为溶胶凝胶的制备过程。

2. SEM EDS表征

不同条件下制备的GaN粉末的SEM图如图9.5所示，产物形貌没有明显的差异，产物团聚，但是粒径还相对均匀，没有特殊的个体颗粒可以观察到。

EDS对3种GaN产物的成分进行了对比，镓、氮、氧的含量见表9.2，结果说明，高温条件氮含量上升，氧的含量相应减少，分析氧的来源以表面吸附为主。

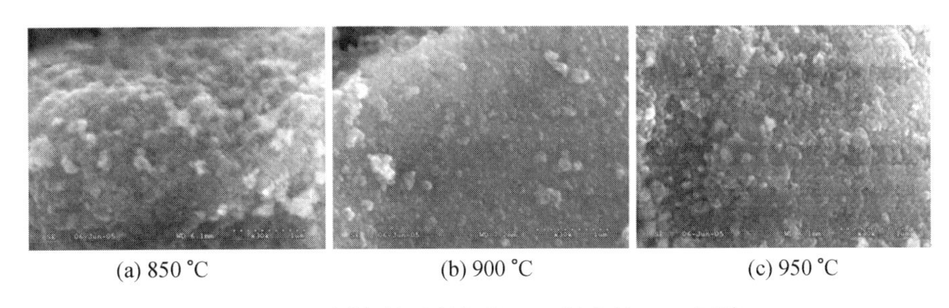

(a) 850 ℃　(b) 900 ℃　(c) 950 ℃

图 9.5 不同条件下制备的 GaN 粉末的 SEM 图像

表 9.2 各条件下产物的镓、氮、氧成分分析列表

	850 ℃产物	900 ℃产物	950 ℃产物
Ga	50.2	50.0	49.4
N	42.3	44.6	47.5
O	7.5	5.4	3.1

3. FTIR 表征

用傅里叶红外光谱对不同温度条件下制备的产物进行了进一步的表征，如图 9.6 所示，取 400 ~ 900 cm^{-1}段的含有 Ga—N 键特征吸收位置的图谱进行分析，750 ℃ 条件下的产物表现两个明显的吸收峰 475 cm^{-1}、685 cm^{-1}。符合文献[26]报道中 α-Ga_2O_3 的特征吸收。说明 750 ℃产物中镓主要是以 Ga—O 键的形式存在的。850 ℃、900 ℃、950 ℃条件下的产物的吸收峰基本在 580 cm^{-1} 位置，符合六方相 GaN 声子模式[27]，对应块状 GaN 的红外活性的 E_1(TO)（数值为 559 cm^{-1}），说明产物主要以 Ga—N 键的形式存在。

4. TEM SAED 表征

透射电子显微镜（TEM）进一步对产物的微结构进行表征，如图 9.7 所示，颗粒基本上为不规则椭圆形，颗粒间相互团聚，但是在局部还是有单个的颗粒可以被清楚地看到。SAED 衍射环直径尺寸说明产物是六方相 GaN，没有 Ga_2O 的衍射环存在，符合 XRD 的结果。各产物的粒径相互差别不大，但是从图中量得的颗粒的直径却是基本大于 10 nm，大于谢乐公式的计算结果，可以认为这可能是由于表面的不完全结晶或者是不同晶面显示的误差。

对比文献[28]关于碳热还原辅助方法的报道，1 000 ℃、2 h 的条件制

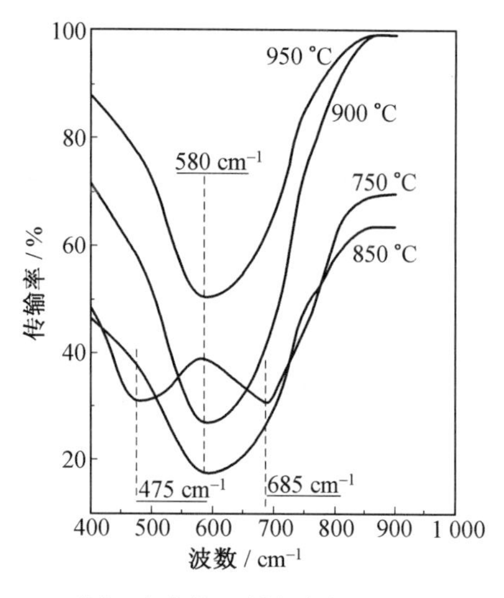

图 9.6　不同温度条件下制备产物的 FTIR 分析图谱

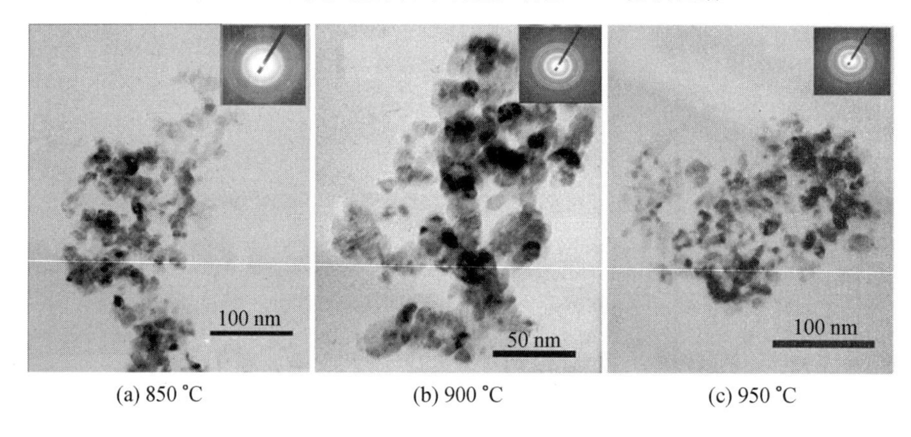

(a) 850 ℃　(b) 900 ℃　(c) 950 ℃

图 9.7　不同温度条件下制备的 GaN 产物的 TEM 图

备产物只有 90% 的转化率，在 950 ℃、1 h 情况下的产物产率大约为 97%（EDS 图谱中还有约 3% 的氧），如此高的转化率、相对均匀的粒径、高度的结晶性说明溶胶凝胶前驱物在 GaN 纳米晶体制备的有效性。特别是 750 ℃条件下产物 Ga_2O 基本呈现无定型态，Ga_2O 小颗粒的尺寸效应、巨大的表面积和表面活性，使得氮化活性增强，从而获得较大的转化率。至于不同温度条件下制备的 GaN 产物的晶体颗粒平均尺寸基本不随温度改变，分析认为，可能是较高温的条件下，表面无定型包覆层会形成 Ga_2O 气体挥发，并不贡献给晶体的进一步长大，高温只是导致产物类似回火的效果。

5. 进一步升高温度对粒径的影响

进一步考查温度对粒径的影响,将升高温度到 1 050 ℃,对所得到产物进行测试的 SEM、TEM、SAED 图片如图 9.8 所示,产物开始表现出规范六面形晶片,衍射点显示产物是六方相单晶。这说明,温度和粒径的相对较小的变化是有一定范围的,850 ~950 ℃内粒径变化很小,有利于大量工业化制备粒径相对均匀的产物。

(a) SEM 图片

(b) TEM 图片

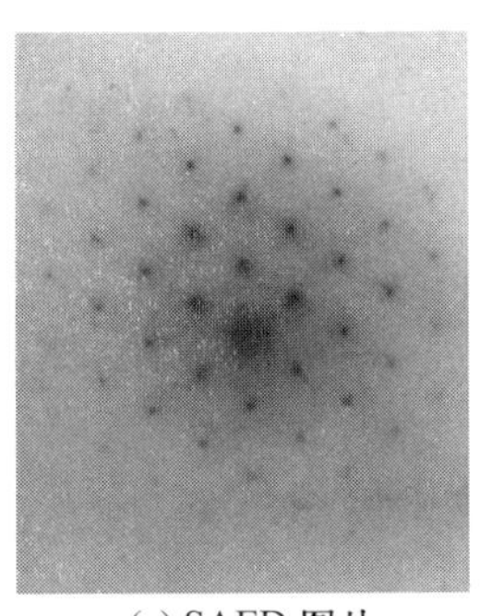

(c) SAED 图片

图 9.8　1 050 ℃条件下制备的 GaN

6. UV-Vis 吸收光谱表征

图 9.9 是不同氮化温度的 GaN 纳米粉末的紫外吸收光谱,采用的是漫反射附件,其中 a 为 850 ℃,b 为 900 ℃,c 为 950 ℃,3 个温度条件下的光谱对比块状 GaN 本征吸收(365 nm,3.4 eV)都表现了明显的蓝移峰,说明制备的 GaN 纳米晶体表现了一定的量子尺寸效应。

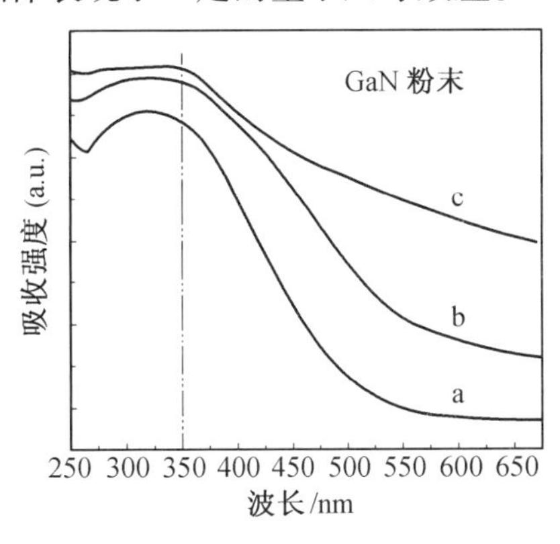

图 9.9　不同氮化温度的 GaN 粉末的紫外吸收光谱

7. PL 表征及讨论

将不同温度条件下制备所得的 GaN 粉末悬浮在氯仿中,超声波处理 15 min,得到 GaN 晶体的悬浮液,室温光致发光的结果如图 9.10 所示。激发波长是 250 nm。产物光致发光光谱显示出带有精细发光峰3.1 eV、2.75 eV、2.65 eV、2.29 eV 的从 2.0 ~ 3.6 eV 的宽的发光带,在2.4 ~ 2.6 eV部分是激发光倍频发光带。类似的带有精细发光峰的宽发光带,在中科院陈小龙小组[21]制备富氮的四棱形貌 GaN 纳米线时也有报道。

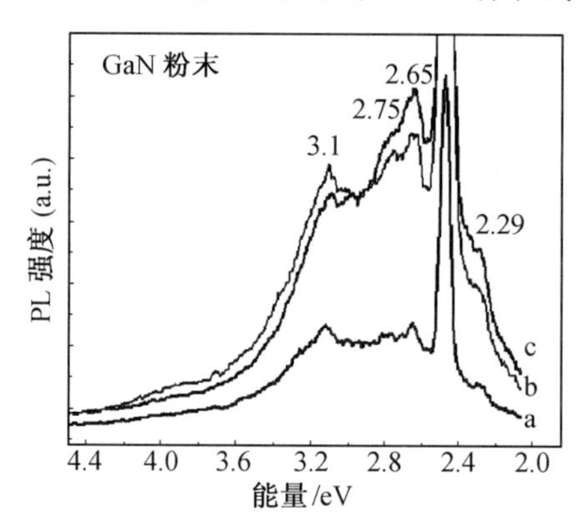

图 9.10　不同温度条件下制备 GaN 粉末的光致发光谱图

前面也提到了关于计量比的差异,认为产生这些小的发光带和计量比缺陷有关。反应体系中起始材料残留的氧,氨气中的微量的氧或水都会导致氧的存在。氧缺陷点在 GaN 中有两种存在方式:氧取代氮的位置和间位的氧。有文献[29]说明氧取代比氧间位要低几个电子伏特,所以,根据能量最低的原则,氧取代氮位是主要的氧缺陷形式。光致发光谱图中 2.65 eV的最强峰,在文献[30]、[31]中也有报道,Ogino 等人[32]指出,碳不纯会形成深受主能级($V_{Ga}+C_{Ga}$)复合中心,文献也描述了氮空位及氧取代氮位向这个能级的跃迁。在前驱物中,加入了过量的柠檬酸用于碳热还原辅助氮化反应,会造成碳残留。所以可以认为,2.65 eV 这个最强峰可以归结为碳不纯造成镓空位和碳取代镓位的综合结果。

氧不纯通常对 GaN 发光峰的位置影响不大[33],氧在 GaN 中的浓度有最大值 10^{19} cm^{-3},在这个范围内,它的浓度和 V_{Ga}和 O_N 相关联。氧的含量证明在产物中有高的镓空位和氧取代氮位,由此认为 3.1 eV 发光峰与镓空位向导带的跃迁有关,2.29 eV 的发光峰是最为常见的 GaN 晶体的黄光发光,可能是由于产物中的镓空位以及氧取代氮位等缺陷共同作用造成,和碳的不纯也有关。这个黄光带在其他的 GaN 晶体产物表征中多有报道。

另外的 2.75 eV 可以推测为由于缺陷造成的其他的浅受主和浅施主以及它们的纵向光学声子复制。

9.2 GaN 量子点/PMMA 复合材料的制备与光学性质

量子点复合材料是极有前途的半导体器件材料,当减小尺寸的半导体纳米颗粒分散到一种光学透明基质中的时候,量子尺寸效应变得十分重要[34]。在这种复合材料中,除了由于量子尺寸效应导致的带宽变宽和激子跃迁位移到高的能量,同时可以得到高的 3 阶非线性光学系数[35-37]。复合成分间的协同作用以及各组分的作用,使其成为一种极有前途的材料,用于发展新的电子及光电子器件[38,39]。对于作为第三代半导体代表的 GaN,特殊的兴趣现在集中在先进化学合成方法制备尺寸可控的 GaN 半导体纳米晶体,特别是可以用于制备 GaN 量子点的制备方法[40]。

无机/有机量子点高分子复合材料的研究一直是个热门话题[41-44],有人预言,这将是一种新的光电子器件的模块材料(building block)[45,39],除了发展较为成熟的 GaN 基量子点外延制备技术外,纳米半导体晶体颗粒/聚合物复合材料是重要的构件单元(Building Blocks),用于聚合物电子器件[46,47]。纳米半导体晶体颗粒的令人感兴趣的电光性质[48]包括:发光效率高而且稳定;对比有机染料发光中心,可以抗漂白;可以通过改变粒子的尺寸调整带边的位置和禁带宽度,因而材料的光电性质可以由此调整;粒子表面很容易采用单层分子进行修饰;对于 OLED 材料,量子点的复合可以有效降低阈值电压,提高最大亮度,降低工作电流。加之量子点本身的发光特征,为有机全色发光器件的开发提供了新的思路[49-50]。其潜在的用途[38]包括:量子点发光二极管;导电高分子/量子点复合材料;量子点光伏单元。有机聚合物在复合材料中的作用有:隔离和稳定纳米颗粒,起到体材料和隔离圈的作用;包覆纳米材料使其免于与空气相互作用。

最近还有一种令人关注的量子点有机无机超晶格材料的制备[52-55],采用高浓度的表面活性剂的层状胶束为模板,在层状空间中插入合成了氧化锌和氧化铜量子点层,组建了一种无机-有机超晶格复合材料结构体系。该结构材料具有规则的二维无机量子点层与有机 SDS 表面活性剂层交替排列的特点。实现了纳米量子点颗粒在有机介质中均匀分散、固定和粒径控制等多重目的,对功能无机纳米材料的改性以及制备新型复合材料提供了新的实现路径。

量子点/有机高分子复合材料大致的制备方法可分类为:所制备的纳米晶体分散到目标高分子单体后引发聚合或直接混入高分子基质中,从而得到无机/有机量子点高分子复合材料;采用带有可聚合双键的表面活性剂分子单体,在半导体晶体的制备过程中进行半导体晶体的表面包覆(或修饰),分离后进行引发聚合,可有效避免团聚;将化合物半导体的阳离子先混入高分子溶液,然后加入阴离子的前驱物,原位合成量子点复合材料。

即使量子点/有机高分子复合材料制备取得了巨大进展,但是对于 GaN 晶体来说,实现原位制备仍然仅仅是一个期盼。由于 GaN 高熔点和较低的分解温度,低的表面离子迁移率和强的离子化晶体性质,温和条件制备很困难。一锅法制备无机/有机量子点高分子复合材料没有文献报道。Yi Yang 等人[56]采用易于分解的环三镓胺为前驱物,混入聚合物溶液中,热分解后去除溶剂,得到产物为无定型 GaN 纳米颗粒的复合材料,即使在 GaN 胶体溶液的制备中[13],$[Et_2Ga(N_3)]_3$[28],$(N_3)_2Ga[(CH_2)_3NMe_2]$和$(Et_3N)Ga(N_3)_3$ 金属 Ga 的氮化合物作为前驱物,溶液中热解[28],得到产物虽然是单个分散在溶液中,但产物的粒径分布很宽,而且高分辨透射显微镜没有能够观察到晶格条纹和衍射点(环),仍然不适合用作量子点材料。说明在高分子基质中单分散合成 GaN 量子点是很困难的。

K. E. Gonsalves[16]组和 M. Benaissa[17]组采用 $Ga_2[NMe_2]_6$ 热解得到 GaN 粉末,然后和 MMA 混合后引发聚合得到复合材料热分解或爆炸含镓氮键的前驱物,得到粒径为 2 ~ 8 nm 的立方相和混合相 GaN 纳米晶体,而后将纳米晶体混入高分子单体中,超声波解团聚后引发聚合,从而得到 GaN 量子点/有机高分子复合材料。此方法延伸共混热分解得到镓铟氮纳米晶体,进一步复合到高分子中,得到相应的量子点/有机高分子复合材料[57]。有机金属 Ga 前驱物制备过程复杂,产物不稳定,有毒性,而且危险。

综上所述,采用二步法制备 GaN 量子点/有机高分子复合材料是现有技术条件下的选择。但是,开发新的制备方法,制备粒径均匀,粒径接近玻尔激子半径(10.5 nm),可以解团聚的 GaN 晶体是面临迫切需要解决的问题。在前一节中采用溶胶凝胶制备前驱物,碳热还原辅助的方法制备粒径相对均匀的 GaN 纳米晶体,方法简单,成本低,产率高,可用作 GaN 量子点/有机高分子复合材料制备的原料,但是从室温光致发光的结果来看,没有出现本征发光峰。这里考虑进行回火处理,消除碳氧不纯的浓度以改善产物的发光质量。

本节工作围绕 GaN 量子点/PMMA 复合材料的制备与表征,研究 GaN 纳米晶体复合前后的光学性质的变化,了解 GaN 晶体表面态对发光的影响,同时对比量子尺寸效应,为量子点复合材料在光子器件和光电子器件的应用打下基础。

9.2.1 实验设备与反应原料

制备 GaN 粉末的设备装置如图 9.3 所示。反应设备为一水平管式高温电阻炉(GSL-1600X),管内插入一根陶瓷管(ϕ65 mm×1 000 mm),管两端密封后可以通入反应气体,气体进口一端有一套流量控制装置(气体转子流量计)调节气体的流量,气体出口一端可以连接真空泵装置(机械旋转泵),可在反应前抽真空排除管内残余的空气。原料装载到一个氧化铝瓷舟内。瓷舟放置到高温炉陶瓷管的中央。

使用试剂与仪器:

氧化铝舟,北京大华陶瓷厂;

无水乙醇,分析纯;

丙酮,分析纯,北京化工总厂;

硝酸,分析纯,北京益利精细化学品有限公司;

金属 Ga,纯度为 99.9999%;

硝酸镓,自制;

蒸馏水,自制;

柠檬酸,分析纯,北京庆盛达化工技术有限公司;

甲基丙烯酸甲酯,分析纯,黑龙江龙新化工有限公司;

偶氮二异丁腈(AIBN),分析纯,上海海曲化工有限公司;

氨气(NH),纯度大于99.9%,北京普莱克斯实用体有限公司;
Ar气(Ar),纯度大于99.99%,北京普莱克斯实用气体有限公司;
GSL1600X真空管式高温电阻炉,洛阳威达高温仪器有限公司;
KQ-250E医用超声波清洗器,上海昆山超声仪器有限公司;
81-2型恒温电磁加热搅拌仪,上海市施乐仪器有限公司;
SRJX-4-13型箱式高温炉,江苏东台电器厂;
101A-1型恒温干燥箱,上海市实验仪器总厂;
刚玉坩埚,玻璃仪器等。

9.2.2　试验部分

1. GaN纳米晶体的制备

GaN纳米晶体制备的细节可以参照第1节。其中不同之处是氮化工艺做了稍许修改。将溶胶凝胶法得到的含碳的前驱物放入管式炉中,设定保温温度为900 ℃,升温速率为8 ℃/min,通氨气流量为70 sccm,在设定温度保温1 h后,改为通入Ar气保温1 h后关闭加热,持续通Ar气直到炉子自然冷却到室温。产物的颜色和没有采用Ar气保温1 h时相比略偏绿。取出样品后保存于惰性气体封口袋中备用。

2. GaN/PMMA量子点复合材料的制备

取微量的GaN粉末,用两个玻璃片压制研磨后放入试管,加入甲基丙烯酸甲酯,超声波处理15 min,然后静置10 min,去除下层沉淀,取一半上层清液放入试管中,加入引发剂(AIBN)3‰,在70 ℃中持续超声波状态中热聚合5 h,一个空白的MMA加入引发剂后同时热聚合。

9.2.3　产物表征

利用Rigaku D/max-2400型X射线粉末衍射分析仪(XRD)确定产物整体结构与相纯度,采用标准$\theta \sim 2\theta$扫描方法,使用Cu靶$K\alpha_1$辐射线,波长为λ=0.154 05 nm;利用Hitachi H-8100型透射电镜,装备有选区电子衍射(SAED)和JEOL JEM-2010型高分辨透射电子显微镜(HRTEM)表征产物的微结构与结晶性,使用加速电压为200 kV,并配备有能量散射X射线谱仪(EDS)分析产物组成;傅里叶红外光谱仪(FTIR, Perkin system 2000FTIR Spectrometry),分析产物的键合状态。紫外可见光吸收光谱计

(Hitachi 公司 UV-vis U4100 型)配有漫反射附件及透射附件,用于测定样品的光学吸收性质。

对于 GaN 纳米粉末透射样品的观察,首先取少量产物,装入盛有乙醇的试管里,超声分散一定时间,然后取 1 ~2 滴液体滴在覆盖有无定型碳膜的铜网上,自然晾干将乙醇完全挥发后待观察。对于 GaN 量子点/PMMA 复合材料的透射电镜观察,先将复合材料溶解于甲基丙烯酸甲酯,取一滴溶液滴在温热的去离子水表面,溶液中的甲基丙烯酸甲酯挥发,一层极薄的膜在水面形成,用铜网捞起,晾干后待观察。

室温光致发光谱(Photoluminescence spectra,PL)采用 Hitachi 850 型荧光光谱计获得,光源是 Xe 灯。

9.2.4 结果和表征

1. XRD 表征

GaN 纳米粉末及 GaN 纳米晶体/PMMA 复合材料的 XRD 分析结果如图 9.11(a)所示。对 GaN 粉末,所有可以探测到的衍射峰能够指标化到纤锌矿型六方相 GaN,经过计算得到其晶胞参数 $a=3.191$、$c=5.198$,这与标准粉末衍射卡片 JCPDS(卡片号:JCPDS76-0703)列出的六方相 GaN 的衍射数据相吻合。在仪器的探测极限内没有发现有其他晶态物质的衍射峰,表明产物是纯的六方相结构 GaN。每个衍射峰均出现一定程度的宽化,可能是由于纳米尺度的尺寸效应引起的。可以采用谢乐公式计算产物的粒径,即

$$D_{hkl}=\frac{K\lambda}{\beta\cos\theta}$$

K 值取为 0.89,波长为 $\lambda=0.154\ 05$ nm,β 取(110)晶面的半峰宽,相应的 θ 取(110)晶面对应的角度。结果表面晶体颗粒平均尺寸为 11.2 nm。和 9.1节中没有采用 1 h 的 Ar 气保护回火产物粒径(10.2 nm)相比,晶体粒径略有增加。

GaN 纳米晶体/PMMA 复合材料的 XRD 图谱(图 9.11(b))表现出 3 个大的衍射峰,这是由于 PMMA 材料的结晶长程有序造成的。在 $2\theta=35.5°$附近可以看到一个明显的扰动肩峰,如箭头所示,通常的 PMMA 高分子的衍射峰中没有这个扰动肩峰,对照其他关于纳米晶体/高分子复合

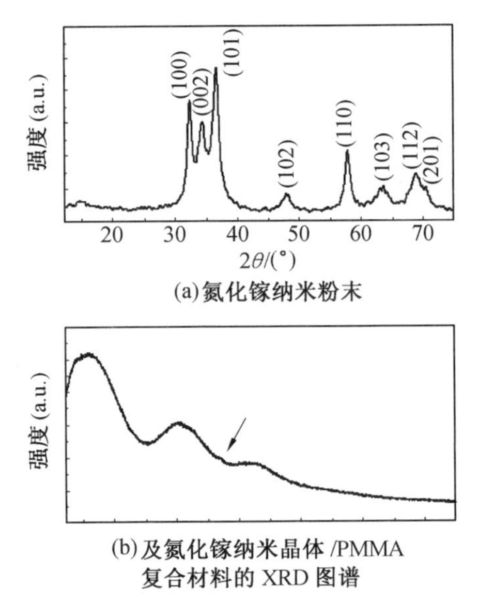

图9.11　GaN纳米粉末及GaN纳米晶体/PMMA复合材料的XRD图谱

材料的测试结果,认为这是GaN的晶体衍射造成的。微弱扰动说明GaN的掺加量很少。

2. HRTEM EDS表征

EDS成分分析图谱中(图9.12),扣除铜元素(来自于铜网),镓氮比为52∶47,含量为1%的氧可能是来自样品的表面吸附(包括化学吸附)。

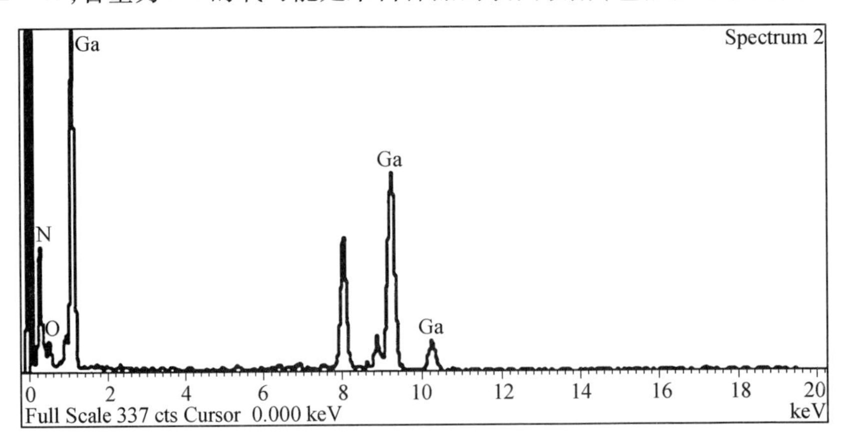

图9.12　GaN纳米粉末的EDS分析图谱

高分辨电子显微镜对GaN粉末形貌及结果进行了观察(图9.13),产物结晶很好，粒径也很均匀，没有明显的硬团聚，衍射环及衍射点都证明所制备的材料是六方相的 GaN 晶体。GaN 纳米晶体/PMMA 复合材料的透射电子图片如图9.14 所示，可以看到深色部分为 GaN 颗粒，较浅的颜色为 PMMA。单个的 GaN 颗粒可以在图中看到，说明持续超声波对 GaN 晶体颗粒的解团聚很有效果。在颗粒的边沿有较为模糊的过渡区，这说明 GaN 颗粒较好地结合在 PMMA 基质中，形成较好的结合界面。

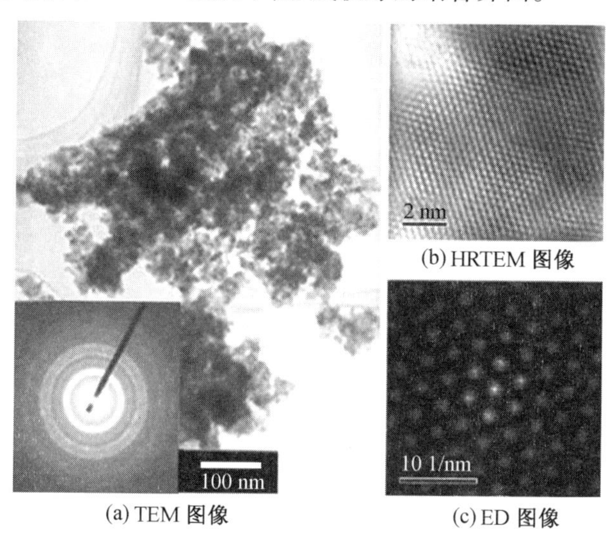

(a) TEM 图像　(b) HRTEM 图像　(c) ED 图像

图 9.13　GaN 纳米晶体的 TEM 嵌入的是选区电子衍射(SAED)图像、HRTEM 图片和 ED 图像

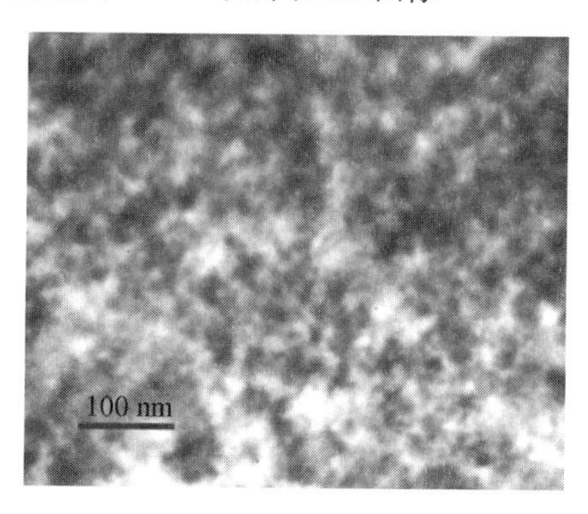

图 9.14　GaN 纳米晶体/PMMA 复合材料的透射电子显微镜(TEM)图像

3. UV-Vis 表征

如图 9.15 所示的是 GaN 粉末、GaN 纳米晶体/PMMA 复合材料、空白

的 PMMA 的 UV-vis 吸收曲线(粉末测试采用漫反射附件,复合材料和空白的 PMMA 测试采用透射方法)。从曲线中可以发现,粉末和复合材料的吸收带边的位置都有轻微相对块状晶体带边的蓝移,表现出一定的量子尺寸效应。复合材料的吸收峰与 GaN 纳米粉末的吸收峰相比,半峰宽有明显的变窄,分析认为可能与制备过程中的超声波处理去掉底部沉淀物造成产物尺寸分布变小有关,也不可排除漫反射附件的使用的影响。复合后峰的位置相对于 GaN 粉末吸收位置有轻微的蓝移。

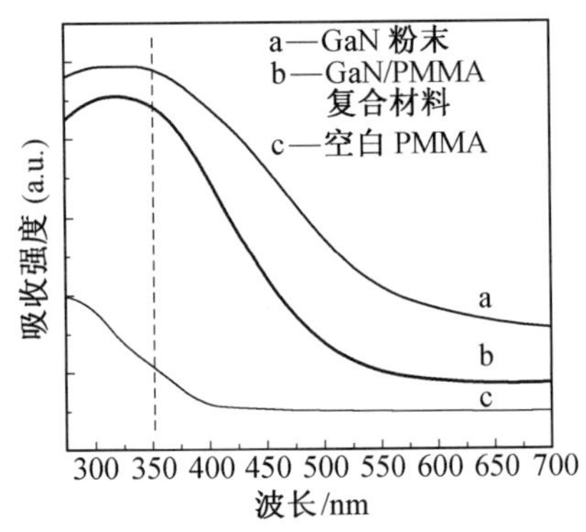

图 9.15　GaN 粉末复合前后的紫外吸收光谱对比图

4. 室温光致发光表征

进一步对产物进行了室温光致发光的研究,如图 9.16 所示,a_1 曲线是 GaN 粉末制备时候没有采用 1 hAr 气状态回火的光致发光图谱,前面的 EDS 成分分析中提到氧信号的存在,由于原料采用氧化物和碳,所以有可能产物中残留有氧和碳不纯。2.65 eV 的发光峰被归结为碳不纯[32]的原因导致形成深受主能级($V_{Ga}+C_{Ga}$)复合中心,而且碳不纯会导致氮空位及氧取代氮位置的浓度增加。氧不纯通常对 GaN 发光峰的位置影响不大[33],氧的植入作为浅施主,激活能量为 33 meV,当氧的浓度增大到 10^{19} cm^{-1}时原来期望的发光带蓝移,由于能带重正化的补偿作用,当氧的植入量过多时,就会析出过度的氧并且富集到晶粒表面中。另外一个值得一提的是当氧植入浓度升高时,V_{Ga}和 O_N 浓度都会增加。氧的含量说明在产物中有高的镓空位和氧取代氮位,由此我们认为 3.1 eV 发光峰与镓空位向导带的跃迁有关[30]。

曲线 a 是反应条件中有 1 h 的 Ar 气回火后产物的光致发光图谱,对比曲线 a_1,原来的归结为不纯碳的 2.65 eV 和氧残留导致的镓空位相关的

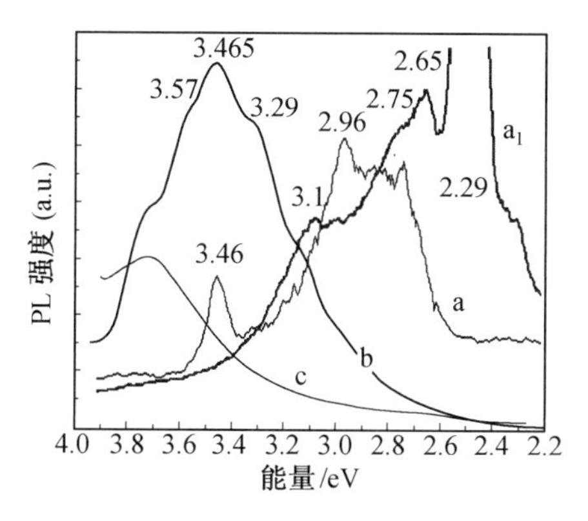

图 9.16 室温光致发光谱图

3.1 eV发光峰变得弱小,取而代之的是从 2.96 ~ 2.65 eV 的发光带,也有精细的峰出现。最令人关注的 GaN 纳米晶体的带边发光峰位于3.46 eV出现了。说明回火过程有效地降低了氧和碳的缺陷浓度,减少了非发射性复合。

2.75 eV 和 2.96 eV 的发光峰的具体起因不明,估计是和表面相关氮空位和其他表面缺陷有关。

曲线 a、b、c,分别是复合前的 GaN 粉末,GaN 晶体/PMMA 复合材料,空白的 PMMA 材料的光致发光谱图。很富有戏剧性的是原有的位于 2.96 ~ 2.65 eV 的发光带在复合之后基本消失了,带边发光 3.46 eV 峰变强,并被以其为中心的带有肩峰的宽发光峰取而代之。更进一步可以总结,GaN 晶体粉末原有的缺陷发光带和表面态缺陷有关。从制备的过程分析,Ar 气气氛下回火使得产品中的氧和碳的含量降低,但同时表面的氮空位[58]却相应增加了。当 GaN 晶体颗粒持续超声波解团聚分散到甲基丙烯酸甲酯中时,羰基基团会参与分享 GaN 晶粒表面的氮空位,结果是聚合物中 GaN 表面的氮空位不再存在,导致表面相关的缺陷发光的淬灭[59]。反应的结果相当于在 GaN 颗粒的表面形成了单层的氧原子层,同时降低了 GaN 颗粒表面的悬键浓度,减少非发射性复合并增强带边发光[60]。

复合材料的带边发光峰相对于 GaN 粉末有 5 meV 的蓝移,分析是与复合材料制备过程中的去除试管底部的沉积物有关,它导致用于复合的 GaN 平均粒径及粒径分布都变小。在曲线 b 的带边发光峰的两边,有位于 3.57 eV、3.29 eV 等位置的多个肩峰,它们可能是晶粒和包覆层形成核-壳结构界面相互作用造成，由于紧包覆结构给GaN量子点层建立了短程势垒，导致GaN能带中的能级发生了分裂，能带之间出现了分立的能级状态，电子在不同能级状态之间产生的跃迁造成发光峰位或者吸收峰位的多样化，这种能级分立发光现象在氧化锌有机无机超晶格结构中也有报道。

5. 粒径分级后的光致发光图谱比较

为了考查制备过程的超声波处理后静置层悬浮液的分级效果，去除淀积物后的下半部分悬浮液也聚合并做了光致发光的对比分析，如图9.17所示，上层悬浮液的最高峰对比下层悬浮液的最高峰有轻微的蓝移，位于3.30 eV附近的发光峰的蓝移相对明显一些，尺寸相关的蓝移现象可以清晰地被认定。

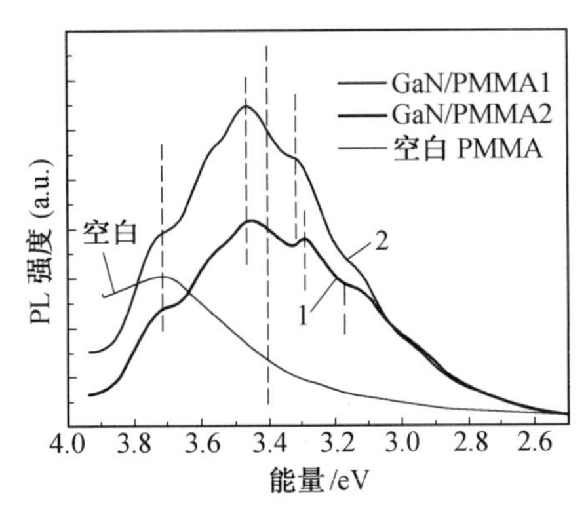

图9.17　GaN颗粒分级后复合材料的光致发光图谱

1—下层；2—上层

6. FTIR 表征

为了了解GaN核与PMMA包覆层之间的相互作用，将复合材料制成薄膜，采用傅里叶红外光谱进行表征，图9.18是GaN晶体/PMMA复合材料的FTIR谱图。位于1 739 cm^{-1}的吸收峰是酯基的羰基的收缩振动峰，1 640 cm^{-1}的吸收峰可能是样品表面吸收的水的羟基的吸收峰，考虑样品的化学成分和各个峰的相对强度，对比文献报道的PMMA的FTIR谱图，大约位于1 326 cm^{-1}、13 00 cm^{-1}的吸收峰可以可能来自于—COO—(GaN)和—CO(NGa)的振动，相应地我们可以把GaN量子点/PMMA核-壳结构表述为R—(C ═O)—O—(Ga Nparticle)。

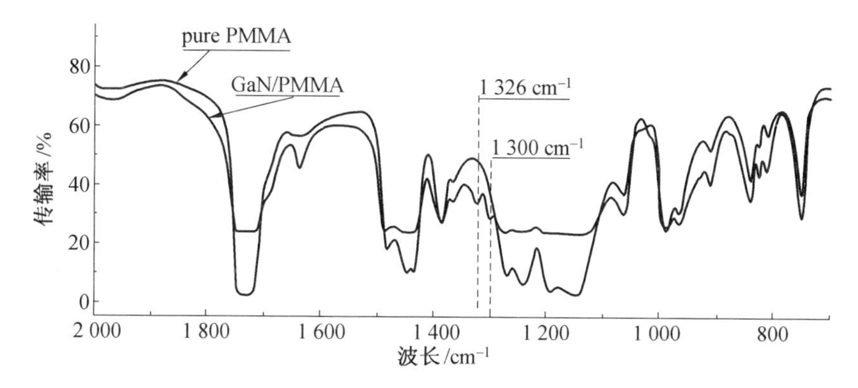

图 9.18 GaN 量子点/PMMA 复合材料的 FTIR 图谱

9.3 GaN 量子点/二氧化硅干凝胶复合材料的制备及表征

1970 年,半导体超晶格、量子阱概念的提出,开创了人工设计、制备低维量子结构材料研究的新领域[61]。特别是近十年来,由于半导体量子点独特的物理现象和潜在的器件应用,人们给予了足够的关注并且进行了广泛的研究[62,63]。控制量子点的几何形状和尺寸可改变其电子态结构,实现量子点器件的电学和光学性质的“剪裁”,这是目前“能带工程”设计的一个重要组成部分,也是国际研究的前沿热点领域。

量子阱和量子线的电子态密度分别呈台阶形状和尖峰形状,而量子点的态密度则呈现出一系列孤立的线状,因而量子点、量子线比量子阱更容易达到激光作用所必需的粒子反转,故更适于制作激光器。早在 1982 年,人们就提出了量子点和量子线激光器的概念[64]并在理论上预言:由于量子点和量子线比量子阱有更大的量子限制效应,用量子点、量子线材料制作激光器将降低其阈值电流密度,提高直接调制速度,使光谱线宽变窄,降低阈值电流对温度的敏感性,能很大程度减少块体缺陷导致的散射电子和减少非放射复合的速率。对于发光和检测器件应用,这些高热稳定性、高量子效率特征,是极其重要的。除此之外,量子点材料还可以用于制作单电子晶体管和光存储器等[65-67]。

为了获得量子点的优点,材料制备必须满足量子点的许多要求。其中最为重要的是量子点的尺寸及尺寸分布。对于特定的材料和量子点形状,最大尺寸应该接近或者小于块材料中的电子特征长度,比如:激子半径,典型的数值一般是几个纳米的数量级。在如此小的尺寸下,实际的应用决定于大量的量子点的集群而不是个别的量子点。这就表明,点集群的尺寸均一性是很关键的。尺寸的波动会导致量子化能级的不均匀宽化并且破坏那些希望从单个量子点获得的独特性质。除了尺寸的均一性,在许多的应用中每个量子点的分布位置也很重要,无序的分布可能损害光波或电子波传播的相干性。和其他半导体的异质结相类似,量子点的表面和界面应该没有缺陷,否则,表面和界面会变成电子的有效散射中心。尺寸小而且均一、高密度、有序地排列而且没有缺陷的量子点材料的制备到今天仍然是所有半导体系统的挑战,特别是Ⅲ族氮化物材料[18]。

目前,已经获得商业化的量子点的加工方法主要有两种:一种是工艺技术的方法,如光刻腐蚀、选择外延生长和局域 MBE 生长[68],但用这些方法制备的量子点尺寸受限于光刻精度,很难做到纳米量级,而且会产生光刻过程中引入的损伤。另一种是自组织生长方法[69],即利用两种材料之间的晶格失配,在外延薄膜达到某一临界厚度时,在应力的作用下以成岛方式生长。该方法摆脱了光刻精度的限制,利用材料本身的特性直接生长出纳米级量子点,成为目前制作量子点材料最常用和最有效的方法。这两种方法都是外延生长方法,对衬底有较高的要求,不能实现可变的块体形状,在很多的应用领域都受到限制。

另外一个大家积极探索的量子点的制备方法是采用多孔模板基质为载体,制备半导体量子点。多孔材料的介孔可以用作量子点的支持材料,孔与孔相互连通有利于反应物和孔内物质发生反应,而且孔的尺寸可以限制量子点的最大尺寸。多孔材料包括沸石、分子筛[70-72]、干凝胶[73]、气凝胶[7]、蛋白石[74]等在半导体量子点制备中都有应用。在这类材料中,基体材料不仅为纳米相(微粒或团簇)提供了一种支撑,使其稳定化,也为纳米相提供了一种特殊的物理环境[75]。

除了外延法制备 GaN 基半导体量子点外,多孔模板法制备 GaN 的方法主要有两种:一种是采用现成的多孔模板[76,77],将可分解含镓氮键前驱物的溶液灌注于多孔的空隙中,最后得到承载 GaN 纳米晶体的复合材料,不足之处在于灌入的量无法实现控制,也不能完全灌透,而且在加工过程中的损耗很大;另一种是将镓掺入到溶胶凝胶前驱物中,然后制备干凝胶,将得到的掺有镓离子的干凝胶进行氮化处理,得到 GaN 纳米晶体复合材料。

而基于对不同尺寸量子点的需求,完全由多孔材料的孔径控制产物的尺寸,其应用性会受到影响,在追求单分散的同时,实现量子点粒径尺寸的可控性是材料制备所期盼的。文献认为在同次制备的干凝胶中只能制备相同尺寸的产物,对于这个结论,我们表示怀疑。通过重复试验,调整制备参数,成功制备了单分散、粒径均匀的 GaN 量子点/干凝胶复合材料,不同制备条件的产物粒径有明显差别。在此基础上,对反应条件和粒径的关系及产物的室温光致发光结果进行了讨论。

9.3.1 试验设备及试剂

所用的设备包括:制备溶胶的磁力搅拌器,凝胶工艺中使用的真空干燥箱,制备干凝胶的马弗炉,氮化使用的真空管式高温炉。氮化用真空高温炉及辅助配套装置示意图(同 9.2 节),硅干凝胶氮化前要尽量保证块体完整。

具体的设备型号及使用的试剂如下:

无水乙醇,分析纯;

丙酮,分析纯,北京化工总厂;

硝酸,分析纯,北京益利精细化学品有限公司;

硅酸四乙酯,分析纯,上海至鑫化工有限公司;

硝酸镓,自制;

蒸馏水,自制;

氨气(NH_3),纯度大于 99.9%,北京普莱克斯实用气体有限公司;

GSL-1600X 真空管式高温电阻炉,洛阳威达高温仪器有限公司;

KQ-250E 医用超声波清洗器,上海昆山超声仪器有限公司;

81-2 型恒温电磁加热搅拌仪,上海市施乐仪器有限公司;

SRJX-4-13 型箱式高温炉,江苏东台电器厂;

101A-1 型真空干燥箱,上海市实验仪器总厂;

刚玉坩埚,玻璃仪器等。

9.3.2 试验过程

制备流程如图 9.19 所示,10 g 水合硝酸镓晶体溶解到 10 mL 的无水乙醇中，然后和20 mL的去离子水混合得到含镓离子的溶液，持续剧烈搅拌状态下将镓离子溶液滴加到20 mL的硅酸四乙酯中，缓慢滴加硝酸将溶液的pH调到1～2。继续搅拌20 min，无色透明的溶液转移到坩埚中，采用牛皮纸将口封好，存20天以完成水解和聚合过程。

将制备得到的无色透明凝胶在真空干燥箱中79～90 ℃，抽真空干燥2 h，得到黄色的产物，将所得产物转移到马弗炉中200 ℃煅烧2 h，最后得到纯白色的多孔块状干凝胶。注意不要破坏结块。

适量的小块体干凝胶放到一个氧化铝瓷舟中，然后瓷舟被送到真空水平管式高温炉的瓷管中间，抽真空3次后通入氨气，流量控制为100 sccm。设定升温速率为8 ℃/min，设定保温温度及保温时间分别为样品a:800 ℃，8 h；样品b:800 ℃，16 h；样品c:900 ℃，16 h。升温到设定温度开始保温，完成保温时间后关闭加热器，氨气流量一直持续不变，待炉子自然冷却到室温后取出样品。产物为浅黄色样品，块体表面有裂纹，不同条件制备产物的颜色没有明显的区别。

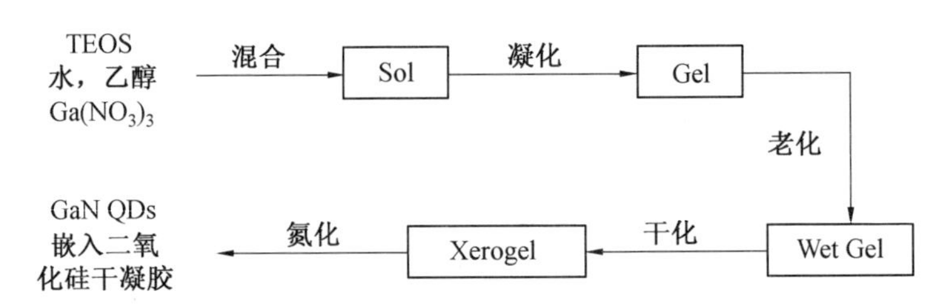

图9.19　GaN量子点/二氧化硅干凝胶制备流程图

9.3.3　产物表征

利用Rigaku D/max-2400型X射线粉末衍射分析仪（XRD）确定产物整体结构与相纯度，采用标准$\theta \sim 2\theta$扫描方法，使用Cu靶$K\alpha_1$辐射线，波长为$\lambda = 0.154\ 05$ nm。

利用Hitachi H-8100型透射电镜，装备有选区电子衍射（SAED）和JEOL JEM-2010型高分辨透射电子显微镜（HRTEM）表征产物的微结构与结晶性，使用加速电压为200 kV，并配备有能量散射X射线谱仪（EDS）分析产物组成。

傅里叶红外光谱仪（FTIR，Perkin system 2000FTIR Spectrometry）分析

产物的键合状态。

对于 GaN/干凝胶复合材料的透射电镜观察的制样，首先取小块产物，在玛瑙研钵中仔细研磨，取少量研制好的粉末装入盛有乙醇的试管里，超声分散一定时间，然后取 1 ~2 滴液体滴在覆盖有无定形碳膜的铜网(HR-TEM：微栅铜网)上，自然晾干，将乙醇完全挥发后待观察。

室温光致发光谱(Photoluminescence spectra，PL)采用 Hitachi 850 型荧光光谱计获得，光源是 Xe 灯。

9.3.4 结果与讨论

如图 9.20 所示是 3 种反应条件下制备的产物的 XRD 图谱，曲线 a 代表的氮化反应条件是 800 ℃，8 h；曲线 b 代表的氮化反应条件是 800 ℃，16 h；曲线 c 代表的氮化反应条件是 900 ℃，16 h。从谱图中可以看到，六方相 GaN 的特征衍射峰可以找到，具体的衍射晶面指数标注在相应的位置，在 22°附近的宽峰来自无定型二氧化硅的衍射。归属于 GaN 三强峰的(100)、(002)、(101)相互重叠，是由于衍射峰表现出很大的宽化，说明产物晶粒很小，对比发现，从样品 a 到 b 再到 c，衍射强度明显增加，这也说明在不同反应条件下的产物结晶情况有差异。

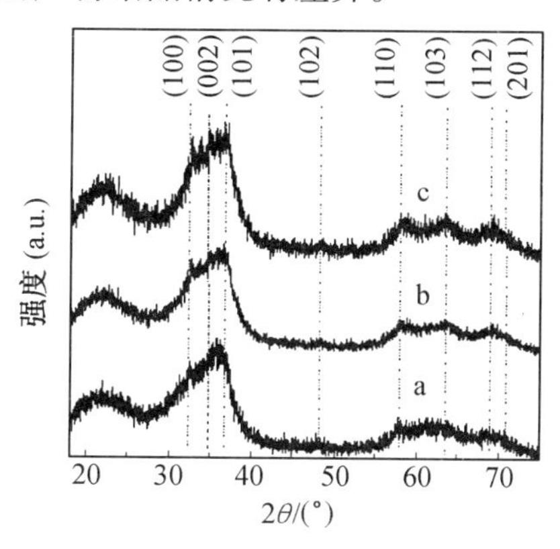

图 9.20 不同反应条件下制备的 GaN/二氧化硅干凝胶复合材料的 XRD 图谱

为了验证产物中的键合情况，取样品 a(氮化条件 800 ℃，8 h)为代表进行傅里叶红外光谱吸收检测。相应的谱图如图 9.21 所示。一个清晰的位于 600 cm^{-1}的吸收峰，可归结为 Ga—N 键的伸展吸收峰[76]，这个位置 GaN 特征红外吸收很多文献都有报道。纯净的二氧化硅对红外光的吸收在1 100 cm^{-1}，并且有1 200 cm^{-1}肩峰，这是由于Si—O键伸缩振动形成的；816 cm^{-1}和446 cm^{-1}由于Si—O键环状结构吸收的结果[78]。这4个峰我们都可以在复合材料的红外吸收图片上找到，分别位于1 095 cm^{-1}，1 220(肩峰) cm^{-1}，800 cm^{-1}和460 cm^{-1}。位于1 600 cm^{-1}的吸收峰是由于产物表面水分子吸附造成的，位于3 450 cm^{-1}的宽的吸收峰可以归为Si—OH吸收。没有明显的峰证明有其他的键合吸收存在，比如说没有检测出明显的Ga—O键的位于650 cm^{-1}和480 cm^{-1}的吸收峰[92]，这说明，产物中镓主要以Ga—N键的形式存在。

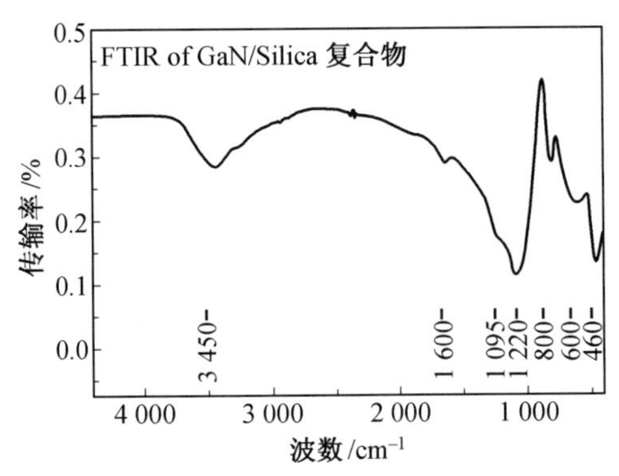

图9.21　800 ℃，8 h氮化条件下制备量子点复合材料的FTIR图谱

产物的透射电子显微镜(TEM)图片显示如图9.22所示，在3个样品的透射电镜图片中可以清晰地看到，GaN颗粒单个、尺寸很均匀地分布在无定型的二氧化硅干凝胶基质中，这也说明了前驱物采用溶胶凝胶方法制备导致的分子水平的混合对于产物的均匀性很有帮助。平均粒径观测样品a(氮化条件800 ℃，8 h)为大约3 nm，样品b(氮化条件800 ℃，16 h)为大约5 nm，样品c(氮化条件900 ℃，16 h)为大约8 nm，基本随着温度升高及反应时间的延长逐渐变大。各个样品对应的选区衍射图谱显示弱的衍射环(特别是样品a)，也说明晶体尺寸小，计算d值发现电子衍射环复合六方相GaN的标准数值，这符合XRD图谱数据。

为了进一步确认在二氧化硅基质中的颗粒是GaN，使用高分辨透射显微镜对产物进行观察，这里，选取样品b(氮化条件800 ℃，16 h)作为高分辨显微镜观察的代表。如图9.23所示，对晶格间距进行细致测定，晶格间距为0.28 nm，完全符合标准块体GaN的(100)晶格间距，再次证明制备的产品是六方相GaN晶体/二氧化硅复合材料。

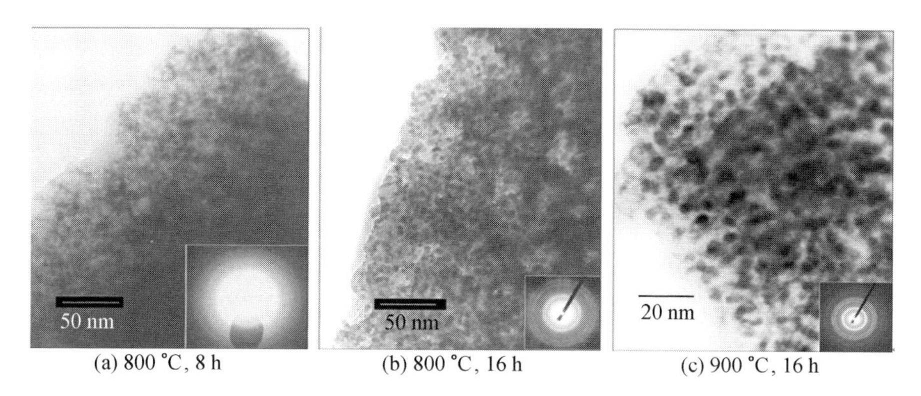

图 9.22 不同氮化条件下制备的量子点复合材料的透射电镜图像，嵌入的图是对应的 SAED 图像

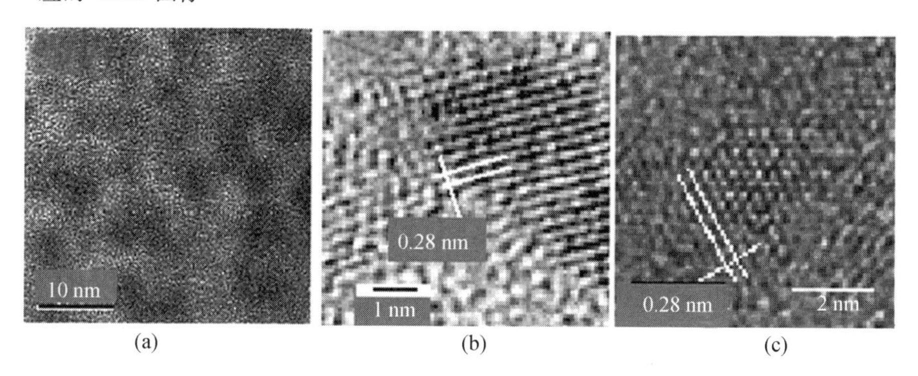

图 9.23 800 ℃,16 h 氮化条件下制备的量子点复合材料的高分辨图谱

制备得到的 GaN 量子点复合材料的光学性质我们采用室温光致发光光谱进行表征。如图 9.24 所示的样品的光致发光谱图，其中 a 的氮化条件为 800 ℃,8 h；b 的氮化条件为 800 ℃,16 h；c 的氮化条件为 900 ℃,16 h。激发波长为 244.4 nm。在图谱中，每个样品都有两个发光峰。3 个样品的发光曲线都有相似的以 390 nm(3.18 eV)为中心的发光峰。

归结 390 nm 的发光峰为 GaN 的带边发光，如此小的尺寸，但是为什么没有蓝移？甚至没有尺寸相关的本征发光的位移？

这个结果并非意料之外。在许多情况下，由于局限效应导致的蓝移是产物表面的氧相关的缺陷造成的，比如纳米硅粉表面的氧化导致蓝移[79,80]，GaN 晶体表面的氧化[60]等，没有蓝移也许是避免了产物的表面氧化，没有形成类似的表面氧缺陷。对比块材料的带宽（$E_g = 3.4$ eV，365 nm），观察到带边发光峰的红移以及宽的发光峰半峰宽值，这些可能是

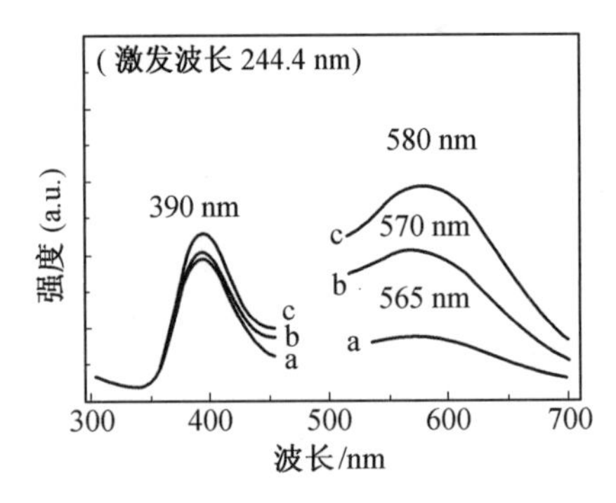

图 9.24　不同氮化条件制备的量子点复合材料的光致发光图谱

由于相比完美块状晶体的不纯和结构形变造成的。

众所周知,二氧化硅干凝胶的微孔提供空间生长 GaN 晶体并将产物局限在空腔中,最后得到单个颗粒分散的复合材料。空腔的尺寸和形状在干凝胶形成时候就确定了,同时微孔空腔不是绝对的球形,也就是说,在内壁的弧度是有差别的,不规则的。Facsko 等人提出基于表面不稳定的半导体量子点形成过程,表面的凸起和凹陷对于控制成核及量子点生长是关键因素。对于同相成核和异相成核过程,晶核的形成能量 ΔG^* 和临界晶核的体积 V^* 之间的关系可以表示为 $\Delta G^* = V^* \Delta G_V/2$,$\Delta G_V$ 是单位体积单元两相的自由能的差值,在相同的生长条件下,为了获得相同浸润角,在凸起表面晶体临界成核体积(V_1^*)大于平整光滑表面(V^*),凹陷表面的体积最小(V_3^*)。因此在相同的生长条件下,3 个形成能量值的关系是 $\Delta G_3^* < \Delta G_2^* < \Delta G_1^*$,结果是由于凹陷表面诱导成核的概率最高。空隙中最大曲率的内表面将作为一个能量优先的位置提供给 GaN 晶体成核[81]。由于孔内壁不规则形状的障碍,在随后的生长过程中,结构扭曲和角度变形将不可避免。当晶体的尺寸接近孔的大小时(比如说可能生长的最大的晶体),将会达到最大的变形。

相对完美晶体的变形会导致晶体中 Ga-N 键的生长或缩短。从原子间间距-原子间作用力曲线看(图 9.25),键长变长比变短会对能量更有利。从定性的角度,这些影响会导致基态和激发电子态间的能量差别的变化,短距离会导致蓝移,对应的变长会导致红移。由于键长改变的不对称特征,红移占主导是可能的。同时,因为纳米颗粒的大的比表面积,表面的影响也很重要。较小的量子点样品会有更强的量子点与二氧化硅基质间的相互作用,这会更多地抵消尺寸效应[82]。因此,在光致发光谱图中没有尺寸相关的近带边发光位移出现。

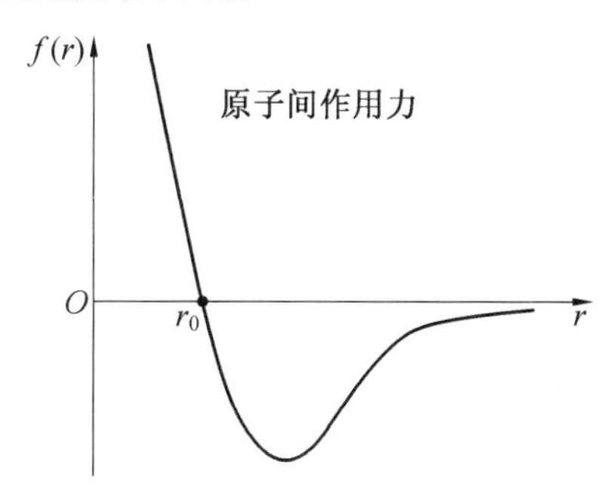

图 9.25 原子间距-原子间作用力关系曲线

另外的一个宽的发光峰位于 565 nm(样品 a),570 nm(样品 b)和 580 nm(样品 c),强度依次增加,这个位置的发光可以归结为典型 GaN 中的施主-受主复合发光[83]。这个发光带中心有尺寸相关的位移,可以认为是多孔二氧化硅干凝胶的微孔局限生长的结果,由于空腔内部对晶体进一步长大有限制,所以较大的晶体会有更大的结构变形,较大的变形会造成更高密度的镓空位或氮空位,这也是大家公认的产生红光发光的主要原因[84,85]。

值得一提的是,通常状态下的纳米二氧化硅的发光峰位于 652 nm (1.9 eV),它表现为很尖锐[86,87],与现在图谱表现的有很大不同。二氧化硅的红光发光中心是高活性的无桥接氧的空穴中心(high-active NBO centers (—O≡Si fragments))[88-90]。明显的,在现在试验条件下,这个高活性的无桥接氧活性中心和氨分子反应转化成为 H—O—Si≡ 基团,红外光谱中有它的踪影。

关于近带边发光峰位于 390 nm(3.18 eV)的另外一个解释是可能硅在 GaN 中的掺杂。硅是两性的,当它取代 N 位置的时候,表现为浅受主 (Ec-224 meV)[91-94]。和发光的位置正好吻合(3.4 eV = 3.18 eV + 0.22 eV)。

前面提到,在硅干凝胶制备完成后其中微孔的尺寸就固定了下来,所以 GaN 晶体不可能没有限制地长大,为了考查 GaN 晶粒尺寸的极限——微孔的尺寸,900 ℃氮化 24 h,所得的产物的形貌如图 9.26 所示,GaN 晶体不再是近球形,而是开始表现互联的椭球形貌,这和硅干凝胶微孔互通的提法相一致。此时图片上深色的 GaN 颗粒的尺寸应该是微孔的尺寸。

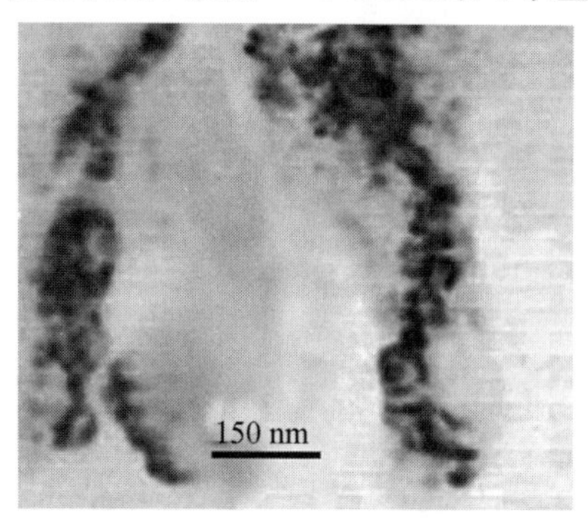

图9.26　900 ℃氮化 24 h 产物 TEM 图片

9.4　本章小节

(1)采用镓离子络合物溶胶凝胶方法以及碳热还原辅助氮化的方法,大批量制备了粒径分布均匀,产物经过 $\alpha-Ga_2O_3$ 转变最终得到结晶良好的单一六方相 GaN 纳米晶体,平均晶体大小接近 GaN 玻尔激子半径,紫外吸收表征说明产物有一定的量子尺寸效应,可以用作优良的镓源制备高质量的 GaN 一维材料和块材料,也可以直接用于量子点/有机高分子材料的制备。

(2)采用文章所述的方法,在 850 ~ 950 ℃范围内产物的粒径随氮化温度的改变没有明显的变化。对比以前碳热还原辅助 GaN,本文中制备产物高的转化率。认为是溶胶凝胶前驱物的结果。

(3)室温光致发光光谱显示从 2.0 ~ 3.6 eV 的宽的发光带,发光带中包含有一些精细发光峰,这些精细发光峰可以对应晶体中的相应缺陷能级。可以认为是碳不纯导致最强的发光峰 2.65 eV。

(4)采用溶胶凝胶前驱物及碳热还原辅助的方法,加上 Ar 气气氛保护回火处理,制备粒径相对均匀,平均晶粒尺寸大约为 11.2 nm 的 GaN 晶体粉末;分散在甲基丙烯酸甲酯中持续超声波状态下加热聚合,得到单个分散的单一六方相的 GaN 量子点/PMMA 复合材料。

(5)对比回火前后的 GaN 粉末的发光谱图,可以认为回火过程极大地消除了产物中的碳氧不纯,减少非发射性复合,产物显现出 3.46 eV 的

GaN 本征吸收并且表现一定的量子尺寸效应。但是回火并不能有效消除表面相关的缺陷发光。

(6)GaN 纳米晶体和 PMMA 复合后,由于晶体表面的悬键及氮空位缺陷被高分子基团共享,导致原有的表面态相关的发光峰被压制近消失,本征发光得到增强,进一步证明了 GaN 晶体和 PMMA 之间较好的界面结合,表面态对纳米晶体的发光有很大的影响。

(7)把纳米晶体颗粒分散在单体中持续超声波解团聚热聚合过程对其他二步法制备量子点/有机高分子有借鉴作用。

(8)高密度的、单个分散的六方相 GaN 纳米晶体在二氧化硅干凝胶中原位制备成功,镓离子采用在硅溶胶凝胶前驱物中掺入,有效达到产物颗粒的均匀分布。这是可以用于其他的纳米晶体复合材料的制备方法。

(9)在硅干凝胶中的 GaN 晶体颗粒尺寸分布比较均匀,随着氮化时间的延长和温度的升高,晶体的尺寸相应变大;说明 GaN 晶体的尺寸具有一定的可控性,为产物的进一步利用打下了基础。

(10)不同产物的相似的位于 390 nm 的近带边发光可能是由于多孔空腔的局域造成晶体生长的形变以及 GaN 与干凝胶间强的主客(host-guest)相互作用抵消了尺寸效应造成的。

参考文献

[1] JOHNSON W C, PARSONS J B, CREW M C. Nitrogen compounds of gallium Ⅲ[J]. J. Phys. Chem., 1932, 36:2651-2654.

[2] ADDAMIANO A. On the preparation of the nitrides of aluminum and gallium[J]. J. Electrochem. Soc., 1961, 108:1072-1076.

[3] BALKAS C M, DAVIS R F. Synthesis routes and characterization of high-purity, single-phase gallium nitride powders[J]. J. Am. Ceram. Soc., 1996, 79:2309.

[4] PONCE F A, DUPUIS R D, NAKAMURA S, et al. Gallium nitride and related materials-first international symposium on gallium nitride and related materials[C]. Boston MA:Mater. Res. Soc. Symp. Proc.,1995.

[5] NAKAMURA S, SENOH M, IWASA N, et al. High-brightness InGaN

blue, green and yellow light-emitting diodes with quantum well structures [J]. Jpn. J. Appl. Phys., 1995, 2(34):1797-1799.

[6] PONCE F A, BOUR D P. Nitride-based semiconductors for blue and green light-emitting devices[J]. Nature, 1997, 386:351-359.

[7] GOODWIN T J, LEPPERT V J, SMITH C A, et al. Synthesis of nanocrystalline gallium nitride in silica aerogels [J]. Appl. Phys. Lett., 1996, 69:3230-3232.

[8] XIE YI, QIAN YITAI, WANG WENZHONG, et al. A benzene-thermal synthetic route to nanocrystalline GaN[J]. Science,1996, 272 (5270): 1926-1927.

[9] LI H D, YANG H B, YU S, et al. Synthesis of ultrafine gallium nitride powder by the direct current arc plasma method[J]. Appl. Phys. Lett., 1996, 69:1285.

[10] HWANG J W, CAMBELL J P, KOZUBOWSKI J, et al. Topochemical control in the solid-state conversion of cyclotrigallazane into nanocrystalline gallium nitride[J]. Chem. Mater, 1995, 7:517-525.

[11] ZHOU S M, FENG Y S, ZHANG L D. A physical evaporation synthetic route to large-scale GaN nanowires and their dielectric properties[J]. Chem. Phys. Lett., 2003, 369:610-614.

[12] LI J Y, CHEN X L, QIAO Z Y, et al. Formation of GaN nanorods by a sublimation method [J]. Journal of Crystal Growth, 2000, 213:408-410.

[13] FISCHER R A, MIEHR A, HERDTWECK E, et al. Triazidogallium and derivatives: new precursors to thin films and nanoparticles of GaN [J]. Chem. Eur. J., 1996, 2:101-109.

[14] BALKA , SCEDIL C M, SITAR Z, et al. Growth and characterization of GaN single crystals[J]. Journal of Crystal Growth, 2000, 208(1-4): 100-106.

[15] KAMLER GRZEGORZ, ZACHARA JANUSZ, PODSIADLO SLAWOMIR, et al. Bulk GaN single-crystals growth [J]. Journal of Crystal Growth, 2000, 212(1-2):39-48.

[16] GONSALVESL K E, CARLSON G, RANGARAJAN S P, et al. Synthesis and characterization of nanostructured gallium nitride/PMMA composite[J]. Pergamon Nanostructured Materials, 1997, 9:237-240.

[17] BENAISSA M, JOSE-YACAMAN M, HERNANDEZ J M, et al. Nanostructured GaN: microstructure and optical properties [J]. Phys. Rev. B., 54(1996)17763-17767.

[18] HUANG DANING, RESHCHIKOV MICHAEI A, MORKOC HADIS. Growth, structures, and optical properties of Ⅲ-nitride quantum dots [J], Int. J. High Speed Electronics and Systems, 2002, 12(1):79-110.

[19] BURDA CLEMENS, CHEN XIAOBO, NARAYANAN RADHA, et al. Chemistry and properties of nanocrystals of different shapes [J]. Chem. Rev, 2005, 105:1025-1102.

[20] LI H, LI J Y, HE M, et al. Fabrication of bamboo-shaped GaN nanorods[J]. Appl. Phys. A., 2002, 74:561-562.

[21] JIAN J K, CHEN X L, TU Q Y, et al. Preparation and optical properties of prism-shaped GaN nanorods[J]. J. Phys. Chem. B., 2004, 108:12024-12026.

[22] SHENG DAI, METCALF D H, CUL G D, et al. Spectroscopic investigation of the photochemistry of uranyl-doped sol-gel glasses immersed in ethanol[J]. Inorganic Chemistry, 1996, 35(26) 7786-7793.

[23] GEOFFREY E HAWKES, PAUL O'BRIEN, HENRYK SALACINSKI, et al. Solid and solution state NMR spectra and the structure of the gallium citrate complex $(NH_4)_3[Ga(C_6H_5O_7)_2] \cdot 4H_2O$ [J]. Eur. J. Inorg. Chem., vol 2001(4): 1005-1011.

[24] SARDAR KRIPASINDHU, RAJU A R, SUBBANNA G N. Epitaxial GaN films deposited on sapphire substrates prepared by the sol-gel method[J]. Solid State Comm., 2003, 125:355-358.

[25] LELLO B C DI, MOURA F J, SOLÓRZANO I G. Synthesis and characterization of GaN using gas-solid reactions[J]. Mater. Sci. Eng. B., 2002, 93:219-223.

[26] GROCHOLL L, WANG J, GILLAN E G. Solvothermal azide decomposition route to GaN nanoparticles, nanorods, and faceted crystallites[J]. Chem. Mater, 2001, 13:4290-4296.

[27] BUNGARO C, RAPECEWICZ K, BERNHOLE J. Ab initio phonon dispersions of wurtzite AlN, GaN, and InN[J]. Phys. Rev. B., 2000, 61(10):6720-6725.

[28] WINKLER H, DEVI A, MANZ A, et al. Epitaxy, composite, colloides of gallium nitride achieved by transformation of single source precursor[J]. Phys. Stat. Sol. (a), 2000, 177:27-35.

[29] MATTILA T, NIEMINEN R M. Ab initio study of oxygen point defects in GaAs, GaN, and AlN[J]. Phys. Rev. B., 1996, 54:16676-16682.

[30] RESHCHIKOVA MICHAEL A, MORKOÇ HADIS. Luminescence properties of defects in GaN[J]. J. Appl. Phys., 2005, 97:061301.

[31] CHEN X L, LI J Y, CAO Y G, et al. Straight and smooth GaN nanowires[J]. Adv. Mater, 2000, 12:1432.

[32] OGINO T, AOKI M. Mechanism of yellow luminescence in GaN[J]. Jpn. J. Appl. Phys., 1980, 19:2395.

[33] KOROTKOV R Y, NIU F, GREGIE J M, et al. Investigation of the defect structure of GaN heavily doped with oxygen[J]. Physica B., 2001, 308-310:26-29.

[34] ALIVISATOS A P. Semiconductor clusters, nanocrystals, and quantum dots[J]. Science, 1996, 271:933-937.

[35] BRUS L. Electronic wave functions in semiconductor clusters: experiment and theory[J]. Journal of Physical Chemistry, 1986, 90(12):2555-2560.

[36] KLIMOV V I, MIKHAILOVSKY A A, XU S, et al. Optical gain and stimulated emission in nanocrystal quantum dots[J]. Science, 2000, 290:314-317.

[37] LIU CHUAN-PU, CHEN REGIME, LAI YAN-LIN. Growth and characterization of InGaN quantum dots in InGaN/GaN superlattices[C]. Electrochemical Society Proceedings, State-of-the-Art Program on Com-

pound Semiconductors XXXIX and Nitride and Wide Bandgap Semiconductors for Sensors, Photonics, and Electronics IV-Proceedings of the Intenational Symposium, 2003:16-20.

[38] HUANG DANING, MICHAEI A. Reshchikov, and hadis morkoc growth, structures, and optical properties of Ⅲ-nitride quantum dots [J]. Int. J. High Speed Electronics and Systems, 2002, 12(1):79-110.

[39] THOMAS NANN. Semiconductor nanoparticle:a new building blocks for polymer- microelectronics[J]. IEEE, 2001, Session2:Polymer Electronic Divice, 1997, 1:49-53.

[40] DAMICO I, FOSSI F. All-optical single-electron read-out devices based on GaN quantum dots[J]. Appl. Phys. Lett., 2002, 81(27):5213-5215.

[41] TOLSTOV I V, BELOV A V, KAPLUNOV M G, et al. On the role of magnetic field spin effect in photoconductivity of composite films of MEH-PPV and nanosized particles of PbS[J]. J. Lumin, 2005, 112(1-4):368-371.

[42] YE J, NI X Y, DONG C. Electric charge scavenger effects in PMMA photopolymerization initiated by TiO_2 semiconductor nanoparticles[J]. Journal of Macromolecular Science:Pure & Applied Chemistry, 2005, 42(10):1451-1461.

[43] GAO J Y H, QIN Z P, et al. High efficiency polymer electrophosphorescent light-emitting diodes[J]. Semiconductor Science & Technology, 2005, 20(8):805-808.

[44] ZHANG S Q, ZHU Y H, YANG X L, et al. Fabrication of core - shell latex spheres with CdS/polyelectrolyte composite multilayers [J]. Colloids & Surfaces A:Phys. Eng. Asp., 2005, 264(1-3):215-218.

[45] HUYNH WENDY U, DITTMER JANKE J, ALIVISATOS A P. Hybrid nanorod-polymer solar cells[J]. Science, 2002, 295:2425-2427.

[46] COLVIN V L, SCHLAMP M C, ALIVISATOS A P. Light emitting diodes made from cadmium selenide nanocrystals and a semiconducting

polymer[J]. Nature, 1994, 370:354-357.

[47] CARISON G, GONSALVES K E. Polymer composites of quantum dots [J]. Plast. Eng., 1998, 49:769-793.

[48] GREENHAM N C, PENG X, ALIVISATOS A P. Charge separation and transport in conjugated polymer/cadmium selenidenanocry stalcomposites studied by photolumine scence quenching and photoconductivity[J]. Synthetic Metals, 1997, 84:545-546.

[49] WINIARZ J G, ZHANG L, LAL M, et al. Observation of the photorefractive effect in a hybrid organic-inorganic nanocomposite[J]. J. Am. Chem. Soc., 1999, 121:5287-5295.

[50] GINGER D S, GREENHAM N C. Photoinduced electron transfer from conjugated polymers to CdSe nanocrystals[J]. Phys. Rev. B., 1999, 59:10622-10629.

[51] DIETER VOOLLATH, DOROTHEE V. Szabo, synthesis and properities of nanocomposites[J]. Adv. Eng. Mater., 2004, 6:117-127.

[52] MAYYA K S, SASTRY M. A new technique for the spontaneous growth of colloidal nanoparticle, superlattices[J]. Langmuir, 1999, 15(6): 1902-1904.

[53] OSIFCHIN R G, MAHONEY W J, BIELEFELD J D, et al. Synthesis of a quantum dot superlattice using molecularly linked metal clusters[J]. Superlattices and Microstructures, 1995, 18(4) :283-289.

[54] WANG DAZHI, CAO CHUANBAO, JI FENGQIU, et al. Intercalated synthesize zinc oxide quantum dots between multi-layered organic films: preparation 2D supperlattice in colloidal solution[J]. Journal of Colloid and Interface Science, 2005, 290(1), 196-200.

[55] YANG YI, LEPPERT VALERIE J, RISBUD SUBHASH H, et al. Blue luminescence from amorphous GaN nanoparticles synthesized in situ in a polymer[J]. Appl. Phys. Lett., 1999, 74:2262-2264.

[56] BENAISSA M, GONSALVES K E, RANGARAJAN S P. AlGaN nanoparticle/polymer composite: Synthesis, optical, and structural characterization[J]. Appl. Phys. Lett., 1997, 71 (25):2685-2687.

[57] VARTULI C B, PEARTON S J, ABERNATHY C R, et al. High temperature surface degradation of III-V nitrides[C]. MRS Symp. Proceedings, 1996, 423 :569-574.

[58] BARATON MARIE-ISABELLE, CARLSON GREG, GONSALVES KENNETH E. Drifts characterization of a nanostructured gallium nitride powder and its interactions with organic molecules[J]. Materials Science and Engineering B, 1997, 50:42 - 45.

[59] TONG J, RISBUD SUBHASH H. Processing and structure of gallium nitride-gallium oxide platelet nanostructures [J]. Solid State Chem., 2004, 177:3568-3574.

[60] ESAKI L, TSU R. Superlattice and negative differential conductivity. in semiconductors[J]. IBM J Res Dev, 1970, 14 :467

[61] MORKOC H, STRITE S, GAO G B, et al. Large-band-gap SiC, III-V nitride, and II-VI ZnSe-based semiconductor device technologies[J]. Journal of Applied Physics, 1994, 76:1363-1399.

[62] PEARTON S J, REN F, ZHANG A P, et al. Fabrication and performance of GaN electronic devices[J]. Mater. Sci. Eng. Rep. R., 2000, 30:55-212.

[63] ARAKAWA Y, SAKAKU H. Multidimensional quantum well laser and temperature dependence of its threshold current[J]. Appl. Phys. Lett., 1982, 40:939-941.

[64] NAKAMURA S, FASOL G. The blue laser diode[M]. Heidelberg: Springer-Verlag, 1997.

[65] MORKOC H. Nitride semiconductors and devices[M]. Berlin: Springer, 1999.

[66] MOHAMMAD S N, MORKOC H. Progress and prospects of group-III nitride semiconductors[J]. Progress in Quantum Electronics 1996, 20: 361-525.

[67] TANG Y S, NI WX, SOTOMAYOR C M, et al. Fabrication and characterization of Si-SiGe quantum dot light emitting diodes[J]. Electron Lett., 1995, 31:1385.

[68] EAGLESHAM D J, CERULLO M. Dislocation-free stranski-krastanow growth of Ge on Si(100)[J]. Phys Rev Lett, 1990, 64:1943-1946.

[69] OZIN G A, KUPERMAN A, STEIN A. Advanced zeolite materials science[J]. Angew. Chem. Int. Ed., 1989, 28:359-377.

[70] STUCKY G D, MACDOUGALL J E. Quantum confinement and host-guest chemistry:Probing a new dimension[J]. Science, 1990, 247:669-671.

[71] YING J Y, MEHNERT C P, WONG M S. Synthesis and applications of supramolecular-templated mesoporous materials[J]. Angew. Chem. Int. Ed., 1999, 38:56-59.

[72] YANG YI, TRAN CINDY, LEPPERT VALERIE, et al. From Ga NO_3 to nanocrystalline GaN:confined nanocrystal synthesis in silica xerogel[J]. Mater. Lett., 2000, 43:240-243.

[73] CREMADES A, SÁNCHEZ M, PIQUERAS J, et al. Cathodoluminescence study of GaN-infilled opal nanocomposites[J]. phys. Stat. Sol., (a) 2003, 1 (95) :282- 285.

[74] ZHOU JI, HE ZHIAN, FU YI, et al. II-VI semiconductor quantum dots embedded in ferroelectric matrices, Tsinghua MRS[C]. Semiconductor Quantum Dots, 1999.

[75] KISAILUS DAVID, CHOI JOON HWAN, LANGE F F. GaN nanocrystals from oxygen and nitrogen-based precursors[J]. J. Cryst. Growth, 2003, 249 (1-2):106-120.

[76] KAMIYA K, YOKO T, TANAKA K, et al. Thermal evolution of Gels derived from CH_3 Si (OC_2H_5)$_3$ by the Sol-Gel method[J]. J. Non-Cryst. Solids, 1990, 121:182-187.

[77] FONTANA A, MOSER E, ROSSI F, et al. Structure and dynamics of hydrogenated silica xerogel by Raman and Brillouin scattering[J]. J. Non-Cryst. Solids, 1997, 212(2-3):292-298.

[78] RAVE E, BELLO V, ENRICHI F, et al. Towards controllable optical properties of silicon based nanoparticles for applications in opto-electronics[J]. Optical Materials, 2005, 27(5):1014-1019.

[79] U X P, YUKAWA TOMIYUKI, HIRAI MAKOTO, et al. Defect-related photoluminescence of silicon nanoparticles produced by pulsed ion-beam ablation in vacuum[J]. Applied Surface Science, 2005, 242(3-4): 256-260.

[80] FACSKO S, DEKORSY T, KOERDT C, et al. Formation of ordered nanoscale semiconductor dots by ion sputtering[J]. Science, 1999, 285:1551-1553.

[81] TRAVE A, BUDA F, FASOLINO A. Band-gap engineering by III-V infill in sodalite[J]. Phys. Rev. Lett., 1996, 77:5405-5408.

[82] RIEGER W, DIMITROV R, BRUNNER D, et al. Defect-related optical transitions in GaN[J]. Phys. Rev. B., 1996, 54:17596-17602.

[83] SUSKI T, PERLIN P, TEISSEYRE H, et al. Mechanism of yellow luminescence in GaN[J]. Appl. Phys. Lett., 1995, 67:2188-2190.

[84] GLASZER E R, KENNEDY T A, DOVERSPIKE K, et al. UV reflectivity of GaN: theory and experiment[J]. Phys. Rev. B., 1995, 51: 13516-13532.

[85] FITTING H J, BARFELS T, TRUKHIN A N, et al. Cathodoluminescence of crystalline and amorphous SiO_2 and GeO_2[J], J. Non-Cryst. Solids, 2001, 279:51.

[86] GLINKA Y D, LIN S H, CHEN Y T. Time-resolved photoluminescence study of silica nanoparticles as compared to bulk type-III fused silica [J]. Phys. Rev. B., 2002, 66:035404.

[87] GLINKA Y D, LIN S H, CHEN Y T. The photoluminescence from hydrogen-related species in composites of SiO_2 nanoparticles[J]. Appl. Phys. Lett., 1999, 75:778.

[88] GLINKA Y D, LIN S H, CHEN Y T. Two-photon-excited luminescence and defect formation in SiO_2 nanoparticles induced by 6.4 eV ArF laser light[J]. Phys. Rev. B., 2000, 62:4733.

[89] ZYUBIN A S, GLINKA Y D, MEBEL A M, et al. Experimental investigation and quantum- chemical modeling[J], J. Chem. Phys., 2002, 116 (1):281-294.

[90] WEBER E R, ENNEN H, KAUFMANN U, et al. Identification of AsGa antisites in plastically deformed GaAs[J]. J. Appl. Phys., 1982, 53: 6140.

[91] MALYSHEV A V, MERKULOV I A, RODINA A V, et al. Ground-state characteristics of an acceptor center in wide-gap semiconductors with a weak spin-orbit coupling[J]. Phys. Solid State, 1998, 40:917.

[92] JAYAPALAN J, SKROMME B J, VAUDO R P, et al. The effect of back channel hydrogen plasma treatment on the electrical characteristics of amorphous thin film transistors[J]. Appl. Phys. Lett., 1998, 73, 1188.

[93] KHAN M R H, OHSHITA Y, SAWAKI N, et al. Effect of Si on photoluminescence of GaN[J]. Solid State Commun, 1986, 57, 405-409.

第10章 GaN的理论模拟研究

10.1 立方GaN的结构、弹性常数及振动性能的模拟计算

10.1.1 引 言

Ⅲ-Ⅴ氮化物半导体由于它们的宽带隙，高的导热性，低的介电常数以及大的块体模量等性质而受到广泛关注[1]。这些特性使得其可以开发出商用的光发射二极管、调制场效应晶体管[2,3]以及短波长干涉激光器等[4,5]。因此，预测这些氮化物相干激光源将在未来的高密度数据存储器件和光学通信系统中成为关键部件。

宽带隙材料的研究开始于20世纪的70年代[6,7]，采用金属有机化合物化学气相沉积(MOCVD)和分子束外延(MBE)方法可以制备出高质量的外延层和异质结构，进一步加快了其发展的速度[8,9]。但是外延层和衬底之间的大的晶格失配和热膨胀系数阻碍了GaN晶体在SiC、ZnO、Si、GaAs等衬底上的生长。这些材料在室温时是纤锌矿六方结构，没有合适的解理面用于外延生长GaN，现在这些问题由于引入了高对称性的闪锌矿结构材料作为立方结构的衬底而都基本上解决了。Yang等证实了立方GaN成功生长于GaAs(001)晶面，与纤锌矿结构的GaN相比，其展示出更好的电学和光学性能[10]。闪锌矿结构在许多方面与纤锌矿结构不同，如具有更高的对称性、低的热焓、适合n型和p型掺杂等。所以用立方结构材料来制作器件更有优势。但是实验技术上一般更复杂，没有足够的理论研究来支撑。第一性原理可以对实验参数给出便宜和快速的建议。在该材料的关于电子、结构、弹性以及光学性能方面已经有了多项理论研究，大部分研究是基于密度泛函理论中的局域密度近似，或者采用整体电子形式或者采用面波赝势近似[PW-PP][11]。Hartree-Fock计算相对来说是比较费

时且与实验值比较总是明显高估带隙能量[12-14]。GW 方法可以得出与实验值相类似的带隙值[12]，但主要的问题是其内含 d 电子处理，所以该方法在 p-d 和 s-d 杂化轨道方面不很准确。PP 方法局限在局域密度近似（LDA）和广义梯度近似（GGA）[15-18]，LDA 一般低估半导体的带隙值[20, 21]，因此，最近 GGA 的方法更吸引人的注意。

10.1.2　具体的计算方法

第一性原理计算采用密度泛函理论（DFT）中的面波赝势方法，电子离子的相互作用采用超软的 PP 方法处理，而 Perdew Wang（PW31）建议的广义梯度近似[21]方法用来处理电子与电子的相互作用。Ga 和 N 的赝原子构型则分别为 $3d^{10}4s^24p^1$ 和 $2s^2 2p^3$。由于 d 原子对于带结构的计算具有很大的影响[22]，因此 Ga 中采用 d 电子作为价电子来处理，面波截止能量 395 eV用于周期边界条件和 Bloch's 理论，采用 Monkhorst 包[23, 24] 3×3×3 的格子来保证小于 1 meV/atom、更好的总能量收敛，更密的 5×5×5 的 k 点格用来拟合光学性能的混合 Brillion 区，几何优化是用 Broyden-Fletcher-Goldfarb-Shenno（BFGS）来进行的，残留力小于 0.2 meV/nm。

这种优化结构用于带结构，态密度，弹性系数，剪切波速以及光学性能的计算。压力对于这些性能的影响也进行了讨论，整体的计算都是在认为自旋极化的条件下进行的。

10.1.3　结果和讨论

1. 电学性能

BFGS 算法用于进行立方 GaN 的几何优化，取实验上的晶格参数为 $a=b=c=0.451\,0$ nm。优化的闪锌矿 GaN 结构包含的晶格常数为 0.455 4 nm，这个理论晶格常数高于实验值 0.98%，因为 GGA 方法总是高估晶格常数。如图 10.1 所示的 GGA 带结构就是在这个理论值下计算得到的，这里显示出1.691 eV的较大的带隙，远远大于原先用 USP 方法计算的数值[25]，但如果与实验值进行比较，会发现比实验值小约 50%，由于闪锌矿结构 GaN 的立方对称性，发现最顶层的价带是三重退化的[26]。

Fermi 能级（$E=0$ eV）设置在价带的最高值上，最大的价带和最小的导带处于 Γ 点，使得闪锌矿 GaN 为直接带隙的材料（Γ- Γ），关于这个带隙

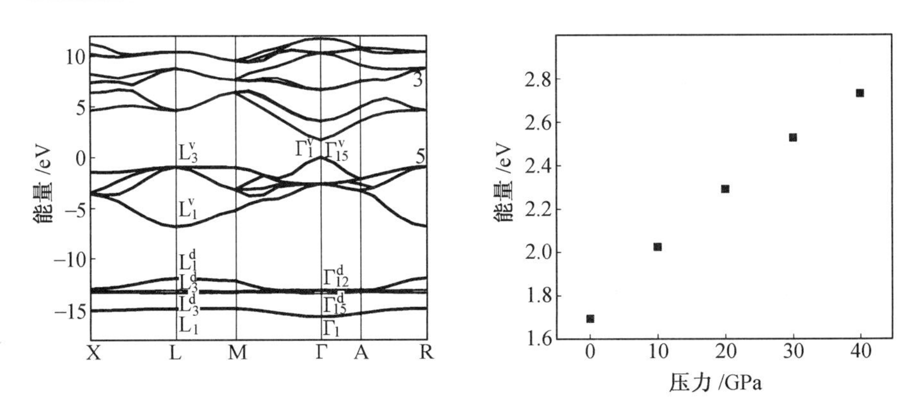

图 10.1　常压下的 GGA 带结构计算结果和压力直接带隙变化与静压力的关系

的一些重要的参数见表 10.1。

表 10.1　零压力下一些直接和间接带隙　eV

自带隙	Γ- Γ	Γ- X	Γ- L	Γ- M	X-X	L-L	M-M
$E_g(0)$	1.691	4.64	4.59	6.37	6.07	5.519	7.30

这些直接和间接的带隙与原先用自洽线性 muffin-tin 轨道 DFT 计算相吻合[27]，除了小一点的(Γ- Γ)值。为了更深入地了解电子带结构物理，DOS 曲线显示在图 10.2 中，总态密度从-16 eV 扩展到 11.9 eV，一个窄的区域中 DOS 高于原先同样势能但高一些的截止能和不同的 k 点下的计算值[28]。比较这两个计算值揭示出 d 带的 DOS 与 10 eV 比较高了 13 eV[27]，价带的宽度为 6.9 eV，这与 NCP 以及 GW 计算值比较一致[29,30]。d 带位于费米能级以下约-13.2 eV，与实验值相差-17.7 eV[31]，这与 N2s 价带形成共振。该 s-d 杂化将 N2s 带分裂为两部分：一个在 Ga 的 d 带上；另一个在 Ga 的 d 带下，很大地分离于布里渊中心区，因为 s-d 的混合在 Γ 点是不允许的[32]。另外 d 带分裂至惰性的双重态 L_3^d 是明显的电子态结构[33]。

PDOS 揭示导带主要包含 Ga 和 N 的 s 和 p 态，而价带顶包含丰富的 N p 态和少量的 Ga p 态。这个区域非均一的 DOS 来源于原子轨道的杂化，形状上的不同是由于 Ga 的离子态效应。由于 N 的 p 轨道与 Ga 的 3d 轨道杂化引起带隙的减小，N2s 处于价带的低的部分带有 Ga 的部分 s 轨道的特征，图 10.1(b) 显示了压力与直接带隙的(Γ- Γ)的准线性关系。证实了直接带隙随压力的准线性关系，与FP-LAPW方法一致[34]。另外，压力的影响还表现出对能带的加宽，因为在低能级上向更低的位置移动而在高能级上向更高的位置移动，因而带隙加宽。当压力应用到总DOS上时，随着压力的增加，DOS降低，但能级在相似的形状上移向极值，意味着随着压力的增加，对于特定能级的态数量是减少的[35]。

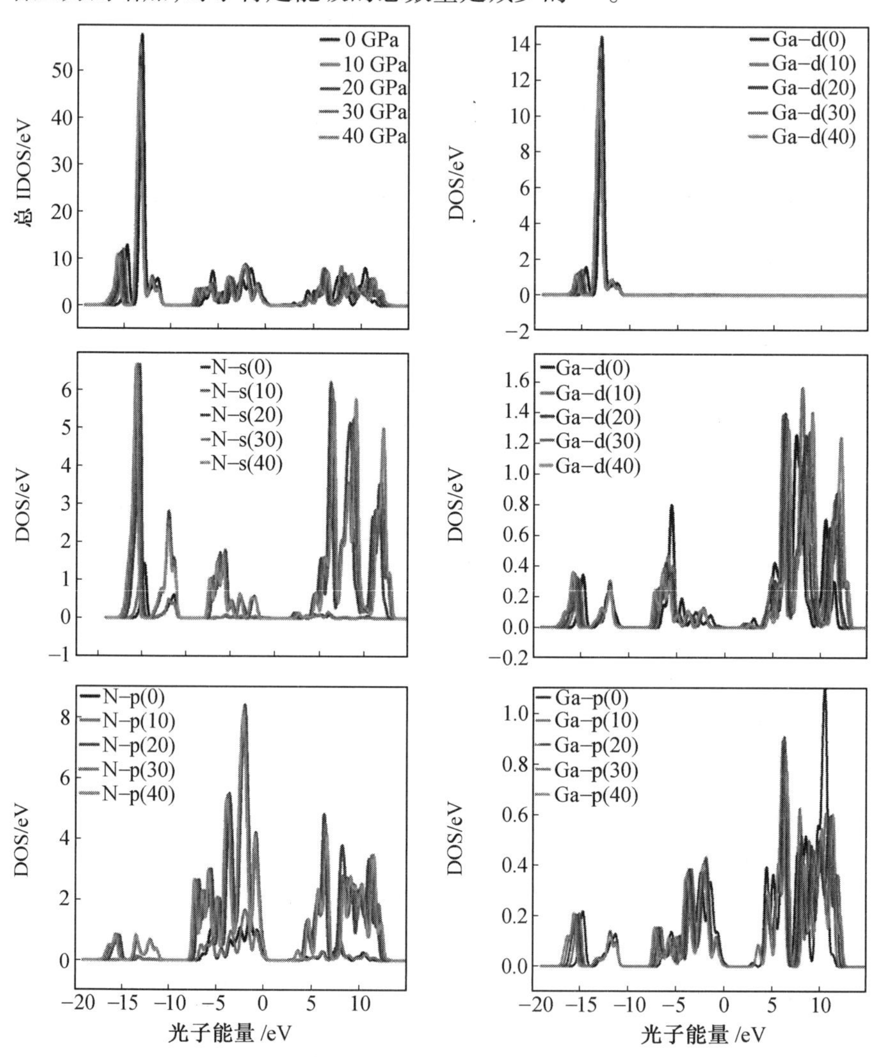

图10.2　正常压力的静压力下立方GaN中N和Ga的总DOS和DOS

2. 弹性常数计算

不同于电学和光学性能，压力对于弹性常数的影响没有合适的研究，立方 GaN 的弹性常数描述施加应力的响应，因此可以预测其系统的变形。应力和应变都有拉伸和剪切的成分。这些成分每个都有 3 个，总共有 6 个。线性弹性常数形成 6×6 对称矩阵，有 27 个不同的分量，这些分量根据立方对称性可以减成 3 个参数 C_{11}、C_{12} 和 C_{44}，弹性常数 C_{11}、C_{12} 从体模量 B 剪切模量（C_s）通过公式 $B=(C_{11}+2C_{12})/3$ 和 $C_s=(C_{11}-C_{12})/2$ 进行计算，体模量通过 Murnaghan 公式[36]以总能量除以体积来计算，剪切模量（C_s）则除以四方应变来计算[37]。表 10.2 总结了采用 GGA-USP 在常压下计算得到的弹性常数以及其他已有的结果。

表 10.2 立方 GaN 的弹性常数模量 GPa

方法	C_{11}	C_{44}	C_{12}	B	C_s
本研究	255	177	133	173	61
实验[38]				190	
GGA-NCP[37]	293	155	159	204	67
LDA，FP-LMTO[39, 40]	296	206	154	204.6	71
LDA，FP-APW+lo	274.2	199	166.1	202	54.05
第一阶段[41]	285	149	161	202	62

从这些数据可以看出与实验数值比较 LDA 以及其他理论方法高估了体模量[38]，但是结果与实验值比较虽然有点低估，但在 DFT 近似中可以认为是最好的结果。同时也确定了 Poisson 比（$\sigma_o=C_{12}/(C_{11}+C_{12})$）和杨氏模量（$Y_0=(C_{11}+2C_{12})\cdot(C_{11}-C_{12})/(C_{11}+C_{12})$）在［100］方向分别为 0.314 GPa和 164.3 GPa，与 0.352 GPa 和 181 GPa 的计算值很接近[37]。

如图 10.3 所示给出了弹性常数体模量和剪切模量随着外加压力的变化，曲线清楚地显示弹性常数和体模量随着外加压力而线性增加，而剪切模量线性减小。表 10.3 给出了对立方晶体在特定压力范围的弹性稳定性的标准[42, 43]，这些物理量对压力的导数，这个标准是 $\frac{1}{3}(C_{11}+2C_{12}+P)>0$；$\frac{1}{2}(C_{11}-C_{12}+2P)>0$；$C_{44}-P>0$。

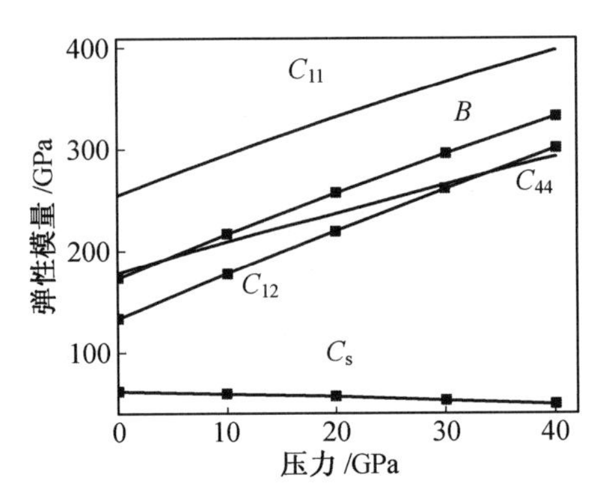

图 10.3　立方 GaN 的弹性常数 C_{ij},体模量和剪切模量随压力的变化

表 10.3　弹性模量的压力导数

压力梯度	本工作	文献[44]	文献[45]	文献[46]
$\partial C_{11}/\partial p$	3.9±0.673	3.7±0.3	5.0±0.2	4.77±0.15
$\partial C_{12}/\partial p$	4.4±0.705	4.9±0.04	5.0±0.2	4.79±0.15
$\partial C_{44}/\partial p$	3.1±0.540	0.6±0.3	1.1±0.1	0.92±0.03
$\partial C_s/\partial p$	−0.25	−0.6±0.4	−0.04±0.02	−0.03±0.007
$\partial B/\partial p$	4.3±0.521	4.5±0.4	5.0	4.79

3. 立方 GaN 的声波速率

为了计算声波速率,假定压力效应很小且是均匀的,所以胡克定律和牛顿第二定律是有效的,在弹性极限内,x,y,z 方向的总的运动方程如下列方程所示:

$$\rho \frac{\partial^2 u}{\partial t^2} = C_{11} \frac{\partial^2 u}{\partial x^2} + C_{44}\left(\frac{\partial^2 u}{\partial y^2} + \frac{\partial^2 u}{\partial z^2}\right) + (C_{12} + C_{44})\left(\frac{\partial^2 v}{\partial x \partial y} + \frac{\partial^2 w}{\partial x \partial z}\right) \quad (10.1)$$

$$\rho \frac{\partial^2 v}{\partial t^2} = C_{11} \frac{\partial^2 v}{\partial y^2} + C_{44}\left(\frac{\partial^2 v}{\partial x^2} + \frac{\partial^2 v}{\partial z^2}\right) + (C_{12} + C_{44})\left(\frac{\partial^2 u}{\partial x \partial y} + \frac{\partial^2 w}{\partial y \partial z}\right) \quad (10.2)$$

$$\rho \frac{\partial^2 w}{\partial t^2} = C_{11} \frac{\partial^2 w}{\partial z^2} + C_{44}\left(\frac{\partial^2 w}{\partial x^2} + \frac{\partial^2 w}{\partial y^2}\right) + (C_{12} + C_{44})\left(\frac{\partial^2 u}{\partial x \partial z} + \frac{\partial^2 v}{\partial y \partial z}\right) \quad (10.3)$$

其中,ρ 是密度;u, w, z 代表 x,y,z 方向的位移, C 代表弹性常数,为了计算[100]方向的波速,考虑以下列形式解式(10.1)

$$u = u_0 \exp[i(Kx - \bar{\omega} t)] \quad (10.4)$$

这里波矢($K = 2\pi/\lambda$)和粒子沿 x 方向运动,$\bar{\omega} = 2\pi\nu$,将方程(10.4)

代入式(10.1)中,且假定这个纵波的速度在 x 方向是

$$v_1 = (C_{11}/\rho)^{1/2} \tag{10.5}$$

相似地,如果波矢沿着 x 方向而粒子位移是沿着 y 方向,则[100]方向的横波速度

$$v_t = (C_{44}/\rho)^{1/2} \tag{10.6}$$

相似地对于[110]方向的剪切波在 $x-y$ 平面的传播,粒子位移(w)在 z 方向和在 $x-y$ 平面分别为

$$v_t = (C_{44}/\rho)^{1/2} \tag{10.7}$$

$$v_1 = \left(\frac{1}{2\rho}(C_{11} + C_{12} + 2C_{44})\right)^{1/2} \tag{10.8}$$

$$v_{t\perp} = \left(\frac{1}{2\rho}(C_{11} - C_{12})\right)^{1/2} \tag{10.9}$$

$v_{t\perp}$ 代表横波分量,垂直于 v_t 和 v_1,而在[111]方向,弹性波的纵波和横波分量分别为

$$v_1 = \left[\frac{1}{3\rho}(C_{11} + 2C_{12} + 4C_{44})\right]^{1/2} \tag{10.10}$$

$$v_t = \left[\frac{1}{3\rho}(C_{11} - C_{12} + C_{44})\right]^{1/2} \tag{10.11}$$

具体的描述和剪切速率的变化可以参考文献[47,48]。

立方 GaN 每个晶胞有两个原子,晶格常数为 0.455 4 nm,所以其密度可以通过计算得到,为 5.99 gm/cm^3,用公式(10.5)~(10.11)计算得到的声波速率值与文献[47]进行比较,见表 10.4。

表 10.4　声波速率与已有文献值的比较

物理量	本研究(in 10^5 m/sec)	文献报导结果[47]
v_1[100]	6.542	6.9
v_t[100]	5.435	5.02
v_t[110]	5.435	5.02
v_1[110]	6.42	7.87
$v_{t\perp}$[110]	3.19	3.3
v_1[111]	8.26	8.17
v_t[111]	4.07	3.96

很明显表10.4中的声波速率计算值可以与Truell，R等的计算值进行很好地比较[47]。

4. 光学性质

在立方GaN中光学性质是电子带结构及集合激发的信息源，这些性质包括介电常数、折射率、反射率、吸收和电导率，不仅与频率相关也可以相互导出。介电性描述的是体系的电磁辐射的线性响应，包括实部和虚部。介电性的虚部代表的是当用特定频率的光时体系的吸收，介电常数的虚部可以从电子带结构进行直接计算，实部可以Kramer Kroning扩散方程来计算，如图10.4(a)所示。

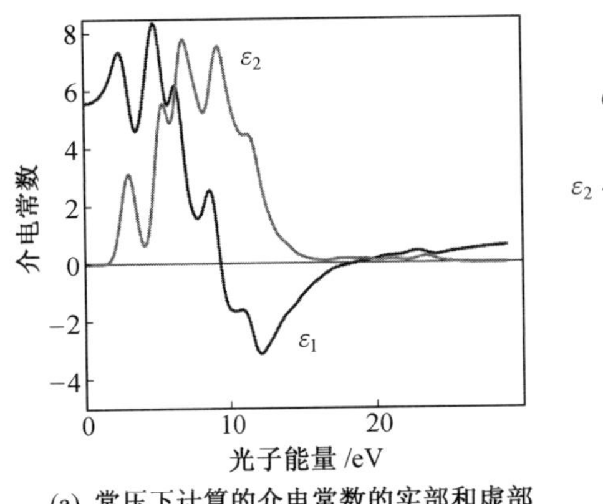

(a) 常压下计算的介电常数的实部和虚部

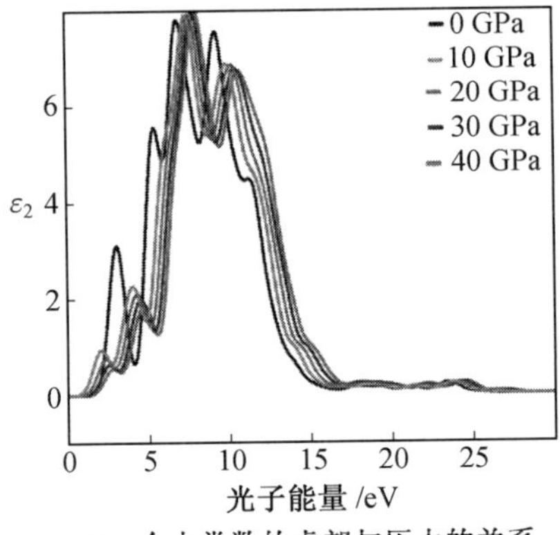

(b) 介电常数的虚部与压力的关系

图10.4　常压下计算的介电常数的实部和虚部与介电常数的虚部与压力的关系

介电常数的虚部由于VBM至CBM激发，从2 eV开始第一个峰出现在2.9 eV、第二个峰(5.36 eV)、第三个峰(6.88 eV)以及第四个峰(9.16 eV)分别是由于L到M，Γ到A，和R_5到R_3转换，静压力的影响是使ε_2的峰值向高数值方向移动，如图10.4(b)所示。从介电常数的实部计算了低频的折射率$n=\sqrt{\varepsilon_1}$，折射率为2.36，随着能量的增加在能量为4.92 eV的紫外区域达到最大值2.95，它的最小值是处于光子能量为17 eV时，如图10.5(a)所示。

介电常数、折射率以及折射率的压力导数$\frac{1}{n}\left(\frac{\mathrm{d}n}{\mathrm{d}p}\right)$ 10^{-2} GPa^{-1}结果总结见表10.5，表中给出了实验结果以及其他的理论计算结果的比较，计算的介电常数略低于其他的计算结果[49, 53]，但与实验值符合得很好。折射率

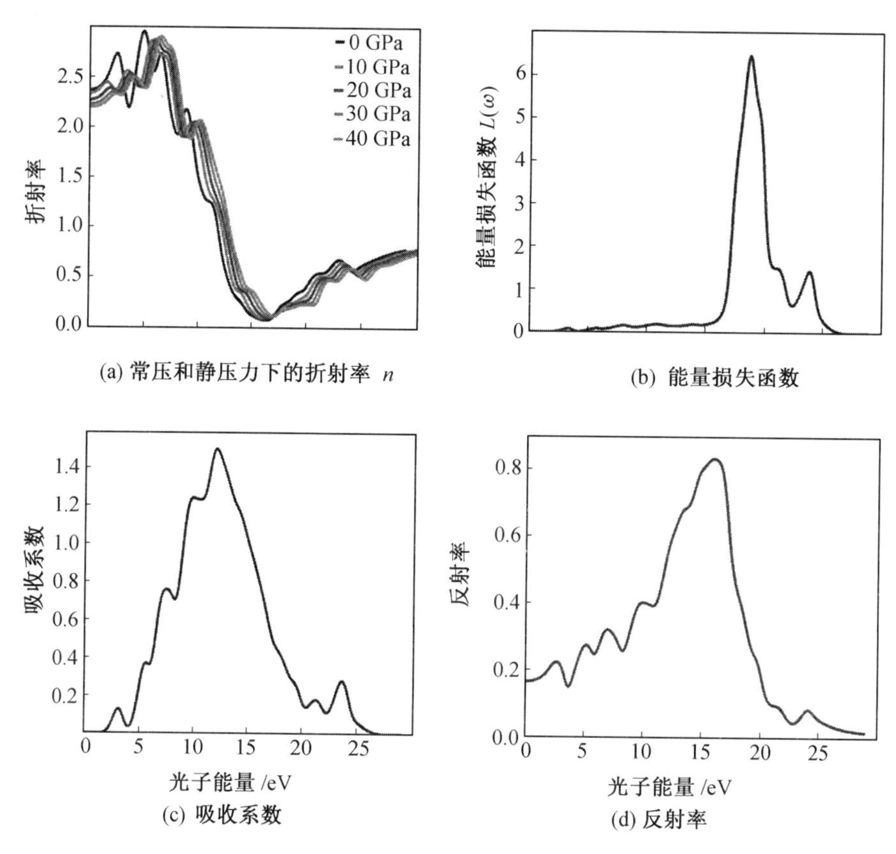

(a) 常压和静压力下的折射率 n

(b) 能量损失函数

(c) 吸收系数

(d) 反射率

图 10.5 常压和静压力下的折射率、能量损失函数、吸收系数和反射率

值则比一些第一性原理的理论计算值稍高[51, 54]但仍然与实验值符合得很好[56]，折射率的压力导数是负值，可以预测在应力作用下材料的变形，由于折射率的压力导数没有实验数值可以对比，因此只能与其他的理论值进行对比，我们计算的折射率的压力导数的数值与其他第一性原理计算的数值相近，见表 10.5。

复介电常数可以推导出其他的物理性质如能量损失函数($L(\omega)$)、吸收系数、反射率等，如前所述。$L(\omega)$是一个重要的参量用来估算材料介质中移动电子的能量的耗散，突起的峰是由于在等离子体共振和相应频率ω_p的相互作用产生的，$L(\omega)$峰与反射谱的后沿相关，如图 10.5(b)所示。能量损失函数在 $\varepsilon_1=0$ 时达到最大值，而 ε_2 基本上是平的。在(100) 方向，闪锌矿的 GaN 是唯一在能量范围(0 ~ 1.94 eV)电磁辐射透过的，而吸收系数是0，从1.942 eV开始，随电磁辐射能量增加而增加，直到12 eV，如图10.5(c)所示。这个极大吸收对应于的ε_1极小。折射率在这个能量范围内也是下降的趋势，实部开始增加，在16.6 eV接近于0，这里折射率达到其最小值。在这个能量，反射率(R)和$L(\omega)$接近它们的最大值。能量高于20 eV时，材料表现出透明性反射系数接近于0。这证实了原先的理论计算[28]预测的在紫外和可见区域几乎接近于0的吸收。

表10.5 介电常数，折射率以及折射率的压力系数计算值 $10^{-2}\,\mathrm{GPa}^{-1}$

计算方法	介电常数 (ε_1)	反射率 (n)	$\frac{1}{n}\left(\frac{\mathrm{d}n}{\mathrm{d}p}\right)$
本工作	5.58	2.36	−0.18
GGA	5.71 [49]	—	—
—	5.47 [50]	2.31 [54]	
LDA-FPLAPW	5.49 [52]	2.34	−0.28
LDA-LMTO	4.78 [53]	—	−0.20
LDA-non Relativistic LAPW	5.005 [54]	2.24	−0.19
实验	5.7 [55]	2.34 [59]	

10.2 六方GaN的电学、力学、光学性能的理论计算

10.2.1 引 言

GaN半导体具有优异的物理性能如大的电离性，高的热导率，高热容以及3.5eV的宽带隙等[57]。这些物理性能使其在微电子以及光电子领域具有潜在的应用。它的结构性能是很显著的。存在两种不同的结构即六方和立方结构。在室温下，GaN的六方结构是最稳定的，生长于立方衬底上的立方结构闪锌矿结构则不是稳定结构[58]。两种结构具有相似的带隙，组成原子的半径差别比较大(Ga:0.126 nm，N:0.075 nm)，电负性差别也很大(Ga:1.8，N:3.0)，除了这两种结构外，还有第三种结构称为岩盐结构GaN[59,60]，它是由六方GaN在压力为47 GPa转化而成的。

现代电致发光器件[61,62]由量子大小及多层异质结构组成，制备这样

的结构所依赖的关键参数是异质结的势能,而它是取决于电子和机械性能(弹性常数)。为了提高这些器件的效率,弹性常数性能的知识很关键。这些弹性常数通常是通过超声测量和布里渊谱来测量,弹性连续理论[63]用来确定赝外延薄膜及薄 Ga 和 N 层自由超晶格应变态下的形变,这不仅可以对带结构有更好的理解,而且可以指导我们去调整上述应用中用到的其他物理性质。直至现在,弹性常数性能只有零星的实验[64-66]和理论数据[67-68],还鲜少为人所知。因此,有必要对于弹性常数的性质进行系统的研究,包括压力的影响,以与实验得到的数据进行比较。

尽管 GaN 是个很热门的材料,但关于晶格动力学理论与实验仍然缺乏。对于半导体密度泛函理论(DFT)使用局域密度近似和面波赝势方法[69]是一个可靠的计算声子的方法。最近,线性响应技术[70,71]用来计算声子通过布里渊区的频率,具有良好的精度和速度。该技术得到的结果与中子衍射数据相近,其他的物理量如比热容、电声子相互作用、热膨胀、电阻、超导等可以从这些数据中提取。为探索 GaN 中的声子变形势,可采用双轴应变下用拉曼光谱或红外反射研究光声子[64,72-75],或者使用载流子浓度[76],或者采用 GaN 高频模 E_2[77]计算应力应变系数。尽管有不少关于 GaN 的研究,但其振动性质依然所知甚少。对于没有极化的零中心声子,采用第一性原理,用混合基方法[78]或线性 muffin-tin 轨道方法[79,80]研究外压作用下的性能[60,81,82]。

本章首先采用广义梯度近似结合超软赝势给出六方 GaN 的基本结构,弹性常数以及晶格动力学性质,不同于以前的研究,现可用有限位移法进行声子计算。在上面提到的第一性计算中[69-83],力学常数采用密度泛函微扰理论(DFPT)加上 LMTO 或者 LDA 势或线性响应计算,但 CASTEP 基于原子在其平衡位位移一个小量时力的数值微分实施另一个计划(有限位移法),这种情形可以在 DFPT 方法不能用时进行,例如,计算金属或磁性体系的声子耗散,或者使用超软赝势时必须使用。这是第一个在广义梯度近似和超软赝势中研究结构,弹性系数及进行声子计算。

10.2.2 计算步骤

第一性原理计算在密度泛函理论(DFT)中作用于面波赝势方法,采用广义梯度近似考虑电子交换相关能量[83],采用超软赝势方法得到 Ga 和 N

的赝势[84]，由于 Ga 3d 电子在 Ga 中对于带结构的影响，将其作为价电子考虑。电子波函数采用面波为基，扩展其截止能为 390 eV，在这个截止能下，发现结构可以很好地优化，采用 Broyden－Fletcher－ Goldfarb－Sheno (BFGS)方法，总能量收敛小于 0.1 mev/nm，每原子残余力 0.2 mev/nm，Monkhorst 包 3×3×3 格子[23-24]用于全布里渊区，由于六方结构 GaN 是一种半导体，仅 6 个特别的 K 点获得收敛。

为了获得基本的性能，总能量作为单元格体积 V 的函数要达到最小，对于六方 GaN，总能量最小化需要两步，因为有 3 个独立的参数，晶格常数 a，c 和内部参数 U。这个总能量作为一个体积函数拟合到 Murnaghan 态方程中[85]，重要的基本性能如平衡体积 V，体模量 B 和它的压力微分就可以估算到。

采用有限位移方法[86]在密度泛函微扰理论下（DFPT）来计算声子频率，该方法中，原子从平均位置位移，作用于原子上的力用数值中心差分法来计算，根据晶体和对称性，CASTEP 法计算诸如位移的优化值，这些位移的量很小，对声子频率近于线性响应，截止能和收敛参数计算与上述相同。

10.2.3　结果与计论

1. 结构性质

六方 GaN 的基本性质定义为晶格常数 a 和 c 以及内部参数 u，在这些参数下总能量最小化，所以力 F_z 沿着 z 轴作用于原子，应力张量的对角元素（σ_x，σ_y，σ_z）消去，总能量相对于体积的最小化的数据拟合下面的三阶 Birch Murnaghan 态方程中[90]。

$$P(V) = 1.5B_0[(V_0/V)^{\frac{7}{3}} - (V_0/V)^{\frac{5}{3}}] \times \{1 + 0.75(B' - 4)[(V_0/V)^{\frac{2}{3}} - 1]\} \tag{10.12}$$

式中，B' 是体模量 B_0 的一阶压力导数；V_0 是 0 压力下的平衡体积。结构常数在 0 压力时的体模量以及它的压力导数见表 10.6。

表 10.6 六方 GaN 的结构参数对比

方法及文献	a	c/a	u	B_0	B'
本计算	3.232847	1.617	0.3774	173	4.2
实验[87]	3.189	1.626 34		188	3.2
实验[89]				245	4.0
其他计算					
80	3.143	1.626	0.377	215	5.9
91	3.170	1.620	0.379	207	4.5
92	3.126	1.638	0.377	190	4.0
93	3.221	1.616	0.376	176.5	4.37
94	3.245	1.634	0.376	172	5.11

表 10.6 给出了计算结果与实验值[87-89]和理论结果[90-93]的对比,计算得到的晶格常数 a 大约高了 1.3%,c/a 为 1.617 ,低于实验值[87]和 LDA 的计算值[90-92,93],但与 GGA 近似方法的得到的高度一致[92]。内部参数(u)接近理想值 0.375,与其他结果十分吻合[90-93],我们通过 Birch Murnaghan 态方程计算的体模量值的结果是 173 GPa,与 Xia 等人的实验结果[88]以及其他第一性原理计算值[91-93]十分吻合,但与 M. Ueno[89]等人的实验结果比,则相差很大,与其他 LDA 计算结果相比[90-91],该结果仅低估了几个百分点,由于实验结果本身的不一致高达 25%,很难判断我们的结果与两种实验结果相比的准确性,但总体来说,计算结果与其他计算结果仅只有几个百分点的差别[88,90-93],与一个实验结果吻合得很好,所以我们认为我们的结果与 DFT 计算结果准确一致。体积模量的压力导数总体与实验值[89]以及其他理论结果[91-93]一致。

图 10.6 给出了晶格常数和轴比(c/a)对应压力的关系,很明显从 10.6(a)图中可以看出晶格常数随压力增加到 52 GPa 而单调下降,实验上[89]晶格常数也呈单调下降的趋势,因为加上了压力的自然属性计算但略有高估。从图中还可以明显看出,压力的影响在压力值达到 52 GPa 时显著地接近实验值。轴比则基本上没有什么变化,与文献[94]以及实验[89]相一致但略微低估。

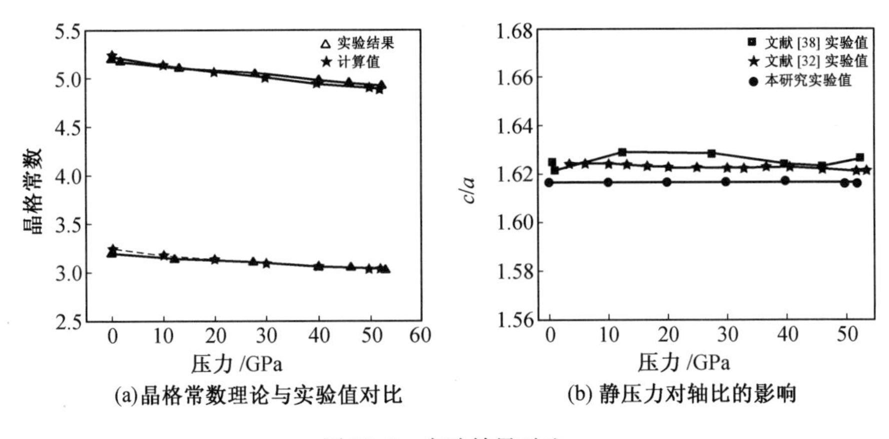

(a)晶格常数理论与实验值对比　　(b) 静压力对轴比的影响

图 10.6　实验结果对比

图 10.7 给出了相对体积以及内部参数随压力的变化，相对体积随压力增加到 50 GPa 是单调下降的，但在 52 GPa 时观察到一个突降，这种突降证实了在这个压力下从六方 GaN 向岩盐相的相变产生，相对于平衡体积，体积变化值估计为 17.84%，这个体积变化值与 Masaki Ueno[89] 的实验结果高度吻合，这进一步证实了在 52 GPa 的压力下键长的突然变化，如图 10.8 所示。图 10.8 代表了平行和垂直于 c 轴的键长，平衡键长为 0.197 3 nm，与 Palummo[95] 采用第一性原理方法计算得到的结果(0.193 nm)相类似。图 10.8 给出的平行和垂直于 c 轴的键长随着压力的增加而降低，在 52 GPa 时有一个突变，可能就是因为在该压力下六方 GaN 向岩盐结构转变引起的。外压作用下，键角近似保持常数，与 J. M. Wagner[95] 等人的

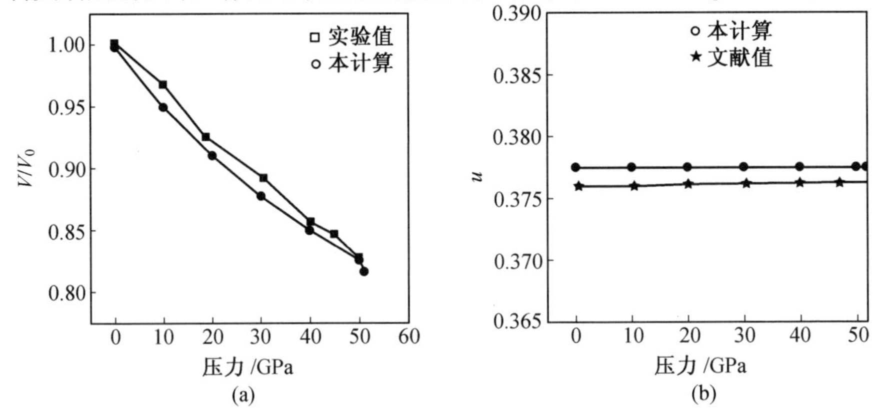

(a)　　(b)

图 10.7　压力对相对体积及内部参数的影响

理论计算结果一致,所以我们没有给出图形。

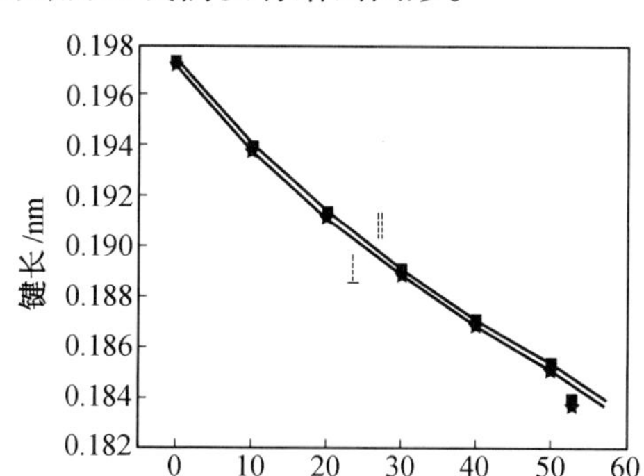

图 10.8 压力对平行和垂直键长的影响

2. 弹性常数

弹性常数对于表征 GaN 的晶体对于外力的响应是很重要的,GaN 在常温常压下是一个六方的晶体,具有 5 个非 0 和独立的弹性常数,c_{11}、c_{12}、c_{13}、c_{33} 和 c_{44},而应力张量 $\sigma_{\alpha\beta}$ 与位伸分量是线性相关的,表示如下:

$$\begin{bmatrix}\sigma_{xx}\\\sigma_{yy}\\\sigma_{zz}\\\sigma_{yz}\\\sigma_{zx}\\\sigma_{xy}\end{bmatrix}=\begin{bmatrix}c_{11}&c_{12}&c_{13}&0&0&0\\c_{12}&c_{11}&c_{13}&0&0&0\\c_{13}&c_{13}&c_{33}&0&0&0\\0&0&0&c_{44}&0&0\\0&0&0&0&c_{44}&0\\0&0&0&0&0&c_{66}\end{bmatrix}\begin{bmatrix}\varepsilon_{xx}\\\varepsilon_{yy}\\\varepsilon_{zz}\\\varepsilon_{yz}\\\varepsilon_{zx}\\\varepsilon_{xy}\end{bmatrix}\tag{10.13}$$

这里 1, 2, 3, 4, 5, 6 分别代表 xx、yy、zz、zx、xy 和 x、y 和 z 矩阵方向,每个晶胞单元体积的弹性能由下式表示。

$$E=\frac{c_{11}}{2}(\varepsilon_{xx}^2+\varepsilon_{yy}^2)+\frac{c_{33}}{2}\varepsilon_{zz}^2+c_{12}\varepsilon_{xx}\varepsilon_{yy}+c_{13}(\varepsilon_{xx}+\varepsilon_{yy})\varepsilon_{zz}+ 2c_{44}(\varepsilon_{yz}^2+\varepsilon_{zx}^2)+2c_{66}\varepsilon_{xy}^2\tag{10.14}$$

由弹性常数理论计算的弹性常数总结见表 10.7。

表 10.7　六方 GaN 的弹性常数

计算方法	c_{11}	c_{12}	c_{13}	c_{33}	c_{44}	B
本工作	329	109	80	357	91	176
	(341)	(125)	(56)	(410)	(80)	(174)
实验						
文献[64]	…	…	96	324	…	175
文献[65]	…	…	80.4	387	…	192
文献[66]	…	…	158	267	…	195
文献[96]	…	…	98	389	…	201
文献[68]	390±15	145±20	106±20	398±20	105±10	210
文献[97]	374	106	70	379	101	180
文献[98]	296±18	130±10	158±5	267±17	24±2	195
第一性原理计算						
文献[99]	…	…	104	414	…	207
文献[100]	367	135	103	405	95	202
文献[80]	(396)	(144)	(100)	(392)	(91)	(207)

这里体模量可以通过下式进行计算

$$B=\frac{c_{33}(c_{11}+c_{12})-2(c_{13})^2}{c_{11}+c_{12}-4c_{13}+2c_{33}} \tag{10.15}$$

也可采用报道的[102]立方 GaN 的弹性常数通过 Martin 变形[102]来计算六方 GaN 的弹性常数,即

$$c_{11}^h=\frac{1}{6}(3c_{11,c}+3c_{12,c}+6c_{44,c})-3\delta^2/(c_{11,c}-c_{12,c}+c_{44,c}) \tag{10.16}$$

$$c_{12}^h=\frac{1}{6}(c_{11,c}+5c_{12,c}-2c_{44,c})+3\delta^2/(c_{11,c}-c_{12,c}+c_{44,c}) \tag{10.17}$$

$$c_{13}^h=\frac{1}{6}(2c_{11,c}+4c_{12,c}-4c_{44,c}) \tag{10.18}$$

$$c_{33}^h=\frac{1}{6}(2c_{11,c}+4c_{12,c}+8c_{44,c}) \tag{10.19}$$

$$c_{44}^{h} = \frac{1}{6}(2c_{11,c} - 2c_{12,c} + 2c_{44,c}) - 6\delta^2/(c_{11,c} - c_{12,c} + 4c_{44,c}) \quad (10.10)$$

而

$$\delta^2 = \frac{\sqrt{2}}{6}(c_{11,c} - c_{12,c} - 2c_{44,c}) \quad (10.21)$$

这里方程的右边包含六方结构弹性模量(上标 h),通过立方结构 GaN 的弹性模量(下标 c)来计算,上述方程的第二项是对立方和六方体积差别的补偿。

计算得到的弹性常数(c_{13},c_{33})十分接近实验计算值[64-66],可以通过不同的实验方法测量得到弹性常数数据,如 Sheleg 和 Savastenko 等[98]采用温度依赖性的方法来宽化 GaN 粉末,Takagi 等[97]和 Polian 等[68]则采用布里渊区散射实验,这些数据相当分散,表明结果并不十分准确。第一性原理 DFT 计算方法加上局域密度近似是常用的计算方法,我们关于弹性常数的结果特别是 c_{13} 低于这些结果几个百分点。通过式(10.14)计算的体模量 176 GPa 接近于不同实验[64-66,96]及理论[80,99-100]得到的结果 。从表 10.7 可以看到,结果与实验和其他的从头算结果相比总体是低估的,但由于弹性常数本身异常分散,所以采用 USP 计算得到的结果是可接受的,而且方法上是独特的。

通过上述的 Martin[102]方程计算得到的六方结构弹性常数列于表10.7中的括号中,计算的 c_{11}^{h}、c_{12}^{h} 和 c_{33}^{h} 数值与应力应变理论计算的结果相比有所改善,与实验及理论结果相比更好地一致,如表中所示,但 c_{13} 和 c_{14} 值与应力应变计算值比变小了,与通过 Martin 变换得到的值相比,该结果与 Kim[80]的结果非常相近,除了较小的 c_{13} 值,但对于 GGA 势,由于平衡晶格参数的高估,结果是略微低估的。

这里,通过弹性常数计算了[100]和[001]面的声波速度,见表 10.7,在[100]面,剪切波具有一纵和两横分量,计算采用下式:

[100]面的纵波速率(V_{L})

$$V_{\mathrm{L}} = \left(\frac{c_{11}}{\rho}\right)^{\frac{1}{2}} \quad (10.22)$$

[100]面的横波速率($V_{\mathrm{T},[001]}$)沿[001]极化方向

$$V_{\mathrm{T},[001]} = \left(\frac{c_{44}}{\rho}\right)^{\frac{1}{2}} \quad (10.23)$$

[100] 面横波速率沿[010] 极化方向

$$V_{T,[010]} = \left(\frac{c_{11} - c_{12}}{2\rho}\right)^{\frac{1}{2}} \tag{10.24}$$

[001] 面的纵波速率(V_l)

$$V_l = \left(\frac{c_{33}}{\rho}\right)^{\frac{1}{2}} \tag{10.25}$$

[001] 面的横波速率（V_t）

$$V_t = \left(\frac{c_{44}}{\rho}\right)^{\frac{1}{2}} \tag{10.26}$$

这些波速与理论计算值进行比较[109]，见表 10.8。

表 10.8　声波速率比较 10^5　　cm/sec

平面	模式	本计算	其他计算[103]
[100]	V_L	7.47 (7.6169)	7.96
	$V_{T,[001]}$	3.902 (3.680)	4.13
	$V_{T,[010]}$	4.322 (4.28)	6.31
[001]	V_l	7.776 (8.345)	8.04
	V_t	3.90 (3.686)	4.13

括号中相应的速率值是采用 Martin 变换方法通过弹性常数计算得到的。

表 10.8 证实了通过 Martin 变换弹性常数计算的声速 V_L、$V_{T,[001]}$ 和 V_l 比由于通过较小的 c_{11} 和 c_{12} 弹性常数计算的数值与 Truel[103] 等人的计算结果更加一致，但总的来说，这些结果相对于其他结果更可信。

为了估算由于压力产生的拉伸，减小单元晶胞的弹性能，用拉伸分量（ε_{xx} 或 ε_{zz}）作为比体积变化$\frac{\Delta v}{v_0}$，对应于比体积变化$\frac{\Delta v}{v_0}$产生的应变为

$$\varepsilon_{xx} = \frac{c_{33} - c_{13}}{c_{11} + c_{12} - 4c_{13} + 2c_{33}} \frac{\Delta v}{v_0} \tag{10.27}$$

$$\varepsilon_{zz} = \frac{c_{11} + c_{12} - 2c_{13}}{c_{11} + c_{12} - 4c_{13} + 2c_{33}} \frac{\Delta v}{v_0} \tag{10.28}$$

$\left(\frac{\varepsilon_{xx}}{\frac{\Delta v}{v_0}}\right)$ 和 $\left(\frac{\varepsilon_{zz}}{\frac{\Delta v}{v_0}}\right)$ 对于六方 GaN 在压力下的计算，其值代入表 10.9 与已有文献

进行对比。

表 10.9　压力下的$\frac{\varepsilon_{xx}}{\frac{\Delta v}{v_0}}$和$\frac{\varepsilon_{zz}}{\frac{\Delta v}{v_0}}$对比

量	本计算		实验	其他理论结果			
			文献[68]	文献[100]	文献[80]	文献[98]	文献[99]
$\varepsilon_{xx}/(\Delta v/v_0)$	0.3329	0.333)	0.322	0.336	0.316	0.332	0.323
$\varepsilon_{zz}/(\Delta v/v_0)$	0.334	(0.340 8)	0.356	0.329	0.368	0.335	0.355

注:括号中的数值是通过 Martin 变换弹性常数得到的

明显的,表 10.9 中两种计算结果与实验值[68] 以及第一性原理计算值[86,97,98,100] 均高度吻合。

3. 声子计算

六方 GaN 的声子计算主要采用密度泛函微扰理论加以局域密度近似,采用冻结核近似或通过线性响应计算得到。直至现在没有人采用有限位移方法来计算声子耗散和高对称方向的声子态密度,采用有限位移方法(超晶胞方法)结合广义梯度近似,采用超软赝势计算声子频率。有限位移计算一个超晶胞,0.3 nm 截止半径包围的球体,直接产生所有的力常数矩阵中的所有非 0 组元。因此,只有 $q=(0,0,0)$ (Γ 点) 的电子满足这种条件,其他非零 q 值被消去了。CASTEP 方法对每个原子进行轻微的位移,用 SCF 方法计算扰动体系的力,下面描述的中心差方法用于计算正负方向的力常数,如

$$\frac{\mathrm{d}F_{k,a}}{\mathrm{d}u}=\frac{\mathrm{d}F_{k,a}{}^{+}-\mathrm{d}F_{k,a}{}^{-}}{2u} \tag{10.29}$$

这个计算将导出整个力矩阵的列,因此,首先最小化扰动,然后扩展计算到整个力矩阵中,假定空间电荷是对称的。这些计算是有效和快速的,如同线性响应计算一样,但该法在计算对应于 LO - TO 分裂的非分析项与线性响应法相比有一定的局限性,这种情况下,缺少 LO - TO 项只有 TO 模计算是可靠的。

六方 GaN 属于 C_{6v}^4 空间群,素晶胞中含 4 个原子,六方结构中的声子计算比立方结构 GaN 复杂,晶胞体积增加,轴对称增加,六方 GaN 有 12 个声子分支,其中 6 个是拉曼活性的,4 个是红外活性的。

计算的声子频率总结见表 10.10,包括一些实验[60,107,109,110] 和从头算结果[78,90,104-107]。

表 10.10　零中心声子频率对比

模	本计算			文献报导				实验			
	[104]	[78]	[90]	[105]	[106]	[107]	[108]	[60]	[109]	[110]	
E_2^1	143	136	146	143	150	138	185	144	144	145	143
B_1^1	327	332	335	337	330	334	526				
A_1(TO)	510	534	534	541	537	550	544	533	531	533	533
E_1(TO)	530	556	556	568	555	572	566	558	560	561	559
E_2^h	539	565	560	579	558	574	557	568	568	570	568
B_1^h	659	689	697	720	677	690	584				

计算的数值 E_2^1 与实验[60,108-110] 及理论[78,90,104-107] 结果相当一致。B_1^1 尽管没有实验数据，但数值与其他理论结果[78,90,104-107] 很一致，除了 Shimada[107] 的结果，他的结果明显是高估了。我们的计算值 A(TO)，E_1(TO) 和 E_2^h 与实验测量[60,108-110] 相比分别低估了 5%、6% 和 2.6% ~ 8%，与其他 LDA 理论结果类似。而 B_1^h 与其他理论结果有 4.3% 的差别，这种以 DFPT 为基础 LDA 计算的差别可能是由于采用了其他的 GGA，高估了晶格常数，因此与 LDA 结果相比有微少的低估。TO 模的角关系，Bungaro[106] 等采用 $[\omega_{TO}(E_1) - \omega_{TO}(A_1)]/\omega_{TO}(E_1)$ 来描述，这种角度关系是六方 GaN 各向异性的度量，其计算值为 0.037 7，与 Saib[104] 得到的 0.04 很接近。声子频率与压力的关系如图 10.9 所示，这里，所有的声子频率，除了 E_2^1 随压力增加而增加，$\omega_{TO}(E_1)$ 变化的速率大于 $\omega_{TO}(A_1)$ 的，与 Saib[104] 的结果一致，这里导出一个事实，TO 模随着压力而增加，晶体的各向异性也必须增加。

体积随着声子频率的变化可以通过 Gruneisen 参数(γ_j) 来评估，其定义如下：

$$\gamma_j = \frac{-\mathrm{d}\ln \omega_j}{\mathrm{d}\ln V} = B_0 \frac{\mathrm{d}\ln \omega_j}{\mathrm{d}p} \tag{10.30}$$

式中，ω_j 代表对于特定模 j 的声子频率；B_0 是 0 压力下的体模量。

利用上述公式，我们得到了 Gruneisen 参数，结果列于表 10.11。为了分析计算结果，表中也包括了已有的实验和理论计算值。

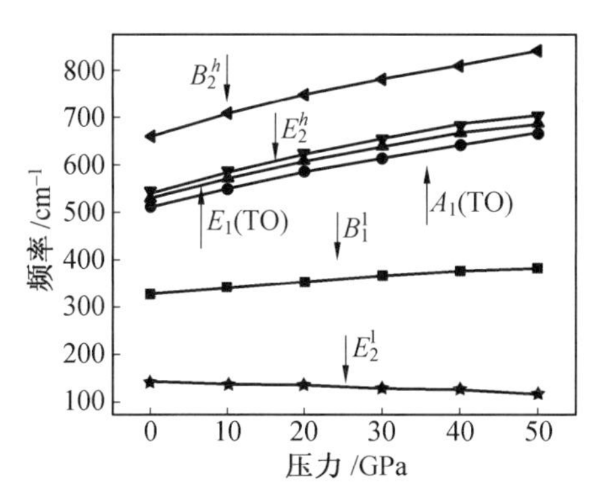

图 10.9 声子频率与压力的关系

表 10.11 六方 GaN 的 Gruneisen 参数 (γ_j)

模	本计算	实验		其他计算		
		文献[111]	文献[112]	文献[104]	文献[82]	文献[105]
E_2^1	-0.48	-0.4	-0.43	-0.4	-0.35	-0.20
B_1^1	0.81			0.94	0.99	1.04
A_1(TO)	1.42	1.51	1.18	1.51	1.21	1.52
E_1(TO)	1.403	1.41	1.61	1.47	1.19	1.48
E_2^h	1.514	1.50	1.80	1.56	1.28	1.60
B_1^h	1.35	1.30	1.29			

该表给出了我们计算的 E_2^1、E_1(TO) 和 E_2^h 频率的 Gruneisen 参数,与实验值[111] 非常一致,由于没有实验上的 B_1^1 和 B_1^h Gruneisen 参数,比较了与已有的理论计算结果,发现非常一致[104]。

与 Perlin 的实验值[112] 比较,计算得到的 E_1(TO) 和 E_2^h 的 Gruneisen 参数有些低估,而 A_1(TO) 则高估,它与 Wagner[82] 的结果相比有些高估,但与文献[105] 相比则比较一致。

所以总体来说,基于 GGA 结合超软赝势的研究可以认为是对于声子计算的一个很好的补充。

表 10.12 总结了计算的相关声子频率的一阶(α) 和二阶(β) 导数。将一些实验以及 DFT 计算的结果作为比较放在其中,这些力常数通过拟合作 0 中心声子频率与相应的压力的关系,采用下面的方程计算

$$\omega(p) = \omega(0) + \alpha p + \beta p^2 \tag{10.31}$$

表10.12　光学0中心声子的一阶和二阶压力系数比较 $\alpha(cm^{-1} \cdot GPa^{-1})$ 和 $\beta(cm^{-1} \cdot GPa^{-2})$

模	本计算		实验值		其他计算值			
			文献[60]		文献[79]		文献[104]	
	α	β	α	β	α	β	α	β
E_2^1	-0.398	-0.000 2			-0.015	0.006	-0.28	-0.003 87
B_1^1	1.45	-0.005			1.72	-0.007	1.60	-0.010 32
$A_1(TO)$	4.16	-0.023	3.99	0.035	4.08	0.024	4.07	-0.018 48
$E_1(TO)$	4.2	-0.02			4.10	0.013	4.13	-0.019 04
E_2^h	5.00	-0.03	4.63	-0.01	4.46	0.018	4.51	-0.020 04
B_1^h	5.21	-0.041 5			4.36	0.033	4.54	-0.019 33

对于E_2^1模没有实验数据，由其他的第一性原理计算，该结果略有高估，E_2^1模的声子频率是负的，代表随着压力的增加其体积是变小的，$\alpha+\beta$的和大于文献[104]中给出的相对较大的变化，而其他的一阶导数$\alpha=\frac{\partial\omega}{\partial p}$是正值，这些结果与其他的计算结果是一致的，除了$E_2^h$和$B_1^h$，它们与其他计算相比，略有高估。

10.3　Co掺杂的立方GaN的电、磁、光性能模拟

10.3.1　引　言

现代信息技术，高频器件以及集成电路主要依赖于半导体，这里电子电荷起重要作用，磁存储器件如硬盘、磁光盘和磁带依赖于铁磁材料，这里电子自旋是关键因素。因此，可以自然地想到一个混合系统，这些功能混合到一起提高电子器件的效能，可以同时处理和贮存数据。这个任务已经通过引入自旋电子学获得实现，即要求将已有的半导体通过掺入不同的过渡金属变成磁性半导体，一般称为稀磁半导体(DMS)。基于Ⅲ-Ⅴ氮化物的稀磁半导体当然是自旋电子学的一部分。Furdyna等[113]明确了过渡金属的d电子和宿主离子的s、p电子的相互作用是引起DMS材料磁性和光

电性能的主因[114-116]。(Ga, Mn) N[117]作为该类材料的一种,因为其室温(~250 K)铁磁特性已经引起了人们的广泛关注。最近钠通量法[118]用于制备 Cr 掺杂的单晶体,在Ⅲ-Ⅴ氮化物中进行了大量研究,Tao Zhi-Kuo[119]研究了 Fe 掺杂的 GaN, Munawar 等[120-122]进行了 Ni 和 Co 掺杂的 GaN, 声称实现了室温铁磁性。Dietal 等[123]首次采用密度泛函理论研究 Mn 掺杂Ⅲ-Ⅴ半导体,采用双交换 Zener 模型[124],接着非直接交换相互作用,由磁性杂质引起的虚拟电子激发被用来解释载流子介导的铁磁性。以 DFT 透视载流子导致的铁磁性可以有效地用从头算的方法[125-127]来预测,用超晶胞方法通过阳离子替换杂质离子以及随机替换相关势近似。值得一提的是与已很好描述的砷化物相比氮化物中的交换作用的物理以及铁磁性是相当复杂的。

本研究致力于用超晶胞方法来研究(Ga, Co)N 。开始用一个 Co 原子来取代 64 个原子的超晶胞中的阳离子位来观察其与相邻原子的耦合效应,通过分析其能带结构、态密度和光学性质与纯 GaN 对比。然后通过引入两个和 3 个 Co 原子来取代 Ga 原子,将掺杂浓度提高到 3% 和 4% ,有效解释掺杂浓度的影响,揭示掺杂原子和宿主原子的交换作用。掺杂的 Co 原子位于 0. 314 nm 距离处,足够探讨铁磁耦合效应[128]。Co 掺杂的 GaN 显示出半金属行为,这对于自旋电子学材料是必需的,增加 Co 的浓度引起自旋极化进而磁矩降低,耦合带结构模型给出了丰富的关于掺杂浓度在 GaN 中作用的信息,吸收边出现了红移,与实验值一致。

10.3.2 计算方法

这里考虑 GaN 超晶胞 64 个原子,然后一个、两个、3 个 Ga 原子被 Co 原子取代,对于两掺杂和三掺杂 Co 原子的临界距离保持在 0. 314 nm,铁磁耦合的最小距离估计为 0. 27 nm[128]。在计算中,采用实验晶格常数(a=0. 319 0 nm,c=0. 518 9 nm, c/a=1. 626 6)[129]。单位晶胞包含两个 Ga 原子,分别占据(0, 0, 0) 和(2/3, 1/3, 1/2)位, N 原子占据(0, 0, 3/8) 和(2/3, 1/3, 7/8)位。Perdew-Burke Ernzerhof (GGA-PBE)[130]提出的广义梯度近似用来考虑电子-电子交换相互作用而超软赝势方法[131]用来考虑电子离子交换相互作用,自旋极化密度泛函理论用于 CASTEP 码中。为研究 Co 掺杂 GaN 的电学、磁学以及光学性质,平面波基组的电子波函数的膨胀设置截止能为390 eV，$3\times3\times5$ k点的Monkhorst包格子用来观察对于布里渊区一体化已足够，掺杂结构和晶格参数以及原子位置迭代优化晶胞中的混合空间和晶胞的自由度，这种迭代过程直到每原子力小于0.003 eV/nm，能量收敛限是1.0×10^{-5} eV/atom，优化的结构接着用来计算Co掺杂的GaN的结构，及分析电学、磁学和光学性能。

10.3.3　结构和讨论

(Ga, Co)N几何优化的平衡晶格常数为$a=0.322$ nm、$c=0.525$ nm，与实验值($a=0.319\ 0$ nm，$c=0.518\ 9$ nm)[131]相近，显示掺杂后发生的变化很小，由于Co(0.067 nm)离子半径比Ga(0.055 nm)[132-133]离子半径略大，这种高估是可以预期的。c/a轴比这种情况下是1.63，而纯六方GaN的值是1.626 6[130]，Co—N和Ga—N的键长分别为0.197 4 nm和0.197 5 nm，如果与Bath和Hedin提出的局域密度近似计算的Co—N键长(0.194 6 nm)和Ga—N实验值键长0.195 nm[134]相比，有一定的高估。这种晶格常数和键长的高估在广义梯度近似中是典型的现象[135]。

一个过渡金属(TM)孤立态在空间的不同方向包含5个简并轨道(d_{xy}、d_{xz}、d_{yz}、d_{z^2}和$d_{x^2-y^2}$)，当它在Ⅲ-Ⅴ氮化物半导体的阳离子位置进行取代时，由于与配体原子(这时候是N原子)上的电子的哥伦布排斥作用，这种简并被破坏了，d能级根据四面体晶体场理论分裂为两个能级。在这种情形下，t_{2g}态(d_{xy}、d_{xz}和d_{yz})被推向更高的能量，而e_g态($d_{x^2-y^2}$、d_{z^2})以较低的能量留在底部，因为阴离子哥伦布排斥能较小。这意味着TM特别是Co在Ⅲ-Ⅴ氮化物半导体提供3个电子以及总是存在的高自旋态。

如图10.10所示为纯GaN和(Ga, Co)N的带隙结构，少子自旋(图10.10(b))与纯GaN(1.70 eV)相比显示出明显的带隙减小，该值与实验值3.4 eV相比明显低估，这个带隙是半金属的，多子自旋属于半导体，而少子自旋是金属性的，在费米能级以下具有足够的Co 3d态。

采用态密度(DOS)方法进一步估算Co掺杂GaN的带隙结构，如图10.11所示，总的自旋DOS(图10.11(a))进一步证实了其半金属行为，自旋向上的电子是0，而自旋向下的电子是有限的，正如单个Co原子掺杂的GaN情形中所显示的。这种半金属性起源于Co 3d态和N 2p态的强杂化，由于部分态密度引入到带隙中，因而在宿主p和过渡金属d态具有明

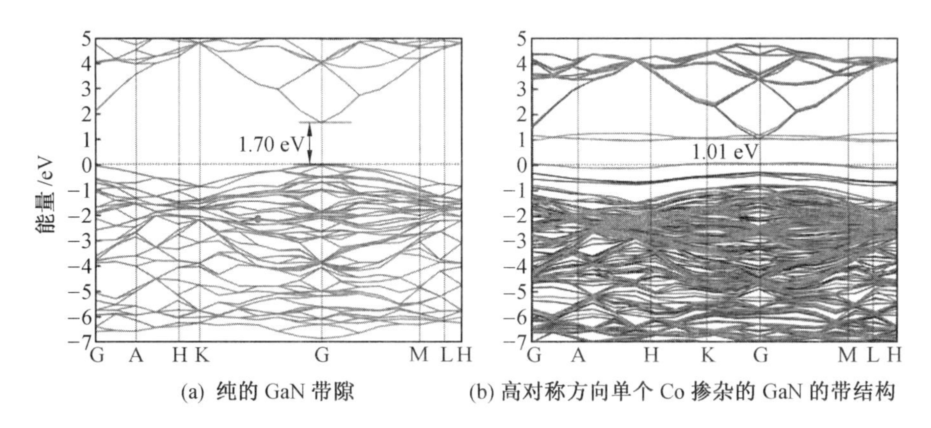

(a) 纯的 GaN 带隙　(b) 高对称方向单个 Co 掺杂的 GaN 的带结构

图 10.10　纯 GaN 和(Ga,Co)N 的带隙结构

显的杂化,结果,铁磁态很可能就发生了[136-137],这种极化进一步引起邻近的阴离子拥有一个合理的磁矩,每个 Co 原子的总磁矩是 0.8μ_B 而 3 个等距的 N 原子的总磁矩是 0.12μ_B,第四个 N 原子 0.11μ_B,在这种情形下,Co 的磁矩如果与实验值比较低估了 50%,对于单个 Co 原子掺杂,其他用局域近似理论研究由于不精确的占据 3d 过渡金属以及错误的导带位,显示出极度高估的磁矩值。最近,应力用于进行第一性原理计算非局域 LDA+U 势,考虑了许多矫正,如带隙矫正以及原位的哥伦布项, 这些矫正提高

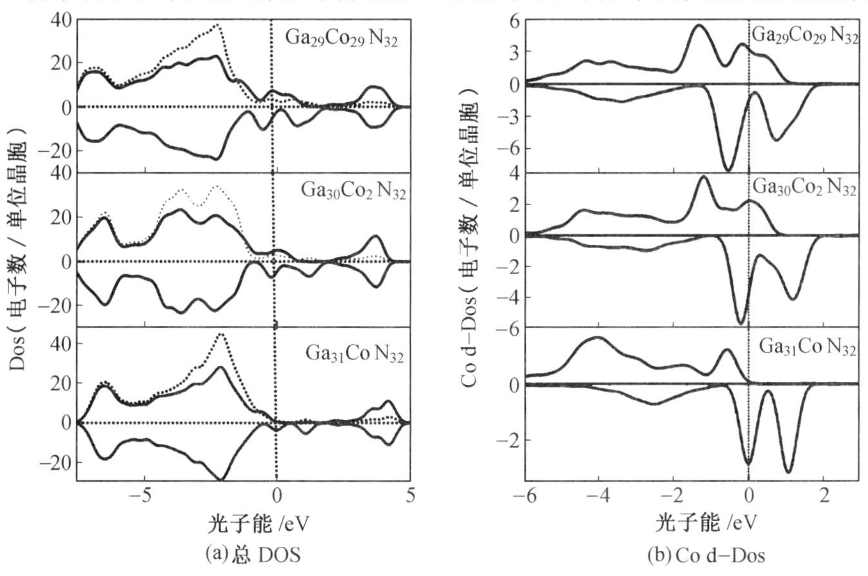

(a)总 DOS　(b)Co d-Dos

图 10.11　总 DOS 和掺杂的 GaN 的 Co d-DOS

了结果的质量,包括磁矩,但磁性杂质的非定域化以及空位之间的耦合是不受影响的[138-139]。因此,宁愿采用GGA-PBE方法,它在这些问题中可以提供足够精确的图像。

周围原子的磁矩是测量属于TM磁矩的离域性,而TM磁矩是取决于p-d杂化的,为了理解铁磁性的本质,自旋DOS起决定性的作用,当Ga被Co取代时,自旋向上的DOS被占据,而自旋向下的DOS或者是空的,或者部分占据,因此,很可能导致阴离子位的矩平行指向Co离子,相似的,Ga与N以及平行于N的载流子磁矩相互作用、耦合也是铁磁性的。从图10.11明显可以看出,当GaN被两个Co原子掺杂时,围绕费米能级的DOS增加和向低能移动,掺杂浓度(2.56%)增加反过来减小费米能级的净自旋极化,因为Co的磁矩是减小的,见表10.13。

表10.13 (Ga,Co)N的磁矩比较

物理量	Magnetic moments (μ_B)		
	1%	3%	4%
本计算	0.8	0.43	0.206
实验[121]	1.63	0.21	0.14
LDA-LMTO方法[121]	2.56	2.56	1.48

这个趋势是符合实验结果及第一性原理计算的[121],GGA-PBE方法总体上与实验相当吻合,与LDA-LMTO方法相比,后者高估很多,正如预期的,支持到相邻N原子的磁矩,在极化场减小时减小,这样两个Co原子耦合铁磁具有相等量的磁矩,Co原子的相互作用是长程的,由于处于GaN宿主位中磁矩被调制。当增加3个Co原子到GaN中取代Ga时,杂质浓度提高到4%,单个Co原子载带的磁矩是0.206μ_B,与实验值0.14μ_B[121]相近,而第一性原理计算预测一个高得多的值是1.48μ_B,DOS图中(图10.11)清楚地显示,费米能级附近的态密度增加向金属行为转变,小磁矩是由于在带隙区中存在3d Co态,正如Co d-DOS所证实(图10.11(b))。(Ga, Co) N中铁磁性的大小可以Wei等[140]提出的带耦合模型唯象地讨论,体系的能量增益归因于p-d耦合及d-d耦合[136],后者决定了与电子相比空穴移向高能端。在稳定FM态时空穴起重要的作用,空穴数量越多,铁磁性的状态越稳定。当一个Co原子掺入时,由于更大的磁矩以及

t_{2d}能级是半空的，铁磁相互作用是最大的，当杂质浓度增加时，磁矩以及交换相互作用减小，这种交换相互作用的减小意味着 d-d 分裂，其主要原因是由于杂质浓度的增加，电荷从 t_{2d}态移向 e_d态，t_{2d}态被推高显示 p-d 排斥增加。仔细检查 Co d-DOS ，显示 Co 浓度的增加确实宽化了 t_{2d}能级，因而体系变得更稳定。

Co 掺杂 GaN 可以改善光学性质（如吸收反射）和能量损失功能，因为它显著降低了其带隙。这些光学性质与电子声子相互作用相关，而电子空穴的激发作用是可以忽略的。这就是为什么通过 CASTEP 获得的谱可以粗略地估计出实际的吸收谱。图 10.12 显示纯 GaN 的吸收谱以及不同掺杂浓度下计算的吸收谱，该图证实了 Co 掺杂有效地移动了吸收边向低能方向，这些移动随着杂质浓度的增加而增加，这个事实与实验结果一致[121]，即在 GaN 半导体中，Co 杂质的引入会引起吸收边红移。

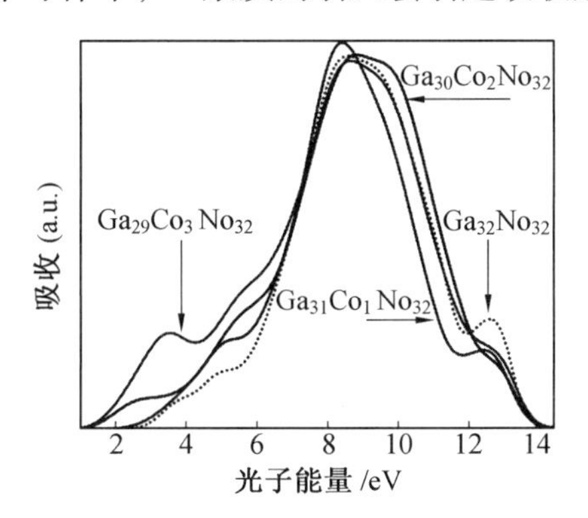

图 10.12　Co 掺杂 GaN 在不同掺杂浓度下的吸收谱

10.4　本章小结

本章中，Perdew - Wang 提出的广义梯度近似方法与超软赝势方法一起进行六方 GaN 结构、弹性常数、声子性质的计算，计算的晶格常数值与其他的 GGA 势相一致，但 LDA 方法相比有 1.3% 的高估。轴比与理想值相比有 0.6% 的低估，内部参数(u) 与理想值 0.375 相吻合，用 Murnaghan 方程计算的体模量是 173 GPa，与 Xia 的实验值(188 GPa) 一致，但与 M. Ueno 等的实验值(245 GPa) 相差很大。压力导数与实验及理论计算值相一致。晶格常数(a, c) 随压力增加而单边下降，轴比(c/a) 和内部参数

(u)保持不变，相对体积随着压力的增加而单边下降，但在52 GPa时有一突降，这是由于GaN从六方结构转变成岩盐结构的结果，平衡键长为0.197 3 nm接近实验值的0.193 nm。平行和垂直于c轴的键长随着压力的增加而降低，但在52 GPa时有一突变，这与GaN的相变相一致。

弹性常数通过Martin变换得到的数值与实验以及理论计算相吻合，除了c_{13}有一个较小值，用两种方法计算的体模量优于Murnaghan态方程近似。计算了[100]和[001]面的剪切声速，发现用Martin变换计算的声速V_L，$V_{T,[001]}$和V_l是可信的，采用体积变化比$\left(\frac{\varepsilon_{xx}}{\frac{\Delta v}{v_0}}\right)$和$\left(\frac{\varepsilon_{zz}}{\frac{\Delta v}{v_0}}\right)$计算的压力下的应变与实验及其他理论计算相一致。

声子计算采用“超晶格方法”，不同模的声子频率与实验值以及LDA计算值一致，这些结果显示与其他计算结果几个百分点的不同，使得该结果在DFT极限内是可信的，该结果与其他计算结果的差别可能是因为我们采用的晶格常数是几何优化值而不是实验值，由于采用的晶格常数是高估的，所以声子频率略有低估，为了决定晶格各向异性，角关系测量发现与Saib一致，声子频率的压力关系是随着压力上升而增加，除了E_2^1模，体积对声子频率的依赖Gruneisen参数(γ_j)来评价，与已有数据吻合，声子频率的一阶和二阶导数与实验及理论计算吻合。

(1)计算了电子能带结构，DOS，弹性常数，声波以及光学性质。带隙大约为1.681 eV，该数值比之前的理论计算值高很多，但与实验值比较仍然是低估的，DOS值较高，能级分布在费米能级周围的较小的区域内。总DOS随外压增加而降低。

(2)弹性常数与实验值以及其他的理论计算值都符合得很好，体模量和其他弹性常数除剪切模量外均随压力而线性降低，杨氏模量和泊松比均与其他理论值相近。

(3)弹性波速与Truell、R等人的计算很一致。

(4)介电常数和折射率是与电子能带结构一致的，分别为5.58和2.36，对应于实验值分别为5.7和2.34。折射率的压力系数与以前的计算结果近似。压力的影响表现出介电函数虚部(ε_2)峰向高值移动而峰形基本不变。复折射率随着压力的增加而降低，立方GaN在紫外和可见光区似乎是透明的。

本章还介绍了 Co 掺杂对于 GaN 电学、磁学和光学性质的影响，包括掺杂浓度的影响。Co 掺杂 GaN 的带结构是半金属，与纯 GaN 相比显著降低。PDOS 揭示这种半金属行为是由于在自旋向下轨道中有限的 Co d-DOS，单个 Co 掺杂 Ga 位的自旋极化是 100%，Co 磁矩计算是 0.8μ_B与实验值相当一致。当掺杂浓度从 1.56% 增加到 3% 和 4% 时，每个晶胞的 Co 磁矩和自旋极化降低，与实验观察一致。由于 Co 磁矩的降低，N 的磁矩不可避免地降低，因为费米能级的自旋极化降低。空穴在稳定 FM 态中起重要作用，空穴数量越多，铁磁态越稳定，当单个 Co 原子掺杂时，由于更高的磁矩以及半充满的 t_{2d}能级铁磁相互作用是最高的，当掺杂浓度增加时，磁矩以及相互交换作用降低，产生 d-d 分裂以及电荷从 t_{2d}向 e_d移动，t_{2d}态被推高，p-d 排斥增加。空穴浓度及价带宽度随着掺杂浓度的增加而增加，掺杂稳定性也增加，掺杂体系的吸收边随着掺杂浓度的增加而红移，与实验观察一致。

参考文献

[1] CHRISTENSEN N E, GORCZYCA I. Calculated structural phase transitions of aluminum nitride under pressure[J]. Phys. Rev. B., 1993, 47: 4307.

[2] KHAN M A, SHUR M S, CHEN Q C, et al. Low frequency noise in GaN metal oxide semiconductor field effect transistors[J]. Electron Lett., 1994, 30, 2175.

[3] AKTAS O, KIM W, FAN Z, et al. High transconductance-normally-off GaN modfets[J]. Electron Lett., 1995, 31, 1389.

[4] NAKAMURA S, FASOL G. The blue laser diode[M]. Berlin and Heidelberg: Springer Verlag, 1997.

[5] FASOL G. Longer live for the blue laser[J]. Science, 1997, 278: 1902.

[6] PANKOVE J I. Luminescence in GaN[J]. J. Lumin, 1973, 7: 14-126.

[7] KESAMANLY F P. Gallium nitride: band structure, properties, and potential applications[J]. Sov. Phys. Semicond, 1974, 8: 147.

[8] NAKAMURA S, ISAWA N, SENOH M, et al. Thermal annealing effects

on p-type Mg-doped GaN films[J]. Jpn. J. Appl. Phys., 1992, 31: 139.

[9] KIM W, AKTAS O, BOTCHKAREV A E, et al. Materials characteristics and growth kinetics[J]. J. Appl. Phys., 1996, 79:7657.

[10] YANG H, BRANDT O, WASSERMEIER M, et al. Evaluation of the surface stoichiometry during molecular beam epitaxy of cubic GaN on (001) GaAs[J]. Appl. Phys. Lett., 1996, 68:244.

[11] PAYNE, M C TETER, M P, ALLAN D C, et al. Iterative minimization techniques forab initio total-energy calculations: molecular dynamics and conjugate gradients[J]. Rev. Mod. Phys., 1992, 64:1045-1097.

[12] WRIGHT A F, NELSON J S. Explicit treatment of the gallium 3d electrons in GaN using the plane-wave pseudopotential method [J]. Phys. Rev. B., 1994, 50:2159.

[13] PALUMMO L, REINING R W, GODBY C M, et al. Electronic structure of cubic GaN with self-energy corrections[J]. Europhys. Lett., 1994, 26:607.

[14] PANDEY R, JAFFE J E, HARRISON N M. Ab initio study of high pressure phase transition in GaN[J]. J. Phys. Chem. Solids, 1994, 55:1357.

[15] FIORENTINI V, METHFESSEL M, SCHEFFLER M. Electronic and structural properties of GaN by the full-potential linear muffin-tin orbitals method: the role of the d electrons[J]. Phys. Rev. B., 1993, 47: 13353.

[16] CHRISTENSEN N E, GORCZYCA I. Optical and structural properties of III-V nitrides under preassure[J]. Phys. Rev. B., 1994, 50 :4397.

[17] LAMBRECHT W R L, SEGALL B, STRITE S, et al. X-ray photoelectron spectroscopy and theory of the valence band and semicore Ga 3d states in GaN[J]. Phys. Rev. B., 1994, 50:14155.

[18] XU Y N, CHING W Y. Electronic, optical, and structural properties of some wurtzite crystals [J]. Phys. Rev. B., 1993, 48:4335.

[19] PERDEW J P, LEVY M. Physical content of the exact kohn-sham orbital

energies: band gaps and derivative discontinuities [J]. Phys. Rev. Lett., 1983, 51:1884.

[20] SHAM L J, SCHLUTER M. Density-functional theory of the energy gap [J]. Phys. Rev. Lett., 1983, 51:1888.

[21] KLEINMAN L, BYLANDER D M. Efficacious form for model pseudopotentials[J]. Phys. Rev. Lett., 1982, 48:1425 - 1428.

[22] PERDEW J P, CHEVARY J A, VOSKO S H, et al. Atoms, molecules, solids, and surfaces: Applications of the generalized gradient approximation for exchange and correlation[J]. Phys. Rev. B., 1992, 46:6671.

[23] MONKHORST H J, PACK J D. Special points for brillouin-zone integrations[J]. Phys. Rev. B., 1976, 13:5188.

[24] MONKHORST H J, PACK J D. Special points for brillouin-zone integrations—a reply[J]. Phys. Rev. B., 1977, 16:1748.

[25] STAMP C, VAN DE WALLE C G. Density-functional calculations for III-V nitrides using the local-density approximation and the generalized gradient approximation[J]. Phys. Rev. B., 1999, 59:5521.

[26] RUBIO ANGEL, CORKILL JENNIFER L, COHEN MARVIN L, et al. Quasiparticle band structure of AlN and GaN [J]. Phys. Rev. B., 1993, 48:11810.

[27] CHRISTENSEN N E, GORCZYCA I. Optical and structural properties of III-V nitrides under pressure[J]. Phys. Rev. B., 1994, 50:4397.

[28] LI SHUTI, OUYANG CHUYING. First principles study of wurtzite and zinc blende GaN: a comparison of the electronic and optical properties [J]. Physics letter A, 2005, 336:145-151.

[29] SURH M P, LOUIE S G, COHEN M L. Quasiparticle energies for cubic BN, BP and bas[J]. Phys. Rev. B., 1991, 43:9126.

[30] RUBIO J L, CORKILL M L, COHEN E L. Quasiparticle band structure of AlN and GaN[J]. Phys. Rev. B., 1993, 48:11810.

[31] VOGEL DIRK, KRUGER PETER, POLLMAN JOHANNES. Structural and electronic properties of group-III nitrides [J]. Phys. Rev. B., 1997, 55:12836.

[32] FIORENTINI VINCENZO, METHFESSEL MICHAEL, SCHEFFLER MATHIAS. Electronic and structural properties of GaN by the full-potential linear muffin-tin orbitals method: the role of the d electrons[J]. Phys. Rev. B., 1993, 47:13353.

[33] DING S A, NEUHOLD G, WEAVER J H, et al. Electronic structure of cubic gallium nitride films grown on GaAs[J]. J. Vac. Sci. Technol. A, 1996, 14:819.

[34] ARBOUCHE O, BELGOUMENE B, SOUDINI B, et al. First principles study of the relative stability and the electronic properties of GaN[J]. Com. Mater. Sci., 2009, 47:432- 438.

[35] PAISLEY M J, SITAR Z, POSTHILL J B, et al. Growth of cubic phase gallium nitride by modified molecular - beam epitaxy[J]. J. Vac. Sci. Technol. A, 1989, 7:701.

[36] MURNAGHAN F D. The compressibility of media under extreme pressures[J]. Proc. Natl. Acad. Sci., 1944, 30:244.

[37] RIGHT A F. Elastic properties of zinc-blende and wurtzite AlN, GaN, and InN [J]. J. Appl. Phys., 1997, 82:2833.

[38] ME SHERWIN, DRUMMOND T. Predicted elastic constants and critical layer thicknesses for cubic phase AlN, GaN, and InN on SiC[J]. J Appl Phys., 1991, 69, 8423.

[39] KIM K, LAMBRECHT R L, SEGALL B. Electronic structure of GaN with strain and phonon distortions[J]. Phys. Rev. B., 1994, 50:1502.

[40] KIM K, LAMBRECHT W R L, SEGALL B. Elastic constants and related properties of tetrahedrally bonded BN, AlN, GaN, and InN[J]. Phys. Rev. B., 1996, 53:16 310.

[41] SHMIDA K, SOTA T, SUZUKI K. First-principles study on electronic and elastic properties of BN, AlN, and GaN[J]. J. Appl Phys., 1998, 84:4951.

[42] YIP S, LI J, WANG TANG J. Mechanistic aspects and atomic-level consequences of elastic instabilities in homogeneous crystals[J]. Mater.

Sci. Eng, A, 2001:317.

[43] SIN'KO G V, SMIMOV A. Ab initio calculations of elastic constants and thermodynamic properties of bcc, fcc, and hcp Al crystals under pressure[J]. J. Phys; Condens, Matter, 2002 , 14:6989.

[44] POLIAN ALAIN, GRIMSDITCH MARCOS. High-pressure elastic properties of gallium phosphide[J]. Phys. Rev. B. , 1999, 60:1468.

[45] RIMAI D S, SLADEK R J. Elastic moduli and mode gammas of GaP: Their relationship to those of other isomorphic crystals and the high pressure structural-electrical transition[J]. Solid State Commun, 1979, 30: 591.

[46] YOĞURTCÇU Y K, MILLER J, SAUNDERS G A. Pressure dependence of elastic behaviour and force constants of GaP[J]. J. Phys. Chem. Solids, 1981A, 42:49–56.

[47] TRUELL R, ELBAUM C, CHICK B B. Ultrasonic methods in solid state physics[M] . New York:Academic Press, 1969.

[48] CHARLES KITTLE. Introduction to solid state physics by kittle[M] . New York:John & willey sons, 1996.

[49] GAVRILENKO V I, WU R Q. Linear and nonlinear optical properties of group-III nitrides[J]. Phys. Rev. B. , 2000, 61:2632.

[50] CHIN V W L, TANSLEY T L, OSOTCHAN T. Electron mobilities in gallium,indium,and aluminum nitrides[J]. J. Appl. Phys. , 1994, 75: 7365-7372.

[51] MOSS T S. A relationship between the refractive index and the infra-red threshold of sensitivity for photoconductors[J]. Proc. Phys. Soc. B. , 1950, 63:167.

[52] BERRAH S, ABID H, BOUKORTT A. The first principle calculation of electronic and optical properties of AlN, GaN and InN compounds under hydrostatic pressure[J]. Semiconductor Phys. Quantum Electronics & Optoelectronics, 2006, 9 (2):12-16.

[53] CHRISTENSEN N E. Gorczyca I. Optical and structural properties of III-V nitrides under pressure[J]. Phys. Rev. B. , 1994, 50:4397.

[54] RIANE A, ZAOUI S F, MATAR A ABDICHE. Pressure dependence of electronic and optical properties of Zinc-blende GaN, BN and their $B_{0.25}Ga_{0.75}N$ alloy[J]. Physica B. , 2010, 405:985-989.

[55] PERLIN P, GORCZYCA I, CHRISTEN N E, et al. Pressure studies of gallium nitride:Crystal growth and fundamental electronic properties[J]. Phys. Rev. B. , 1992, 45:13 307.

[56] KOHLER U, AS D J, SCHOTTTKER B, et al. Optical constants of cubic GaN in the energy range of 1. 5 ~ 3. 7 eV[J]. J. Appl. Phys. , 1999, 85:404.

[57] AKASAKI I, AMANO H. P-type conduction in Mg-doped GaN treated with low-energy electron beam irradiation (LEEBI)[J]. Japan. J. Appl. Phys. , 1989, 28:L 2112.

[58] CHOI EUN-AE, CHANG K J. Stability of the cubic phase in GaN doped with 3d-transition metal ions[J]. Physica B. 2007, 401:319-322.

[59] PERLIN P, JAUBERTHIE-CARILLON C, LTI J P, et al. High pressure phase transition in in gallium nitride[J]. High Pressure Res. , 1991, 7: 96.

[60] PERLIN P, JAUBERTHIE CARILLON C, LTI J P, et al. Raman scattering and X-ray-absorption spectroscopy in gallium nitride under high pressure[J]. Phys. Rev. B. , 1992, 45:83.

[61] VURGAFTMAN I, MEYER J R. Band parameters for nitrogen-containing semiconductors[J]. J. Appl. Phys. , 2003, 94:3675.

[62] NAKAMURA S , FASOL G. The blue laser diode—GaN based light emitters and lasers [M] . Berlin:Springer, 1997.

[63] BRANTLEY W A. Calculated elastic constants for stress problems associated with semiconductor devices[J]. J. Appl. Phys. , 1973, 44:534.

[64] DAVYDOV V YU, KITAEV YU E, GONCHARUK I N, et al. Phonon dispersion and raman scattering in hexagonal GaN and AlN[J]. Phys. Rev. B. , 1998, 58:12 899.

[65] DEGUCHI T, ICHIRYU D, TOSHIKAWA K, et al. Structural and vibrational properties of GaN[J]. J. Appl. Phys. , 1999, 86:1860.

[66] SAVASTENKO V A, SHELEG A U. Study of the elastic properties of gallium nitride[J]. Phys. Status Solidi A, 1978, 48:K135.

[67] WAGNER J M, BECHSTEDT F. Properties of strained wurtzite GaN and AlN: ab initio studies[J]. Phys. Rev. B., 2002, 66:115202.

[68] POLIAN A, GRIMSDITCH M, GRZEGORY I. Elastic constants of gallium nitride[J]. J. Appl. Phys., 1996, 79:3343.

[69] PICKETT W E. Pseudopotential methods in condensed matter applications Comput[J]. Phys. Rep., 1989, 9:115.

[70] BARONI S, GIANNOZZI P, TESTA A. Green's-function approach to linear response in solids[J]. Phys. Rev. Lett., 1987, 58:1861.

[71] KING-SMITH D, NEEDDS R J. Atomic relaxation in silicon carbide polytypes[J]. J. Phys. Condens. Matter, 1990, 2:3431.

[72] MANCHON D, BARKER A, DEAN S P J, et al. Optical studies of the phonons and electrons in gallium nitride[J]. Solid State Commun, 1970, 8:1227.

[73] GIEHLER M, RAMSTEINER M, BRANDT O, et al. Optical phonons of hexagonal and cubic GaN studied by infrared transmission and Raman spectroscopy[J]. Appl. Phys. Lett., 1995, 67:733.

[74] BARKER A S, ILEGEMS M. Infrared lattice vibrations and free-electron dispersion in GaN[J]. Phys. Rev. B., 1973, 7:743.

[75] DEMANGEOT F, FRANDON J, RENUCCI M A, et al. Raman study of resonance effects in $Ga_{1-x}Al_xN$ solid solutions[J]. MRS Internet J. Nitride Semicond. Res., 1998, 3:52.

[76] WIESER N, KLOSE M, DASSOW R, et al. On the role of thermal strain for micro-Raman determination of carrier concentrations in MOVPE-n-GaN[J]. Mater. Sci. Eng., B, 1997, 50:88-92.

[77] KLOSE M, WIESER N, ROHR G C, et al. Strain investigations of wurtzite GaN by Raman phonon diagnostics with photoluminescence supplement[J]. J. Cryst. Growth, 1998: 189-190, 634-638.

[78] MIWA K, FUKUMOTO A. First-principles calculation of the structural, electronic, and vibrational properties of gallium nitride and aluminum ni-

tride[J]. Phys. Rev. B., 1993, 48:7897.

[79] KIM K, LAMBRECHET W R, SEGALL B. Electronic structure of GaN with strain and phonon distortions[J]. Phys. Rev. B., 1994, 50:1502.

[80] KIM K, LAMBRECHET W R, SEGALL B. Elastic constants and related properties of tetrahedrally bonded BN, AlN, GaN, and InN[J]. Phys. Rev. B., 1996, 53:16310.

[81] PERLIN P, SUSKI T, AGER J W, et al. Transverse effective charge and its pressure dependence in GaN single crystals[J]. Phys. Rev. B., 1999, 60:1480.

[82] WAGNER J M, BECHSTEDT F. Pressure dependence of the dielectric and lattice-dynamical properties of GaN and AlN[J]. Phys. Rev. B., 2000, 62:4526.

[83] PERDEW J P, CHEVARY J A, VOSKO S H, et al. Atoms, molecules, solids, and surfaces: applications of the generalized gradient approximation for exchange and correlation[J]. Phys. Rev. B., 1992, 46:6671-6687.

[84] VANDERBILT D. Soft self-consistent pseudopotentials in a generalized eigenvalue formalism[J]. Phys. Rev. B., 1990, 41:7892-7895

[85] MURNAGHANF D. Soft self-consistent pseudopotentials in generalized eigenvalue formalism[J]. Proc. Natl. Acad. Sci., 1944, 30:244.

[86] MONTANARI B, HARRISON N M. Lattice dynamics of TiO_2 rutile[J]. Chem. Phys. Lett., 2002, 364:528-534.

[87] MARUSKA H P, TIETJEN J J. The preparation and properties of vapor-deposited single-crystal-line GaN[J]. Appl. Phys. Lett., 1969, 15:327.

[88] XIA H, XIA Q, RUOFF A L. Pressure-induced rocksalt phase of aluminum nitride: a metastable structure at ambient condition[J]. Phys. Rev. B., 1993, 47:12925.

[89] UENO M, YOSHIDA M, ONODERA A, et al. Stability of the wurtzite-type structure under high pressure: GaN and InN[J]. Phys. Rev. B.,

1994, 49:14.

[90] KARCH K, WAGNER J M, BECHSTEDT F. Ab initio study of structural, dielectric, and dynamical properties of GaN[J]. Phys. Rev. B., 1998, 57:7043.

[91] VAN CAMP P E, VAN DOREN V E, DEVREESE J T. High pressure structural phase transformation in gallium nitride[J]. Solid State Commun, 1992, 81:23-26.

[92] ARBOUCHE O, BELGOUMENE B, SOUDINI B, et al. First principles study of the relative stability and the electronic properties of GaN[J]. Comp. Mat. Sci., 2009, 47:432-438.

[93] STAMP C, VAN DE WALLS C G. Density-functional calculations for III-V nitrides using the local-density approximation and the generalized gradient approximation[J]. Phys. Rev. B., 1999, 59:5521.

[94] WAGNER J M, BECHSTEDT F. Pressure dependence of the dielectric and lattice-dynamical properties of GaN and AlN[J]. Phys. Rev. B., 2000-I, 62:7.

[95] PALUMMO MAURIZIA, BERTONI CARLO M, REINING LUCIA, et al. The electronic structure of gallium nitride[J]. Physica B., 1993, 185:404-409.

[96] REEBER R R, WANG K. Lattice parameters and thermal expansion of GaN[J]. Journal of Materials Research, 2000, 15, 1:40-44.

[97] TAKAGI Y, AHART M, AZUHATA T, et al. Brillouin scattering study in the GaN epitaxial layer[J]. Physica B., 1996, 219:547.

[98] SHELEG A U, SAVASTENKO V A, AKAD I Z V, et al. Neorg[J]. Mater, 1979, 15:1598.

[99] WAGNER J M, BECHSTEDT F. Properties of strained wurtzite GaN and AlN:Ab initio studies[J]. Phys. Rev. B., 2002, 66:115202.

[100] RIGHT A F. Elastic properties of zinc-blende and wurtzite AlN, GaN, and InN [J]. J. Appl. Phys., 1997, 82:6.

[101] USMAN ZAHID, CAO C B, NABI GHULAM, et al. First principle electronic, elastic and optical study of cubic gallium nitride[J]. The

Journal of Physical Chemistry A., 2011, 115:6622-6628.

[102] MARTIN R M. Relation between elastic tensors of wurtzite and zinc-blende structure materials[J]. Phys. Rev. B., 1972, 6:4546.

[103] TRUELL R, ELBAUM C, CHICK B B. Ultrasonic methods in solid state physics[M]. New York:Academic Press, 1969.

[104] SAIB S, BOUARISSA N, RODRIGUEZ P, et al. Lattice vibration spectrum of GaN from first-principle calculations[J]. Semicond. Sci. Technol., 2009, 24:025007.

[105] GORCZYCA I, CHRISTENSEN N E, PELZER Y BLANC'A E L, et al. Optical phonon modes in GaN and AlN[J]. Phys. Rev. B., 1995, 51:11936.

[106] BUNGARO C, RAPCEWICZ K, BERNHOLC J. Ab initio phonon dispersions of wurtzite AlN, GaN, and InN[J]. Phys. Rev. B., 2000, 61:6720.

[107] SHIMADA K, SOTA T, SUZUKI K. First-principles study on electronic and elastic properties of BN, AlN, and GaN [J]. J. Appl. Phys., 1998, 84:4951.

[108] NAKAHARA J, KURODA T, AMANO H, et al. In ninth symposium record of alloy semiconductor physics and electronics[C]. Japan:Izunagaoka, 1990.

[109] FILIPPIDIS L, SIEGLE H, HOFFMANN A, et al. Raman frequencies and augular aluminum nitride and gallium nitride[J]. Phys. Status Solidi B., 1996, 198:621.

[110] CINGOLANI A, FERRARA M, LUGAR'A M, et al. First order Raman scattering is GaN[J]. Solid State Commun, 1986, 58:823-824.

[111] SIEGLE H, GǑNI A R, THOMSEN C, et al. Gallium nitride and related materials II (MRS symposia proceedings No. 468)[C]. Pittsburgh, PA:Materials Research Society, 1997.

[112] PERLIN P, POLIAN A, ITIE J P, et al. Physical properties of GaN and AlN under pressures up to 0.5 Mbar[J]. Physica B., 1993, 185:426.

[113] FURDYNA J K. Diluted magnetic semiconductors[J]. J. Appl. Phys., 1988, 64:R29.

[114] OHNO H. Making nonmagnetic semiconductors ferromagnetic[J]. Science 1998, 281:951.

[115] AWSCHALOM D D. Magnetoelectronics-teaching magnets new tricks [J]. Nature, 2000, 408:923.

[116] WOLF S A, AWSCHALOM D D, BUHRMAN R A, et al. Spintronics: A spin-based electronics vision for the future[J]. Science, 2001, 294: 1488.

[117] THEODOROPOLPU N, HEBARD A F, OVERBERGM E, et al. Magnetic and structural properties of Mn-implanted GaN[J]. Appl. Phys. Lett., 2001a, 78:3475.

[118] PARK S E, LEE H J, CHO Y C, et al. Room-temperature ferromagnetism in Cr-doped GaN single crystals[J]. Appl. Phys. Lett., 2002, 80:4187.

[119] TAO Z K, ZHANG R, CHI X G, et al. Optical and magnetic properties of fe-doped gan diluted magnetic semiconductors prepared by MOCVD method[J]. Chin. Phys. Lett., 2008, 25:1476.

[120] MUNAWAR BASHA S, RAMASUBRAMANIAN S, THANGAVEL R, et al. Magnetic properties of Ni doped gallium nitride with vacancy induced defect[J]. J. Magnetism and Magnetic Mater, 2010, 322 :238.

[121] MUNAWAR BASHA S, RAMASUBRAMANIAN S, RAJAGOPALAN M, et al. Investigations on cobalt doped GaN for spintronic applications [J]. J. Crystal Grwowth, 2011, 318:432.

[122] LEE J S, LIM J D, KHIM Z G, et al. Magnetic and structural properties of Co, Cr, V ion-implanted GaN[J]. J. Appl. Phys., 2013, 93: 4512.

[123] DIETAL T. Ferromagnetic semiconductors[J]. Semicond. Sci. Technol., 2002, 17:377.

[124] ZENER C. Interaction between the d-shells in the transition metals. II. ferromagnetic compounds of manganese with perovskite structure[J].

Phys. Rev., 1951, 82:403.

[125] LITINOV V I, DUGAEV V K. Ferromagnetism in magnetically doped III-V semiconductors[J]. Phys. Rev. Lett., 2001, 86 :5593.

[126] SATO K, KATAYAMA-YOSHIDA H. First principles materials design for semiconductor spintronics[J]. Semicond. Sci. Technol., 2002, 17:367.

[127] VAN SCHILFGAARDE M, MRYASOV O N. Anomalous exchange interactions in III-V dilute magnetic semiconductors[J]. Phys. Rev. B., 2001, 63:233205.

[128] DAS G P, RAO B K, JENA P. Ferromagnetism in Cr-doped GaN: a first-principles calculation[J]. Phys. Rev. B., 2004, 69:214422.

[129] RINKE P, WINKELNKEMPER M, QTEISH A, et al. Consistent set of band parameters for the group-III nitrides AlN, GaN, and InN[J]. Phys. Rev. B., 2008, 77:075202.

[130] JAFFE J E, SNYDER J A, LIN Z, et al. LDA and GGA calculations for high-pressure phase transitions in ZnO and MgO[J]. Phys. Rev. B., 2000, 62:1660.

[131] VANDERBILT D. Soft self-consistent pseudopotentials in generalized eigenvalue formalism[J]. Phys. Rev. B., 1990, 41:7892.

[132] AHRENS L H. The use of ionization potentials Part 1: lonic radii of the elements[J]. Geochim. Cosmochim. Acta, 1952, 2:155.

[133] PAULING L. The nature of the chemical bond[M]. Published by Ithaca:Cornell University Press, 1961.

[134] VURGAFTMAN I, MEYER J R, RAM-MOHAN L R. Lattice vibration spectrum of GaN from first-principle calculations[J]. J. Appl. Phys., 2001, 89:5815.

[135] STAMPFL C, VAN DE WALLE C G. Density functional calculations for III-V nitrides using local density approximation and the generalized gradient approximation[J]. Phys. Rev. B., 1999, 59:5521.

[136] AKAI H. Ferromagnetism and its stability in the diluted magnetic semiconductor (In, Mn)As[J]. Phys. Rev. Lett., 1998, 81:3002.

[137] SATO K, DEDERICHS P H, KATAYAMA-YOSHIDA H, et al. Exchange interactions in diluted magnetic semiconductors[J]. J. Phys. Condens. Matter, 2004, 16 :S5491.

[138] GAO F, HU J, YANG C, et al. First-principles study of magnetism driven by intrinsic defects in MgO[J]. Solid State Commun, 2009, 149:855.

[139] SINGH R. Ab initio investigation of local magnetic structures around substitutional 3d transition metal impurities at cation sites in III - V and II - VI semiconductors[J]. J. Magnet. & Mag. Mater., 2010, 322:290.

[140] DALPIAN G M, WEI S H, GONG X G, et al. Phenomenological band structure model of magnetic coupling in semiconductors[J]. Solid Stat. Comm., 2006, 138:353.

第 11 章　AlN 纳米结构的可控制备与表征

11.1 引　言

一维纳米结构材料由于其独特的结构与物理性能不仅对基础研究起着重要的作用,在未来的技术领域同样存在着许多潜在的应用[1-3]。近 20 年来,各种一维纳米结构的合成引起研究人员的广泛关注,并取得了长足的发展,如,纳米管[4]、纳米线[5]、纳米带[6]、分支结构[7,8]等均已通过各种方法被制备出来。然而为了进一步将这些一维纳米材料组装成功能化的纳器件,实现对这些材料的可控生长从而调控其物理性能是十分必要的,如,尺寸、形貌、生长取向等。然而到目前为止,在纳米材料制备领域,这仍然是个巨大的挑战。

AlN(AlN)作为一种Ⅲ-Ⅴ族化合物半导体,一般以六方晶系中的纤锌矿结构存在,有许多优异的性能,诸如高的热传导性、低的热膨胀系数、高的电绝缘性质、高的介质击穿强度、优异的机械强度、优异的化学稳定性和低毒害性、良好的光学性能等[9]。由于 AlN 有诸多优异性能,带隙宽、极化强,禁带宽度为 6.2 eV,使其在机械、微电子、光学,以及电子元器件、声表面波器件(SAW)制造、高频宽带通信和功率半导体器件等领域有着广阔的应用前景。近年来,由于实验发现 AlN 具有很低甚至负的电子亲和势[10-12],使其在外加电场的情况下很容易发射出电子,因而极有可能在场发射器件中得到应用。在场发射材料的制备中,发射材料的长径比及其密度是影响其发射性能的两个关键因素。因此,如何制备长径比和密度可控的一维 AlN 纳米结构阵列成为当前研究的热点之一[13-15]。尽管到目前为止已经有几个研究小组制备出各种形貌的有序一维 AlN 纳米结构,如纳米锥[16,17]、纳米棒[18]和类梳状纳米结构[19],然而很少有关于对一维 AlN 纳米结构阵列长径比和尺寸进行可控制备的研究报道。此外,形貌新奇的纳米结构由于可能应用于未来的纳系统[20]及相关的自组装研究[7,21]中也同样颇受关注。然而与形貌丰富的 ZnO 纳米材料相比[20],目前有关 AlN 的新奇的纳米结构报道还非常少[18,19]。

本章采用 CVD 法成功制备得到了 AlN 纳米锥阵列,同时首次制备得到新奇的 AlN 刷状及花状结构。通过调节生长时间和温度,成功实现了对 AlN 纳米锥长径比的调控。这对于其将来在场发射器件中的应用将起着重要的作用。另外,通过调节生长时间和衬底取向,还获得了 AlN 刷状和花状复杂纳米结构。这不仅使 AlN 纳米材料家族更为丰富,同时在未来纳器件及自组装研究中有着潜在的应用。值得一提的是这种 AlN 刷状纳米结构并不依赖于衬底,这使得它更加容易地被组装到各种器件中。另外,从制备 AlN 纳米结构的方法上看,它们都使用了催化剂[16-18]或得到产物为多晶材料[18]。与之相比,我们采用的方法更为简单有效,并且不需要任何催化剂。

11.2 实验部分

11.2.1 实验设备和试剂

如图 11.1 是制备 AlN 纳米材料的设备示意图。该设备为一水平管式高温电阻炉(GSL1400X),管内插入一根石英管(ϕ30 mm×600 mm),管两端密封后,通入反应气体,气体进口一端有一套流量控制装置(转子流量计)调节气体的流量,气体出口一端可以连接真空泵装置,原料装载到一个氧化铝陶瓷舟内,在反应前抽真空排除管内空气。

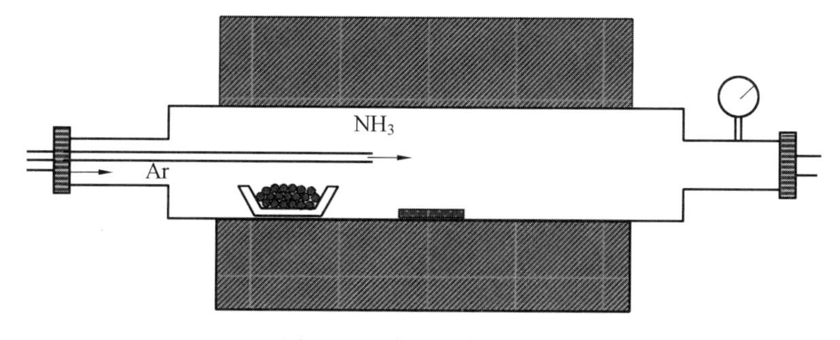

图 11.1 实验设备示意图

实验所需的试剂与仪器：

无水三氯化铝($AlCl_3$)，分析纯，北京化学试剂公司；

无水乙醇，分析纯，北京化工总厂；

Ar 气(Ar)，纯度大于 99.99%，北京普莱克斯实用气体有限公司；

氨气(NH_3)，纯度大于 99.9%，北京普莱克斯实用气体有限公司；

单面抛光单晶硅 Si(100)和(111)，天津半导体研究所；

石英管，中科院物理所；

氧化铝陶瓷舟，北京大华陶瓷厂；

GSL1600X 真空管式高温电阻炉，洛阳威达高温仪器有限公司；

KQ-250E 医用超声波清洗器，上海昆山超声仪器有限公司。

11.2.2　实验过程

首先将 Si 衬底放在乙醇溶液中超声清洗 5 min，再反复用蒸馏水清洗，然后吹干待用。以 $AlCl_3$ 和 NH_3 分别作为铝源和氮源。将适量 $AlCl_3$ 置于陶瓷舟中，再将陶瓷舟放于石英管的上气流端，其温度约为 150 ℃。清洗后的 Si 衬底置于石英管的中部，距铝源约 20 cm。将石英管两端密封，并用 Ar 气反复清洗 5 min，然后将炉子加热到所需温度，并在该温度下保持所需时间，其中 NH_3 和 Ar 气流量分别为 100 sccm 和 200 sccm，沉积气压为一个大气压。我们主要考查了以下 3 个实验条件的影响：生长温度(650 ~ 800 ℃)，生长时间(1 ~ 60 min)和 Si 衬底的取向(111)和(100)。

11.2.3　结果表征

对于所得产物，可以采用 X-ray 粉末衍射仪(XRD，Philips X′pert PRO diffractometer)确定产物的物相结构与相纯度，使用标准 $\theta \sim 2\theta$ 扫描方法，以 Cu 靶 $K\alpha_1$ 辐射线，波长为 $\lambda = 0.154\ 18$ nm，扫描角度为 20° ~ 65°。

采用 HitachiS-4800 型扫描电子显微镜(SEM)观察产物的形貌与结构特征；为了不破坏产物的原始形貌，扫描电镜的样品是直接将产物置于样品台上用导电胶粘牢，并利用 OxfordINCA 能量色散 X 射线谱仪(EDS)对产物进行成分分析。

采用 TecnaiF30 型透射电子显微镜(TEM)表征产物的微结构与结晶性，使用加速电压为 200 kV；对于透射样品的观察，首先将产物装入盛有乙醇的试管里,超声分散一定时间,然后取 1 ~2 滴液体滴在覆有无定形碳膜的铜网上,自然晾干,待乙醇完全挥发后观察。

11.3 结果与讨论

采用化学气相沉积(CVD)法制备得到了 AlN 纳米锥阵列。反应结束后,Si(111)衬底上覆盖着一层灰黄色的产物。如图 11.2 所示为 700 ℃和 750 ℃生长 30 min 的 AlN 纳米锥阵列产物的 XRD 图谱。从两个 XRD 图谱中可以看出,它们都只在 35.9°出现一个强峰。该峰相应于六方相 AlN (002)的衍射峰。该结果表明 AlN 纳米锥优先沿 c 轴方向生长。

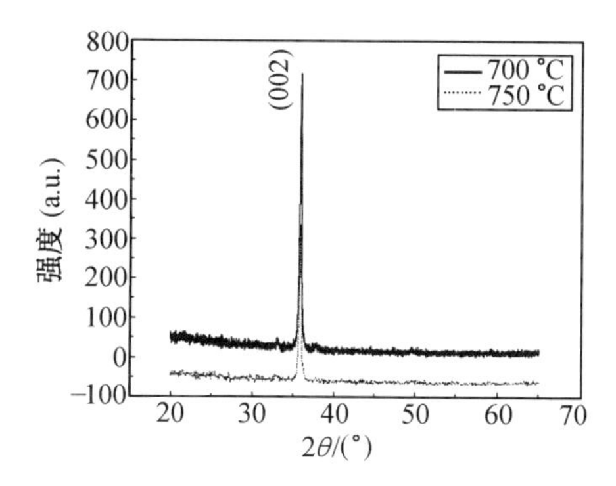

图 11.2 于 700 和 750 ℃下,Si(111)衬底上生长 30 min 的 AlN 纳米锥阵列产物的 XRD 图谱

随后,考查了生长温度对 AlN 产物形貌的影响(图 11.3)和能谱分析(EDS,图 11.4 及表 11.1)。EDS 谱表明产物由 Al 和 N 组成,原子比为 1∶1。

如图 11.3 所示的 SEM 图像反映了生长温度对 AlN 纳米锥阵列产物(生长时间为 30 min)形貌的影响。从俯视图(11.3(a) ~11.3(d))和侧视图(图 11.3(e,f))可以看出,大量垂直或略微倾斜的一维 AlN 纳米锥阵列均匀且高密度地生长于 Si 衬底上。其中图 11.3(a) ~11.3(d)部分清晰地反映了 AlN 纳米锥阵列的直径和密度随生长温度的变化。显然,随着生长温度的增高,AlN 纳米锥顶部直径也增加,而其密度减小。AlN 纳米锥顶部直径随生长温度为 650 ~800 ℃的变化关系曲线如图 11.5(a)所示。从图中可知,随着温度的升高,AlN 纳米锥顶部的直径从 12 nm 增加至

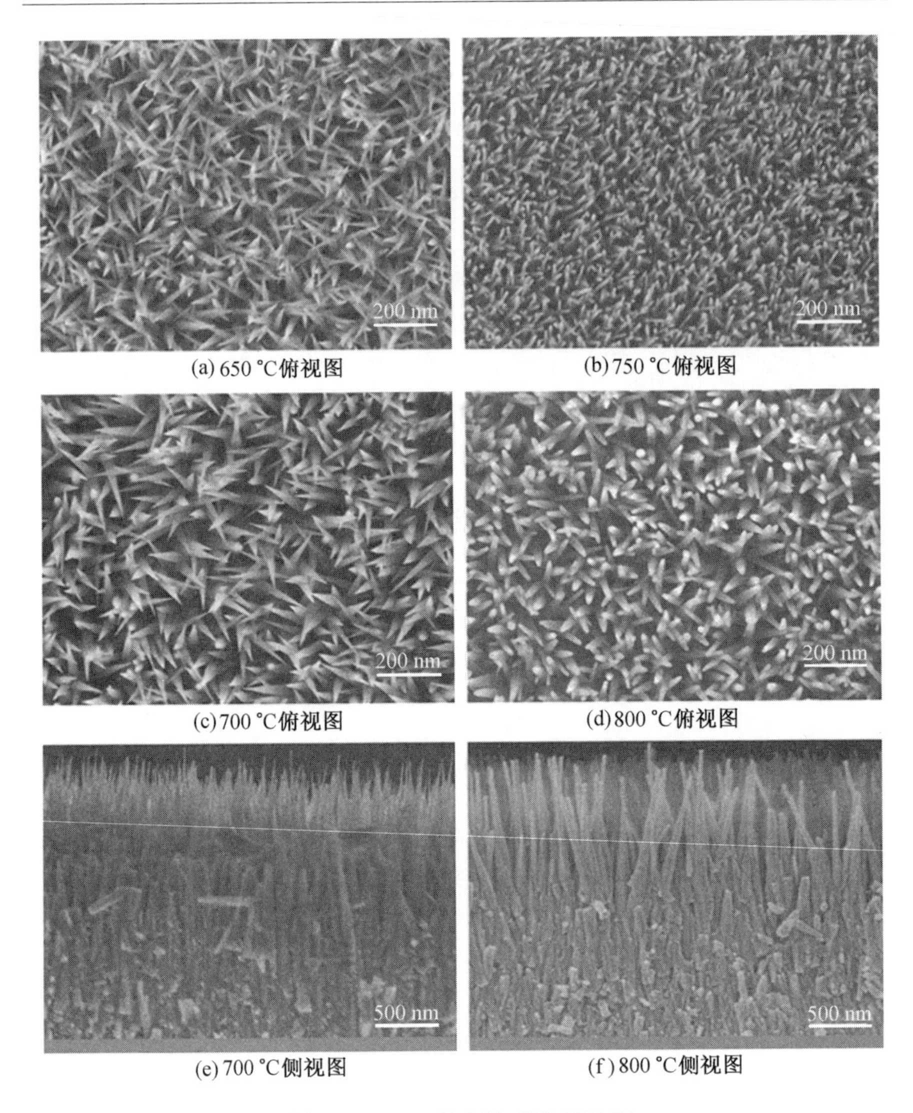

(a) 650 ℃俯视图　(b) 750 ℃俯视图

(c) 700 ℃俯视图　(d) 800 ℃俯视图

(e) 700 ℃侧视图　(f) 800 ℃侧视图

图 11.3　AlN 纳米阵列的 SEM 图

40 nm。图 11.5(b)表明了生长温度对 AlN 纳米锥生长速率的影响，即生长速率随着生长温度的增加而增加。上述结果表明 AlN 纳米锥的直径和密度可通过生长温度来调控，这比 Shi 等人[17]报道的通过调节金膜的厚度来调控更为简单。

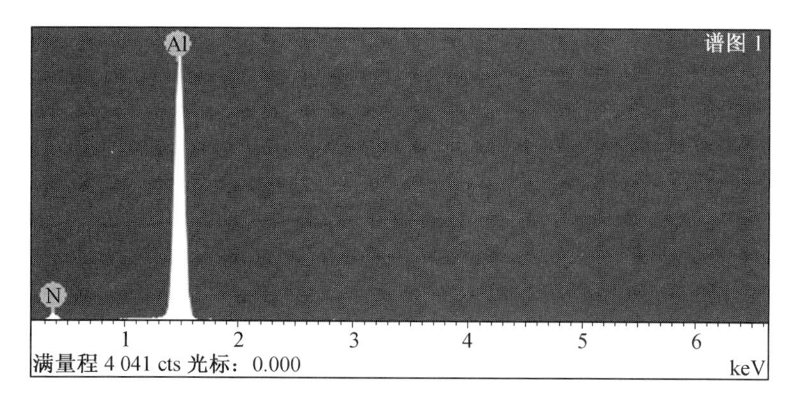

图 11.4 AlN 纳米锥阵列的 EDS 图谱

表 11.1 定量的 EDS 分析结果

元素	质量分数/%	原子数分数/%
NK	34.74	50.64
AlK	65.26	49.36
总量	100.00	

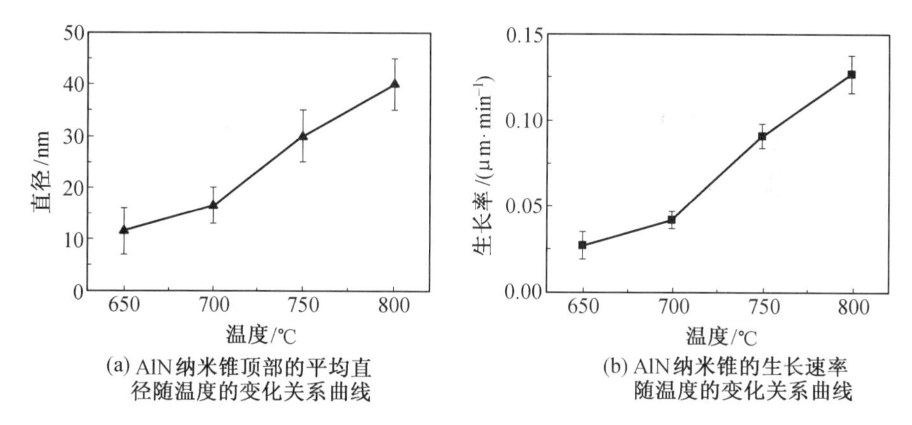

(a) AlN 纳米锥顶部的平均直径随温度的变化关系曲线

(b) AlN 纳米锥的生长速率随温度的变化关系曲线

图 11.5 AlN 纳米锥顶部的平均直径与生长速率随温度的变化关系曲线

另外，在上述生长速率数据的基础上，AlN 纳米锥的长度可以通过控制生长时间来调控。由此可见，AlN 纳米锥的长径比的调控可以通过控制生长时间与温度来实现，而实现长径比的调控对于其在场发射器件中的应用至关重要。

为了进一步了解 AlN 纳米锥的结构特征，采用 TEM、SAED 和 HRTEM

对产物进行表征。图11.6(a)为AlN纳米锥的TEM图像。对于AlN纳米锥的直径,透射电镜下观测到的结果与扫描电镜下得到的结果基本一致。选区电子衍射结果进一步证实AlN纳米锥的单晶本质,且沿<001>方向生长,如图11.6(b)所示。根据SAED结果可计算得到晶格常数为 a = 0.310 nm、c=0.498 nm,该值与六方相AlN(a=0.309 9 nm、c=0.499 7 nm,JCPDS卡号为:79-2497)十分吻合。HRTEM图(图11.6(c))显示了清晰的晶格条纹,其晶面间距为0.498 nm,对应于块体六方相AlN(001)面间距。SAED和HRTEM结果都证实AlN纳米锥是沿c轴方向生长,与XRD结果相一致。此外,两种新奇的自组装AlN纳米结构,即由纳米棒构成的纳米花(图11.7)和由纳米锥构成的纳米刷(图11.8),可以通过改变生长时间和Si衬底的取向同时保持其他参数不变制备得到。当生长时间下降到1 min且以Si(100)替代Si(111)衬底,生长温度为800 ℃时,产生大量由纳米棒构成的花状AlN纳米结构。图11.7表明了花状AlN纳米结构的形成过程。首先纳米尺寸的籽晶在Si(100)衬底上形成(图11.7(a)),然后纳米棒在这些籽晶上外延生长(图11.7(b)),最后花状AlN纳米结构形成(图11.7(c))。此外,如果保持生长时间为30 min,生长温度为700 ℃,以Si(100)替代Si(111),则可以得到新奇的由纳米锥构成的刷状AlN纳米结构。图11.8表明了不同倍数下的刷状AlN纳米结构,其长度为50 ~ 60 μm直径为17 μm,如图11.8(a)和图11.8(c)所示。进一步从其局部放大,如图11.8(b)和图11.8(d)所示,可以看出这些自组装结构由大量纳米锥构成。这些新奇的纳米结构将可能应用于自组装研究中的构建模块。

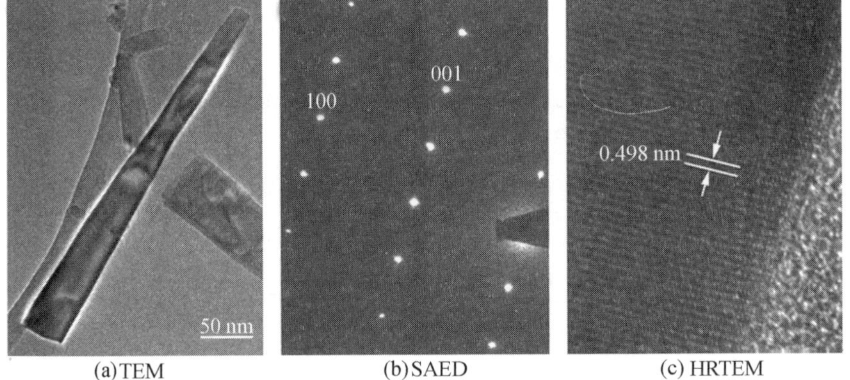

(a)TEM　(b)SAED　(c) HRTEM

图11.6　700 ℃时生长30 min的AlN纳米锥的TEM、SAED和HRTEM图像

(a) 籽晶　(b) 纳米棒

(c) 高倍 SEM 图像　(d) 低倍 SEM 图像

图 11.7　花状 AlN 纳米结构

(a)　(b)

(c)　(d)

图 11.8　刷状 AlN 纳米结构

11.3.1　生长机理分析

由于在制备过程中没有使用催化剂且在 AlN 纳米结构顶部也没有合金颗粒，因此可以推断这些纳米结构是由所谓的气固过程导致的。根据 XRD、SAED、HRTEM 等表征结果可知这些 AlN 纳米结构生长方向为[001]，这与 AlN 本身的结晶学特征相吻合[22]。对于六方相 AlN 晶体结构而言，每个 Al^{3+} 离子周围有 4 个 N^{3-} 离子，每个 N^{3-} 离子同样围绕着 4 个 Al^{3+} 离子。因此，六方相 AlN 晶体可以看成是由{AlN4}四面体堆垛而成。在 AlN 晶体生长时，{AlN4}四面体生长单元持续不断地在生长界面处与晶格相结合，而这种结合强烈地依赖于四面体与界面处原子的键合强度，如图 11.9 所示。从图 11.9 可见，在配位四面体的顶角处可同时与 3 个生长单元成键；在配位四面体的边界处可同时与两个生长单元成键；而在配位四面体的侧面处只能与一个生长单元成键。这表明配位四面体的顶角处的键合力最强，在配位四面体的边界处键合力次强，而在侧面处键合力最弱。因此，在由配位四面体的顶角构成的晶体生长界面，其生长速率最快；由边界构成的生长界面，其生长速率次之；由侧面构成的生长界面，其生长速率最慢。由此可见，[001]方向为 AlN 晶体生长的择优取向[4,23]，这与实验结果相一致。正是由于沿轴向[001]方向的快速生长和沿径向的慢速生长导致一维 AlN 纳米锥的形成。纳米锥顶部尺寸主要由径向生长速率所决定。根据晶体生长理论[24]，随着温度的升高，侧面的表面粗糙度将

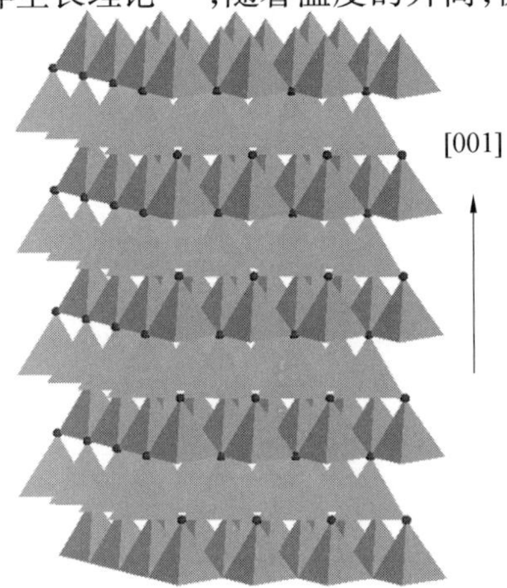

图 11.9　{AlN4}四面体沿[001]方向的理想堆垛图

增加,从而使径向生长速率增加。由此导致纳米锥顶部尺寸随生长温度增加而增加。此外,通过分析认为对于新奇的花状 AlN 纳米结构的可能形成过程如下:首先在 Si(100)衬底上发生非均相成核,然后在这些晶核上外延生长纳米棒,最后形成花状 AlN 纳米结构。对于刷状 AlN 纳米结构,通过对比实验条件可知,刷状 AlN 纳米结构主要是由于衬底取向的改变所导致。由于 AlN(001)与 Si(100)的晶格失配度远大于 AlN(001)与 Si(111)的晶格失配度[25,26]。众所周知,晶格失配度越大,生长过程中产生的应力就越大。在实验中,由于 Si 衬底上存在一层天然氧化层,因而 AlN 纳米结构在 Si 衬底上的生长并非严格的外延生长。然而由于这层天然氧化层非常薄,因而失配导致的应力仍将对 AlN 纳米结构的生长产生影响。因此,基于上述分析认为,刷状 AlN 纳米结构的形成主要是由于首先应力导致产物层从衬底脱落,然后脱落的产物层为了降低表面自由能进一步卷成滚筒状,即形成不依赖于衬底的刷状 AlN 纳米结构。

11.3.2 场发射性能测试与分析

在强电场的作用下,发射电子的现象称为场致电子发射,简称场发射。它不同于热电子发射、光电子发射和次级电子发射。后 3 种电子发射都是固体内部电子获得热能、光子能量和初电子能量,被激发后具有较大的动能,高于表面势垒而逸出。而场致电子发射则是由于外加强电场使固体表面势垒高度降低,宽度变窄,致使固体内部的电子不需要另外增加能量,即不需要激发,就可以穿透势垒逸出。这种发射电子的现象称为场致电子发射。

于 700 ℃和 800 ℃生长 30 min 的 AlN 纳米锥阵列分别被置于如图 11.10 所示的场发射设备中进行性能测试,气压为 1.2×10^{-6} Pa,温度为室温。阳极为直径 1 mm(面积为 0.78 mm^2)的棒状不锈钢构成。样品作为阴极。阴阳极之间的距离为 100 μm。发射电流由皮安表(Keithley 485)记录。同时接一镇流电阻以防短路。如图 11.11 所示给出了发射电流密度与所加电场的关系曲线,其中插图为 Fowler-Nordheim(FN)曲线。在此我们定义开启电场和阈值电场分别为发射电流密度达到 0.01 $mA\cdot cm^{-2}$ 和 1 $mA\cdot cm^{-2}$时的所加电场。测试结果表明:①700 ℃时生长的样品开启电场和阈值电场分别为 10.8 $V\cdot \mu m^{-1}$ 和 13.6 $V\cdot \mu m^{-1}$;②800 ℃时生长的样品开启电场和阈值电场分别为 12.2 $V\cdot \mu m^{-1}$ 和 15.2 $V\cdot \mu m^{-1}$。该阈值

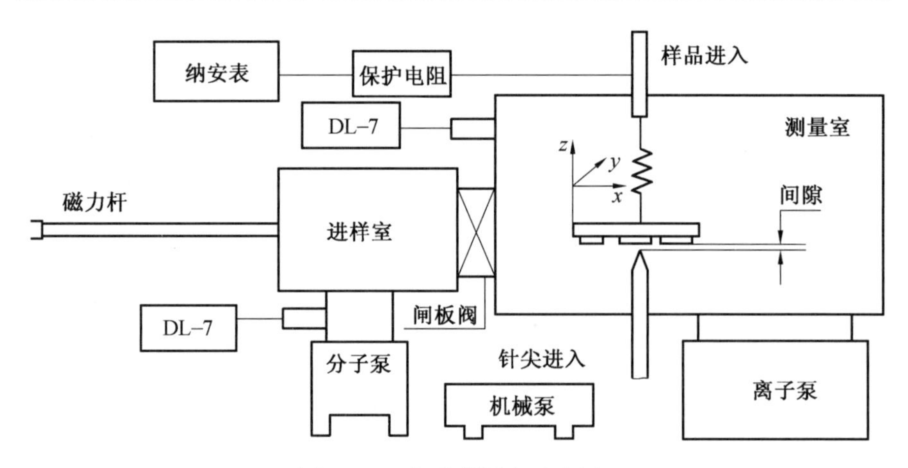

图 11.10　场发射设备示意图

电场低于 Liu 等人报道的 AlN 纳米锥准阵列的 32 V · μm^{-1}[16]和 Kasu 等人报道的重掺 Si 的 AlN 的34 V · μm^{-1}[27]，但高于梳状 AlN 纳米结构的 3.67 ~ 5. 17 V · μm^{-1}[19]和具有多锥表面的 AlN 纳米棒阵列的 7 V · μm^{-1}[18]。从场发射结果可知，采用这种简单的方法制备得到的样品很容易达到 10 mA · cm^{-2}——平板显示的基本发射电流要求。此外，700 ℃下样品的开启电场和阈值电场均低于 800 ℃下样品的开启电场和阈值电场。由此可以合理地推断锥部尺寸越小其开启电场和阈值电场越低。

如图 11.11 所示的两个插图表明了样品的场发射 FN 曲线关系。显然两条曲线在高场处都呈线性关系，这表明样品的场发射电流的确是由于量子隧穿效应引起的。根据 FN 理论[28]，电流密度 J 和所加电场 E 的关系可表示为

$$J=(A\beta^2E^2/\varphi)\exp[-B\varphi^{3/2}(\beta E)^{-1}] \tag{11.1}$$

其中，$A=1.56\times10^{-10}$(A · V^{-2} · eV)；$B=6.83\times109$(V · m^{-1} · $eV^{-3/2}$)；φ 为功函(对于 AlN，可估计为 3.7 eV)；β 为场发射增强因子，可通过 $\ln(J/E^2)-1/E$ 曲线的斜率求得。对于 700 ℃和 800 ℃生长的 AlN 纳米锥阵列其增强因子 β 分别被计算为 367 和 317。该结果表明纳米锥处的局域电场可由纳米锥小的曲率半径而得到加强[13]。

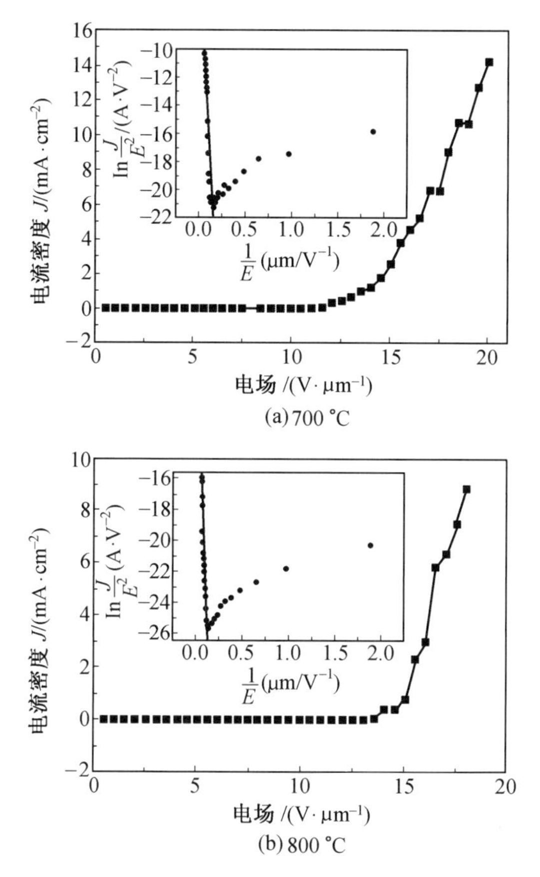

图 11.11 700 ℃和 800 ℃下生长 30 min 的 AlN 纳米锥阵列的场发射电流密度与电场的关系曲线图,插图为相应的 Fowler-Nordheim(FN)曲线

11.4 本章小结

本章采用简单的化学气相沉积法成功制备得到了 AlN 纳米锥阵列。同时首次制备得到新奇的 AlN 刷状及花状结构。通过调节生长时间和温度,成功实现了对 AlN 纳米锥长径比的调控。场发射性能测试表明 700 ℃和 800 ℃生长的 AlN 纳米锥阵列分别具有 12.2 V · μm^{-1} 和 15.2 V · μm^{-1} 的开启电场。这也表明其在将来的场发射器件应用中将起着重要的作用。另外,通过调节生长时间和衬底取向,还获得了 AlN 刷状和花状复杂纳米

结构。这不仅使AlN纳米材料家族更为丰富,同时在未来微纳器件及自组装研究中有着潜在的应用。值得一提的是这种AlN刷状纳米结构并不依赖于衬底,这使得它更加容易被组装到各种器件中。采用XRD、SEM、TEM、SAED、EDS、HRTEM等诸多手段对产物进行详细的形貌、结构及成分的表征,并在此基础上不同AlN纳米结构的生长机理进行了分析,提出了合理的解释。另外,从制备AlN纳米结构的方法上看,它们都使用了催化剂或得到产物为多晶材料。与之相比,我们采用的方法更为简单有效,并且不需要任何催化剂。

参考文献

[1] XIA Y N, YANG P D, SUN Y G, et al. One-dimensional nanostructures: synthesis, characterization, and applications[J]. Advanced Materials, 2003, 15:353-389.

[2] HUANG Y, DUAN X F, CUI Y, et al. Logic gates and computation from assembled nanowire building blocks[J]. Science, 2001, 294: 1313-1317.

[3] FAN H J, WERNER P, ZACHARIAS M. Semiconductornanowires: from self-organization to patterned growth[J]. Small, 2006, 2:700-717.

[4] WU Q, HU Z, WANG X, et al. Synthesis and characterization of faceted hexagonal aluminum nitride nanotubes[J]. J. Am. Chem. Soc., 2003, 125:10176-10177.

[5] ZHANG Y J, LIU J, HE R R, et al. Synthesis of aluminum nitride nanowires from carbon nanotubes[J]. Chemistry of Materials, 2001, 13: 3899-3905.

[6] WU Q, HU Z, WANG X Z, et al. Synthesis and optical characterization of aluminum nitride nanobelts[J]. Journal of Physical Chemistry B, 2003, 107:9726-9729.

[7] YAN H Q, HE R R, PHAM J, et al. Morphogenesis of one-dimensional ZnO nano- and microcrystals[J]. Advanced Materials, 2003, 15:402.

[8] YAN H Q, HE R R, JOHNSON J, et al. Dendritic nanowire ultraviolet

laser array[J]. Journal of the American Chemical Society, 2003, 125: 4728-4729.

[9] BRADSHAW S M, SPICER J L. Combustion synthesis of aluminum nitride particles and whiskers[J]. Journal of the American Ceramic Society, 1999, 82:2293-2300.

[10] BENJAMIN M C, WANG C, DAVIS R F, et al. Observation of a negative electron-affinity for heteroepitaxial AlN on alpha(6h)-SiC(0001)[J]. Appl. Phys. Lett., 1994, 64:3288-90.

[11] GRABOWSKI S P, SCHNEIDER M, NIENHAUS H, et al. Electron affinity of $Al_xGa_{1-x}N$(0001) surfaces[J]. Appl. Phys. Lett., 2001, 78: 2503-2505.

[12] TANIYASU Y, KASU M, MAKIMOTO T. Field emission properties of heavily Si-doped AlN in triode-type display structure[J]. Appl. Phys. Lett., 2004, 84:2115-2117.

[13] ZHAO Q, XU J, XU X Y, et al. Field emission from AlN nanoneedle arrays[J]. Appl. Phys. Lett., 2004, 85:5331-5333.

[14] TANG Y B, CONG H T, ZHAO Z G, et al. Field emission from AIN nanorod array[J]. Appl. Phys. Lett., 2005, 86:153104.

[15] TANG Y B, CONG H T, CHEN Z G, et al. An array of eiffel-tower-shape AIN nanotips and its field emission properties[J]. Appl. Phys. Lett., 2005, 86:233104.

[16] LIU C, HU Z, WU Q, et al. Vapor-solid growth and characterization of aluminum nitride nanocones[J]. Journal of the American Chemical Society, 2005, 127:1318-1322.

[17] SHI S C, CHEN C F, CHATTOPADHYAY S, et al. Growth of single-crystalline wurtzite aluminum nitride nanotips with a self-selective apex angle[J]. Advanced Functional Materials, 2005, 15:781-786.

[18] HE J H, YANG R S, CHUEH Y L, et al. Aligned AlN nanorods with multi-tipped surfaces - Growth, field-emission, and cathodoluminescence properties[J]. Advanced Materials, 2006, 18:650.

[19] YIN L W, BANDO Y, ZHU Y C, et al. Growth and field emission of hi-

erarchical single-crystalline wurtzite AlN nanoarchitectures [J]. Advanced Materials, 2005, 17:110.

[20] SHEN G, BANDO Y, LEE C J. Growth of self-organized hierarchical ZnO nanoarchitectures by a simple In/In_2S_3 controlled thermal evaporation process[J]. Journal of Physical Chemistry B, 2005, 109:10779-10785.

[21] CLARK T D, TIEN J, DUFFY D C, et al. Self-assembly of 10 μm sized objects into ordered three-dimensional arrays[J]. Journal of the American Chemical Society, 2001, 123:7677-7682.

[22] YIN L W, BANDO Y, ZHU Y C, et al. Single-crystalline AlN nanotubes with carbon-layer coatings on the outer and inner surfaces via a multiwalled-carbon-nanotube-template-induced route[J]. Advanced Materials, 2005, 17:213.

[23] VAYSSIERES L, KEIS K, HAGFELDT A, et al. Three-dimensional array of highly oriented crystalline ZnO microtubes[J]. Chemistry of Materials, 2001, 13:4395.

[24] Saito Y. Statistical physics of crystal growth[M]. Singapore: World Scientific, 1996.

[25] LEBEDEV V, SCHROTER B, KIPSHIDZE G, et al. The polarity of AlN films grown on Si(111)[J]. Journal of Crystal Growth, 1999, 207:266-272.

[26] ZHANG J X, CHENG H, CHEN Y Z, et al. Growth of AlN films on Si (100) and Si(111) substrates by reactive magnetron sputtering[J]. Surface & Coatings Technology, 2005, 198:68-73.

[27] KASU M, KOBAYASHI N. Large and stable field-emission current from heavily Si-doped AlN grown by metalorganic vapor phase epitaxy[J]. Appl. Phys. Lett., 2000, 76:2910-2912.

[28] LI Y B, BANDO Y, GOLBERG D. ZnO nanoneedles with tip surface perturbations: Excellent field emitters[J]. Appl. Phys. Lett., 2004, 84:3603-3605.

第 12 章　单晶 InN 纳米线的制备及表征

12.1 引　言

InN 是一种性能优良的Ⅲ－Ⅴ半导体材料。它可以在全组成范围与 GaN 和 AlN 形成完全互溶合金,使其直接带隙可以在很宽的范围内变化并连续跨过可见光的大部分区域到紫外光区,因而可以制作发光器件(如 LEDs)和光探测器件等[1]。同时,InN 有望成为实现长波长半导体光电器件、全彩显示、高效率太阳能电池的最佳材料[1]。理论研究表明,InN 材料在Ⅲ族氮化物半导体材料中具有最高的迁移率:室温下最大的迁移率是 14 000 $cm^2 \cdot (V \cdot s)^{-1}$[2]、峰值速率、电子漂移速率和尖峰速率($4.3 \times 10^7 cm \cdot s^{-1}$)[3]以及具有最小的有效电子质量 $m^* = 0.05m_0$[4]。这些特性使得 InN 材料在高频率和高速率晶体管的应用上具有非常独特的优势。此外,目前对于 InN 的带隙尚处于争论之中。有许多研究报道 InN 的禁带宽度可能是 0.7 eV 左右[5,6],而非先前普遍接受的 1.9 eV[7]。目前,在 InN 材料研究方面主要来源于制备方面,一方面 InN 本身分解温度较低,另一方面作为氮源的氨的分解温度又较高,此外也缺乏合适的衬底[1]。可见对于 InN 材料,还有待进一步的研究。

在 InN 的纳米材料方面,2000 年,Dingman 等人采用溶液－液－固(SLS)的方法于 203 ℃合成了单晶 InN 纳米线[8]。2002 年,Liang 等人在图案化金膜的 Si 衬底上,以 In 箔为原料,于氨气中 500 ℃下反应 8 h,得到 InN 纳米线[9]。2005 年,Vaddiraju 等人以金属 In 为原料,通过反应气相输运到不同形貌的 InN 纳米线[10]。Luo 等人以 In_2O_3 为起始反应物,在温度为 680 ~720 ℃之间的氨气中得到 InN 纳米线[11]。Sardar 等人以 $InCl_3$ 和 Li_3N 为反应物,于 250 ℃下合成了 InN 纳米晶、纳米线及纳米管,产物中既有立方相又有六方相[12]。Hu 等人以 In 粉为原料,于 560 ℃下的氨气中保温 3 h 获得单晶 InN 纳米带[13]。此外,Chang 等人还对单根 InN 纳米线输运性能进行了研究[14]。尽管目前各研究小组已采用不同方法制备得到 InN 纳米材料，然而尚缺乏对其形貌、尺寸和结构等方面的可控生长研究。而模板法自从 Charles R. Martin 于 1994 年提出以来，便成为应用最广泛的制备纳米材料方法之一。该方法不仅能实现对材料维度的控制，如长度、直径，而且可以把材料方便地集成到各种不同衬底上，为器件组装提供极大便利。

为此，本章将采用三步法制备单晶 InN 纳米线。首先利用电沉积技术在模板里沉积金属 In 的纳米线，然后于 400 ℃ 使其部分氧化，最后于 550 ℃ 氮化得到 InN 纳米线。根据对样品结构表征的结果显示，采用上述方法制备的材料为六方单晶结构的 InN 纳米线。随后，对制得的 InN 纳米线进行了光致发光研究，结果表明仅在 739.4 nm 处有一强发光峰。这也反映通过上述方法得到的 InN 纳米线晶体质量较高。

12.2　实验部分

12.2.1　实验设备和试剂

沉积设备为一自制的电沉积装置，如图 12.1 所示。氧化氮化设备为一水平管式高温电阻炉（GSL1400X），如图 11.1，其他均与上述各章相同。

实验所需的试剂与仪器：

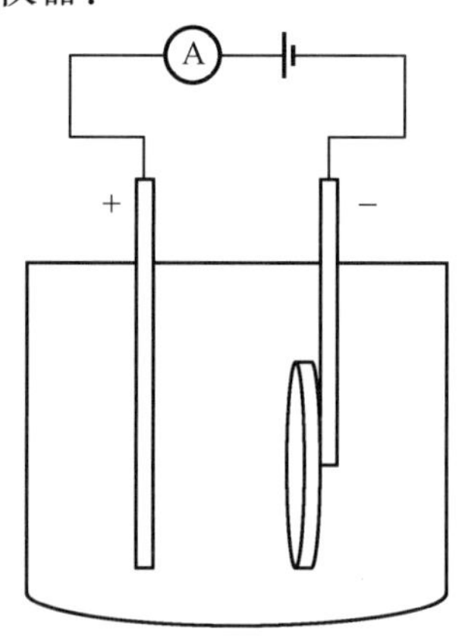

图 12.1　电沉积装置示意图

聚碳酸酯模板(polycarbonatemembrane,孔径:200 nm),WhatmanCo.,Ltd.;

无水乙醇,分析纯,北京化工总厂;

氯化铟($InCl_3 \cdot 4H_2O$),99.99%,国药集团化学试剂有限公司;

二氯甲烷(CH_2Cl_2),分析纯,北京化工总厂;

Ar气(Ar)、氨气(NH_3),大于99.9%,北京普莱克斯实用气体有限公司;

直流稳压电源,香港龙威仪器仪表有限公司;

磁控溅射,沈阳聚智科技有限公司;

KQ-250E医用超声波清洗器,上海昆山超声仪器有限公司。

12.2.2 实验过程

首先,利用磁控溅射在聚碳酸酯模板(PC)上溅射一层金属Cu作为工作电极,石墨电极作为阳极。电沉积溶液为0.05 $mol \cdot L^{-1}$的$InCl_3$溶液。室温下,采用双电极体系,电流密度为1.5~5 $mA \cdot cm^{-2}$,沉积时间为10~20 min。电沉积完成后,取出模板,去除表面沉积物后用蒸馏水反复清洗其表面,待模板完全干燥后,将其置于一石英管中,并将该石英管置于管式炉中部,于空气中升温至400 ℃,并保温30 min。待温度降为室温后,将石英管两端密封,再用Ar气反复清洗5 min。然后待温度升至550 ℃时,将Ar气切换成氯气,并保温4 h。最后,待温度降为室温便得到最终产物。

12.2.3 结果表征

对于所得产物,可采用X-ray粉末衍射仪(XRD,Philips X′pert PRO diffractometer)确定产物的物相结构与相纯度,使用标准$\theta \sim 2\theta$扫描方法,以Cu靶$K\alpha_1$辐射线,波长为$\lambda = 0.154\ 18$ nm,扫描角度为10°~80°。

采用Hitachi S-3500型扫描电子显微镜(SEM)观察产物的形貌与结构特征;为了不破坏产物的原始形貌,扫描电镜的样品是直接将产物置于样品台上用导电胶粘牢,由于样品的导电性较好,观察前无须在样品表面上镀金膜。

采用Tecnai F30型透射电子显微镜(TEM)表征产物的微结构与结晶性,使用加速电压为200 kV;对于透射样品的观察,首先将产物装入盛有乙醇的试管里，超声分散一定时间，然后取 1 ~2 滴液体滴在覆有无定形碳膜的铜网上，自然晾干，待乙醇完全挥发后观察。利用 Oxford INCA 能量色散 X 射线谱仪（EDS）对产物进行成分分析。采用 HitachiF-4500 荧光光谱仪对样品进行光致发光测试，激发光源为 Xe 灯 325 nm。

12.3　结果与讨论

在模板援助下，采用三步法制备 InN 纳米线。对 InN 纳米线进行了 SEM 观测，如图 12.2 所示。从该图中可以看到，在 Cu 电极上生长着大量均匀且排列有序的纳米线。为确定制得的纳米线结构与成分，进一步对样品进行了 TEM、SAED、HRTEM 和 EDS 的表征，如图 12.3 所示。其中图 12.3（a）为纳米线的 TEM 图像，从图中可以看出纳米线外包覆着一层很薄的无定型层。图 12.3（b）为纳米线的 SAED 图，该电子衍射模式表明纳米线为六方相 InN 单晶纳米晶。衍射方向可指标化为六方相 InN 晶体的［001］方向。图 12.3（c）为纳米线的 HRTEM 结果，图中显示了清晰的晶格条纹，晶面间距为 0.31 nm，相应于六方相 InN 晶体的（100）晶面间距。由此表明该纳米线为六方相 InN 单晶纳米线，且生长方向为<100>方向。另外，根据对纳米线成分的 EDS 分析（图 12.3（d））可知，纳米线主要由 In 和 N 两种元素组成，且比例为 1 : 1。其中 Cu 和 C 峰均来自于铜网。图 12.4 为样品的 XRD 图谱。图中（100）、（002）、（101）、（102）、（110）、（103）、（201）、（202）、（104）衍射峰均与六方相 InN 晶体相吻合。

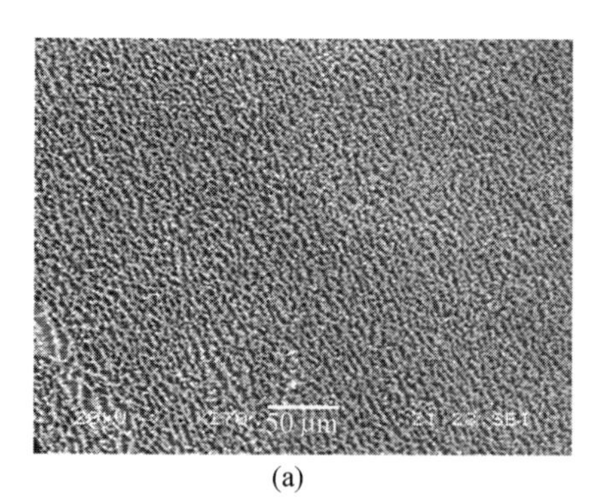

(a)

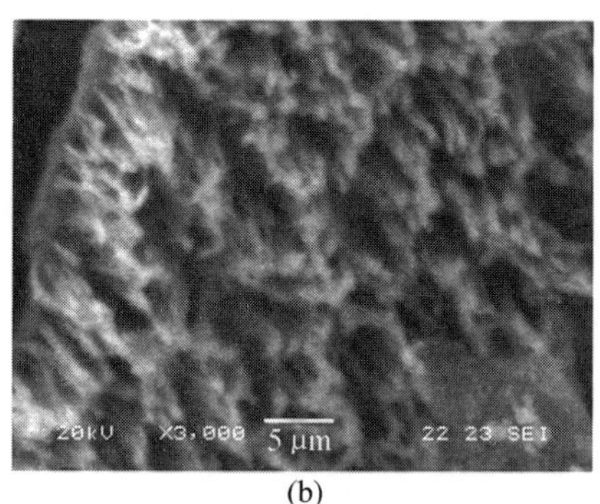

(b)

图 12.2　三步法制备的 InN 纳米线的 SEM 图像

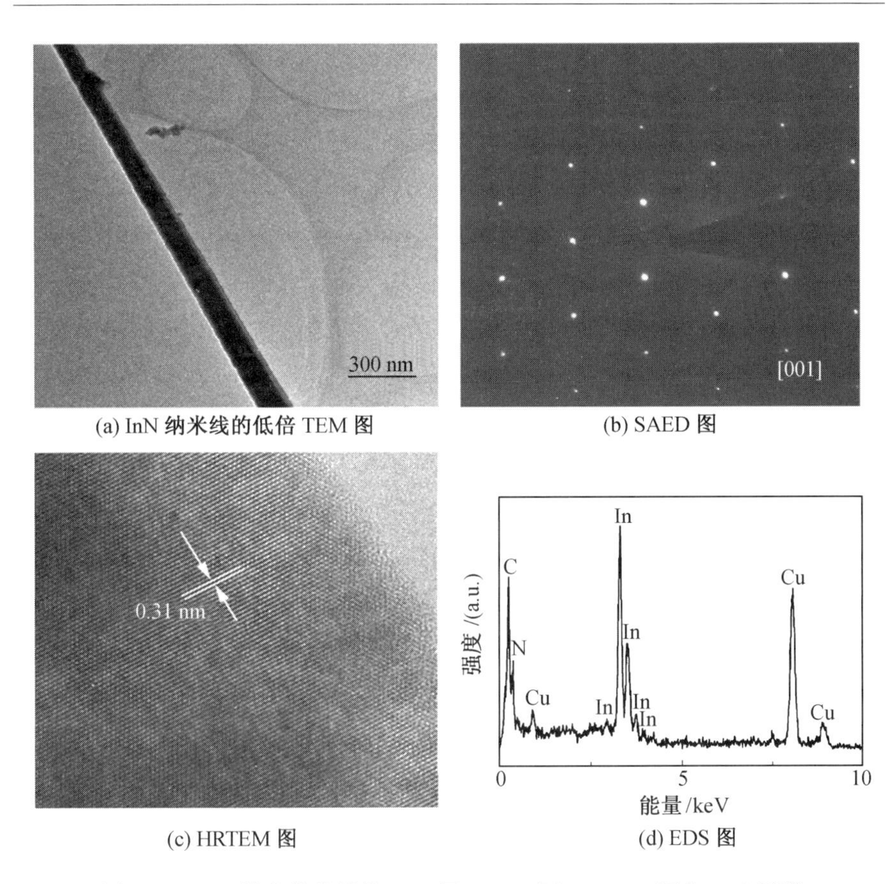

(a) InN 纳米线的低倍 TEM 图　　(b) SAED 图

(c) HRTEM 图　　(d) EDS 图

图 12.3　InN 纳米线的低倍 TEM 图、SAED 图、HRTEM 图和 EDS 图谱

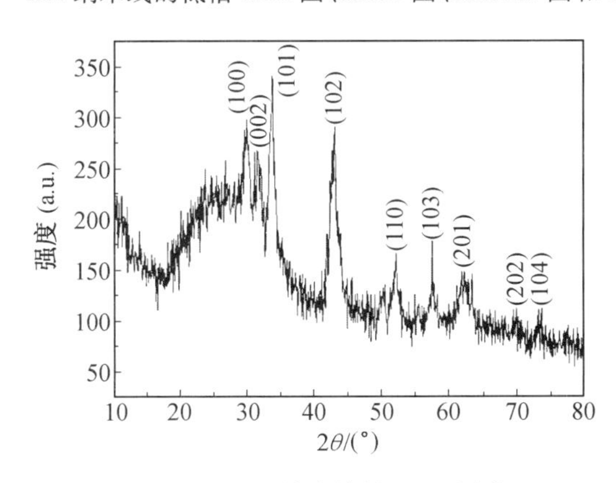

图 12.4　InN 纳米线的 XRD 图谱

12.3.1　生长机理分析

基于上述实验结果,认为 InN 纳米线的形成过程如下(图 12.5):首先,金属 In 在聚碳酸酯模板的纳米孔洞中电沉积形成 In 纳米线。随后,金属 In 纳米线在空气中氧化 30 min,导致纳米线表面形成一层氧化层。最后,将其置于氨气中氮化 4 h,将发生如下反应:

$$In_2O_3+2In+4NH_3 \longrightarrow 4InN+3H_2O+3H_2 \tag{12.1}$$

最终原位形成 InN 纳米线。如果将电沉积形成的金属 In 纳米线直接进行氮化,将得到多晶的 InN 纳米线[15]。由此可见先将金属 In 纳米线在空气中氧化,使其表面形成一层氧化层,这对于改善 InN 纳米线的晶体质量是有利的。如果将电沉积形成的金属 In 纳米线直接进行氮化,其反应方程为

$$2In+2NH_3 \longrightarrow 2InN+3H_2 \tag{12.2}$$

通过计算 550 ℃下反应(12.1)和(12.2)的吉布斯自由能 $\Delta G_r(1)=-2\ 000.5$ kJ/mol,$\Delta G_r(2)=-486$ kJ/mol(计算所需热力学数据[16]见表 12.1)。可见反应(12.1)要比反应(12.2)更容易进行。因而从反应热力学的角度看,先在金属 In 表面生成一层 In_2O_3 对于随后的 InN 生成是有利的。

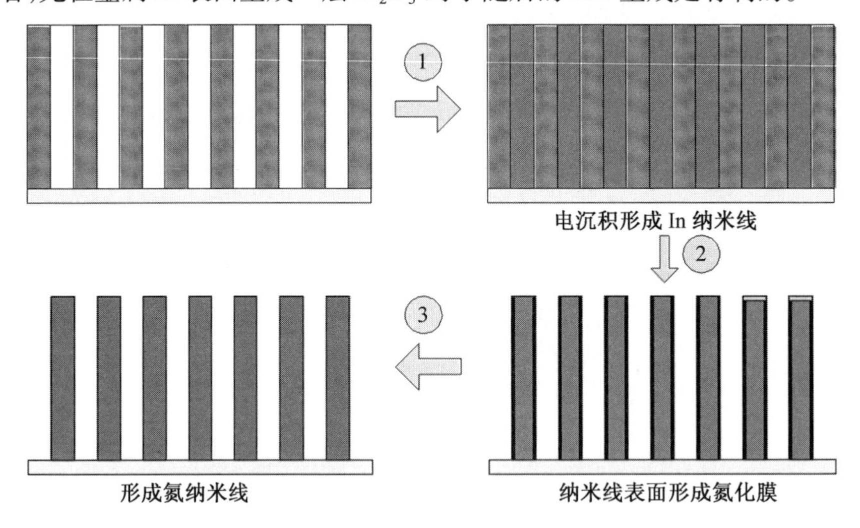

图 12.5　InN 纳米线的制备形成过程示意图

表 12.1 反应(12.1)和反应(12.2)中各物质的热力学数据[16]

物质	S_{298} /(J·kmol^{-1})	$-\Delta H_{298}$ /(kJ·mol^{-1})	T /K	A	$B\times10^3$	$C\times10^{-5}$
InN	43.5	138.1	298	38.07	12.13	—
In_2O_3	107.9	925.9	298	121.34	13.39	-30.12
In(s)	57.8	0.0	298	24.31	10.46	—
In(l)	—	—	430	30.29	-1.38	—
H_2O(g)	188.7	241.8	298	30.00	10.71	0.33
H_2(g)	130.6	0.0	298	27.37	3.33	—

注:其中,s—固体;l—液体;g—气体;$c_p=A+BT+CT^2$

12.3.2 光致发光性能测试与分析

InN作为一种重要的半导体材料,在光电器件中将有广泛的应用。为此,我们对制得的样品进行了光致发光性能研究。在波长为325 nm的Xe灯光源激发下,所得的InN纳米线的光致发光谱如图12.6所示。从图中可以看到在739.4 nm(1.677 eV)处存在一个稳定而强的发光峰。从该结果来看,与文献报道的1.89 eV相比更为接近(相对红移了213 meV),而与0.7 eV的报道值相距更远。然而由于对InN的带隙这一基本问题,目前尚处于争论之中。持InN的带隙为2 eV左右的研究人员认为,0.7 eV左右的窄带是由于深能级或缺陷能级所导致的;持InN的带隙为0.7 eV左右的研究人员认为,2 eV左右的宽带是由于InN材料中氧的存在导致氧氮化合物的生成,从而使带隙变宽[1]。从目前研究现状来看,InN的带隙和光学性能似乎依赖于制备方法,采用不同方法得到的材料性能差异较大。大体上用MBE制备的InN纳米线、纳米棒带隙集中于0.7~0.8 eV[17,18],而以In或In_2O_3为源采用管式炉制备的InN纳米线带隙集中于2.0 eV附近[9,19]。这与InN薄膜材料情况十分相似,同样是采用MBE制备的单晶InN薄膜带隙集中于0.7~0.8 eV[20],而磁控溅射制备的多晶膜带隙集中于2.0 eV附近[21]。考虑到MBE制备的InN材料其纯度和晶体的质量都应该高于其他方法,因此倾向于InN的本征带隙为0.7 eV左右的观点。目前的样品发光峰为739.4 nm,应该可能是由于氧的存在导致氧氮化合物的生成或氮空位所致。

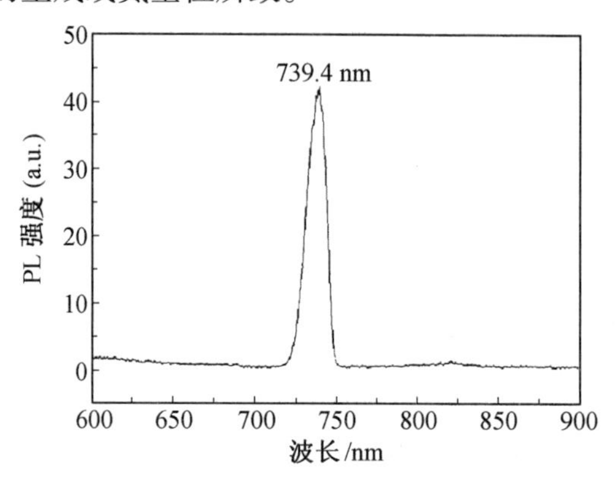

图12.6　室温下InN纳米线的光致发光谱

12.4　本章小结

本章采用三步法成功制备得到单晶InN纳米线。首先利用电沉积技术在模板里沉积金属In的纳米线,然后于400 ℃使其部分氧化,最后于550 ℃氮化得到InN纳米线。根据对样品结构表征的结果显示,采用上述方法制备的材料为六方单晶结构的InN纳米线。随后,对制得的InN纳米线进行了光致发光研究,结果表明仅在739.4 nm处有一强发光峰。这也反映通过上述方法得到的InN纳米线晶体质量较高。该制备方法不仅能实现对材料维度的控制,如长度、直径,而且可以把材料方便地集成到各种不同衬底上,为器件组装提供极大的便利。

参考文献

[1] ASHRAFUL GHANI B, AKIHIRO H, AKIO Y. Indium nitride (InN): a review on growth, characterization, and properties[J]. Journal of Applied Physics, 2003, 94:2779-2808.

[2] POLYAKOV V M, SCHWIERZ F. Low-field electron mobility in wurtzite InN[J]. Appl. Phys. Lett., 2006, 88:032101.

[3] STEPHEN K O L, BRIAN E F, MICHAEL S S, et al. Electron transport in wurtzite indium nitride[J]. Journal of Applied Physics, 1998, 83:826-829.

[4] FU S P, CHEN Y F. Effective mass of InN epilayers[J]. Appl. Phys. Lett., 2004, 85:1523-1525.

[5] WU J, WALUKIEWICZ W, YU K M, et al. Unusual properties of the fundamental band gap of InN[J]. Appl. Phys. Lett., 2002, 80:3967-3969.

[6] CHAD S G, GREGOR K, JAY S B, et al. In-polar InN grown by plasma-assisted molecular beam epitaxy[J]. Appl. Phys. Lett., 2006, 89:032109.

[7] TANSLEY T L, FOLEY C P. Optical band gap of indium nitride[J]. Journal of Applied Physics, 1986, 59:3241-3244.

[8] DINGMAN SEAN D, RATH NIGAM P, MARKOWITZ PAUL D, et al. Low-temperature, catalyzed growth of indium nitride fibers from azido-indium precursors[J]. Angewandte Chemie, 2000, 112:1530-1532.

[9] LIANG C H, CHEN L C, HWANG J S, et al. Selective-area growth of indium nitride nanowires on gold-patterned Si(100) substrates[J]. Appl. Phys. Lett., 2002, 81:22-24.

[10] VADDIRAJU S, MOHITE A, CHIN A, et al. Mechanisms of 1d crystal growth in reactive vapor transport: indium nitride nanowires[J]. Nano Lett., 2005, 5:1625-1631.

[11] LUO S D, ZHOU W Y, ZHANG Z X, et al. Synthesis of long indium nitride nanowires with uniform diameters in large quantities[J]. Small, 2005, 1:1004-1009.

[12] SARDAR KRIPASINDHU, DEEPAK F L, GOVINDARAJ A, et al. InN nanocrystals, nanowires and nanotubes[J]. Small, 2005, 1:91-94.

[13] HU M S, WANG W M, CHEN TZUNG T, et al. Sharp infrared emission from single-crystalline indium nitride nanobelts prepared using guided-

stream thermal chemical vapor deposition[J]. Advanced Functional Materials, 2006, 16:537-541.

[14] CHANG C Y, CHI G C, WANG W M, et al. Transport properties of InN nanowires[J]. Appl. Phys. Lett., 2005, 87:093112.

[15] ZHANG J, XU B, JIANG F, et al. Fabrication of ordered InN nanowire arrays and their photoluminescence properties[J]. Physics Letters A., 2005, 337:121-26.

[16] KUBASCHEWSKI O, ALCOCK C B, SPENCER P J. Materials Thermochemistry[M]. Oxford:Pergamon Press, 1993.

[17] STOICA T, MEIJERS R J, CALARCO R, et al. Photoluminescence and Intrinsic Properties of MBE-Grown InN Nanowires[J]. Nano Lett., 2006, 6:1541-1547.

[18] SHEN C H, CHEN H Y, LIN H W, et al. Near-infrared photoluminescence from vertical InN nanorod arrays grown on silicon: effects of surface electron accumulation layer[J]. Appl. Phys. Lett., 2006, 88: 253104.

[19] TANG T, HAN S, JIN W, et al. Synthesis and characterization of single-crystal indium nitride nanowires[J]. Journal of Materials Research, 2004, 19:423-426.

[20] ALEVLI M, DURKAYA G, WEERASEKARA A, et al. Characterization of InN layers grown by high-pressure chemical vapor deposition[J]. Appl. Phys. Lett., 2006, 89:112119.

[21] SHINODA H, MUTSUKURA N. Structural and optical properties of InN films prepared by radio frequency magnetron sputtering[J]. Thin Solid Films, 2006, 503:8-12.

第 13 章　InN 及其稀磁半导体纳米晶的制备与性能研究

13.1 引　言

InN 结构与 GaN 类似，具有六方纤锌矿与立方闪锌矿两种结构，均为直接带隙。对于 InN 的禁带宽度有不同报道，目前认为可能为 0.7 eV[1, 2]，而不是之前普遍接受的 1.9 eV[3]。InN 是一种重要的Ⅲ族氮化物，具有很多潜在的应用前景。InN 与 GaN、AlN 可形成合金，使得氮化物基的 LED 发光范围涵盖紫外到近红外，同时，InN 有望成为长波长半导体光电器件、全彩显示、高效率太阳能电池的最佳备选材料，还可用于光通信领域的高速激光二极管（LD）和光二极管（PD）[4]。与体相材料相比，纳米晶具有特殊的尺寸效应和量子效应，如较低的熔点、较高的能带和非热平衡的结构等[5, 6]。此外，作为一种窄带隙半导体，InN 纳米晶会产生多激子效应，可以使其光电性能得到改善。

目前，有关 InN 纳米晶的研究广泛开展。研究人员采用了一系列方法合成 InN 纳米晶，包括水热法[7]、溶剂热法[8-12]、单个前驱体的热分解[13, 14]和两个前驱体之间反应[15, 16]方式等。然而，以上合成方法存在的问题是不能有效控制纳米晶的尺寸。如何获得形貌均一、尺寸分布较窄的 InN 纳米晶仍是一个具有挑战性的课题。在液相合成中，要获得尺寸分布较窄的纳米晶，需要生长基元达到很高的过饱和度，然后快速形核。然而在氮化物纳米晶的液相合成中，缺乏合适的氮源，并且要形成强的键合需要较高的能量，因此达不到相应的条件。除了液相法外，氮化物纳米晶也可采用气相法合成[17]。气相法中通常采用氨气作为氮源，反应在较高温度下进行，因此可以克服液相法中遇到的问题。然而，在气相法合成中无法有效控制纳米晶的形核和生长，得到的晶粒尺寸不均，分布范围较大；而且由于纳米晶具有很高的表面能，容易团聚。因此，要合成形貌均一、尺寸分布窄的氮化物纳米晶需要同时克服以上问题才能实现。

本章介绍采用 SiO_2 限域下的气液联合的方法合成 InN 纳米晶。首先在液相中合成形貌均一、尺寸分布窄的 In_2O_3 纳米晶,然后在氨气下氮化,转化为 InN 纳米晶。为了保证 InN 尺寸的均一性,防止团聚,对 In_2O_3 纳米晶包覆 SiO_2 后再进行氮化,最终得到了具有均一尺寸和形貌的 InN 纳米晶。在该合成路线中,利用液相法中合适的溶剂和配位体能够获得尺寸均一的纳米晶,然后由包覆的 SiO_2 来进行尺寸控制并防止团聚,接着以氨气作为氮源在高温下氮化。氨气作为一种活泼的氮源,能够有效地参与反应,而且高温为氮化物的键合提供了足够的能量,并使得纳米晶结晶较好;同时 SiO_2 的限域有效控制了尺寸分布。因此,能够得到高质量的纳米晶,结晶度较好,尺寸分布均匀,并可用于大量合成。上述方法为其他氮化物纳米晶提供了一条普适的、有效的合成路线。

另一方面,理论计算表明,在一定的空穴浓度和 Mn 掺杂浓度下,InN 基稀磁半导体的居里温度可以达到室温[18],这为其应用于自旋电子器件开拓了前景。然而由于 InN 本身分解温度较低(500 ℃),而作为氮源的氨气分解温度较高,没有合适的氮源,因此在合成上存在困难。再加上过渡金属在Ⅲ族氮化物中具有较低的固溶度,InN 基稀磁半导体的研究受到诸多阻碍。目前,对 InN 基稀磁半导体的研究主要集中在薄膜上。其中,在 Cr 掺杂 InN 薄膜上观察到了室温铁磁性,但还有待更进一步的研究[19, 20]。已报道的有关 InN 基稀磁半导体的实验研究止于薄膜,对一维体系的研究尚未见报道,对零维体系的研究还在理论计算阶段。总之,现阶段有关 InN 基稀磁半导体的研究还不充分,存在着机遇和挑战。

考虑纳米晶是由几千个原子组成的,表面原子占很大比例,因此决定了纳米晶具有较大的结构弛豫,能够将掺杂引起的内应力释放,故在纳米晶中的掺杂有望获得较大的固溶度。

因此,本章探索了一条 InN 纳米晶的合成路线,然后在此基础上掺入过渡金属元素,合成了 InN 基稀磁半导体纳米晶,并分别研究了形貌和性能。该合成路线可用于制备其他氮化物纳米晶,具有普适性。合成的 InN 纳米晶尺寸分布窄、形貌均一,可用于长波长光电器件、太阳能电池、光电探测器等。InN 基稀磁半导体纳米晶的研究尚未见报道。本章对其性能进行了初步探索,并为进一步研究提供了材料基础。

13.2 实验部分

13.2.1 试剂及仪器

油酸钠($C_{18}H_{33}NaO_2$),化学纯,国药集团化学试剂有限公司;
氯化铟($InCl_3$),99.99%,阿拉丁试剂;
氯化锰($MnCl_2 \cdot 4H_2O$),分析纯,广东省汕头市西陇化工厂;
氯化亚铁($FeCl_2 \cdot 4H_2O$),分析纯,广东省汕头市西陇化工厂;
氯化钴($CoCl_2 \cdot 6H_2O$),分析纯,天津市福晨化学试剂厂;
十八烯($C_{18}H_{36}$),90%,阿拉丁试剂;
十八醇($C_{18}H_{37}OH$),分析纯,天津市福晨化学试剂厂;
十四酸($C_{14}H_{28}O_2$),98%,阿拉丁试剂;
乙酸乙酯($CH_3COOC_2H_5$),分析纯,北京市通广精细化工公司;
正硅酸乙酯($(C_2H_5O)_4Si$),分析纯,北京益利精细化学品有限公司;
正辛醇($C_8H_{17}OH$),分析纯,北京化工厂;
曲拉通(近似式($C_{34}H_{62}O_{11}$)),化学纯,国药集团化学试剂有限公司;
正己烷(C_6H_{14}),分析纯,北京化工厂;
蒸馏水,自制;
氨水($NH_3 \cdot H_2O$),分析纯,广东省汕头市西陇化工股份有限公司;
氨气(NH_3),纯度大于99.9%,北京普莱克斯实用气体有限公司;
N 气(N_2),纯度大于99.9%,北京普莱克斯实用气体有限公司;
氢氟酸(HF),分析纯,北京化工厂;
十二胺($C_{12}H_{27}N$),分析纯,天津市光复精细化工研究所;
油胺($C_{18}H_{37}N$),C18:80%~90%,阿拉丁试剂;
无水乙醇(C_2H_5OH),分析纯,北京化工厂;
丙酮(CH_3COCH_2),分析纯,北京化工厂;
四氯乙烯(C_2Cl_4),分析纯,北京化工厂;
DF-101S 型集热式恒温加热磁力搅拌器,郑州长城科工贸有限公司;
SHT 型搅拌数显恒温电热套,山东鄄城华鲁电热仪器有限公司;
TGL-16C 型低容量高速离心机,上海安亭科学仪器厂;

KQ-250E医用超声波清洗器,上海昆山超声仪器有限公司;
GSL 1400X真空管式高温电阻炉,郑州威达高温仪器有限公司;
玻璃仪器,北京欣维尔玻璃仪器有限公司。

13.2.2　实验过程

1. 制备前驱体

将20 mmol $InCl_3$ 和60 mmol油酸钠溶于由40 mL乙醇、30 mL水和70 mL正己烷组成的混合溶剂,所得溶液在恒温磁力搅拌器中加热到70 ℃,冷凝回流;保温4 h后冷却,静置后溶液分层;用分液漏斗取上层溶液(含有油酸铟),并用蒸馏水清洗数次,洗掉多余的离子;随后将正己烷蒸干,得到蜡状固体。

2. 制备 In_2O_3 纳米晶

分别取6 mmol油酸铟、18 mmol十四酸和35 mL十八烯加入到100 mL三口烧瓶;抽真空排出装置内部的空气后,用N气清洗数次,在N气保护下加热到290 ℃;将30 mmol十八醇溶于3 mL十八烯中,快速注入其中;溶液温度下降后逐渐回升,在270 ℃左右变浑浊;将溶液在290 ℃保温30 min后,移走加热套使其快速冷却;对原溶液用乙酸乙酯清洗后,用正己烷分散,得到透明的澄清溶液,加入适量乙醇沉淀出纳米晶后,高速离心分离;重复清洗几次后,得到在正己烷等非极性溶剂中分散良好的 In_2O_3 纳米晶。

3. 制备 In_2O_3@SiO_2

对 In_2O_3 纳米晶包覆 SiO_2 是按照李亚栋等人报道的方法进行的[21]。将所得到的 In_2O_3 纳米晶分散于450 mL正己烷中,超声处理一段时间使纳米晶均匀分散;然后在磁力搅拌下依次加入45 mL曲拉通、45 mL正辛醇、3 mL正硅酸乙酯、13.5 mL蒸馏水和1.5 mL氨水;待充分搅拌后得到半透明均相的微乳液;在室温下反应12 h后,加入等体积的丙酮破乳,使包覆了 SiO_2 的纳米晶分离出来;对得到的沉淀在低速离心分离后,用无水乙醇清洗数次,然后在空气中干燥,最后得到白色粉末。

4. 制备InN@SiO_2

将所得到的白色粉末置于瓷舟中,推入高温管式炉的中心位置,两端密封后通入氨气;在开始加热前,通20 min氨气以排出管内的空气。然后以 10 ℃/min 加热到一定温度后保温 5 h,随后自然冷却至室温;在这个过程中,氨气流量保持在 300 sccm;反应结束后取出样品,得到黑色粉末,表明已经将 In_2O_3@ SiO_2 氮化得到了 InN@ SiO_2。

5. 去除包覆的 SiO_2

将得到的黑色粉末用氢氟酸处理,以除去包覆的 SiO_2;接着用蒸馏水离心清洗数次,以去掉多余的离子;最后分散在 50 mL 的蒸馏水中。

6. 相转移

按照 Yang 等人[22]报道的方法将 InN 纳米晶从水相转移到油相;将 1 mL十二胺加入到 50 mL 无水乙醇中,搅拌使其充分混合后加入到含有 InN 纳米晶的水溶液中;搅拌 3 min 后,加入 50 mL 正己烷后,继续搅拌 1 min后静置,溶液分层,可以观察到纳米晶从下层水相转移到上层油相中。

7. 后处理

将相转移后分散有纳米晶的正己烷溶液加入到一定量油胺中,加热至 200 ℃,搅拌 30 min 后冷却至室温;离心分离去除多余的油胺后,用乙醇清洗数次,最后分散在正己烷中。

掺杂 InN 纳米晶的合成路线与上述过程基本一致,所不同的是,在合成 In_2O_3 纳米晶的过程中,以油酸铟和掺杂金属的油酸化物的混合物作为前驱体。

13.2.3 结果表征

采用 X 射线衍射仪(X-ray diffraction, XRD, PANalytical X′Pert PRO MPD)来表征产物的物相结构和组成,以 Cu 靶 $K\alpha_1$ 作为射线源,波长 λ 为 0.154 18 nm。

采用透射电子显微镜(Transmission electronic microscope, TEM, Tecnai F20)来表征产物的微观结构。采用能量色散谱仪(Energy dispersive spectrometer, EDS)来表征产物的组成元素。

采用 X 射线光电子能谱仪(X-ray photoelectron spectroscopy, XPS, PerkinElmer Physics PHI 5300)来表征产物中离子的结合能和价态。

采用紫外-可见-红外吸收光谱仪(Ultraviolet-Visible-Infrared spectrophotometer (UV-Vis-IR), Hitachi U4100)来表征产物的光吸收性能。

采用振动样品磁强计(Vibrating sample magnetometer,VSM, Lake Shore 7400)来表征产物的磁性能。

13.3　InN 纳米晶的结果分析

13.3.1　In_2O_3 纳米晶的 TEM 结果分析

首先对合成的中间产物 In_2O_3 纳米晶进行 TEM 表征,所得到的 TEM 图像如图 13.1 所示。可以看到,得到了单分散、尺寸分布均匀的 In_2O_3 纳米晶,直径大约为 10 nm。由于目标产物 InN 纳米晶是通过 In_2O_3 纳米晶转化而来的,而且是在 SiO_2 壳的限域下,因此,In_2O_3 纳米晶的尺寸分布在一定程度上决定了 InN 纳米晶的尺寸分布。另外,单分散的特征表明 In_2O_3 纳米晶在正己烷中分散性良好,为接下来均匀地包覆 SiO_2 创造了条件。综上,单分散、尺寸分布均匀的 In_2O_3 纳米晶为高质量 InN 纳米晶的合成奠定了基础。

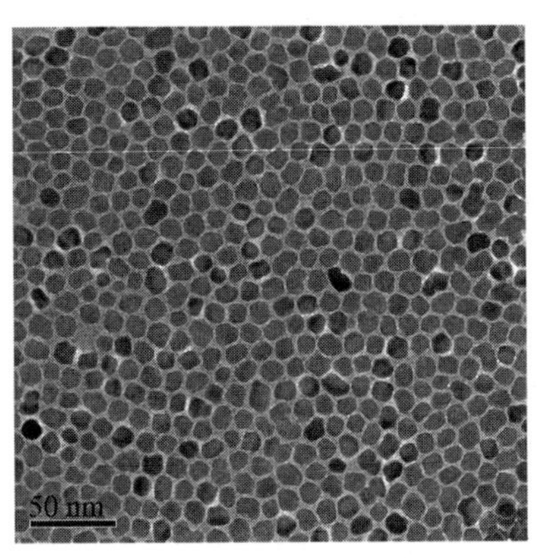

图 13.1　In_2O_3 纳米晶的 TEM 图像

13.3.2　In_2O_3@SiO_2 纳米晶的 TEM 结果分析

对 In_2O_3 纳米晶包覆 SiO_2 壳是利用 SiO_2 将各个纳米晶分隔开来,防止纳米晶团聚,以达到有效控制 InN 纳米晶尺寸的目的。因此,In_2O_3 纳米晶是否均匀地包覆 SiO_2 将影响 InN 纳米晶的尺寸分布。对得到的 In_2O_3

@ SiO_2 进行 TEM 表征,如图 13.2 所示。图中的明暗衬度清楚地显示出内部的 In_2O_3 核和外部包覆的 SiO_2壳层,并且可以看到每个粒子中大多只包含一个核。所得到的单核的核-壳结构可以用来有效地控制尺寸,而不会发生 SiO_2 壳内多个粒子团聚的情况。

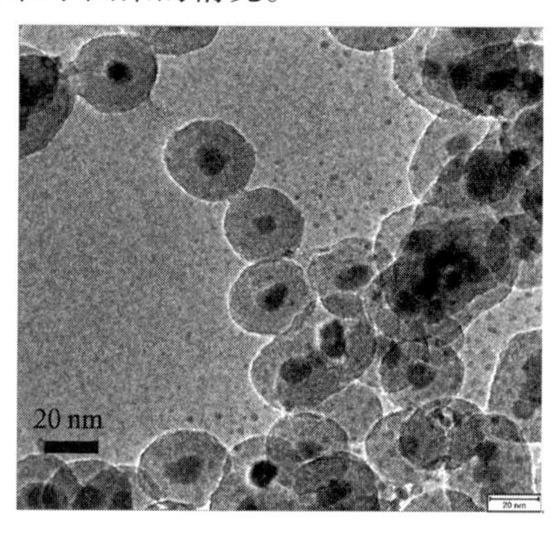

图 13.2 In_2O_3@ SiO_2 纳米晶的 TEM 图像

13.3.3 InN@SiO_2 的 XRD 结果分析

将 In_2O_3@ SiO_2 在氨气下高温氮化后就得到了 InN@ SiO_2。图 13.3 给出了不同温度下氮化得到 InN@ SiO_2 的 XRD 图谱,以选择合适的氮化温度。可以看到,500 ℃氮化的样品中仍含有少量 In_2O_3,表明未完全氮化。升高温度后,得到了纯的立方相 InN,与标准卡片(JCPDS No. 88-2365)一致,没有出现多余的杂质峰,表明 In_2O_3 已经完全转化为 InN。继续升高氮化温度,当达到 700 ℃时,得到的样品中出现了 In 的杂质峰,表明在较高的氮化温度下,InN 分解产生了析出相。因此,合适的氮化温度在 550 ~ 650 ℃之间。对这 3 个温度下 XRD 衍射峰进行归一化处理,以排除样品量的影响,然后对比同一个衍射峰的半高宽,可以发现,不同氮化温度下的衍射峰半高宽基本相差不大,如图 13.4 所示。这表明不同氮化温度对 InN 纳米晶的晶粒尺寸影响不大。因此,选择在 550 ℃下氮化,接下来的样品都是在这一温度下氮化得到的。对该温度下 XRD 衍射峰的半高宽利用 Scherrer 公式计算晶粒尺寸,结果为 7.63 nm。

由 XRD 图谱中的衍射峰对应的晶面可以计算出晶格常数。对不同氮化温度下得到的 InN@ SiO_2 的衍射峰计算晶格常数,为减小误差,取 4 个

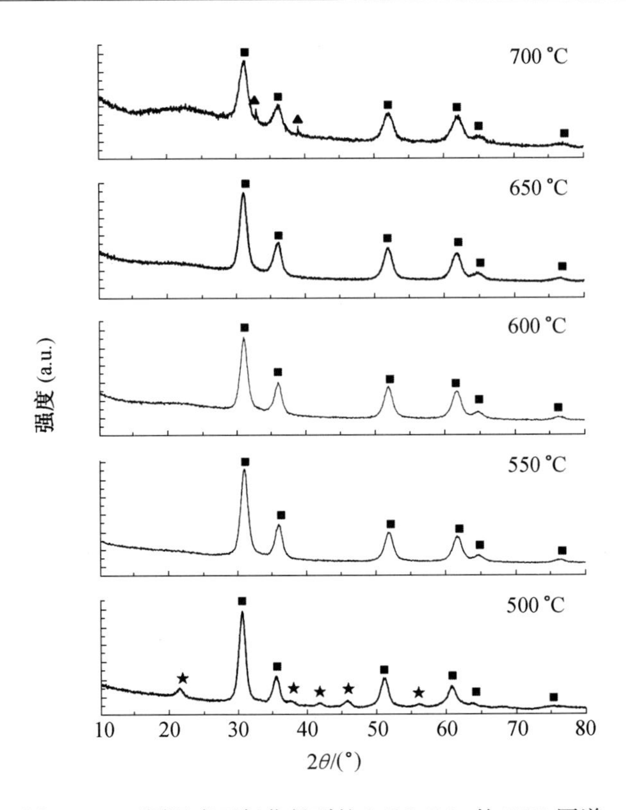

图 13.3　不同温度下氮化得到的 InN@ SiO_2 的 XRD 图谱
■—立方相 InN（JCPDS No. 88－2365）；★—立方相 In_2O_3（JCPDS No. 89－4595）；▲—四方相 In（JCPDS No. 05－0642）

最强峰对应晶面计算结果的平均值，得到 InN 纳米晶的晶格常数随氮化温度的变化趋势，如图 13.5 所示。可以看到，随氮化温度升高，晶格常数逐渐减小。这可能是由于在较高的氮化温度下，晶体生长过程中原子排列较为致密，逐渐趋近于体相 InN（JCPDS No. 88－2365）的晶格常数（0.493 nm）。

在实验设计的过程中，对 In_2O_3 纳米晶包覆 SiO_2 后再氮化，是为了防止在较高的氮化温度下 InN 纳米晶团聚。通过 SiO_2 的限域，期望获得形貌均一、尺寸均匀分布的 InN 纳米晶。然而，除了对形貌和尺寸的控制外，还发现 SiO_2 的限域还对产物的物相有调控作用。在没有 SiO_2 包覆的情况下，In_2O_3 氮化后得到的是六方纤锌矿 InN，而在包覆了 SiO_2 后，产物为立方相。分析认为，立方相 In_2O_3 转变成为立方相 InN 与其转变为六方相

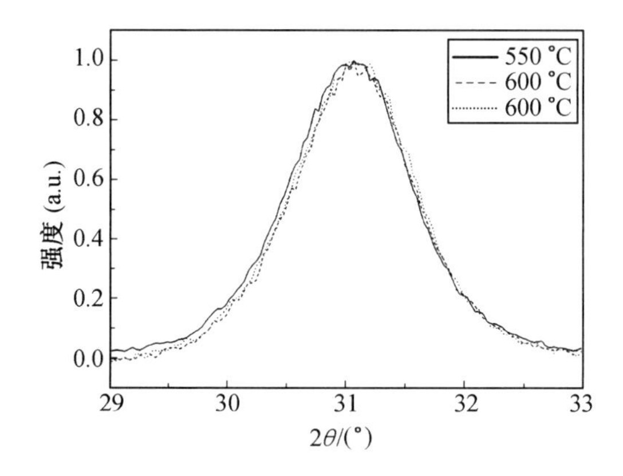

图 13.4 不同氮化温度得到的 InN@ SiO_2 的 XRD 衍射峰

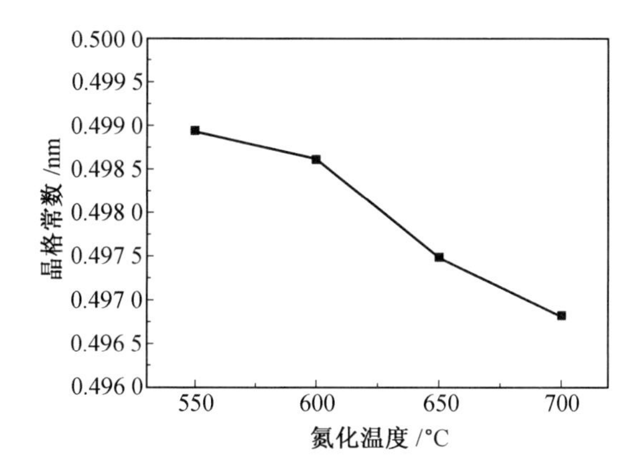

图 13.5 InN 纳米晶的晶格常数随氮化温度的变化趋势

InN 相比,要克服的能垒较小。因此,在包覆有 SiO_2 的条件下,趋于形成立方相 InN;而在没有包覆 SiO_2 时,趋于形成更为稳定的六方相 InN。目前,文献报道的 InN 纳米晶大多为六方纤锌矿结构[9, 10, 12, 16],只有少数为立方闪锌矿结构[23],其中,Si 衬底的晶格对纳米晶的限制被认为是介稳的立方相形成的原因。这与实验结果一致。利用 SiO_2 壳对 InN 物相的调控有待于进一步探索。

13.3.4 InN 纳米晶的 TEM 结果分析

对 550 ℃氮化得到的 InN@ SiO_2 用氢氟酸去掉 SiO_2 壳后,再进行相转移和后处理,最后得到了在正己烷中分散性良好的 InN 纳米晶。对产物进行 TEM 表征,如图 13.6 所示。图 13.6(a)中低倍 TEM 图像给出了大范围内单分散的InN纳米晶，HRTEM照片表明所得到的纳米晶结晶良好，形貌均匀，且尺寸分布较窄。所得到的InN纳米晶尺寸约为5～6 nm，比XRD计算结果略小。由图13.6(b)中晶格条纹可以量出晶面间距约为0.284 nm，与立方相InN(111)晶面间距一致。从产物的微观形貌上看，得到了形貌均一、尺寸分布窄的InN纳米晶，证明了所设计的合成路线是可行的。

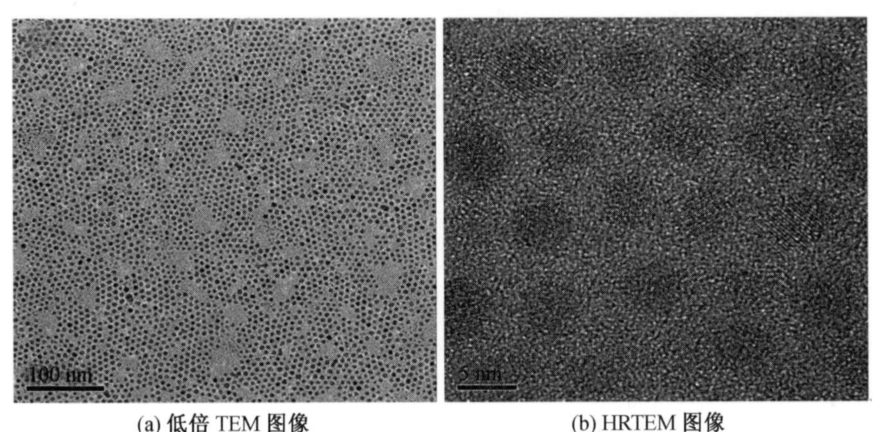

(a) 低倍TEM图像　　(b) HRTEM图像

图13.6　InN纳米晶的低倍TEM和HRTEM图像

13.3.5　InN纳米晶的EDS结果分析

为表征所得产物中含有的元素，测试了InN纳米晶的EDS图谱，如图13.7所示。结果表明，产物由In和N两种元素组成，此外，Cu和C分别来自于铜网和铜网上的碳膜。

13.3.6　InN纳米晶的XPS结果分析

为了对InN纳米晶的元素成分、含量以及离子的化合态进行表征，进行了InN纳米晶的XPS测试，结果如图13.8所示。其中，图13.8(a)中的峰位于444.8 eV和452.3 eV，分别对应于In $3d_{5/2}$和$3d_{3/2}$电子的结合能，而图13.8(b)中的峰位于397.3 eV，对应于N 1s电子的结合能。这与报道的InN中In和N的峰位基本一致[7, 12, 24]。与数据库中的标准物质对比可以确定，In和N的价态分别为+3和-3，表明In以化合态存在，而不是金属In。通过对图中的峰分别积分得到的峰面积进行半定量计算，结果表明,得到产物中 In 和 N 的原子比为 1.02∶1。

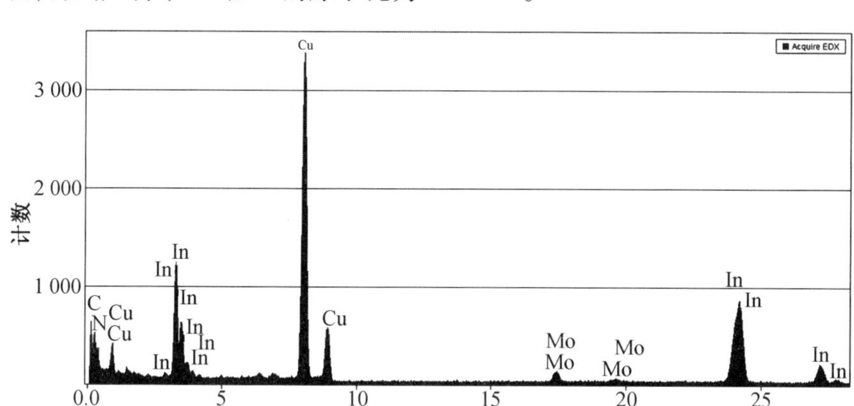

图 13.7 InN 纳米晶的 EDS 图谱

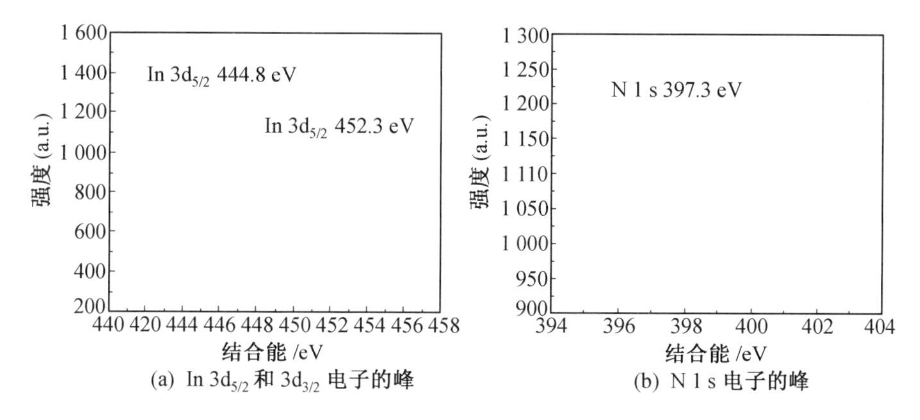

(a) In $3d_{5/2}$ 和 $3d_{3/2}$ 电子的峰 (b) N 1 s 电子的峰

图 13.8 InN 纳米晶的 XPS 图谱

13.3.7 InN 纳米晶的吸收光谱

将去除了 SiO_2 壳的 InN 纳米晶经过相转移和后处理后,分散在四氯乙烯中,在室温下测试了其吸收光谱,如图 13.9 所示。图中显示,InN 纳米晶在 1 722 nm 和 1 408 nm 处有两个明显的吸收峰,而在 1 196 nm 处有一个微弱的吸收峰。1 722 nm 处的吸收峰对应的带宽为 0.72 eV,与目前报道的 InN 带宽 0.53 ~ 0.65 eV[25-28] 相比略大,其原因可能是量子效应引起的吸收峰的蓝移。其他吸收峰可能与后处理过程中未完全清洗掉的配体有关。

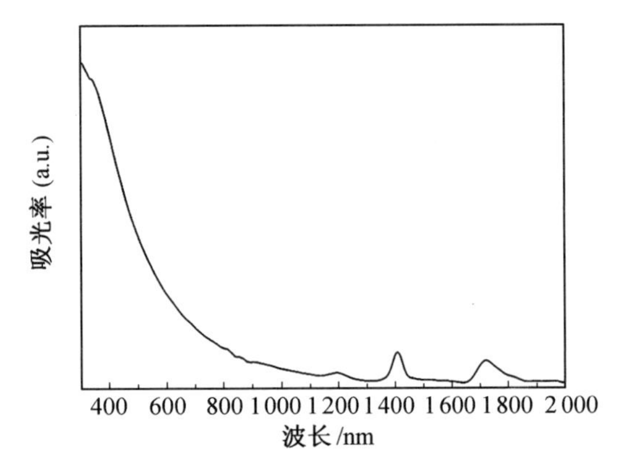

图 13.9　InN 纳米晶的吸收光谱

13.4　InN:Mn 纳米晶的结果分析

对 InN 纳米晶的测试结果表明,设计的合成路线是可行的,该路线能够有效控制 InN 纳米晶的尺寸分布,得到形貌均一、尺寸分布窄的 InN 纳米晶。在这个基础上,参照 InN 纳米晶的合成路线,在前驱体中掺入一定比例的过渡金属氯化物,其他实验过程不变,最终得到了 InN:TM 纳米晶。首先,对 Mn 掺杂的 InN 纳米晶进行了比较系统的研究。取 Mn 掺杂浓度分别为 1%、5% 和 10%(摩尔分数,下同),得到了一系列实验结果。

13.4.1　In_2O_3:Mn@SiO_2 纳米晶的 XRD 结果分析

首先采用 XRD 对中间产物 In_2O_3:Mn@SiO_2 的物相进行表征。不同掺杂浓度下的 In_2O_3:Mn@SiO_2 的 XRD 图谱如图 13.10 所示,与立方相 In_2O_3 的标准卡片(JCPDS No. 88-2160)一致,没有出现第二相。说明在 1% ~10% 的掺杂浓度下,Mn 在 In_2O_3 中完全固溶。In_2O_3:Mn@SiO_2 是作为反应的中间产物,接下来要将其氮化来得到掺 Mn 的 InN,因此,首先要保证 Mn 在 In_2O_3 中没有析出,在这个基础上,合成的 Mn 掺杂 InN 纳米晶才有可能成为固溶体。

13.4.2　InN:Mn@SiO_2 纳米晶的 XRD 结果分析

对 600 ℃氮化 5 h 后的产物进行 XRD 表征,得到不同掺杂浓度的

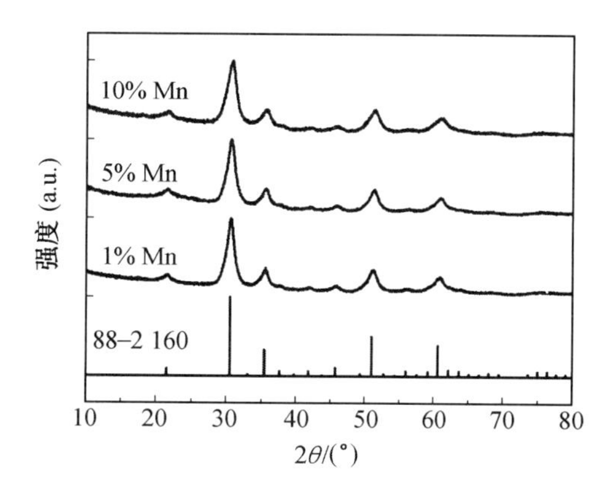

图 13.10　不同掺杂浓度的 In_2O_3:Mn@ SiO_2 的 XRD 图谱

InN:Mn@ SiO_2的 XRD 图谱，如图 13.11 所示。可以看到，以上 3 个掺杂浓度的 InN:Mn 均为纯的立方相 InN（JCPDS No. 88－2365），没有出现杂质峰，表明 Mn 在 InN 晶格中完全固溶，没有析出杂质相。且没有出现 In_2O_3 的峰，表明氧化物完全氮化。对图 13.11 中 4 个较强的衍射峰对应的晶面分别计算晶格常数，然后取平均值，得到晶格常数随掺杂浓度的变化趋势，如图 13.12 所示。可以看到，晶格常数随掺杂浓度基本呈线性变化，从另一个角度表明 Mn 已经掺入到 InN 晶格中。并且，即使在加入较多的 Mn（如 10%）时，产物仍然为固溶体，证实了纳米晶能够有效释放内应力，从而获得较大的掺杂浓度范围。但是，由于前驱体中加入的 Mn 可能只是部分参与反应，会有部分损失，也有可能吸附在表面，因此 InN 中实际的 Mn 含量有待进一步证实。

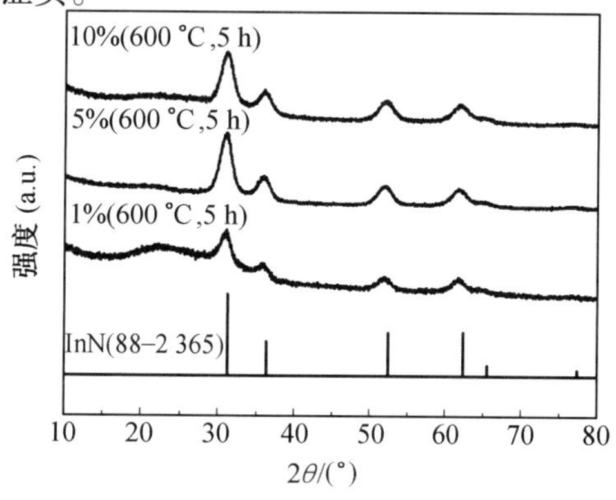

图 13.11　不同掺杂浓度的 InN:Mn@ SiO_2 的 XRD 图谱

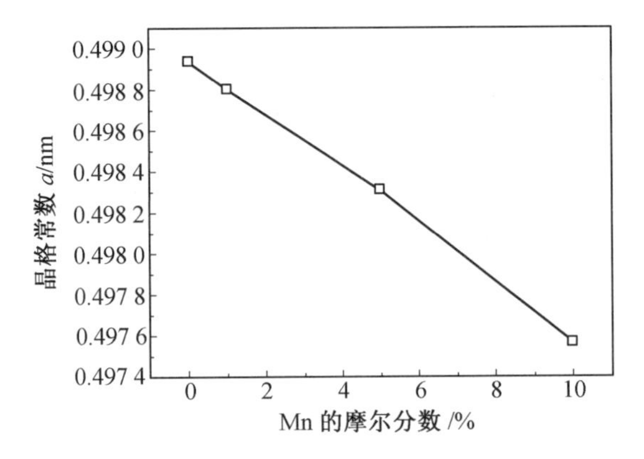

图13.12　InN:Mn的晶格常数随Mn的摩尔分数变化曲线

13.4.3　InN:Mn纳米晶的TEM结果分析

掺杂1% Mn的InN纳米晶去除包覆SiO_2,并进行相应的后处理之后,分散在正己烷中,进行TEM表征,得到的图像如图13.13所示。低倍TEM图像表明,InN纳米晶尺寸分布均匀,分散性较好。HRTEM图像显示,得到的InN纳米晶尺寸大约为5 nm。高倍下纳米晶的晶格条纹清晰,表明结晶良好。由图13.13(b)中晶格条纹可以量出晶面间距大约为0.29 nm,与立方相InN(111)晶面间距相近。TEM结果表明,可以将InN纳米晶的合成路线成功运用到InN:Mn纳米晶的合成中,合成出分散性较好、尺寸分布均匀的纳米晶。但这只是在形貌上证实了纳米晶的分散性和尺寸分布,

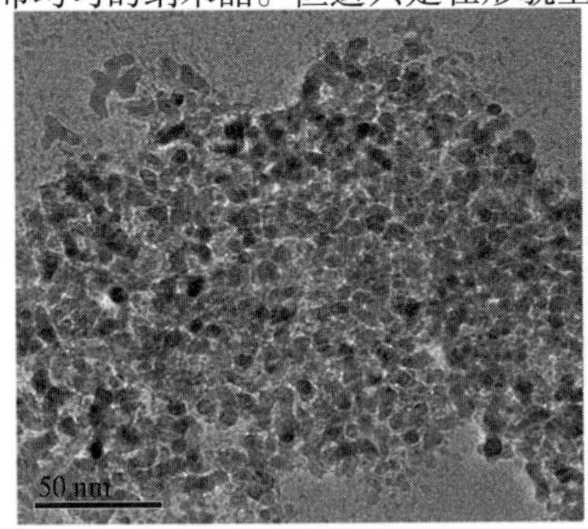

(a) 低倍TEM图像

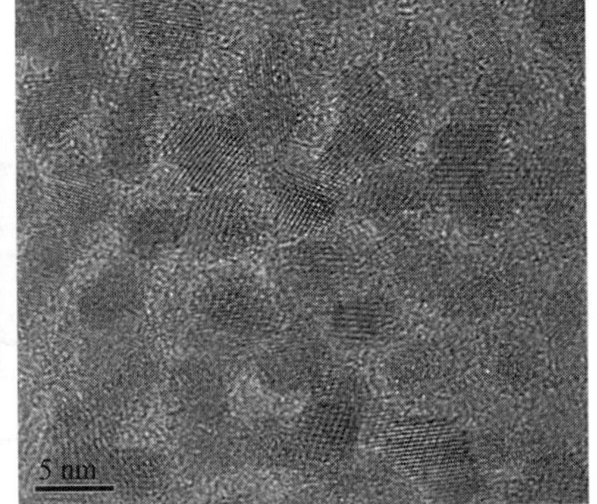

(b) HRTEM图像

图13.13　掺杂1% Mn的InN纳米晶的低倍TEM图像和HRTEM图像

实际掺杂含量以及掺杂引起的性能变化还需要进一步分析。

13.4.4 InN:Mn@SiO_2 纳米晶的 EDS 结果分析

为表征 InN:Mn@ SiO_2 中实际掺入的 Mn 含量,对其进行了 EDS 测试,掺杂 10% Mn 的 InN 纳米晶的 EDS 图谱如图 13.14 所示。其中,Si 和 O 来源于 SiO_2 壳。从图中可以明显看到 In 和 Mn 的峰,由于 N 作为轻元素,峰较弱,并且含量偏差较大,因此我们对 Mn 和 In 的相对含量做了比较,见表 13.1。表 13.1 给出了 EDS 测试的实际含量,并与制备 In_2O_3:Mn 的实验过程中加入 Mn 的比例做对比。通过对比发现,产物 $In_{1-x}Mn_xN$ 中 Mn 的实际含量与加入量基本一致。因此,可以认为,加入的 Mn 基本上全部参与了 In_2O_3 纳米晶的形核与生长,并且在氮化过程中没有损失。由于 XRD 结果表明了得到的相仍为立方相 InN,没有析出第二相,因此可以推断,在较高的掺杂浓度下(约 10 %),Mn 在 InN 中形成了固溶体。在这里,EDS 结果只是给出了 Mn 的含量,而 Mn 在 InN 中的存在状态仍不明确。

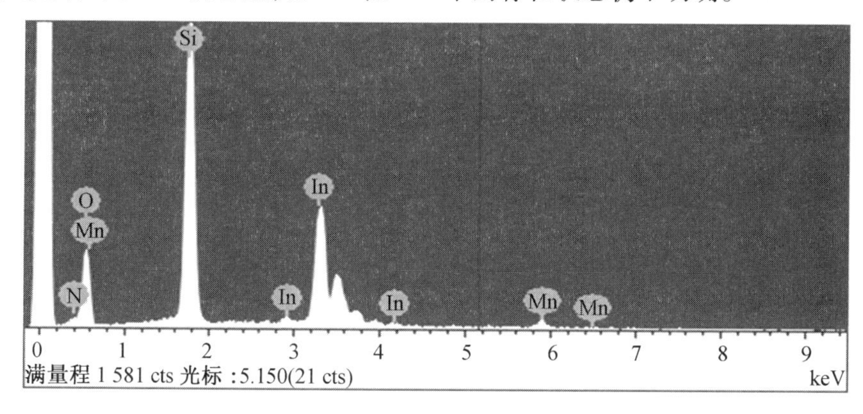

图 13.14 掺杂 10% Mn 的 InN:Mn@ SiO_2 的 EDS 图谱

表 13.1 InN:Mn@SiO_2 中的 Mn 含量

$In_{1-x}Mn_xN$	x		
加入比例/%	1	5	10
EDS 结果/%	1.07	6.22	9.18
XPS 结果/%(去 SiO_2壳)	0.42	1.41	2.68

13.4.5　InN:Mn 纳米晶的 XPS 结果分析

为了表征产物中的元素成分、含量以及化合态，测试了 InN:Mn 纳米晶的 XPS 图谱。由于 XPS 主要探测表层元素，因此需要将 SiO_2 壳去除，来获得 InN:Mn 中的元素信号。用氢氟酸将 SiO_2 壳去除，再用水清洗数次后干燥，然后测试样品的 XPS 图谱，并对其中含有的元素进行标定，如图 13.15(a)所示。对 XPS 结果的定性分析表明，产物中含有 In、N、O、C 等元素。没有出现 Si 的峰，表明已经将 SiO_2 壳完全去除掉，O 的出现来源于样品表面的吸附氧。

对 In、N 和 Mn 等元素的峰进一步分析，分别如图 13.15(a) ~ 13.15(c) 所示。其中，In $3d_{5/2}$ 和 In $3d_{3/2}$ 电子的结合能变化不大，分别为444.3 eV和451.9 eV 左右，与报道的 InN 结果一致[7, 9, 12,29]。不同掺杂浓度的 N 1s 电子的结合能变化不大，在 396.2 eV 左右，可以归为In—N之间的键合[23, 30]。Mn $2p_{3/2}$ 电子的结合能为 641.1 eV 左右，接近于标准数据库 MnO 中 Mn $2p_{3/2}$ 电子的结合能，因此可以判断，掺入的 Mn 在 InN 中以化合态存在，且价态为+2 价。对 In $3d_{5/2}$ 和 Mn $2p_{3/2}$ 的峰分别积分计算峰面积，求得 $In_{1-x}Mn_xN$ 中 Mn 的相对含量 x，见表 13.1。通过对比可以发现，由 XPS 得到的半定量结果小于 EDS 结果。需要说明的是，XPS 结果是在去除了 SiO_2 壳的情况下得到的，而 EDS 结果是在包覆有 SiO_2 壳的情况下得到的。两者的差异表明，在用氢氟酸清洗的过程中，有大量的 Mn 损失。这一方面是由于纳米晶具有高的比表面积，表面有较大比例的活性原子，极

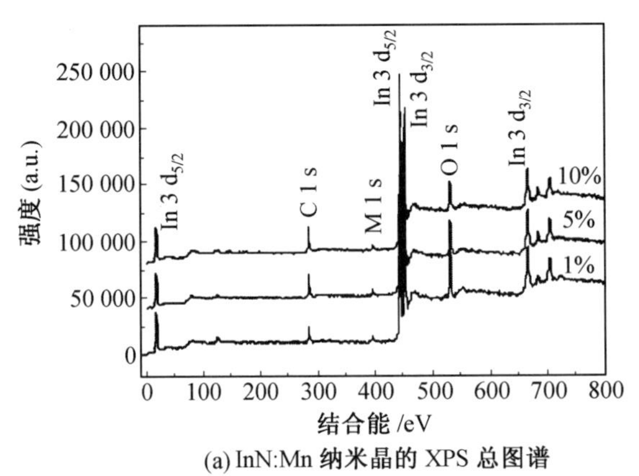

(a) InN:Mn 纳米晶的 XPS 总图谱

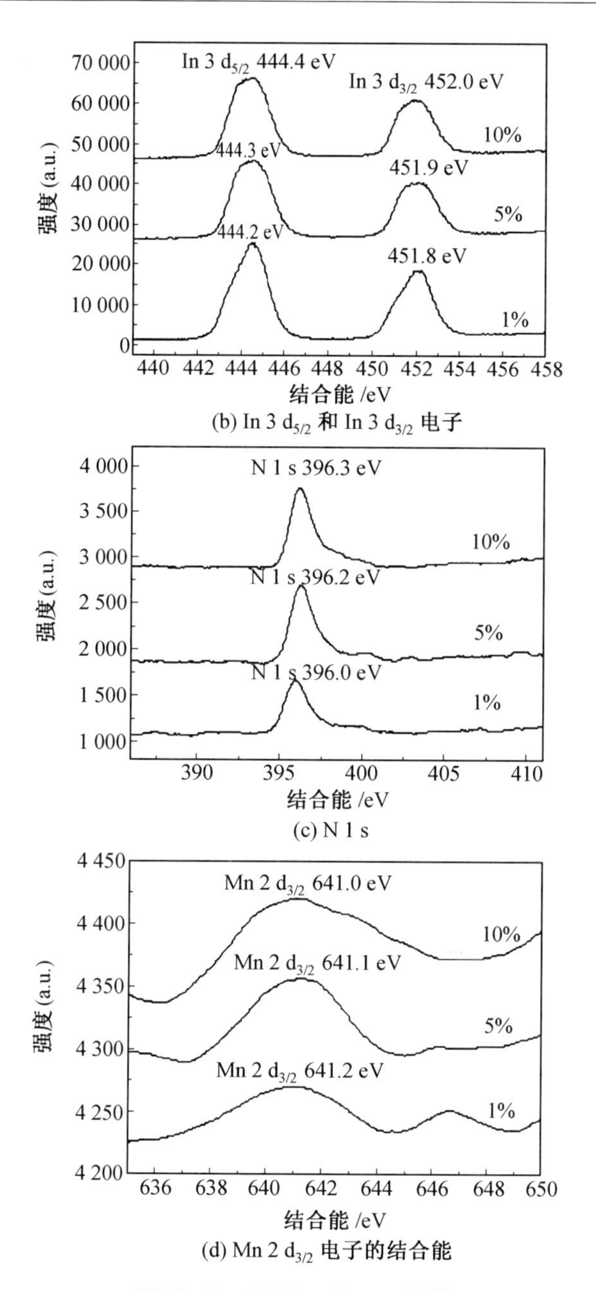

图 13.15　InN:Mn 的 XPS 图谱

易参与反应;另一方面,推断有部分 Mn 在 InN 表面和 SiO_2 壳之间的界面聚集,类似于“自纯化”效应中基体对杂质的“排异”。有关 Mn 在 InN 中的存在状态还需要进一步表征确定。

13.4.6　InN:Mn@SiO_2 纳米晶的 *M–H* 曲线

稀磁半导体最重要的性能指标之一为是否具有室温铁磁性。为了考查这一性能,在室温下测试了掺入不同浓度 Mn 的 InN 纳米晶的 *M–H* 曲线,如图 13.16 所示。图中显示在各个掺杂浓度下,*M–H* 曲线均表现出磁滞回线的特征。不同的是,在较低的掺杂浓度下,*M–H* 曲线趋于饱和,而随着掺杂浓度增大,磁化强度增大,曲线的线性部分更明显。参照 Dietl 等人提出的机制[31],自旋-自旋耦合可以认为是一种长程相互作用,因此可以用基于 RKKY 相互作用的平均场近似。在较低的掺杂浓度时,磁性离子之间的平均距离相对较远,以铁磁相互作用为主。随着磁性离子浓度的增大,磁性离子之间的距离缩短,增强了反铁磁作用,相对减弱了一部分铁磁作用。由于反铁磁作用的 *M–H* 曲线表现为线性,因此,在较高掺杂浓度下,*M–H* 曲线表现为磁滞回线和线性部分的叠加。

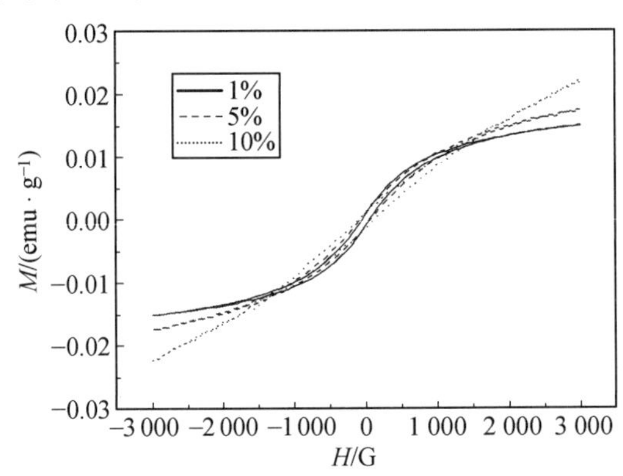

图 13.16　InN:Mn@ SiO_2 的 *M–H* 曲线

13.4.7　InN:Mn 纳米晶的吸收光谱

将去除了 SiO_2 壳的 Mn 掺杂 InN 纳米晶分散在乙醇中,在室温下测试其吸收光谱,结果如图 13.17 所示。在 1 900 nm(0.65 eV)处观察到明显的吸收峰,另外,在 1 300 nm 及 1 150 nm 处也观察到微弱的吸收峰。1 900 nm(0.65 eV)处的吸收峰可能是 InN 的带边吸收,与目前报道的 InN 带宽0.53 ~0.65 eV[25-28]基本一致。

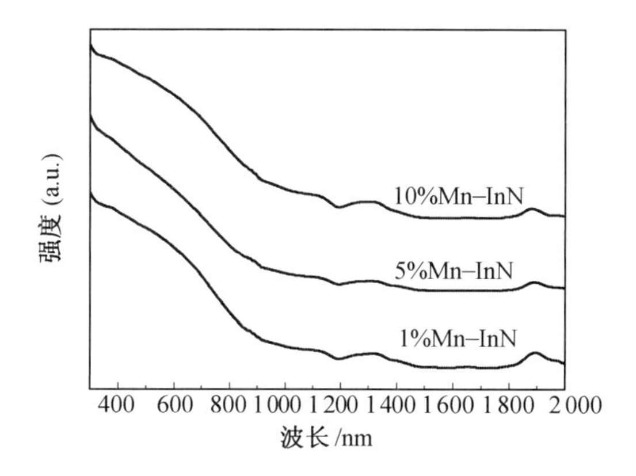

图 13.17 InN:Mn 的吸收光谱

13.5 其他 InN:TM 纳米晶的结果分析

由于不同掺杂元素在基体中的状态不同,产物的居里温度等磁性能不同,影响到对自旋的调控。因此,探索了其他过渡金属元素(包括 Fe、Co、Ni 等)掺杂 InN 纳米晶的合成及性能。在实验中发现,不同于 Mn 掺杂 InN,在掺入比例为 10% 的其他过渡元素时,产物中会有杂质相 In 析出,甚至 Ni 在仅掺入 1% 时,在产物中也出现了杂质相。这说明同一条件下不同掺杂元素在 InN 基体中的固溶度不同。因此,接下来的部分,讨论了 Fe 和 Co 掺杂 InN 纳米晶。

13.5.1 In_2O_3:TM@SiO_2 纳米晶的 XRD 结果分析

首先对加入一定比例 Fe 和 Co 合成的 In_2O_3@SiO_2 进行了 XRD 表征,如图 13.18 所示。可以看到,加入 1 % 和 10 % Fe 合成的 In_2O_3@SiO_2 都为纯的立方相 In_2O_3,与标准卡片(JCPDS No. 88-2160)一致,没有出现多余的杂质峰,表明在较大的掺杂浓度下,没有出现相分离现象。掺入 Co 的情况类似,加入 1 % 和 10 % 的 Co,仍得到纯的立方相 In_2O_3。尽管在掺杂纳米晶的合成中可能会出现"自纯化现象"等阻碍掺杂的因素,使得掺杂效率降低,然而也有报道称,在晶体生长过程中,杂质原子容易吸附在立方相(001)晶面表面,因此能够成功掺杂。在合成路线中,In_2O_3:TM 作为中间产物,要保证过渡元素掺入到 In_2O_3 晶格中,才能在转化为 InN 时有效掺入 InN 的晶格中；另一方面，In_2O_3:TM 不能有析出相，这样在氮化后才有可能不出现第二相。

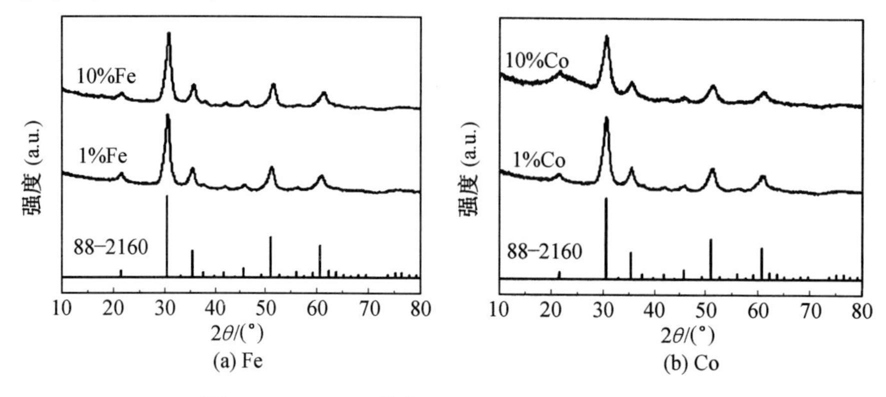

图 13.18　Fe、Co 掺杂 In_2O_3@ SiO_2 的 XRD 图谱

13.5.2　In_2O_3:TM@SiO_2 纳米晶的 *M–H* 曲线

在室温下测试了 1 % 和 10 % 的 Fe、Co 掺杂的 In_2O_3@ SiO_2 的 *M–H* 曲线，如图 3.19 所示。同时发现，在较低浓度下（如 1 %），Fe 和 Co 掺杂 In_2O_3 的 *M–H* 曲线都表现出磁滞回线的特征，且在所加的磁场达到最大值（3 000 G）时，磁化强度趋于饱和，表明所得到的 1 % Fe 和 Co 掺杂的 In_2O_3 具有室温铁磁性。在较大浓度下（如 10 %），*M–H* 曲线除了具有磁滞回线的特征外，还有线性部分组成，即在 3 000 G 的磁场下，磁化强度没有达到饱和。这与 InN:Mn 的磁性结果类似，因此也可以用同样的理论来解释。

值得一提的是，Fe 和 Co 掺杂的 In_2O_3 纳米晶在合成路线中是作为掺杂 InN 的中间产物，但对其初步测试表明，在结构上，即使在 10 % 的掺杂浓度下也没有析出杂质相；在性质上，高浓度和低浓度的磁滞回线特征不同。因此，具有进一步深入研究的价值。

13.5.3　InN:TM@SiO_2 纳米晶的 XRD 结果分析

将以上 4 个样品在 600 ℃氮化 5 h 后，对产物进行 XRD 表征，结果如图 13.20 所示。可以看到，在较低的掺杂浓度下（1%），得到了立方相 InN（JCPDS No. 88-2365），与未掺杂 InN 纳米晶的结构一致。而在掺杂浓度

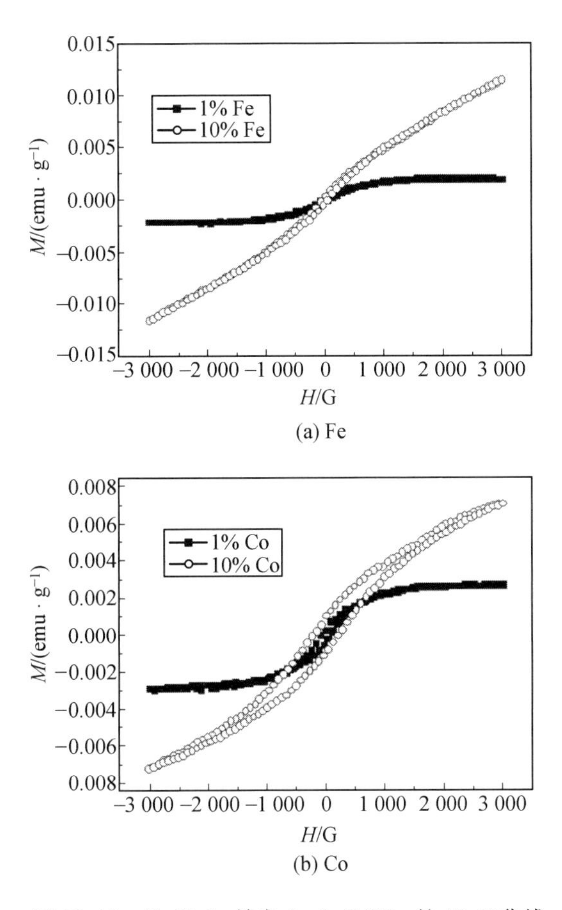

(a) Fe

(b) Co

图 13.19 Fe 和 Co 掺杂 In_2O_3@SiO_2 的 M–H 曲线

较高时(10%),产物中有大量金属 In 析出。这一方面是由于 InN 容易分解为金属 In;另一方面,则可能与掺入过多的杂质引起的内应力使得结构不稳定有关。在 Fe 和 Co 掺杂的 InN 中,我们都观察到了这一现象,而在 Mn 掺杂 InN 中,在 10% 的掺杂浓度下,仍为纯的立方相 InN。同一条件下,不同掺杂元素在基体中的固溶度相差很大,具体原因还有待进一步研究。由于浓度为 10% 的 Fe 和 Co 掺杂的 InN 中有杂质相析出,因此,在接下来的研究中,取浓度为 1 % 的 Fe 和 Co 掺杂的 InN 研究其性能。

13.5.4 InN:TM@SiO_2 纳米晶的 EDS 结果分析

前面提到的 Fe 和 Co 的浓度为 1% 是实验中加入的杂质含量,由于反

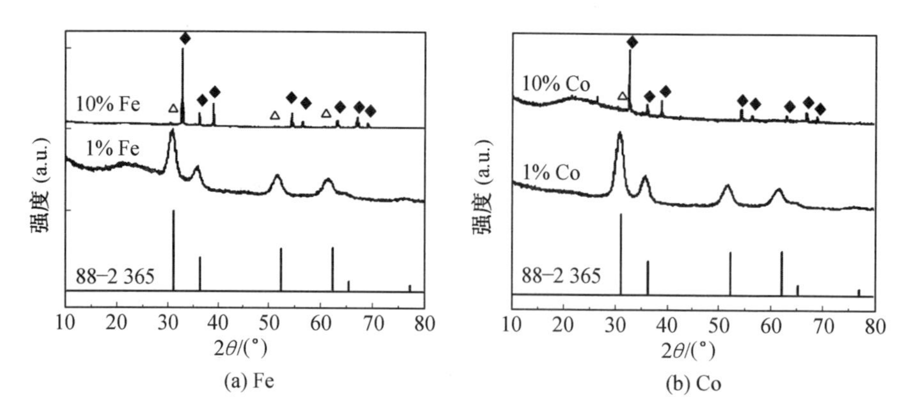

(a) Fe (b) Co

图 13.20 Fe 和 Co 掺杂 InN@ SiO_2 的 XRD 图谱(其中◆表示四方相 In(JCPDS No. 85-1409),△表示立方相 InN(JCPDS No. 88-2365))

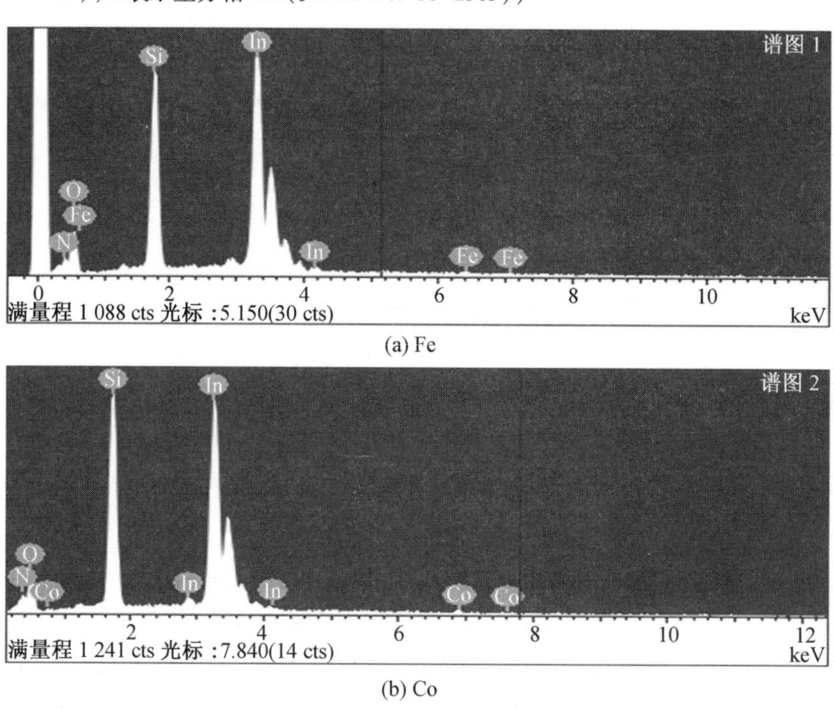

(a) Fe

(b) Co

图 13.21 Fe 和 Co 掺杂 InN@ SiO_2 的 EDS 图谱

应过程中可能会有部分元素未充分参与反应,因此最终产物中的掺杂含量可能会与加入量有偏差。为了表征产物中实际的掺杂含量,进行了 1% Fe 和 1% Co 掺杂 InN@ SiO_2 的 EDS 测试,结果分别如图 13.21(a)、图 13.21(b)

所示。其中,Si 和 O 来源于 SiO_2 壳。多次测量取平均值,得到 Fe 的含量为 1.26 %,Co 的含量为 1.67%,与加入比例 1% 相比略大。由于氮化过程是在固相条件下进行,In_2O_3:TM 与氨气充分反应,没有损失,因此,可能是在形成 In_2O_3:TM 的过程中,In 未完全反应,使得 Fe 和 Co 的掺入比例较高。

13.5.5 InN:TM@SiO_2 纳米晶的 *M*–*H* 曲线

室温下测得的 1% Fe、Co 掺杂 InN@ SiO_2的 *M*–*H* 曲线如图 13.22 所示。两个样品均显示出磁滞回线的特征,说明其具有室温铁磁性。不同的是,1% Fe 掺杂 InN 的磁滞回线趋于饱和,而 1% Co 掺杂 InN 的磁滞回线在 3 000 G 的磁场下未饱和。这可能是由于两种杂质离子的最外层电子排布

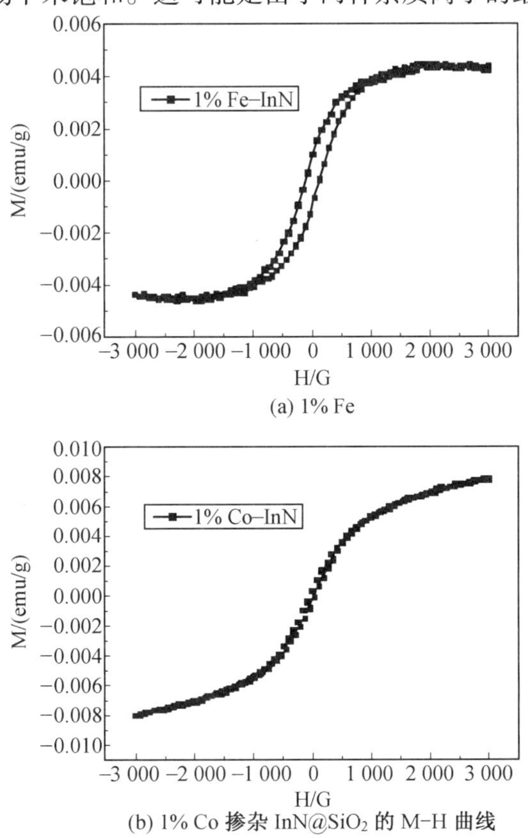

图 13.22 1% Fe 和 1% Co 掺杂 InN@ SiO_2 的 *M*–*H* 曲线

不同,自旋电子参与耦合的情况不同导致的。由于过渡金属元素掺杂 InN 纳米晶的研究还不充分,而 Fe 和 Co 掺杂 InN 纳米晶的研究尚未见报道,因此没有相应的研究结果作为参照。这里给出了初步的实验结果,为进一步的理论研究和应用做一些探索。

13.6　本章小结

本章创造性地总结了采用 SiO_2 限域下的用气液联合法制备 InN 及其稀磁半导体纳米晶,主要内容如下:

(1)设计了一条新颖的 InN 纳米晶的合成路线,成功制备出单分散、形貌均一、尺寸分布窄的 InN 纳米晶,解决了以往的合成方法不能有效控制晶粒尺寸的问题;XRD 结果表明,合成的 InN 纳米晶具有立方闪锌矿结构;EDS 和 XPS 结果证实了产物由 In 和 N 组成;吸收光谱表明,InN 纳米晶的带隙为 0.72 eV,证实了 InN 的窄带隙。所合成的 InN 纳米晶可用于长波长光电器件、光电探测器和太阳能电池等。

(2)将上述方法用于 InN 基稀磁半导体纳米晶的合成,制备了一系列浓度的 Mn 掺杂 InN 纳米晶。XRD 结果表明,在 1 % ～ 10 % 的掺杂浓度范围内,没有析出第二相,为立方闪锌矿结构,在较大掺杂浓度下得到了 InN 基稀磁半导体纳米晶,证实了纳米晶能够有效释放内应力,从而获得较大的掺杂浓度范围;EDS 结果与加入比例基本一致;去除 SiO_2 壳后的 XPS 半定量结果小于加入比例;磁性测试表明,所得到的 Mn 掺杂 InN 纳米晶具有室温铁磁性,随着 Mn 浓度的增大,在高浓度下反铁磁相互作用增强;吸收光谱表明,Mn 掺杂 InN 纳米晶的带隙为 0.65 eV。所得到的 Mn 掺杂 InN 稀磁半导体纳米晶浓度和性能在较大范围内可调,可用于半导体自旋电子器件。

(3)采用同样的方法分别制备了浓度为 1 % 的 Fe、Co 掺杂 InN 纳米晶,初步研究表明其具有室温铁磁性,但磁性能略有差异。

本章发展了一种 InN 纳米晶的合成路线,研究表明,该方法可有效控制尺寸,得到形貌均匀、尺寸分布窄的 InN 及其稀磁半导体纳米晶,并有望用于制备其他氮化物及其掺杂纳米晶。

参考文献

[1] MATSUOKA T, OKAMOTO H, NAKAO M. Optical bandgap energy of wurtzite InN[J]. Appl. Phys. Lett., 2002, 81(7): 1246-1248.

[2] MONEMAR B, PASKOV P P, KASIC A. Optical properties of InN-the bandgap question[J]. Superlattices and Microstructures, 2005, 38(1): 38-56.

[3] TANSLEY T L, FOLEY C P. Optical band-gap of indium nitride[J]. Journal of Applied Physics, 1986, 59(9): 3241-3244.

[4] YAMAMOTO A, BHUIYAN A G, HASHIMOTO A. Indium nitride (InN): a review on growth, characterization, and properties[J]. Journal of Applied Physics, 2003, 94(5): 2779-2808.

[5] MURRAY C B, KAGAN C R, BAWENDI M G. Synthesis and characterization of monodisperse nanocrystals and close-packed nanocrystal assemblies[J]. Annual Review of Materials Science, 2000, 30: 545-610.

[6] ALIVISATOS A P. Semiconductor clusters, nanocrystals, and quantum dots[J]. Science, 1996, 271(5251): 933-937.

[7] XIONG Y J, XIE Y, LI Z Q. Aqueous synthesis of group iiia nitrides at low temperature[J]. New Journal of Chemistry, 2004, 28(2): 214-217.

[8] BAI Y J, LIU Z G, XU X G. Preparation of InN nanocrystals by solvothermal method[J]. Journal of Crystal Growth, 2002, 241(1-2): 189-192.

[9] XIAO J P, XIE Y, TANG R. Benzene thermal conversion to nanocrystalline indium nitride from sulfide at low temperature[J]. Inorganic Chemistry, 2003, 42(1): 107-111.

[10] SARDAR K, DEEPAK F L, GOVINDARAJ A. InN nanocrystals, nanowires, and nanotubes[J]. Small, 2005, 1(1): 91-94.

[11] WU C Z, LI T W, LEI L Y. Indium nitride from indium iodide at low temperatures: synthesis and their optical properties[J]. New Journal of Chemistry, 2005, 29(12): 1610-1615.

[12] HSIEH J C, YUN D S, HU E. Ambient pressure, low-temperature synthesis and characterization of colloidal inn nanocrystals[J]. Journal of Materials Chemistry, 2010, 20(8): 1435-1437.

[13] FRANK A C, STOWASSER F, SUSSEK H. Detonations of gallium azides: a simple route to hexagonal gan nanocrystals[J]. Journal of the American Chemical Society, 1998, 120(14): 3512-3513.

[14] SARDAR K, DAN M, SCHWENZER B. A simple single-source precursor route to the nanostructures of AlN, GaN and InN [J]. Journal of Materials Chemistry, 2005, 15(22): 2175-2177.

[15] DINGMAN S D, RATH N P, MARKOWITZ P D. Low-temperature, catalyzed growth of indium nitride fibers from azido-indium precursors[J]. Angewandte Chemie-International Edition, 2000, 39(8): 1470-1472.

[16] OSINSKI M, GREENBERG M R, CHEN W L. Synthesis and characterization of inp and inn colloidal quantum dots[J]. Nanobiophotonics and Biomedical Applications II, 2005, 5705: 68-76.

[17] BHAVIRIPUDI S, QI J, HU E L. Synthesis, characterization, and optical properties of ordered arrays of iii-nitride nanocrystals [J]. Nano Letters, 2007, 7(11): 3512-3517.

[18] DIETL T, OHNO H, MATSUKURA F. Hole-mediated ferromagnetism in tetrahedrally coordinated semiconductors[J]. Phys. Rev. B., 2001, 63(19): 195205.

[19] NEY A, RAJARAM R, FARROW R F C. Mn- and Cr-doped InN: a promising diluted magnetic semiconductor material[J]. Journal of Superconductivity, 2005, 18(1): 41-46.

[20] NEY A, RAJARAM R, PARKIN S S P. Experimental investigation of the metastable magnetic properties of Cr-doped InN[J]. Phys. Rev. B., 2007, 76(3): 035205.

[21] GE J P, XU S, ZHUANG J. Synthesis of CdSe, ZnSe, and $Zn_xCd_{1-x}Se$ Nanocrystals and their silica sheathed core/shell structures[J]. Inorganic Chemistry, 2006, 45(13): 4922-4927.

[22] YANG J, YING J Y. A general phase-transfer protocol for metal ions and

its application in nanocrystal synthesis[J]. Nature Materials, 2009, 8(8): 683-689.

[23] HUANG Y K, LIU C P, LAI Y L. Structural and optical properties of cubic-InN quantum dots prepared by ion implantation in si (100) substrate[J]. Appl. Phys. Lett., 2007, 91(9): 091921.

[24] WANGER C D, RIGGS W M, DAVIS L E. Handbook of X-ray photoelectron spectroscopy[M]. Eden Prairie: Perkin-Elmer Corp, 1978.

[25] RINKE P, SCHEFFLER M, QTEISH A. Band gap and band parameters of InN and GaN from quasiparticle energy calculations based on exact-exchange density-functional theory[J]. Appl. Phys. Lett., 2006, 89(16): 161919.

[26] FURTHMULLER J, HAHN P H, FUCHS F. Band structures and optical spectra of InN polymorphs: influence of quasiparticle and excitonic effects[J]. Phys. Rev. B., 2005, 72(20): 205106.

[27] PERSSON C, DA SILVA A F. Linear optical response of zinc-blende and wurtzite III–N (III = B, Al, Ga, and In)[J]. Journal of Crystal Growth, 2007, 305(2): 408-413.

[28] BRIKI M, ZAOUI A, BOUTAIBA F. Route to a correct description of the fundamental properties of cubic InN[J]. Appl. Phys. Lett., 2007, 91(18): 182105.

[29] LIU C, YUN F, MORKOC H. Ferromagnetism of ZnO and GaN: a review [J]. Journal of Materials Science: Materials in Electronics, 2005, 16(9): 555-597.

[30] LEE I J, KIM J Y, SHIN H J. Near-edge X-ray absorption fine structure and X-ray photoemission spectroscopy study of the inn epilayers on sapphire(0001) substrate[J]. Journal of Applied Physics, 2004, 95(10): 5540-5544.

[31] DIETL T, OHNO H, MATSUKURA F. Zener model description of ferromagnetism in zinc-blende magnetic semiconductors[J]. Science, 2000, 287(5455): 1019-1022.

名词索引

E

F

G

H

J

K

L

M

N

P

Q

R

S

T

W

X

Y

Z